物联网动态重构与协作通信技术

张德干 李 涛 李 骏 著

科学出版社

北京

内 容 简 介

本书主要包括大数据环境下基于压缩感知的数据收集、节能MAC 协议、网络安全信任测度、动态重构系统的重构方式、可重构资源管理、硬件任务的调度与布局以及软硬件划分、单源/单宿/多中继协作通信、两源/两宿/单中继的协作组播网络、两源/两宿/任意中继的协作组播网络等物联网技术。

本书可供物联网、计算机、网络通信等专业高年级本科生、研究生、教师学习和参考，也适合物联网、嵌入式系统以及相关领域的科研和工程技术人员阅读、参考。

图书在版编目 (CIP) 数据

物联网动态重构与协作通信技术/张德干，李涛，李骏著. —北京：科学出版社，2016.11
 ISBN 978-7-03-050778-5

Ⅰ. ①物… Ⅱ. ①张… ②李… ③李… Ⅲ. ①互联网络—应用②智能技术—应用 Ⅳ. ①TP393.4②TP18

中国版本图书馆 CIP 数据核字 (2016) 第 279400 号

责任编辑：任 静 / 责任校对：郭瑞芝
责任印制：张 伟 / 封面设计：迷底书装

科 学 出 版 社 出版
北京东黄城根北街 16 号
邮政编码：100717
http://www.sciencep.com

北京建宏印刷有限公司 印刷
科学出版社发行 各地新华书店经销

*

2017 年 1 月第 一 版 开本：720×1 000 B5
2018 年 3 月第二次印刷 印张：19 1/2
字数：377 000
定价：98.00 元
（如有印装质量问题，我社负责调换）

作者简介

张德干，男，湖北黄冈英山县人，博士（后），教授，博导，天津市特聘教授。研究方向为物联网、移动计算、智能控制、无线通信等技术。主持国家863计划项目、国家自然科学基金项目、教育部新世纪优秀人才计划项目等十余项，在IEEE Transactions等有影响的国内外期刊和会议上以第一作者发表论文130余篇（其中50余篇SCI索引）。出版学术专著多部。获得专利多项。获得科技奖励多项。是多个国际会议的大会主席。E-mail: zhangdegan@tsinghua.org.cn.

个人主页: http://shenbo.org.tjut.edu.cn/tt/personinfo.asp?bianhao=199

李涛，男，山东泰安人，博士（后），副教授，硕导。研究方向为并行与分布式计算、GPU计算、物联网等技术。主持（或参与）国家自然科学基金项目、科技部计划项目、天津市自然科学基金项目等多项，在SCI和EI索引的相关研究领域的国内外期刊或学术会议上发表论文近50篇。出版教材多部。获得发明专利多项。担任多项学术兼职。

个人主页：http://cc.nankai.edu.cn/Teachers/Introduce.aspx?TID=lit

李骏，男，安徽六安市人，博士（后），教授，博导，江苏省特聘教授。研究方向为无线通信、物联网等技术。主持（或参与）国家自然科学基金项目、江苏省自然科学基金项目等多项，在IEEE Transactions等有影响的国内外期刊和会议上发表论文90余篇。

个人主页：https://sites.google.com/site/jleesr80/

前　言

物联网有助于实现任何时刻、任何地点、任何人、任何物体之间的互连，提供普适服务。结合大数据技术的物联网应用的普及会极大地提高人们的工作效率和生活质量。VLSI 技术的进步促进了以 FPGA 为代表的可重构硬件的快速发展，尤其是具有动态部分重构能力的可重构硬件的出现，使得可重构计算成为当前物联网领域的研究热点。物联网中的协作通信系统在能量和带宽归一化的情况下，通过中继协助转发信息，可以获得更高的系统分集增益。作为一种新的空域分集技术，协作通信系统对物联网通信设备的天线数目没有要求，而是通过搜集物联网中的空闲天线作为中继，从而实现空间上的分集。对于多源/多宿的协作组播网络，在物联网中继节点实施无线网络编码还可以提高系统的吞吐量。

本书主要阐述如下几方面的内容：大数据环境下基于压缩感知的数据收集、节能 MAC 协议、网络安全信任测度、动态重构系统的重构方式、可重构资源管理、硬件任务的调度与布局以及软硬件划分、单源/单宿/多中继协作通信、两源/两宿/单中继的协作组播网络、两源/两宿/任意中继的协作组播网络等物联网技术。

本书共 12 章。第 2~4 章由张德干撰写，第 5~8 章由李涛撰写，第 9~11 章由李骏撰写，第 1 章和第 12 章为三人共同撰写。全书由张德干策划和统稿，张晓丹研究员和宁红云教授审阅。

本书得到国家 863 计划项目（No.2007AA01Z188）、国家自然科学基金项目（No.61170173、No.61571328、No.61003306）、教育部新世纪优秀人才计划项目（No.NCET-09-0895）、教育部科技计划重点项目（No.208010）、天津市自然科学基金项目（No.10JCYBJC00500）、天津市自然科学基金重点项目（No.13JCZDJC34600）、天津市重大科技专项（No.15ZXDSGX00050，No.16ZXFWGX00010）、天津理工大学计算机与通信工程学院"智能计算及软件新技术"天津市重点实验室和"计算机视觉与系统"省部共建教育部重点实验室相关基金、天津市"物联网智能信息处理"科技创新团队基金（No.TD12-5016）、天津市"131"创新型人才团队基金（No.TD2015-23）的资助。

本书在撰写过程中，多位教授和专家学者提出了宝贵意见，同时，得到了韩静、赵德新等同事，博士和硕士研究生汪翔、宋孝东、马震、刘思、牛红莉、周舢、李文斌、明学超、朱亚男、赵晨鹏、郑可、潘兆华、戴文博、康学净、刘晓欢、王冬、胡玉霞、刘朝敬、梁彦嫔、董丹超等的支持和帮助，在此一并表示衷心的感谢。

书中难免存在不足之处，真诚欢迎各位读者批评指正。

目　　录

第1章 绪 论

1.1 概 述

2005 年，在信息社会世界峰会（WSIS）上，国际电信联盟（ITU）发布了 *ITU Internet reports* 2005——*the Internet of things*，其引用的"物联网"概念在定义和范围上发生了较大变化，同时拓展了此概念的覆盖范围，宣告物联网时代真正到来。2009 年，IBM 首席执行官首次提出"智慧地球"这个概念，并被美国作为经济振兴的重要策略之一，甚至可以上升为国家战略，引起了极大的关注。同年，中国也将"感知中国"物联网正式列为我国的五大新兴战略性产业之一；同时，世界许多其他国家也相继设立自己的物联网行动计划，使得物联网技术在这一时期得以迅速发展。2012 年，中国颁布第一个物联网五年规划，未来的十年，物联网及其相关产业技术的发展将更加迅猛，物联网的应用也将覆盖全球范围。

无线传感器网络（wireless sensor networks，WSN）技术作为物联网发展的重要支撑技术，在物联网的大发展环境下也取得了显著的进步。但对于无线传感器的应用则从 20 世纪 60 年代就开始了，起初只是应用在军事领域，用来收集战场信息从而作出指挥。随着传感器技术的进一步发展，独立具备计算能力、感知能力、通信能力的现代化微型传感器应用越来越普及。WSN 技术已在医疗事业、交通管理、智能家居、环境监测、抢险救灾、目标追踪等许多民用领域获得了广泛应用，因此，被国际上公认为继互联网之后第二大网络。美国期刊《技术评论》曾评出未来将对人类生活影响深远的十大新兴技术，列为第一的是传感器网络技术，可见 WSN 应用前景巨大，对 WSN 技术的研究将带来更深远的影响。

无线传感器网络中节点有限的电池能量等极大地限制了无线传感器网络的发展。由于网络中节点资源和网络资源消耗不平衡，导致了无线传感器网络不能大量部署。无线传感器网络中，由于大量的节点部署在同一个地区，因而导致邻居节点收集的数据之间相关性比较强，因此人们想到对无线传感器网络内各个节点上收集到的数据进行压缩，从而达到减少网络传输中的数据包的目的。由于无线传感器中的网络能量消耗主要来源于节点接收与转发数据包，所以减少了网络中传输的数据包量能够有助于减少网络的能耗。

20 世纪初，美国工程师奈奎斯特推出了采样定理，称为奈奎斯特采样定理，它诠释了采样频率与信号频谱之间的关系，并提出了连续信号进行离散化的依据。它指出在进行信号采样的过程中，只有当信号的采样频率至少达到信号最高频率的两倍时，原始信号中的信息才能够被全部保留下来，即信号能够从它的采样信号中恢复。因此，带宽是奈奎斯特采样定理的核心。现在的许多设备，如摄像机、高速数/模变换器、雷达、音频电子产品都以此原则为准。但是，由于采样频率太高，为了存储并传输许多数据，只能将它们进行压缩。而且，针对如今无线传感器网络的实际应用，信号的带宽与其所需的采样频率以及存储空间等密切相关，大大增加了时间、空间、金钱成本。

由于现代技术的发展，生活中的数据量日益增长，但是大部分数据之间总是存在很大的相关性、冗余性。如果并不需要全部信息，这似乎是一种资源浪费。在开始阶段，以较高的成本获得并保留了信号的全部信息，最终进行压缩时，却只保留了那些主要信息部分，大量冗余无用的信息被丢弃。从这方面来看，可以只保留信息的主要部分。传统的信号处理就是这样，先是完全采集所有数据，然后通过压缩去掉数据的冗余信息，虽然看起来减少了网络中的传输量，但是从另一方面来看，网络需要为各个传感器增加压缩的功能，无线传感器网络中的传感器资源有限，增加这一功能大大增加了网络的成本与复杂性。是否有办法能直接取得信号数据的主要信息成分，而不需要额外的压缩步骤呢？压缩感知算法就是为了达到这一目的而产生的，人们首先将模拟信号基于某个基（如小波变换）进行稀疏变化，然后仅留下那些大的系数的值，这样可以直接近乎得到信号的完整信息。它突破了奈奎斯特采样条件的限制，即采样频率必须大于等于信号最高带宽的两倍，从而降低了采样频率，节省了采样资源。

目前压缩感知理论已经在图像处理、生物传感等领域有了巨大发展。Sankaranarayanan等（2011）针对不同信号检测情况进行了压缩检测与估计研究；有学者根据域压缩的图像压缩照相机框架，成功发明了单像素数码相机；Baraniuk 等通过研究基因晶片上的 DNA 微阵列，减少了患者对医学器材的不舒适感；还有分布式视频压缩传感；基于目标跟踪的图像压缩等方向。近期，国内大量研究了压缩传感理论和实际应用，取得了许多成果。例如，西安电子科技大学针对压缩感知在日像仪阵列设计等方面进行研究，提出了超低速率采样检测理论；安徽大学基于图像等模拟信号对压缩感知中稀疏测量矩阵和恢复算法进行了研究；燕山大学研究了压缩感知与协方差的频谱感知技术，做了重建 CT 图像以及手写字符识别等工作；厦门大学将压缩感知理论应用到图像数据重建，研究了自适应稀疏字典模型。

如何选择合适的测量矩阵一直是压缩传感理论的关键问题。Candes 等研究提出了限制性等距性 RIP（restricted isometry property）准则，同时给出了观测矩阵满足 RIP准则的证明。目前，高斯随机矩阵、伯努利随机矩阵等矩阵作为压缩感知理论中用到的矩阵都符合相应的 RIP 条件。在随机观测矩阵的基础上，很多学者进行了深入的研究，如对已知的观测矩阵进行优化，有文献将观测矩阵的行向量进行正交化改进；有文献提出了 QR（Q-orthogonal-matrix & R-triangular-matrix）分解的思想，用于改善随机矩阵；有文献将混沌序列引入压缩感知理论中；有文献提出了一种新型观测矩阵，即确定性观测矩阵。

为了将压缩感知理论应用到大数据环境的实际中，首要条件是看实际情况是否稀疏，即是否需要通过少量信息包含大量数据，例如，大幅提高应用系统性能，减少信息存储空间及提高信息传输速度等。但是需要明确的是，压缩传感理论无法处理那些"非稀疏"信号，如噪声。并且在某些实际应用中，奈奎斯特采样定理仍旧无法被取代，压缩感知理论还需深入的研究与发展。

随着微电子技术的不断创新和发展，大规模集成电路的集成度和工艺水平不断提高，已从深亚微米（$<0.5\mu m$）进入到超深亚微米（$<0.25\mu m$）和纳米（90nm），其特征是工艺特征尺寸越来越小，芯片尺寸越来越大，单片上的晶体管数越来越多，时钟速度越来越快，电源电压越来越低，布线层数越来越多，I/O 引线越来越多，这使得以 FPGA 为代表的可重构硬件（reconfigurable hardware）取得了巨大的进步。对于许多应用来说，利用硬布线方法的内在并行性和在单个阵列上执行多个任务的并发性等技术，通过在可重构硬件中实现软件的某些部分，已经取得了巨大的软件加速比和能耗的下降。

在微处理器中，每个时钟周期执行一个计算操作步骤，中间结果存储在寄存器中，将这样的一个算法从微处理器移植到可重构硬件上，也就是从时间域映射到空间域实现相同的操作，则将会在逻辑电路上并行执行。一旦这个执行完成，下一个并行代码被执行，中间结果使用缓冲区进行通信，计算花费的时钟周期数能够显著减小。将不同的简单应用从 CPU 迁移到 FPGA 上获得的加速比大约为 7～46。需要注意，加速因子在很大程度上都受到面向应用的实现算法的影响。由此可见，通过将计算问题从微处理器（时间域）迁移到面向应用的逻辑电路（空间域）上可以获得较高的性能加速，无论是能量有效性还是计算时间都有很大程度的提高。

重构可分为静态重构和动态重构两种，前者指断开先前的电路功能后重新下载存储器中的配置信息来改变可重构硬件的逻辑功能，基本上所有的 SRAM 型 FPGA 都可实现静态重构，常用于 ASIC 原型系统开发。后者则在改变电路功能的同时仍然保持电路的动态连续。

动态重构技术主要是指对于特定的基于 SRAM 结构的 FPGA，在一定的控制逻辑的驱动下，对芯片的全部或部分逻辑资源实现在系统高速功能变换和时分复用。就其实现重构的面积不同，又可分为全局重构和局部重构。

全局重构：对 FPGA 器件或系统能且只能进行全部重新配置，在配置过程中，中间结果必须取出存放在额外的存储区，直到新的配置信息全部下载完，重构前后的电路相互独立。配置信息通常存放在与重构器件相连的 EPROM 中，以实现功能的转换。

局部重构：对 FPGA 器件或系统的一部分逻辑进行重新配置，在此过程中，其余部分的工作状态不受影响。Xilinx、Atmel 等公司的 FPGA 支持运行状态下的动态局部重构，这种重构方式减小了重构范围和单元数目，能够大大降低重构带来的时间开销。

目前，Xilinx 公司的 FPGA 能够支持自重构，即芯片本身的控制系统能够执行其他部分区域的重构。很多平台 FPGA 能够支持多款微处理器核，尤其是 Virtex II Pro

这类内嵌了 PowerPC 硬核的芯片的出现，为可重构片上系统的实现提供了良好的硬件平台。FPGA 等可重构硬件的动态部分重构能力使系统能够在运行时动态地重新配置芯片的部分区域，而不影响其他区域的功能电路，为实现动态重构系统提供了良好的硬件平台。尤其是，随着可重构硬件集成度和规模的不断提高，将包括微处理器、存储器、DSP 和各种接口集成到一块芯片成为可能，为片上系统的实现奠定了基础。

协作通信技术（cooperative communication）利用网络中闲置的天线资源作为信源的中继（relay）协助转发信息，通过不同天线传输相同的数据达到空间分集的目的，以提高通信系统的可靠性，是继 MIMO（multiple-input multiple-output）多天线技术之后无线通信领域内又一前沿研究课题。MIMO 技术经过十年的发展，虽然在理论研究上已日臻完善，但在实际应用中受到移动设备尺寸的制约。相比之下，协作通信技术对通信节点的天线数目没有要求，而是通过搜集网络中的闲置天线，形成分布式虚拟天线阵列（virtual MIMO）协作传输数据，因此具有实际应用价值。研究表明，在网络能量归一化的情况下，协作通信系统的性能明显优于直接传输的系统性能。协作通信技术不仅将成为未来移动通信和无线局域网的关键技术，而且在无线传感器网络这种资源有限的分布式环境中更具有 MIMO 所无法比拟的优势。

虽然协作通信系统的模型设计已经相对比较完善，但是模型的性能分析仍然非常复杂和困难，且基于的标准也各不相同。比较常用的性能分析工具是 Diversity-Multiplexing Tradeoff（DMT）。DMT 最初是在 MIMO 技术中发展起来的一种快速有效验证某种空时编码系统优劣的线性公式，后被引入协作通信系统中，作为各种模型的性能分析准则。DMT 通过综合考虑误帧率和系统容量，能更加全面地评判一个通信系统的优劣。但是，DMT 也有一定的局限性，无法更好地对系统的中断概率趋势作出预测。Throughput-Reliability Tradeoff（TRT）作为 DMT 的在 MIMO 系统中的一种改进，在继承了 DMT 的优点的同时，通过线性逼近的方式给出了中断概率和系统误帧率的趋势预测。相对于 DMT，TRT 可以对系统有更深入的了解。但是 TRT 的提出者指出不能确定 TRT 能否用于 MIMO 以外的通信系统。因此，如果能将 TRT 引入协作通信系统，将会促进对各种模型及协议的了解和设计。

1.2　基于压缩感知的数据收集技术

随着传感器、集成电路等技术的高速发展，无线传感器网络日益得到了人们的关注，由于其具有低功耗、大量数据处理能力等优点，被广泛应用于环境、军事、交通等各个领域，它克服了传统有线传感器网络通信线路等设备布置复杂等缺点。无线传感器网络主要由大量微型传感器节点构成，网络中的节点通过无线通信的方式与汇聚节点进行数据交互。无线传感器网络是由许多体积小的无线传感器节点组成，由于这些传感器节点能量有限,如何有效提高节点的能量使用率,从而增加网络的生命周期,一直是无线传感器网络研究的热点。

大数据环境中普遍存在的压缩现象,即在收集完信号的全部信息之后又去除了大量的冗余信息,使得人们想到能否直接采集信号的主要信息,但是暂时无法知道它们的先验位置,因而无法直接测量大的稀疏系数。近年来,Candes、Tao、Donoho 等基于信号在某个基上的稀疏性,提出了压缩感知技术。该技术仅仅依靠远远低于奈奎斯特定理规定的采样频率就可以保留信号的完整信息,并且通过相应的重构算法恢复出了原始信号。

简单地说,压缩感知技术的中心思想是当信号在某个基上是稀疏的,通过与稀疏基非相干的测量矩阵将信号进行降维采样,只保留信号的主要信息部分,最终通过求解非线性最优化问题再将低维稀疏信号高概率恢复成原始信号。可以看出,并不需要很高的采样频率,而仅需信号满足两个条件,即信号稀疏或者可压缩,以及用于降维的观测矩阵与稀疏基非相关,编码端非常简单,这在能量有限的无线传感器网络中,可以有效降低各个微型节点的能量消耗。

从技术上来说,压缩感知理论在一定程度上完全取代了奈奎斯特采样定理,大大降低了采样频率。图 1.1 给出了传统数据先采样再压缩的过程与采用压缩感知过程的比较,可以看出,传统采样过程经过先采样再压缩的过程,需要 N 次测量,而压缩感知理论根据数据之间的冗余度,采用非相关测量,只需 $M \ll N$ 次测量,得到降维后的信号,再利用相应的一些重构算法即可恢复原始信号。

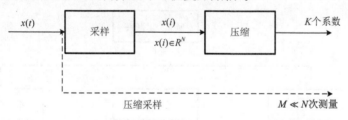

图 1.1 典型的传统采样压缩过程和压缩感知的采样过程

压缩感知理论在采样阶段仅需收集少量的数据,在恢复阶段相对来说比较复杂,降低了原本奈奎斯特复杂的数据收集阶段复杂性,这完全符合无线传感器网络的构造。因此,将压缩感知技术运用到无线传感器网络中进行大量数据处理将会十分有意义。

2004 年,Candes 教授等首次利用一个合适的编码矩阵以及相应的重构算法恢复了信号,接着 Candes 教授、Donoho 教授等在 2006 年在 *IEEE Transactions on Information Thertory* 上正式从数学角度严格证明了其正确性,正式提出了压缩感知的概念。虽然压缩传感理论提出时间不长,但其吸引了大量的关注,尤其在信号数据处理等方面。有文献提出了贝叶斯压缩感知的概念和 1bit 压缩感知的概念,Baron 等针对分布式网络的特点于 2009 年提出了分布式压缩感知(distributed compressive sensing,DCS),指出多个观测源可以采用联合重构的算法重建出原始信号。Baraniuk 等提出了基于模型的压缩传感的理论框架，不仅分析了这种模型下信号重构算法的性能，而且证明了稀疏信号能够极大提高重构算法的性能。有文献提出序列压缩感知的概念，采用二进制采样序列向量决定当前稀疏信号。综上所述，目前压缩感知主要集中在信号的稀疏变换、观测矩阵的设计、信号重构算法等方面，还有许多理论问题需要解决与完善。

1.3 物联网的节能 MAC 协议

无线传感器网络由于其监控范围广，无须人为值守的优点，被广泛应用于工业自动化、安全监测、天气分析和一些军事方案等。但传感器节点电池能量的有限性也直接影响了节点和网络的生存周期，阻碍了 WSN 的进一步发展应用，因此，如何提高能源利用效率，研究设计相关的节能协议，成为这个领域的热点问题。对于无线传感器网络中的节点，能量主要消耗在监测信息与数据收发上，而除了这些必要的能量消耗，对于媒质访问控制层（medium access control，MAC），像碰撞重传、串音、空闲侦听、控制信息过多、发送失效这些情况也会浪费不必要的能量。MAC 层协议是控制信息和数据报文在无线信道上进行收发的直接控制者，在确定网络的吞吐量、时延、带宽利用率和能量消耗上起着重要作用，也会间接影响上层路由协议和传输协议的性能。所以，研究设计高效的 MAC 协议是确保 WSN 服务质量的关键问题。MAC 协议方案图如图 1.2 所示。

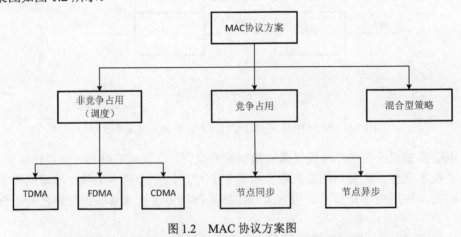

图 1.2 MAC 协议方案图

1.4 物联网的安全信任测度技术

针对物联网（Internet of things，IOT）的安全信任问题，目前已经提出了多种安全机制来应对窃听攻击、数据伪造攻击等，如安全身份验证、消息完整性验证、消息加密机制等。但是，对于一些其他攻击，如节点捕获攻击、拒绝服务攻击等，上述方法还不能有效抵抗这些攻击。传统的安全机制能够有效地抵御外部攻击，但是对于节点捕获所引起的内部攻击效率不是很高。为了保证安全通信，需要确定转发节点附近最可信的邻居节点来进行数据转发，以达到数据安全传输的目的。

目前已提出了多种信任模型来计算物联网节点之间的信任度，达到数据可靠传输的目的。相关文献提出了一个参数和信任管理方案 PLUS，该方案综合考虑了在节点通信范围内的直接信任和推荐信任，在每个区域范围内设定一个判断节点，该节点用来评估各个节点的信任度。源节点将数据发送到该判断节点，判断节点对数据包完整性进行检测，若数据包完整性检测失败，判定节点就对该源节点的信任度值降低，而不考虑源节点是否真的是恶意节点。因此，计算得到的节点的信任度的值可能不准确。有文献提出了一种基于 D-S 信任理论的 NBBTE 算法。在 NBBTE 算法中，首先根据邻居节点之间的历史通信行为建立各种通信信任因子。然后利用模糊集理论计算节点间的直接信任。最后考虑节点间的推荐信任，并采用 D-S 理论方法对直接信任和推荐信任进行综合计算。

1.5　可重构技术

由于芯片面积的限制，传统的微处理器不能集成所有的 ASIC（application specific integrated circuit），而且 ASIC 也不能满足应用需求的多样性。随着 VLSI（very large scale integration）技术的快速发展，可重构硬件弥补了微处理器和 ASIC 实现之间的性能差距，基于配置 RAM 的实现方式使得可重构硬件比 ASIC 能够提供更高的灵活性，电路执行的并行性带来的性能是传统高性能计算机所难以达到的，为更广泛的应用提供了更灵活和有效的高性能解决方案。可重构硬件技术及其设计、开发工具的快速发展使得动态改变可重构硬件的逻辑功能成为现实，能够实现不同的面向应用的计算功能，兼具与 ASIC 相当的计算速度和软件实现的灵活性，使面向物联网的可重构计算（reconfigurable computing）成为一种更为有效的计算方式。

与传统的计算模型类似，使用可重构硬件实现的物联网可重构计算模型如图 1.3 所示，这也是一个微处理器及其协处理器协同操作的通用模型，既保持了硬件协处理器的性能，又具有很高的灵活性。可重构硬件作为一种基于 RAM 的通用计算平台，与微处理器的取指操作类似，其计算功能是通过在运行前下载的配置信息来确定的，不过它比微处理器上的指令功能更加强大，能够根据应用需求动态地配置为相应的面向应用的功能电路。不像微处理器中的指令级执行，整个功能可以映射到可重构逻辑上并发执行，并且通过使用功能级的定制逻辑替换微处理器指令还减少了指令数目。

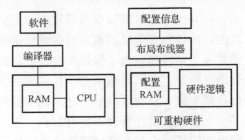

图 1.3　可重构计算模型

一个微程序指令集处理器在运行时基于指令流操作的切换，如访问寄存器文件和内存地址解码器等操作是不进行重构的，即寻址和运行时指令是不重构的，装载一个指令流驱动设备的程序内存是不重构的，指令的取操作和相关通信路径的设置都在运行时发生，这是程序风格的编程（指令调度）。虽然所有的晶体管在电路级看起来都一样，但在可重构计算模型中，取指令操作（所有计算资源的建立和相关通信路径的设置）都是在运行前进行的，它改变了数据路径和相关资源的有效结构，需要对逻辑资源进行重构。因此，使用微处理器执行控制密集型的任务，而使用可重构硬件执行计算密集型的任务，能够充分发挥两者各自的优势，有效地加速程序的执行。

1.5.1　可重构系统相关技术基础

在物联网研究与应用中，可以把计算功能的实施看成由时间和空间构成的二维结构。可编程（programmable）是指时间域上的指令调度，一个程序决定了执行的指令序列，微处理器的灵活性就是通过在时间域上的指令序列调度实现的，其功能的改变在于其时间域上的可变性，而在空间域上是固定不变的。可配置（configurable）引入了空间域的可编程能力，即可重构硬件除了时间域上的可编程能力，空间域上的逻辑块或者功能块的逻辑结构是可以配置的。ASIC 功能固定，在空间域和时间域只能被编程一次，而可重构硬件可以被多次配置为不同的逻辑功能，在空间域和时间域上均可变，这种基于可重构硬件实现可重构计算的系统称为可重构系统。

1. 可重构系统分类

1）按粒度划分

粒度说明了可重构硬件中最小处理单元的复杂程度，细粒度芯片使用查找表作为处理单元，粗粒度芯片使用算术逻辑单元或小的处理器作为处理单元。根据可重构处理单元的尺寸可以将可重构系统分为两类。

（1）细粒度可重构系统：由大量的小逻辑块组成，如门、触发器、较小的宏单元等，对于位级操作比较有优势，对数据宽度变化的计算结构比较适用。但缺点是配置信息量大，重构时间长。

（2）粗粒度可重构系统：由较大的、功能较强的逻辑块（如 LUT 等）组成，配置信息量少，重构时间短，在字宽为单位的操作方面能获得比细粒度结构更快的执行速度，但面积利用率要小一些。

2）按重构模式划分

可重构硬件的逻辑功能可以重复配置，既可以针对应用进行，也可以针对应用的不同阶段进行。可重构系统综合了微处理器和 ASIC 的特点，从系统中可重构硬件的不同重构模式上可分为三类。

（1）静态重构系统：静态重构又称为编译时重构，其基本特征是配置信息必须在操作开始之前装载到可重构硬件上，并且在整个应用的运行过程中保持不变，其设计流程类似于 ASIC。

（2）动态重构系统：动态重构又称为运行时重构，指在运行时可以动态地改变可重构硬件的逻辑功能，适用于可划分为时间上以顺序的互斥方式运行的一类应用。动态重构系统能够突破芯片面积的限制，提高资源利用率，并且能够降低器件的损坏率。

（3）动态部分重构系统：指在运行时可以进行可重构硬件中部分逻辑功能的动态改变，不被重构的区域不受影响，能够实现功能计算和逻辑重构的重叠，大大隐藏系统的重构延时，提高系统的性能。动态部分重构改变了时间上互斥的概念，实现了硬件模块不同子集的结合，这种灵活的使用方式能够有效地提高可重构硬件的利用率。

3）按发展过程划分

从可重构系统的发展过程来看，大致经历了三代。

第一代主要是利用商用化 FPGA 来提高微处理器的性能，一般由执行串行操作的微处理器和开发并行性的 FPGA 组成。但由于 FPGA 和微处理器通常由外部总线连接，容易形成通信瓶颈，系统启动之前需对系统进行初始化，且大多数不支持动态部分重构，配置时间长。例如，PRISM 项目扩展了使用可编程控制存储器为每个应用产生定制微码的思想，使用与标准 RISC 处理器紧耦合的 FPGA 上的面向应用的指令增强了 RISC 指令集，其硬件映像由对用户透明的源代码抽取和编译而来。

第二代是结合细粒度可编程逻辑和动态重构的片上系统，动态重构可以通过上下文切换或者部分重构设备来实现。以设备等效门数测量的芯片复杂度的提高使得可编程片上系统的实现成为可能，它将处理器、内存和可编程逻辑集成在一起，减小了微处理器和 FPGA 之间的通信瓶颈。例如，DISC 将指令集中的每个指令实现为一个独立的电路模块，并以应用程序指定的方式配置到 FPGA 上。原有的操作指令和为特定应用设计的定制指令共同构成了处理器的完整指令集，动态部分重构消除了逻辑容量的限制，在 FPGA 上能够实现无限个指令，并且配置和状态保存开销很有限。

动态重构系统逐步向需要复杂的计算操作和数据吞吐量的多媒体应用前进，第三代就是具有动态部分重构和硬件虚拟化的面向数据流处理（多媒体）的片上系统。硬件虚拟化降低了对芯片的依赖性，即在给定芯片上综合的系统只能用于该芯片上，即使是同一系列的，该系统也必须被重新综合。例如，SCORE 就是基于页式可重构硬件、页之间的流通信和存储等概念上构建的可重构系统。

4）按耦合度划分

根据可重构硬件与宿主机（处理器）的耦合程度不同，可分为如图 1.4 所示的实现方式，其中阴影部分表示可重构硬件。

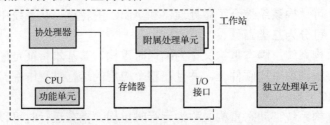

图 1.4　可重构硬件与 CPU 的耦合程度

功能单元：可重构硬件作为处理器的功能单元使用时可以实现某些特殊的指令，实现了一套可随时改变的指令集，以 I/O 操作方式与主处理器实现紧耦合，加快了处理器的计算速度，但仍然占用处理器的指令周期。

协处理器：类似于 80386 CPU 附加 80387 协处理器的方式，将可重构硬件作为协处理器使用，以提高应用的执行速度，其特点是可重构硬件嵌入到主处理器的高速缓存中，是一种紧耦合方式。

附属处理单元：这种结构原理上与巨型机中的多处理器结构类似，此时可重构硬件作为一个相对独立的处理器存在，相互的连接也是紧耦合的。

独立处理单元：位于微处理器系统的外部，可重构硬件作为一个完整的处理器使用，两者之间通过 I/O 接口相互通信。随着耦合程度的降低，两者之间的通信带宽越来越小，更适用于任务之间通信量少的程序。

5）按操作能力划分

微码是一组微操作的集合，这些微操作可以按任何顺序组合，其顺序指定了执行微操作的顺序，从而使用简单的微操作构成了复杂的指令。在可重构系统中的每条指令都能够映射为一段微码，根据微码能够控制的资源数量，可将系统分为两类。

垂直微码系统：在一个周期内只能控制单个资源的微码称为垂直微码。

水平微码系统：在一个周期内能够控制多个资源的微码称为水平微码。它比垂直微码要复杂一些，在极端情况下，一个微码可控制数据路径中的所有资源，因此性能较高。

2. 可重构系统的特点

现有的大多数可重构系统都是由微处理器和可重构硬件构成的，其基本思想是利用前者的灵活性使系统对大多数应用都具有较高的性能，利用可重构硬件实现面向应用的计算密集型任务。可重构系统既能获得数倍于微处理器的性能，又可以针对不同性质的应用定制不同的专用计算功能，并根据应用需求动态地将之配置到可重构硬件上，能够比 ASIC 实现更多的应用，同时能够降低系统的代价，缩短上市时间等。尽管其性能仍然比 ASIC 低一些，但它保持了微处理器的灵活性，而且使用简单的硬件获得了更多的功能。微处理器的灵活性和软件的成功都在于它们是基于 RAM 的，可以预见，由可重构硬件构建的可重构系统也能像微处理器一样通用，并取得较大的成功。

计算模型是系统结构的高级抽象，能够为应用到系统结构上的映射算法开发提供基础，系统的调度和映射等技术都需要计算模型的支持。并行计算通过开发程序的并行性和到不同处理器系统结构上的映射来加速应用的执行，仍然使用传统的串行冯氏模型。可重构系统则不同于传统的冯氏系统结构，其计算模型也与传统的不同，它是通过将程序的计算密集部分迁移到可重构硬件上来实现应用的加速，其并行性是通过电路执行的并发模式实现的。尤其是动态部分重构的出现，使系统除了从传统的系统结构和应用约束上进行优化外，还可以从重构设计即适应性约束上进行优化，进一步提高系统性能。

任何一个系统的设计目标都是追求更低的设计成本和更大的设计灵活性，可重构系统正是在这种需求下产生的。可重构系统成功的关键就在于：特定领域的灵活性，尤其是对可重构片上系统（reconfigurable system-on-chip）来说。当今社会，嵌入式系统的应用领域越来越广泛，基于可重构计算的系统开发者不必使用一种芯片来满足所有需求，绝大多数都是满足某一类特殊的应用领域。例如，多媒体处理系统的设计者不需要用高端的光网关中使用的相同电路模块，但通过对这样的系统进行简单修改，可以支持一系列采用不同标准实现的图像、视频处理等系统。

综上所述，可重构系统的主要特点如下。

（1）系统中包含基于 RAM 的可重构硬件，可根据需要动态地配置为相应的功能电路。

（2）打破了传统冯氏模型的限制，性能比较高。

（3）可重构硬件的动态部分重构能力大大拓宽了系统的应用范围，使"小硬件"能够完成"大任务"。

（4）能够为特定的应用领域提供灵活的解决方案，便于系统的升级和错误修复等。

通过相关算法研究发现，对于数字信号处理、多媒体技术等应用，其处理过程大多由多个相互独立的阶段组成，且每个阶段的计算量都很大，适于采用可重构计算实现。在动态重构系统中，根据不同的应用或应用的不同阶段，通过运行时进行可重构硬件的动态功能改变，使其能够不受容量的限制，实现面向不同应用的专用电路，从而获得较高的处理速度。

3. 可重构系统的关键问题

可重构硬件随着 VLSI 技术的发展取得了长足的进步，它结合了微处理器可编程能力的高度灵活性和硬布线电路实现的高性能和高效率，作为一种新的计算平台取得了较快的发展。EDA（electronic design automation）技术的不断发展提供了越来越好的开发工具和设计环境，为可重构系统提供了性能越来越高的 IP 核和库，使可重构硬件得到更加有效的利用。但是，就目前的技术水平而言，仍然存在以下关键问题。

1）系统结构

在以 FPGA 为代表的可重构硬件中，为了获得模块间更高的连通率，路由资源占用了很大比例的芯片面积，使得 IP 核定位容易受到布线拥塞的限制，使得一部分逻辑资源不能被有效地利用。集成度和时钟频率有待于进一步提高，同时其引脚受物理尺寸的限制也更加明显。片上存储资源相对较少，而且不像内存的使用一样，容易受到重构的影响。由可重构硬件构成的系统的结构标准化程度比较低，一般针对不同的应用进行设计，通用性比较差，而且对动态重构特征的开发和应用程度不够。

2）重构开销

虽然 FPGA 等可重构硬件具有良好的重构能力，但是在当前的可重构硬件技术水平下，可编程需求引起的额外电路和重构时间等开销是一个很重要的问题。在 DISC-II 系统中有 25%～71%的时间花费在重构上，在 RRANN（run-time reconfiguration artificial neural network）系统重构时间大约占用整个任务执行时间的 80%，用于逻辑重构的时间远远大于任务执行的时间。因此，相对于减少指令的运行时间来说，减少/隐藏系统的重构开销将会更加有效地提高系统的性能。

3）操作系统

可重构系统的结构种类较多，而且可重构硬件的资源管理比较复杂，目前的可重构操作系统还不成熟、不实用。装载和协调驻留在可重构硬件上多个任务的性能比较差，在运行时动态重定位 IP 核也是可重构操作系统领域的一个新主题，如何调度可重构系统中的微处理器和可重构硬件使之发挥各自的优势仍然是一个很困难的问题。

4）编译工具

这样的可重构系统意味着要将一个完整系统的逻辑功能分时划分，分时复用可重构硬件的逻辑资源。传统的软硬件协同设计不能满足应用到系统的映射，实现可重构计算模型上的编译器也非常困难，为系统实现一个好的协同编译器也是一个很有挑战性的问题。

不同结构的器件的综合实现工具不尽相同，一种方法是对传统综合工具进行扩展和改变，另一种方法是从并行结构编译器派生而来，目前的资源划分与调度、工艺映射等技术不完善，不能有效地支持可重构硬件的动态重构特性。

5）IP 核设计和重用

目前的 IP 核设计不能脱离具体的可重构硬件，虽然如 VHDL 和 Verilog 之类的描述语言已成为 IEEE 标准，但不便于软件程序员使用，编程效率比较低，而且各种布局布线工具也有待于进一步优化。随着硬件规模和集成度的提高，可重构系统设计的前景越来越广阔。IP 核在整个芯片中的应用规模很大，IP 核重用是可重构系统尤其是片上系统设计广泛发展的重要条件，并可以保证系统芯片级开发的效率和质量。

1.5.2　重构方式

目前，很多研究机构和公司都在从事可重构系统的研究和开发工作。可重构系统一般由微处理器、可重构硬件、分布式 RAM、Flash 存储和外围 IP 核组成，如图 1.5所示。对于片上系统而言，各组件相互之间通过可编程总线连接，消除了早期可重构系统的通信瓶颈问题，是当前可重构系统领域的一个重要研究方向，如 DISC、GARP、Splash2、TRUMPET、SOCRE、PipeRench 和 Systolic Ring 等。

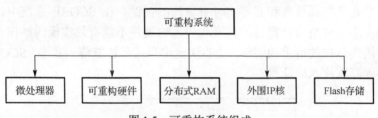

图 1.5　可重构系统组成

1. GARP

GARP 体系结构集成了一个与 MIPS-II 核兼容的宿主处理器核和一个可重构的协处理器，通信网络为 2D Mesh 结构，宽度为 2 位。其中，可重构阵列基于 Xilinx 4000系列的 FPGA，扩展的 MIPS-II 指令集实现对可重构硬件的重构。GARP 中的重构阵列由若干块组成，每行上有 1 个控制块，该行的其余块为逻辑块，逻辑块类似于 XilinxFPGA 中的 CLB。在系统上电以后，重构阵列经过几个时钟周期的初始化过程后，即可在宿主处理核的控制下完成协处理功能。宿主处理器与重构阵列共享相同的存储器，重构阵列上的模块可以像宿主处理器一样读写存储器中的数据，但是仅限于重构阵列的中间 16 列逻辑块上的模块，最左侧的一列逻辑块专门用于控制功能，只有中间的16 列逻辑块上才运行用户模块。为加速系统运行，重构阵列与宿主处理核共享数据缓存。但是，GARP 所采用的配置和编译工具等都是针对系统开发的，其标准化能力比较差。

2. PipeRench

PipeRench 是针对流水线应用实现的一种加速器，依赖于快速的流水线动态重构以及配置信息流和数据流的运行时调度，提供了多个可重构的流水线阶段。它有 256×1024 位的配置内存、状态内存、地址转换表、内存总线控制器和配置控制器组成。PipeRench 的可重构部件在一个时钟周期就可以实现一个流水线阶段的配置，同时其他阶段仍并发执行。可重构部件由三输入的查找表实现，由相互连接的水平带状逻辑和包含寄存器和 ALU 的处理单元组成。一个带状逻辑提供 32 个 4 位的 ALU，整个可重构部件有 28 个带状逻辑。PipeRench 是由带状逻辑内部的局部连接以及带状逻辑和 4 个全局总线之间的连接构成的，是基于线性阵列的一种互连方式。

3. SCORE

SCORE 是由一个微处理器和一个可重构设备构成的流媒体处理片上系统，如图 1.6 所示，系统中的布线资源丰富，完全满足快速地实时布线。其中，可重构阵列分为多个相互独立的相同计算页，中间数据、页状态和页配置信息都存储在分布式内存中。页之间的互连支持计算页和内存之间的高带宽、低延迟通信，并允许内存页的并发使用，它是获得高性能和支持实时页重构的关键。在 SCORE 系统中，微处理器具有重要的作用，它负责计算页的调度和可重构硬件不能有效实现的操作。计算页本身使用支持快速重构的可重构逻辑，能够快速地存储和读取阵列状态，SCORE 中的计算页能够实现高速流水线计算。

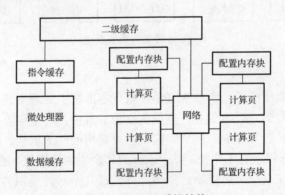

图 1.6　SCORE 系统结构

但是，SCORE 系统将可重构逻辑分成固定大小的计算页，虽然对于特定的应用具有较好的性能，但现实应用中很多任务的粒度都是可变的，其资源利用率受到很大的影响。

1.5.3　模块布局

可重构系统中的可重构硬件能够有效地加速面向具体应用的任务，因此对可重构硬件面积的充分利用能够提高系统的性能。在系统运行过程中，当把一个逻辑模块对应的网表结构映射到芯片的某个区域时，需要一些数据结构、算法来帮助确定它所映射的位置，即进行模块布局（placement）。图 1.7 阐述了可重构系统模块布局的一种模型。

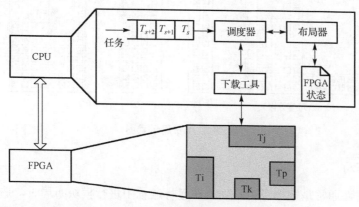

图 1.7 模块调度与布局

布局的主要任务是为一个逻辑模块找到它所布局到芯片的配置区域。如果区域的使用在系统开始运行前就已经指定，并且运行过程中不发生变化，则这种布局方式被称为离线布局。与之对应的是在系统运行过程中，根据当前运行状态对一个即将进入芯片的逻辑模块的映射区域进行动态确定，则被称为在线布局。在系统运行过程中，像内存分配一样，由于多个模块动态地进入和离开芯片，容易造成芯片有若干不连续的空闲区域，它们不承载任何与系统相关的逻辑功能。因此，布局的目标之一就是高效地管理这样的空闲区域，提高可重构硬件的资源利用率。

1. 1D 布局

目前的可重构系统大多都基于 Xilinx 公司的 FPGA，如 Spartan-II、Virtex、Virtex-II 等，这些器件的配置均是按列进行的，最小的配置单位为 4 个 Slice 列。因此，就目前的技术水平来说，1D 布局更加符合 FPGA 的配置结构，在管理上更加方便。图 1.8 为 1D 布局示意图。在 1D 布局中，每个模块被映射到芯片上的某区域时，必须占满一列（或一行），宽度（或高度）可以根据其规模大小而不同。以 Slice 列（行）为配置单位使得配置过程中的某些开销减少，如空闲区域的划分方法在 1D 布局中要比 2D 布局中的简单很多。但是，1D 布局中有一个自身无法克服的缺陷：当一个细粒度、小规模的模块被映射到 1D 布局下的一个空闲区域时，它可能会"浪费"若干逻辑资源。也就是说，在细粒度、小规模的重构情况下，1D 布局可能会导致硬件资源利用率过低。

在 1D 布局中芯片可以被划分为若干固定大小的区域使用，可以类似于内存分页或者分段管理。前者的分配和管理非常方便，管理使用的数据结构也较为简洁，但是容易造成比后者更多的资源浪费；后者管理要复杂一些，但资源利用率要高于前者。

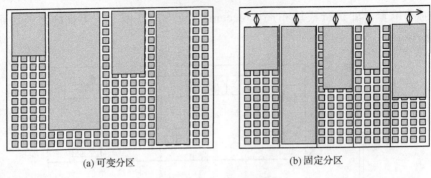

(a) 可变分区　　　　　　　　　　　(b) 固定分区

图 1.8　1D 布局示意图

2. 2D 布局

可重构硬件通常是矩形逻辑阵列，在运行过程中进行模块布局时，选择其中一个矩形子区域作为待映射入模块的目的区域，该区域仅仅提供模块运行的硬件资源，与相对于芯片的绝对布局位置没有关系。图 1.9 是 2D 布局示意图，带底纹的区域表示该区域有任务运行，其他区域表示未被使用。

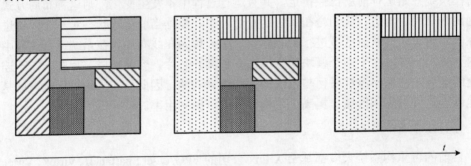

图 1.9　2D 布局示意图

当有新模块要进入芯片时，需要对空闲区域进行划分，以给出该模块运行所需的资源，在 2D 空间上常用的可重构资源管理方法有如下三种。

1）空闲矩形法

空闲矩形（ER）是指没有被任何模块占用的矩形逻辑区域，最大空闲矩形（MER）是指没有被其他任何空闲矩形所完全覆盖的矩形逻辑区域。系统把所有的 MER 组成一张链表，当有新的模块进入时，有两类方法确定哪个空闲矩形被分配给该模块。

KAMER 算法：保持所有的 MER，检索整个链表，查找最优的一个分配给新来的模块。这种方法能够获得较高的资源利用率，但算法执行效率不高，时间复杂度为 $O(n^2)$ 阶。

KAER 算法：保持所有互不交叠的 ER，虽然算法执行效率比较高，时间复杂度

为 $O(n)$ 阶。但由于 ER 在很多时候不能标识出芯片中的最大空闲区域，所以资源分配的成功率受到较大影响。

2）间接管理法

通过管理被模块占用的区域来达到管理空闲逻辑的目的，大多数情况下减少了矩形的数量，但其复杂度与 ER 法的仍然相同。这种方法试图最小化相互通信的任务之间的距离，但没有考虑碎片和调度过程中的时间和数据约束，不能很好地评价任务在 FPGA 上的布局好坏，不利于资源的高效使用。

3）空闲区域法

使用顶点链表数据结构可以管理相互连通的空闲区域，因此使用顶点链表的集合就可管理芯片上互不连通的所有空闲区域，减少了定位 ER 的顶点数量。一般的装箱算法不考虑任务执行结束时的矩形更新问题，而基于信封定义的顶点链表结构将其考虑在内了，通过顶点列表的边和任务边相交与否来判断该区域是否可以容纳该任务。但是，任务的动态添加和删除使得顶点链表的管理和查找比较复杂。

3. 离线 3D 布局

3D 布局模型有四个假设前提：①可重构模块之间没有通信；②可重构模块的待处理数据在开始运行前已经被装载到指定位置；③可重构模块执行结束后的极短时间内，其处理结果即被取走；④可重构模块既可在 FPGA 上实现，也可用软件实现。一个可重构系统的功能模块集合可用式（1.1）的形式化定义，其中 n 指该系统中含有的可重构模块个数，r_i 代表第 i 个可重构模块的主要属性集，w_i、h_i 表示模块占用芯片中矩形区域的宽度和高度，s_i 表示模块被激活、开始运行的时刻，e_i 表示模块退出系统的时刻。这里，w、h、s 和 e 均为正整数，且 $s < e$。

$$\text{RFUOP}_s = \{r_1, r_2, \cdots, r_n \mid r_i = (w_i, h_i, s_i, e_i)\} \tag{1.1}$$

因此，可将一个可重构系统的运行状态描述为一个 3D 结构。布局工具在这种模型下有两个最主要的操作：在 s_i 时刻把可重构模块下载到芯片并激活它，在 e_i 时刻把模块替换出芯片。当发生下载激活操作时，首先要确定当前硬件子系统中是否能够提供该模块运行所需的资源，如果能够提供则执行下载并激活操作，反之使用软件实现模块操作。

设 ACC 集合表示所有可以在运行时被映射到芯片上的可重构模块，则布局器按式（1.2）进行模块布局，其中 W、H 为芯片的宽度和高度（一般采用 CLB 阵列的行、列表示），x_i、y_i 为模块在芯片上的坐标。

$$\text{ACC} = \{\{(r_i, x_i, y_i) \mid r_i \in \text{RFUOP}_s, x_i \geq 0, y_i \geq 0, x_i + w_i < W, y_i + h_i < H\}\} \tag{1.2}$$

1.5.4 软硬件协同设计

在可重构系统中实现应用的方法有两种：内联硬件描述，即在程序代码中明确地加入硬件描述，一般使用已有的 IP 核，并提供与所用软件的接口，常用于开发需要标准功能的应用，如 FFT、JPEG 编解码器等；二是自动编译即可重定位编译器，以便将高级编程语言编译为在微处理器上执行的目标代码和编程可重构硬件的配置信息，使用可重构硬件的程序只需调用系统函数即可。但是，它们对编译器的要求很高，既要求编译器能自动识别出软件部分和硬件部分，将软件部分调度到微处理器上执行，又能对可重构硬件进行重构，并执行相应的计算功能，是非常困难的。

软硬件协同设计即软件和硬件协同工作，使得系统不仅功能正确而且满足系统需求，如性能要求、面积和功耗等限制，是嵌入式系统设计的重要方法。软硬件划分是软硬件协同设计的关键问题之一，统计数据表明，包括软硬件划分在内的最初 10% 的系统级设计过程对于最终的设计质量和成本有 80% 的影响。由于可重构系统通常都包括微处理器和可重构硬件两部分，所以能够自然地应用软硬件协同设计的方法。但是可重构硬件的动态部分重构能力使得硬件电路的功能可以根据程序的执行来选择，不像传统的软硬件协同设计中那样，电路综合之后物理地配置到电路上之后便不能更改。这种灵活性打开了硬件电路的新应用，出现了新的软硬件协同设计问题，必须考虑可重构硬件的动态重构和重构所带来的延时等特性。

基于 ILP 的时域划分和设计空间开发相结合的算法虽然考虑了 FPGA 的重构特性，但它仅仅实现了运行时可重构设计的延时最小化，不能实现软硬件划分。将软件划分、硬件设计空间开发和调度等集成在一块实现的启发式技术，能将任务图描述的应用映射到异构系统结构上，在硬件面积约束条件下追求任务的最小执行时间。该技术采用了迭代方法，并且考虑了硬件协处理器的动态重构能力，但它没有考虑重构延时和模块布局等问题。

基于动态重构系统结构的离散时间系统的运行时软硬件协同设计方法分为三个阶段，应用阶段包括离散时间系统和设计约束的描述，系统描述使用独立的离散事件类；静态阶段包括协同设计的代价估计、软硬件划分和综合等，此阶段仅处理离散事件类；动态阶段包括软硬件调度和动态重构逻辑的多上下文调度等，采用了集中控制的手段，并与应用的执行并发进行，以更好地满足系统的时间约束。但是该方法通用性不好，且不适合于具有动态部分重构特征的可重构系统的应用。

CORDS 系统采用抢占式动态优先级多速率调度算法，能够综合包含动态重构 FPGA 的实时、多速率分布式系统上的任务。它从 FPGA、微处理器和通信资源中自动选择一个分配，并驱动任务和通信事件的调度。此外，借助单个任务的优先级，它还优化了在 FPGA 上执行的任务序列，以减小系统中的重构开销。CRUSADE 是一个启发式构造协同综合算法，能够综合由动态重构 FPGA 构成的分布式系统上的任务。它在满足实时性和其他约束条件的同时，优化了硬件系统结构的代价，而且能满足容错系统的需求。然而，由于它采用了启发式算法，所以不能保证解的最优性，而且仅仅考虑了可重构硬件的重构延时，并没有考虑其部分重构特性。COSYN 也是一种启发式协同综合技术，支持多种类型的处理元素和通信/计算的并发或串行执行，采用基于动态结束期优先级的调度算法，以及采用任务聚簇技术来处理关键路径的动态特征。但是，对 FPGA 的动态重构及其模块布局等考虑不足，而且不能保证获得最优解。

一种基于遗传算法的软硬件协同设计方法采用如图 1.10 所示的系统结构。虽然考虑了可重构硬件的动态重构及其带来的重构延时等特性，但不考虑任务布局而仅从数量上分配可重构硬件是不合理的。在实现软硬件划分时虽然考虑了硬件资源的分配，但也仅限于 1D 线性任务布局的情况，尽管对任务进行了调度顺序上的优化，其资源的利用率还是比较低。

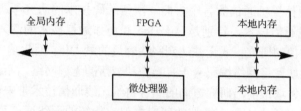

图 1.10　系统结构模型

由于可重构硬件往往都只有一个重构端口，所以既要考虑可重构硬件动态重构及其带来的重构延时等开销，还需要考虑可重构硬件上的任务布局和电路功能的重构冲突等问题。传统嵌入式系统的软硬件协同设计已经比较成熟，对于可重构系统而言，需要在充分考虑上述问题的基础上，进一步研究适合于发挥其性能的软硬件协同设计方法。

1.6　协作通信技术

1.6.1　简介

目前大多数物联网协作通信的理论研究仍然局限于单源、单宿、单（多）中继的系统模型。这种研究模式远不能满足实际中日益复杂的物联网组播网络环境的要求。对于多源、多宿、多中继的物联网组播网络模型来说，除了节点之间的信息传输速率和传输性能之外，提高物联网整个网络的吞吐量也是不可忽视的一个关键环节，吞吐量越低意味着节点能量消耗越高以及网络服务质量（quality of service，QoS）越差。因此，在复杂的物联网组播网络环境中，中继的作用不仅仅局限于增加分集增益，还在于扩大传输范围以及通过对接收信息的智能处理增加网络的吞吐量。目前国际上许多著名的高校和研究机构倾向于将网络编码技术应用到物联网无线网络的协作通信中以提高网络吞吐量，但是还处于初级阶段，国内的相关研究更是空白。

网络编码技术（network coding）是近年来计算机网络通信领域研究的热门课题，研究如何通过网络中交换节点有效的信息处理来达到网络吞吐量的最大化。网络编码相关的研究不仅从理论上证明了选择合适的中间节点进行数据处理可以获得最大的网络吞吐量,而且给出有效的信息处理方式。众所周知,传统意义上的网络交换设备,如交换机、路由器和网关等在数据通信过程中采用的是存储转发(store-and-forward)的方式,即交换设备缓存接收的网络数据并按照数据包中的地址直接转发而不进行任何中间处理。这种方式简单可靠,对交换节点处理器要求不高,为目前交换设备普遍采用。由于芯片技术和处理器技术的飞速发展,交换设备的信息处理能力越来越强,而简单的存储转发则是对日益增长的处理器资源和网络资源的浪费。网络编码在这种背景之下尤其具有其现实意义,其设计思想和理论研究已经渗透到通信系统的其他协议层,广泛应用于计算机通信的各个方面。网络编码技术的研究不再局限于理想的有线信道,随着无线通信技术,特别是 Ad Hoc 和协作通信技术的深入研究,研究者意识到传统点到点通信的研究模式无法达到网络容量的最大化,因此越来越多的高校和研究机构已开始关注如何将网络编码应于有噪声和衰落的无线网络。网络编码技术和协作通信技术两个通信领域最前沿研究方向的结合将给无线通信技术带来全新的理念。

(1)突破无线通信中点到点通信的研究框架。传统的无线通信系统关注点对点信息的可靠传输,包括信道衰落和噪声的处理。信道容量和误码率是无线通信系统的重要性能指标。然而对于无线组播网络来说,吞吐量和误帧率则是网络性能评定的关键因素,也是通信的最终目的。一般来说,点到点的可靠传输虽然减少了数据帧的重传次数,间接提高了网络吞吐量,但并不意味着网络吞吐量能达到最大。网络编码技术跳出了点到点通信的窠臼,从全局网络拓扑的视角指导中继节点的信息处理,进一步提高无线网络的吞吐量。组播网络的协作通信系统需要突破传统的无线通信系统设计模式,通过将网络编码和传统的物理层技术,如信道编码、分集技术结合,使得协作通信系统的性能达到最优。

(2)完善网络信息理论。网络信息论已有三十多年的研究历史,但发展缓慢,大部分研究只是在单用户信息论的基础上作改进。虽然在理论上给出了一般无线组播网络的容量上界的简单形式。但对于如何提高网络容量仍然没有一个系统的结论。网络编码已被证明在有线网络中可以达到最大流-最小割的理论上界。将网络编码引入无线组播网络有助于进一步完善网络信息论。无线电波的广播特性特别适合网络编码在无线网络中的应用,同时由于网络编码是底层的编码技术,使得其和协作通信有着天然结合的优势。但是无线网络的结构和无线信道中固有衰落和噪声的影响使得二者的结合面临着前所未有的挑战。

(3)如何克服无线网络结构上的差异与无线信道的影响。通过电缆或者光纤等可靠媒介形成固定而独立连接的有线网络不同,无线网络的节点在分布上具有随机特性,节点之间的连接因为受到节点移动或节点分布地域的限制,不但具有时间域上的时变特性而且在空间域上具有相互制约的相关性,在信号传输上受到时变衰落信道和噪声的影响具有时域上的随机性和不可靠性。所以如何适应无线网络的特殊结构以及有效地克服无线信道的影响是网络编码在无线网络中成功应用的关键。

（4）如何与现有无线通信机制无缝融合。现有无线通信系统在克服信道衰落和噪声方面已经做得非常完善，尤其是信道编码技术和分集技术使得无线链路的信道容量接近香农容限。然而网络编码如果不能和已有通信机制有效融合，将会对其产生负面影响，导致译码过程中产生更多的错误，增大网络数据传输的误码率。而就网络编码本身而言，对误码率有着相当苛刻的要求，网络编码本身就是在有线可靠网络中发展而来的，只有较小的误码率才能保证网络编码的有效性和可靠性，否则由于网络编码的错误传播特性，可能还会带来系统整体性能的降低，从而陷入恶性循环。因此，如何将网络编码与现有通信机制无缝融合，在保证数据传输误码性能不变的情况下，进一步提高网络整体的吞吐量是无线环境中网络编码研究所必需的。

综上所述，虽然单源、单宿的模型研究相对成熟，但是仍然有很多尚未解决的问题以开放问题（open problem）的方式在已有的成果中被提出。同时对于多源、多宿的组播模型，其物理层的研究还处于起步阶段。网络编码与协作通信的结合将是进一步提高无线组播网络吞吐量的有效方法，然而在有线网络中诞生的网络编码技术将面临着与无线网络环境的巨大差异以及如何与现有成熟的通信技术无缝融合等种种难题。因此，深入研究这些难题具有显著的理论和实际意义。

根据中继节点处理接收信息的方式，最常见的协作通信系统分成两大类：直接放大中继（amplify-and-forward，AF）和解码中继（decode-and-forward，DF）。图 1.11 给出了两种协议的中继节点信息处理方式（图 1.11(a) 为 AF，图 1.11(b) 为 DF）。

如图 1.11 所示，在 AF 协议中，中继节点将接收到的模拟信号经过功率放大器消除大尺度信道衰减后直接发送到接收端，不作量化解码处理。这种信息处理方式在模拟信号系统中很常见，操作简单，但是在放大信号的同时也放大了噪声。而在 DF 协议中，中继节点对接收信号进行解码、处理、再编码、发送等一系列操作，虽然增加了处理复杂度，但使得系统性能得到进一步提升。

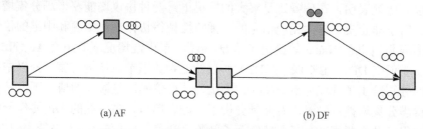

(a) AF　　　　　　　　　　　　　　　(b) DF

图 1.11　AF 与 DF 协作通信系统模型示意图

和传统的点到点无线通信不同，在协作通信系统中，信源需要在中继节点（或者多个信源互为中继）的协助下向信宿协同发送信息。因此，对它的研究不仅仅局限于传统的信息论、信号处理等物理层技术，还涉及调度策略、跨层优化等网络层协议的设计。目前，协作通信系统的研究主要分为以下几方面：容量与性能分析、编码协作、节点资源分配等。

1.6.2　容量与性能分析

基于中继的数字通信系统研究可以追溯到 20 世纪 70 年代，Cover 等以信息论为理论基础证明了中继信道、多接入信道以及广播信道的系统容量上界，网络信息论也正是从这个时候发展起来的。特别的，有学者推导出单源、单宿、单中继信道（$X \times X_1$，$p(y, y_1 | x | x_1)$，$Y \times Y_1$）的容量上界为

$$C \leqslant \sup_{p(x, x_1)} \min\{I(X, X_1; Y), I(X; Y1 | X_1)\} \tag{1.3}$$

其中，X 是信源发射机，发射信号 x 从符号集 X 中任意选择；X_1 是中继发射机，发射信号 x_1 从符号集 X_1 中任意选择；Y 是信宿接收机，观测到数据 y；Y_1 是中继接收机，观测到数据 y_1。信道是由有限符号集 X、X_1、Y 与 Y_1 以及每个 $(x; x_1) \in X \times X_1$ 的定义在 $Y \times Y_1$ 上概率密度函数 $p(y; y_1 | x, x_1)$ 组成的集合。随后的研究工作在网络信息论的基础上，分析了更为复杂的单源、单宿、多中继多跳的情况。有文献考虑了更一般的多发射机、多接收机的多终端网络，利用网络最大流-最小割定理推出了该多终端网络的容量区域。但基于网络信息论的容量分析侧重分析网络拓扑和网络流，没有考虑节点的物理实现上的制约（如半双工）以及节点的调度与时序，因此，容量上界一般很难达到。

真正意义上的协作通信技术由 Sendonaris 等于 2003 年提出，即协作分集。研究表明利用闲置的单天线移动终端可以实现空域分集，从而改善系统性能。Laneman 等以中断概率（outage probability）为指标研究了 M 个多用户的协作通信模型，每个用户均有 M 个发射和接收频段，因此可以在正交信道上无干扰地同时发射和接收信号。基于此模型，Laneman 等提出了空时调度的多用户协作分集协议，认为在每个用户解码中继的情况下，系统的分集阶数等于参与协作的用户个数，而不仅仅等于能够成功解码的用户个数。随后，Laneman 等分析了基于 AF 和 DF 协议的两个用户分时协作的分集特性。研究表明，在信噪比足够大的情况下，两种协议均能获得满分集增益。另一方面，对于非正交信道，无线信号的广播特性使得协作通信中源和中继的信号在接收端产生混叠。因此，Nabar 等提出了单源、单宿、单中继情况下非正交 AF（NBK-AF，NAF）及非正交 DF（NBK-DF，NDF）协议的三种典型节点调度方案，并以中断概率作为标准分别给出了性能分析。Nabar 等认为，在信噪比足够大的情况下，三种协议均能获得满分集增益。同时，有文献分析了单源、单宿、多中继的 DF 协作分集通信系统的误码率及中断概率。有文献分析了单源、单宿、多中继的 AF 系统误码率性能。Hunter 等提出了编码分集的概念，将其用于两用户相互协作的通信模型，分析了此模型下的成对差错概率（pairwise error probability, PEP）以及中断概率性能。针对误码率及中断概率的分析，虽然可以直观地得出一个协作通信系统的分集增益，但是无法更好地揭示系统性能与网络容量之间的内在联系，因此无法达到综合评判一个协作通信系统优劣的目的。

任何通信系统都需要折中考虑信息在传输过程中的速率和可靠性问题。Zheng 等

首次在 MIMO 中提出分集–复用权衡（diversity-multiplexing tradeoff，DMT）的概念。DMT 在信噪比 1/2 趋向于无穷的情况下定义了分集增益和复用增益的概念

$$d \triangleq -\lim_{\rho \to \infty} \frac{\log_2(P_e(\rho))}{\log_2 \rho}, \quad r \triangleq \lim_{\rho \to \infty} \frac{R(\rho)}{\log_2 \rho} \quad (1.4)$$

其中，$P_e(1/2)$ 为误帧率，$R(1/2)$ 为系统传输速率。一个通信系统的 DMT 意味着在复用增益为 $r(1/2)$ 时，其分集增益将不会超过 $d(r)$。特别的，对于一个 MIMO 系统，如果它的发射天线个数为 m，接收天线个数为 n，则 DMT 表达式为

$$d(r) = (m - r)(n - r) \quad (1.5)$$

DMT 通过分析分集和复用增益之间的关系，更加全面地衡量系统的性能，已被应用到 MIMO 以外的其他通信系统。Azarian 等首次明确地将 DMT 用于协作通信系统的性能分析，推导了 NAF 协议、动态解码中继（dynamic decode-and-forward，DDF）协议、协作多接入信道以及协作广播信道的 DMT 表达式，使得协作通信系统的性能分析有了统一的标准。例如，单中继的 NAF 协议上，其 DMT 表达式为

$$d(r) = (1 - r)^+ + (1 - 2r)^+ \quad (1.6)$$

其中，$(x)^+$ 表示取 x 和 0 中的较大值。对于单中继 DDF 协议，其 DMT 表达式为

$$d(r) = \begin{cases} 2(1 - r), & \dfrac{1}{2} \geqslant r \geqslant 0 \\ (1 - r)/r, & 1 \geqslant r \geqslant \dfrac{1}{2} \end{cases} \quad (1.7)$$

DMT 也存在一定的局限性，首先，DMT 考虑的是系统信噪比趋向于无穷大的情况，因此定义的分集增益和有限信噪比下的分集增益有所差别。另一方面，复用增益的概念使得 DMT 无法更好地预测系统中断概率曲线随着数据传输速率以及信噪比变化而变化的趋势。于是，两种在 MIMO 系统中的改进方案随之提出。一种是 Narasimhan 提出的有限信噪比下分集–复用的概念，重新给出了有限信噪比下的分集和复用增益的定义，同时求出了相应的中断概率近似表达式并据此推导出有限信噪比下的 DMT 方程。有限信噪比 DMT 的概念已经被运用到了协作通信系统中。虽然有限信噪比 DMT 采用了更为精确的分集和复用增益表达式，但是这种非线性的方法所求出的系统中断概率具有较高的计算复杂度，不适合快速直观地验证系统性能。另一种改进方法是 Azarian 提出的吞吐量–可靠性权衡（throughput-reliability tradeoff，TRT）。Azarian 等考虑了 DMT 中的两种特殊情况。

（1）$r = 0; d = d_{\max}$，即复用增益为 0，而分集增益达到最大的情况。此时，考察一个固定传输速率下的中断概率曲线。按照 DMT 的定义，每增加 10dB 的信噪比，中断概率应降低 $10^{-d_{\max}}$。

（2）$r = r_{\max}; d = 0$，即复用增益达到最大，而分集增益为 0 情况。此时，考察一

组递增传输速率下的中断概率曲线。按照 DMT 的定义，每增加 r_{max} 的传输速率，需要增加 3dB 的信噪比。

结合 DMT 的上述预测，具体到一个 2×2 的 MIMO 系统中的中断概率曲线。根据 DMT 的定义，该系统最大可达的分集增益 $d_{max}=4$，最大可达的复用增益 $r_{max}=2$。

Azarian 指出，正是 DMT 中复用增益的概念约束了对系统中断概率曲线的更好理解。因此，提出了操作区域、吞吐量增益和可靠性增益的概念。Azarian 等推导出在 $m \times n$ 的 MIMO 系统中，操作区域可定义为

$$R(k) \triangleq \left\{ R \mid k+1 > \frac{R}{\log \rho} > k \right\}, \quad k \in Z, \min\{m,n\} > k > 0 \qquad (1.8)$$

在每个操作区域 k 内，有

$$\lim_{\substack{\rho \to \infty \\ (R,\rho) \in R(k)}} \frac{\log_2 P_o(R,\rho) - c(k)R}{\log_2 \rho} = -g(k) \qquad (1.9)$$

其中，$g(k)$ 为可靠性增益系数，$\dfrac{g(k)}{c(k)}$ 为吞吐量增益系数，$g(k)$ 和 $c(k)$ 定义如下

$$g(k) \triangleq mn - k(k+1), \quad c(k) \triangleq m + n - (2k-1) \qquad (1.10)$$

由实验可以看出，吞吐量增益和可靠性增益在不同的操作区域下取值不同，使得 TRT 可以在不同的操作区域内线性逼近中断概率。相对于有限信噪比 DMT，TRT 由于采用线性逼近的方法，从而具有较小的计算复杂度，同时 TRT 能弥补 DMT 无法对中断概率曲线作出很好解释的不足。

Azarian 等明确提到，虽然在 MIMO 中推导了 TRT 表达式，但是不能确定在更一般的信道模型中，式（1.7）是否成立。如果成立，那么操作区域又该如何划分，每个操作区域内的吞吐量增益和可靠性增益又是多少。Azarian 提出的开放问题为我们在协作通信中分析各种协议的 TRT 指明了方向。

1.6.3　编码协作

MIMO 系统中的空时编码以及代数预编码技术，旨在最大限度地利用信道资源以增加系统分集增益。协作通信系统作为一种特殊的 MIMO 系统，同样可以利用空时编码和代数预编码技术获得更好的性能，即分布式空时编码及预编码。早期的空时编码仅局限于节点的空时调度，让不同的发射节点在不同的时隙（time slot）发射相同的信息以提供分集增益，其中有文献设计了三种基于单中继 AF 和 DF 协作通信系统的空时调度策略。有文献设计了正交信道上基于多用户 DF 协议的空时调度方案。有文献设计了多中继 AF 协议的空时调度方案。另一方面，代数预编码技术也用于进一步增加协作通信系统的分集增益，如基于多中继的 LD 码（linear dispersion code）、基于多中继的 ZLW 码（Zhang、Liu 和 Wong 提出的代数预编码）以及基于多中继的 ORBV 码（Oggier、Rekaya、Belfiore 和 Viterbo 提出的代数预编码）均可以使系统获得满分集增益。

　　分布式信道编码协作是 DF 的一种特殊形式，其基本思想是将协作分集和信道编码技术相结合，从而提高系统的性能。在传统的 DF 协议中，中继节点在对接收信号解码后，将解码信号用相同的码本进行编码（重复编码）并发送到接收端。而信道编码协作则是在中继解码后产生校验码发送到信宿，显然重复编码需要将信源所有的信息重复发送到信宿，因此具有较大的冗余。目前常见的编码协作包括 RCPC（rate-compatible punctured convolutional）码、Turbo 码以及 LDPC 码。

　　基于物理层的无线网络编码需要综合考虑信道衰落及噪声的复杂情况。Ming 等分析了在有噪声信道的网络模型中，网络编码的解码方法以及性能分析，提出了在接收端基于最大似然（maximum likelihood, ML）译码的最优译码方案，但是没有考虑无线信道衰落的影响。目前，研究最多的两种物理层无线网络编码研究模型是双向信息流模型（bi-directional traffic flows，BTF）和多接入中继信道模型（multiple-access relay channel，MARC）。基于所采用的网络模型，无线网络编码的功能不同，即在双向信息流模型中用于提高系统的吞吐量，而在多接入中继信道模型中则用于增加系统分集增益。

　　双向信息流模型如图 1.12 所示。传输过程分两个阶段，实践箭头代表第一阶段，即两个信源同时向中继节点发送信号，中继节点接收到混合的信号；虚线箭头代表第二阶段，即中继节点利用网络编码将接收信号进行

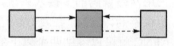

图 1.12　双向信息流模型

处理，并广播发射出去。由于每个信源都保存了在第一阶段的发射信息，所以第二阶段可以通过从接收信号中减去自己的信号从而获得其他信源的信息，实现信息交换。显然，基于网络编码的中继节点信息处理方式只需两个通信阶段就可以完成信息交换，因此可以大幅度提高整个系统的吞吐量。然而中继节点如何对混合信号进行处理，如何有效实施网络编码的基本思想是研究者最为关注的焦点，也是影响到系统性能的关键所在。其中 Zhang 等提出的物理层网络编码方案（physical-layer network coding，PNC），利用无线电波的广播特性，将电磁波信号在空间的叠加（整数环加法操作）映射到调制符号集合中符号之间的叠加（有限域加法操作），从而实现网络编码的思想。该方案需要首先建立整数环与有限域之间的映射关系，使得中继节点收到多个信源在空间叠加的信号后无须进行解码操作，而是将叠加信号映射成相应的符号并发射出去，因此提高了系统的吞吐量。但是该方案的缺陷是明显的，首先信号的叠加没有考虑信道衰落的影响，使得每个发射节点需要对信道进行预均衡，增加了系统的复杂度，而且映射机制会随着调制阶数的增加而变得复杂。另外，PNC 对符号同步要求也非常高。Popovski 等分析了基于中继 AF 协议的双向信息流模型，在该模型中 Popovski 等引入了非再生的模拟网络编码的思想，即中继节点对接收到的混叠信号不进行解码而直接发送出去，接收端通过复数域减法获得信息。这种方法实现简单但性能较差，导致整个系统吞吐量很低，而且由于中继节点没有解码过程，所以需要传输更多的信道信息。在此基础上 Popovski 等又提出了噪声消除中继（denoise-and-forward，DNF）网络编码协议，该协议与 PNC 类似，即寻找一种有效的映射机制。仿真表明 DNF 比 AF 具有更高的吞

吐量，但是这种映射机制仍然没有考虑到信道衰落的影响。Fu 等研究了多中继节点的双向信息流模型，并通过对中继的发射信号进行空时编码，从而获得了比单中继模型更好的性能。Wu 等提出了双向信息流模型下 MAC 层基于数据包叠加的网络编码方案。

双向信息流模型的研究说明了无线网络中通过中继节点的网络编码可以增加网络的吞吐量，而多接入中继信道模型的研究表明通过利用基于网络编码的中继节点也可以在高吞吐量下获得分集增益，从而提高系统性能。如图 1.13 所示。模型 1（图 1.13(a)）信宿利用中继节点传输网络编码后的信息获得分集增益；而模型 2（图 1.13(b)）则是利用其他信源节点作为中继达到分集的效果。Wang 等在模型 1 的基础上提出了复数域网络编码（complex field network coding，CFNC）的方法。该模型分为两个阶段。第一阶段，两个信源同时传输信息，信宿和中继节点同时接收到两个信源的叠加信号。中继节点在存在信道衰落和噪声的情况下对接收的混叠信号进行联合解码。解码后的符号在复数域进行二次叠加。在通信的第二阶段，中继节点将叠加信号发送给信宿，从而提供了分集增益。信宿将综合两个阶段接收到的信号进行联合解码。而对于没有使用网络编码的多接入系统，则需要多阶段才能达到相同的分集效果。与 PNC 和 DNF 协议不同，CFNC 在复数域通过联合解码消除了信道的干扰，而且只要信噪比足够大，CFNC 就可以容纳两个以上的更多信源参与通信，这是 PNC 和 DNF 协议无法实现的。但是，CFNC 也有很多难以克服的缺点，首先就是系统的复杂性，最大似然联合解码将随着信源数目呈指数级增加；其次，由于中继节点的功率限制，复数域叠加使得每个符号的发射功率随着信源数目的增加而成倍减少，从而使得分集信息变得不可靠。Xiao 等研究了模型 2 中的基于信号有限域叠加（比特流异或操作）实现分集的网络编码方案，将信源本身信息与上一阶段接收到的其他信源信息进行网络编码后发送出去，从而为其他信源提供分集信息。信宿则通过译码后迭代消除的方式获得每个信源的信息。该方案与 CFNC 相比其优势在于：信号的有限域叠加可以保持每个符号的发射功率不变，使得其相对于复数域叠加有更好的误码性能，同时由于没有复数域信号的叠加，故不需要进行联合解码，每个阶段信宿只需译码一个符号，而将叠加信号的分离放在有限域处理。但是，这种有限域操作需要中继节点将解码符号映射成相应的比特流之后才能实现，调制解调操作带来较大的复杂度，而且当信源数目增加时，需要使用更为烦琐的代数方法来分离不同信源的比特流。

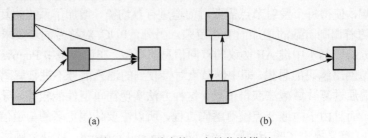

(a)　　　　　　　　　　　　　(b)

图 1.13　两种多接入中继信道模型

由于网络编码的操作在底层进行，将不可避免地面临着如何与现有成熟的信道编码技术融合的问题。网络编码产生于无衰落、无噪声的有线网络，对于网络传输中出现的错误不仅没有鲁棒性，甚至会导致错误的扩散，使整个网络性能下降。因此利用信道编码可以为网络编码提供一个良好可靠的通信环境，有助于信道编码上的成功应用。但是如何在通信节点同时实施网络与信道联合编码，使两者得以相辅相成，目前的研究还处于起步阶段。Hausl 等分别在双向信息流模型与多接入中继信道模型下将分布式 Turbo 码与网络编码相结合，提出了联合网络与信道编码的解决方案。两种模型通过请求重传/前向纠错（automatic repeat request/forward error correction，ARQ/FEC）协议保证网络编码的正确性。研究结果表明，联合网络与信道编码获得了比分布式 Turbo 码更高的吞吐量。Zhang 等也在接入模型的基础上研究了联合网络信道编码，并提出了译码前基于软判决信息合并的软网络编码方案（soft network coding，SNC）。这种方案的优势在于，将译码操作放在网络编码之后，根据网络编码器输出的合并判决信息进行译码，而不是先分别译码再合并，因此减少了一个译码环节，但是这种方案在低信噪比时误码性能较差。

1.6.4　节点资源分配

协作通信系统的节点资源分配，即对各节点发送功率和传输速率合理调度的技术，是提高系统性能的重要环节。其直接目的是在保证用户要求的 QoS 的前提下最大限度地降低发射功率，减少系统干扰，从而增加系统容量。

无线通信系统的资源分配是一个较为成熟的传统研究方向。一直以来，研究者认为在接收端知道信道信息的情况下可以显著提高信道容量。即在假设发射端已知信道信息的前提下，根据信道状态动态地调整发射功率和数据传输率。资源分配一般被建模为一个优化问题，如在某个约束条件下对目标函数进行最大化或最小化优化，目标函数可以是系统的信道容量，或者是系统误码率、中断概率等。有学者研究了多接入信道和广播信道的资源（包括功率和传输速率）动态分配。著名的注水原理（water filling）就是针对正交信道，如时分、频分、空分系统进行系统容量最大化的优化方法，已经广泛用于 TDMA、OFDM、MIMO 系统中。

在协作通信系统领域，基于完全信道信息反馈的资源分配也已相对成熟。协作通信系统中资源分配的研究近两年已经得到了长足的发展，出现了针对不同通信协议以及不同优化标准的资源分配方案。这些方案均建立在完全信道信息反馈的基础上。

由于用户终端很难完全掌握所有的信道信息，因而有限反馈的研究也日益受到重视。在 MIMO 系统中，一些如接收端掌握不完全信道信息以及在发送端了解不完全信道信息的文献正逐渐出现。同样在 Relay 网络中利用反馈的信道信息来改善系统性能的研究也逐渐受到各领域学者的青睐。其中，有学者利用差分调制的手段实现 AF 协议的功率分配，Annavajjlal 等研究了基于发射端统计信道信息的功率分配，Yi 等研究了基于中继和接收端统计信道信息的功率分配，MIMO 中的 Lloyd 算法（对信道进行量化，并将量化后的有限比特反馈到信源和中继，在此基础上进行功率分配）也被用于协作通信系统。

另外，中继选择根据信道信息将资源分配给信道状况最好的中继节点，因此也可以看成一种特殊的资源分配方式，主要解决"什么时候开始协作"以及"与谁协作"两个问题。合理地选择协作的时机以及对象已成为协作通信系统性能提升的关键。Ibrahim 等提出了一种在信源利用反馈回来的部分信道信息来进行 Relay 选择策略，它在保证分集满阶的前提下实现了更高的带宽效率，同样，有学者也利用有限反馈提出自己的 Relay 选择策略，深入讨论了在改变网络中的信道反馈门限以及 Relay 个数等关键参数的情况下对整个网络性能的影响。

综上所述，协作通信领域还存在很多问题，首先，对于单源、单宿的协作通信系统，一些尚未解决的问题以开放问题的形式被提出，如协作通信系统的 TRT 分析。其次，国内外对于基于中继协作和网络编码的组播网络的研究还十分不完善，有大量的空白领域等待拓展。目前大多数无线网络编码的研究基本上以双向信息流模型和多接入中继模型作为研究对象，对于多源、多宿的组播模型研究几乎是空白，然而组播不仅为无线网络中网络编码技术的理论研究提供了更为广阔的研究环境，而且更具有实际应用价值。

第 2 章　基于压缩感知的数据收集技术

2.1　压缩感知相关技术简介

  无线传感器网络由大量节点组成，这些节点通常分布在一片区域便于检测信息。大数据环境下的数据收集是 WSN 中非常重要的一部分内容，在无线传感器网络的应用中，通常会在研究区域部署大量的传感器节点。现有研究表明，节点的能量消耗绝大部分来自于节点的通信消耗，包括接收和转发数据包。因为传感器节点都是能量有限的，如何有效减少节点间的数据通信量是无线传感器网络中一个重要的问题。Donde 等提出的压缩感知（compressive sensing，CS）提供了一种新的处理数据的技术。CS 技术能够显著地减少数据的通信量，并且平衡整个网络的通信负载。在很多场景中，由于节点的位置分布以及其通信范围的限制，距离基站较远的节点往往不能通过单跳将数据发送至基站。本章将基于压缩感知理论对无线传感器网络分簇结构进行研究，簇头节点将压缩感知技术采集的数据经过多跳路由发送至基站。

  测量矩阵的选择是 CS 理论的关键要素之一，测量矩阵的合理选择与信号重构所需测量数量、重构算法的选择和重构的质量都存在内在关联。理论证明，当测量数目达到定理中的界限时，诸如高斯和伯努利等随机矩阵能确保最小化的稀疏恢复。但是，如果在多次测量中，每次都要产生一个随机矩阵，并将这些值记录下来用于最终的重构计算，在实际应用中会增加系统的代价，不利于物理实现。

  为了降低在矩阵的产生、记录，甚至传输和计算的代价，使得此理论能被更加高效地应用，一些数学家提出利用确定型测量矩阵及结构化的测量矩阵代替随机矩阵，严格证明确定型矩阵满足限制等容性质等良好的恢复条件仍然在探讨之中，所以仍借用随机性的确定型矩阵得到广泛关注，部分理论结构和实验结果都表明结构化的测量矩阵是随机测量矩阵的一种具有实用价值的替代品。随机托普利兹和循环矩阵在各种应用中不仅容易实现并且模拟结果证明效果与随机矩阵相当。相关文献中提出 Toeplitz 随机测量矩阵满足压缩感知理论对测量矩阵的要求，同时给出了其满足限制等容性质（RIP）的证明，Toeplitz 结构的矩阵构造简单，对硬件的要求不高。相关文献提出了不同的确定性矩阵的变换形式，分别设计了 Quasi-Toeplitz 矩阵、Semi-Hadamard、混沌 Toeplitz、块状多项式测量矩阵等，并给出满足 RIP 条件的分析与证明。

  有学者提出稀疏带状和稀疏列的概念，并推导出了稀疏带状随机、托普利兹或循环以及稀疏列随机、循环矩阵。这些矩阵在随机托普利兹和循环矩阵的基础上，把随机变元个数进一步减少了 1/3 以上。有学者进一步减少了托普利兹矩阵中的非零元素，提出了一种新的随机间距稀疏的托普利兹矩阵，这种矩阵不仅降低了对硬件的要求，同时减少了节点所采集的数据包。本章在稀疏带状托普利兹的基础上，结合奇异值分解的思想，进一步提出了基于 SVD 的稀疏随机矩阵，该矩阵在利用 SVD 优化伯努力矩阵的基础上，将优化的 SVD 矩阵和稀疏循环矩阵融合，实验证明，融合后的矩阵吸收了两种矩阵的优点，在重构效果以及成功概率等上相较于托普利兹矩阵和伯努利矩阵都有所提高。

2.1.1　预备知识

如果给定信号 $x \in \mathbf{R}^N$，其中最多只有少量的 K 个元素非零，就可以称该信号为稀疏信号，且稀疏度为 K。用下式

$$\sum_K = \{x : \|x\|_0 \leq K\} \tag{2.1}$$

表示所有的 K 稀疏信号。一般来说，这样的信号并不存在，只有通过稀疏基 ψ 才满足这个条件，即 $x = \psi s$。因此，我们也认为这样的信号是 K 稀疏的。

如果信号可以经过某种变换表示成稀疏信号，即用式 $x = \psi s$（其中，ψ 为 $N \times N$ 的变换基）表示，并且能够通过 s 中的 $K(K \leq N)$ 个稀疏信号精确恢复出原始信号 x，就称信号 x 是可压缩的。

2.1.2　压缩采样

假设长度为 N 的信号 $x = [x_1, x_2, \cdots, x_N]^T$ 可压缩或者是 K 稀疏的，$x \in \mathbf{R}^N$，$N \in \mathbf{R}$。通过测量矩阵将该信号降维观测，于是计算可得测量值向量 y 为

$$y = \phi x \tag{2.2}$$

其中，ϕ 是 $M \times N$ 的测量矩阵；y 是信号 x 的线性投影。由于 x 是 N 维的，而 y 是 M 维的，理论上不可能解出 x。Candes 等证实了如果测量矩阵 ϕ 满足限制性等容性条件（RIP），就能够高概率重建原始信号。同时，Bajwa 等也证明了为了高概率地恢复信号，测量次数需要满足 $M \geq C_\delta K \log_2(N/K)$，其中，$C_\delta$ 是仅取决于 δ 的常量。

2.1.3　测量矩阵的构建

Candes 和 Tao 等给出了只要 θ 满足等距离约束性质（RIP）和 $M \geq O(K \log_2 N)$，则信号 x 可以以趋于 1 的概率被精确恢复（$\|s\|_0 = K$）。

定义 2.1（RIP 准则）　如果存在 $\delta_K \in (0,1)$，使得

$$(1 - \delta_K)\|x\|_2^2 \leq \|\theta x\|_2^2 \leq (1 + \delta_K)\|x\|_2^2 \tag{2.3}$$

其中，$x \in \sum_K = \{x : \|x\|_0 \leq K\}$，那么可以认为矩阵 θ 满足等距离约束性质。

定理 2.1　如果 $M \times N$ 矩阵 θ 满足 $2K$ 阶 RIP 条件，并有常数 $\delta \in \left(0, \dfrac{1}{2}\right]$，则

$$M \geqslant C \cdot K \cdot \log_2\left(\frac{N}{K}\right) \tag{2.4}$$

其中，$C = 1/2\log(\sqrt{24}+1) \approx 0.28$。

定理 2.2　给定信号 $x \in \mathbf{R}^N$，其稀疏基对应的稀疏序列 $s = \psi x$ 是 K 稀疏的，测量值的个数 M 必须符合下式条件

$$M \geqslant C \cdot \mu^2(\phi, \psi) \cdot K \cdot \log_2 N \tag{2.5}$$

其中，C 为正常数，则信号 x 可以被高概率恢复。

目前，常用于压缩感知应用中的矩阵，如高斯随机矩阵、伯努利随机矩阵都能够满足该 RIP 条件。

2.1.4　信号恢复

为了从压缩后的采样值中恢复出原信号，只需逆向求解之前的变换，其中，s 可以按下式求解

$$\hat{s} = \arg\min_{s \in \mathbf{R}^N}\|s\|_0, \quad \phi\psi s = y \tag{2.6}$$

$\hat{x} = \psi^{-1}\hat{s}$。针对 l_0 最小范数，对该问题的求解是一个 NP 困难问题，所需的计算量非常大。然而对于信号稀疏，我们可以将该问题等价于求解

$$\hat{s} = \arg\min_{s \in \mathbf{R}^N}\|s\|_1, \quad \phi\psi s = y \tag{2.7}$$

上式可以通过局部最优的贪婪迭代算法来解决，如正交匹配追踪算法（OMP）、基追踪算法（BP）、正则正交匹配算法（ROMP）、压缩采样匹配追踪算法（CoSaMP）等。

2.2　基于压缩感知的无线传感器网络数据收集方案

近年来，许多学者将大数据环境下压缩感知与无线传感器网络的数据采集问题结合到一起进行了研究，Luo 等首次在大规模多跳无线传感器网络中利用了压缩感知技术，大规模无线传感器网络中节点位置密度高，并且数据间冗余度高，压缩感知大大减少了网络中的数据包量，从而延长了网络的生命周期；Wang 等研究了测量矩阵稀疏度与测量值数量的关系，提出了分布式稀疏随机压缩的概念，表明少量投影仍可采集信号的信息，进一步减少了采集信息成本。Luo 等提出了混合压缩感知数据收集策

略。与传统数据采样过程相比，压缩感知技术大大减少了所需采集的数据量，传统数据采样过程如图 2.1(a)所示。

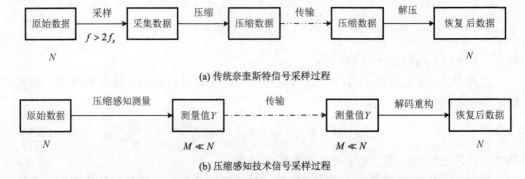

(a) 传统奈奎斯特信号采样过程

(b) 压缩感知技术信号采样过程

图 2.1　传统奈奎斯特信号采样过程与压缩感知技术过程对比

因此，利用压缩感知技术统一了节点转发数据包的数量，无线传感器网络能量得到了均衡。与传统数据收集方案相比，基于压缩感知的无线传感器网络有许多优点。

（1）所有子节点所需转发的数据包的数量都一样，不存在网络能耗不均的情况，防止某些节点消耗过多的能量导致提前死亡。

（2）由于 $M \ll N$，由之前的 $O(N)$ 变成现在节点只需转发 M 次，大大减少了网络中数据包的传输量，降低了整体网络的能量消耗，延长了各个节点的使用寿命。

（3）由于信号是稀疏的，或者是可压缩的，我们仅取得了原始数据的随机线性组合，个别数据丢失并不会影响最终的恢复结果，增强了无线传感器网络的抗干扰能力。

（4）网络中节点仅需计算加法等简单算法，降低其计算复杂度，从而进一步降低了节点的能耗，并提高了处理数据的速度。

无线传感器中应用压缩感知来进行采集数据的方法可以分成以下几种：稀疏投影感知、稠密随机投影感知、混合压缩感知。

2.2.1　稠密随机投影数据收集

在基于压缩感知的数据收集过程中，如果测试矩阵中的元素值几乎全为非零值，则称稠密随机投影数据收集。Luo 和 Wang 等均采用稠密随机投影数据收集方案。在稠密随机投影的数据收集过程中，一般通过下式产生测量矩阵 $\phi \in R^{M \times N}$

$$\phi_{ij} = \begin{cases} +1, & p = \dfrac{1}{2} \\ -1, & p = \dfrac{1}{2} \end{cases} \tag{2.8}$$

由于在稠密随机投影过程中，测量矩阵每一行包括 $O(N)$ 个非零元素，故单个测量值的收集至少需要 $O(N)$ 个节点参与，其中 N 为网络中的节点数目，因此网络中传输的数据包数目至少为 $O(N)$。目前，稠密随机投影数据收集几乎都采用树型路由策略，即整个网络是以汇集点为根节点的最短生成树。Luo 在 2009 年首次将压缩感知理论应用到大规模无线传感器网络数据收集中。叶节点将其感知的数据乘上其对应的测量系数并将结果发送给它的父节点，父节点收集它的直接子节点发来的数据，并将收集齐的数据和自己感知数据的权值作累和再发送给其父节点。整个收集过程以此类推，直到汇集点。

Luo 在 2010 年提出了 $\phi = [I, R]$ 形式的测量矩阵同样可以和通用正交表示基满足 RIP 条件，其中 I 为单位矩阵，R 为 $M \times (N-M)$ 高斯独立随机矩阵，$[I, R]$ 如下

$$
\begin{bmatrix}
1 & 0 & \cdots & 0 & \phi_{1,M+1} & \cdots & \phi_{1,N} \\
0 & 1 & \cdots & 0 & \phi_{2,M+1} & \cdots & \phi_{2,N} \\
\vdots & \vdots & \ddots & \vdots & \vdots & \ddots & \vdots \\
0 & 0 & \cdots & 1 & \phi_{M,M+1} & \cdots & \phi_{M,N}
\end{bmatrix}
\tag{2.9}
$$

虽然这样的测量矩阵减少了单个测量值收集过程中参与的节点数目，但仍然需要传输 $O(N)$ 个数据包。

2.2.2　稀疏随机投影数据收集

根据之前的讨论，测量矩阵的稀疏性与最终的测量值个数密切相关。Wang 提出了稀疏随机投影仍然符合压缩感知技术的要求，能够保留原始数据的大部分主要信息，其测量矩阵如下

$$
\phi_{ij} = \sqrt{s}
\begin{cases}
+1, & p = \dfrac{1}{2s} \\
0, & p = 1 - \dfrac{1}{s} \\
-1, & p = \dfrac{1}{2s}
\end{cases}
\tag{2.10}
$$

如果 $\dfrac{1}{s} = 1$，则 ϕ 为非稀疏矩阵。如果 $\dfrac{1}{s} = \dfrac{\log N}{N}$，则 ϕ 中每一行有 $\log N$ 个非零元素。

接着，大量利用稀疏随机投影的数据采集方案得到了研究，Lee 提出基于稀疏随机投影数据收集。稀疏随机投影固然降低了单次测量的代价，却必须采集更多测量值。Lee、Ortega 等也是为了减少单词测量的代价，因而减少了矩阵中的非零元素。由于压缩感知技术中的测量矩阵必须满足其 RIP 准则，因此，我们无法将矩阵设计成任意稀疏。

2.2.3　混合压缩感知数据收集

Luo 在 2010 年将稠密随机投影与无线传感器网络相结合，结果并没有多大优势。因此，作者提出了一种新的压缩感知数据收集方法，即混合式压缩。其执行过程如

图 2.2 所示。图中数字表示传输的数据包数目,带下划线的数字表示是利用压缩感知技术进行转发的。图 2.2(a)表示传统的数据收集,距离基站越近的节点转发数据包越多,能耗越高。图 2.2(b)表示稠密投影数据收集,该方法均衡了整个网络的能耗。图 2.2(c)表示混合压缩感知数据收集,进一步减少了叶节点的能耗。

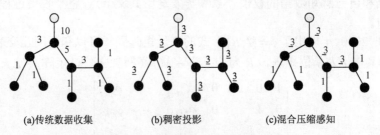

(a)传统数据收集　　　　　(b)稠密投影　　　　　(c)混合压缩感知

图 2.2　不同数据收集方案对比

虽然混合压缩感知进一步减少了叶节点转发的数据包量,但是随着网络中节点的能耗变化,路由路径也随之变化,节点无法动态保存相应的测量矩阵,因此很难实现。

2.3　基于 SVD 稀疏测量矩阵的 WSN 压缩感知方法

2.3.1　相关技术

1. 托普利兹矩阵和循环矩阵

Candes 和 Tao 提出满足限制等容条件,可以高概率地重构信号的三种随机测量矩阵,即高斯测量矩阵、伯努利测量矩阵和傅里叶随机测量矩阵。虽然这三种矩阵能高概率重构信号,但在 CS 应用中,线性投影 ϕx 要求物理实现。大部分情况下,运用一个独立同分布的随机矩阵 ϕ,称为独立同分布 CS 矩阵,重构一个 N 维信号 x 时,具有 MN 个独立随机变元,应用于实际时代价昂贵,且难以实现。这激发了对容易实现的 CS 矩阵的研究,Bajwa 等给出了两类这样的矩阵——托普利兹矩阵和循环矩阵,并指出随机托普利兹和循环矩阵在各种应用中能很容易实现。并证明它们对于 CS 编码/解码几乎和随机矩阵一样有效,相比较而言:①IID CS 矩阵含有 MN 个独立随机变元,这对于大尺度的应用特别麻烦,而托普利兹、循环 CS 矩阵仅有 $N+M-1$ 个及 N 个独立随机变元;②与 IID CS 矩阵相乘要求 MN 步操作,继而导致了更长的数据获取和重构时间,然而与一个托普利兹矩阵或循环矩阵相乘能运用快速傅里叶变换有效地实现,结果仅要求 $O(\log_2 N)$ 步;③托普利兹矩阵和循环矩阵在某些应用领域中能自然产生。其具体形式为

$$A = \left\{ \begin{array}{cccc} a_N & a_{N-1} & \cdots & a_1 \\ a_{N+1} & a_N & \cdots & a_2 \\ \vdots & \vdots & \ddots & \vdots \\ a_{N+M-1} & a_{N+M-2} & \cdots & a_M \end{array} \right\} \tag{2.11}$$

$$C = \left\{ \begin{array}{cccc} a_N & a_{N-1} & \cdots & a_1 \\ a_1 & a_N & \cdots & a_2 \\ \vdots & \vdots & \ddots & \vdots \\ a_{M-1} & a_{M-2} & \cdots & a_M \end{array} \right\} \tag{2.12}$$

其中，A 为托普利兹矩阵，每个左右下降的对角线是尝试，即 $a_{ij} = a_{i+1,j+1}$。如果满足额外的性质 $\forall i, a_i = a_{N+1}$，它是一个循环矩阵，元 $\{a_i\}_{i=1}^{N+M-1}$ 独立取自概率分布 $P(a)$。任意托普利兹能被延伸为一个循环矩阵。

Bajwa 等研究证明了只要测量次数 $M \geqslant C_\delta K^2 \log_2(N/K)$，则对应托普利兹矩阵 A 的限制等容常数高概率满足 $\delta_\Omega \leqslant \delta$。同时得出另一个结论：在 $M \geqslant C_\delta \delta^2 K^2 \log_2^2(N)$ 条件下，高概率满足 $\delta_\Omega \leqslant \delta$。同时证明如果 $M \geqslant C'K \log_2^2(N)$ 用 l_1 极小化可以得到高概率的恢复。

定理 2.3　设基数 $\Omega \subset \{1, \cdots, N\}$ 是一个任意（确定的）基数为 M 的集合。设 $x \in R^N$ 是 K 稀疏的。设 $y = Cx \in R^n$，其中 C 为循环矩阵，它的元素符合伯努利 ± 1 变量，则存在一个常量 $C' > 0$，使得

$$M \geqslant C'K \log_2^3(N/\varepsilon) \tag{2.13}$$

意味着以至少 $1-\varepsilon$ 概率 l_1 最小化问题的解与 x 一致。

已有实验证明托普利兹矩阵和循环矩阵虽然减少了独立随机元，但其效果依旧与随机高斯矩阵相当，甚至更佳。下面从贪婪算法的思想来说明，这两类矩阵的独立随机元可进一步减少，而对应的模拟实验表明这并不会降低信号的质量，反而在保证重构质量的前提下，减少了重构时间。

对于一个满足 RIP 条件的 $M \times N$ CS 矩阵 ϕ，通过凸规划、贪婪等重构算法在 $y = \phi x$（此处假设 x 本身稀疏且无噪声）中可高概率重构 x。将 $y = \phi x$ 按矩阵乘法形式展开

$$y = \phi x = \begin{bmatrix} a_{11} & a_{12} & \cdots & a_{1N} \\ a_{21} & a_{22} & \cdots & a_{2N} \\ \vdots & \cdots & \cdots & \vdots \\ a_{M1} & a_{M2} & \cdots & a_{MN} \end{bmatrix} \begin{bmatrix} x_1 \\ x_2 \\ \vdots \\ x_N \end{bmatrix} \tag{2.14}$$

$$= \phi_1 x_1 + \phi_2 x_2 + \cdots + \phi_N x_N$$

其中，$\phi_i(1\leqslant i\leqslant N)$ 表示 CS 矩阵 ϕ 的列。根据贪婪算法的基本思想，通过迭代计算 x 的非零元位置及大小，在每一步发现一个或多个新的元素，然后从测量向量 y 中减去它们的贡献。此处的"贪婪"法则一般是通过 y 与 ϕ_i 的内积大小来确定 x 的非零元位置及大小。从式（2.14）可知，x 的每个分量 x_i 与矩阵 ϕ 的第 i 列的 M 个元素均相乘，而算法最终的目标只是要确定 A 的哪一列参与了投影过程，从而确定 x 的非零元。那么自然会问：是不是需要 ϕ 的所有元都非零呢？例如，通过计算 y 与 ϕ_1 的内积确定 ϕ_1 是否参与了投影过程，不代表 ϕ_1 中每个分量均非零。

2. 稀疏带状矩阵

基于托普利兹矩阵和循环矩阵的结构，为了减少矩阵中非零元个数，有学者提出了稀疏带状随机矩阵、托普利兹矩阵、循环矩阵，其形式分别为

$$
\begin{bmatrix}
a_{11} & a_{12} & \cdots & a_{1l} & & & \\
 & a_{21} & a_{22} & \cdots & a_{2l} & 0 & \\
0 & & \ddots & & & & \\
 & & & \cdots & & & \\
a_{M,j+1} & \cdots & a_{Ml} & & a_{Ml} & \cdots & a_{Mj}
\end{bmatrix}
\tag{2.15}
$$

$$
\begin{bmatrix}
a_1 & a_2 & \cdots & a_l & & & \\
a_{l+1} & a_1 & a_2 & \cdots & a_l & 0 & \\
\vdots & & \ddots & & & & \\
 & & & \cdots & & & \\
a_{l+M} & \cdots & \cdots & a_{l+1} & a_1 & \cdots & a_j
\end{bmatrix}
\tag{2.16}
$$

$$
\begin{bmatrix}
a_1 & a_2 & \cdots & a_l & & & \\
 & a_1 & a_2 & \cdots & a_l & 0 & \\
0 & & \ddots & & & & \\
 & & & \cdots & & & \\
a_{j+l} & \cdots & a_l & & a_1 & \cdots & a_j
\end{bmatrix}
\tag{2.17}
$$

容易看出，多了一些零元的随机矩阵、托普利兹矩阵、循环矩阵，当矩阵中元 a_i 及 a_{ij} 服从某一概率分布 $P(a)$，此三类矩阵亦具有随机性，与随机矩阵、托普利兹矩阵、循环矩阵相比，稀疏矩阵的独立随机元减少了，稀疏随机矩阵的独立随机变元由 MN 减少了 $M(N-l)$，为 Ml；为保证与矩阵中每个系数 x_i 相乘的列向量不为零向量，一般情况下，$N-M<l\leqslant N$；类似地，稀疏带状托普利兹矩阵的独立随机变元从 $N+M-1$ 减少为 $l+M-1$；稀疏带状循环矩阵的独立随机变元从 N 个减少为 l 个。

一个稀疏带状或稀疏列矩阵能产生少得多的独立随机变元或者说是比一个相同尺度的独立同分布矩阵"更少的随机"。这个事实看起来似乎暗示了一个随机带状矩阵

将产生更少非相干的投影，结果比 CS 恢复得更加糟糕。然而另一方面，模拟实验结果验证其效果与随机高斯矩阵相当。分别运用随机高斯、托普利兹、循环、稀疏带状随机、循环和竖循环、稀疏竖循环矩阵，结合贪婪算法重构真实图像，并将八类矩阵关于本身稀疏的 0-1 信号的重构概率进行了比较，模拟结果说明了稀疏带状、稀疏列矩阵与其他几类矩阵一样，能高概率恢复稀疏信号，且效果相当，甚至稀疏带状矩阵效果更优。

3.　随机间距稀疏托普利兹矩阵

张成等在托普利兹矩阵的基础上提出了随机间距的稀疏托普利兹矩阵，以间距 $\Delta = 2$ 对一般的托普利兹矩阵进行稀疏：对由其第一行和第一列的元素所构成的向量 $T_1 = [\phi_1, \phi_2, \cdots, \phi_N, \phi_{N+1}, \cdots, \phi_{N+M-1}]$ 作出随机间距稀疏变化。向量 T_1 包含了托普利兹矩阵中的所有独立元素。下面对向量 T_1 进行赋值，其元素 ϕ_i（$i \in \Lambda$，Λ 是从 $1 \sim N+M-1$ 的索引序列中随机选取的 $\lceil (N+M-1)/\Delta \rceil$ 个索引）的值服从独立同分布随机高斯分布，T_1 向量中其他元素全部赋值为 0，然后根据托普利兹矩阵的特点构造随机间距稀疏托普利兹矩阵

$$\phi_{i+1, j+1} = \phi_{i, j} \tag{2.18}$$

下面给出随机间距稀疏托普利兹矩阵满足限制等容性条件的证明。

引理 2.1　给定 N、K，假定 $M \times N$ 矩阵的列是标准化的，其元素是独立同分布，那么对于每一个 $\delta_{3K} \in (0, 1/3)$ 和 $T \subset \{1, 2, \cdots, N\}$，$|T| = 3K$，$M \times |T|$ 的子矩阵至少以 $1 - \exp(-f(M, K, \delta_{3K}))$ 的概率满足 RIP，其中 $f(M, K, \delta_{3K})$ 是 M、K 和 δ_{3K} 的实值函数。假定 $\{\phi_i\}_{i \in \Lambda}$ 中的随机变量独立同分布，ϕ 是一个 $M \times N$ 大小的随机间距稀疏托普利兹矩阵，那么对于每一个 $\delta_{3K} \in (0, 1/3)$ 和 $T \subset \{1, 2, \cdots, N\}$，$|T| = 3K$，随机间距稀疏托普利兹矩阵满足 RIP 条件的概率至少为

$$1 - \exp\left(-f\left(\left\lfloor \frac{M}{q} \right\rfloor, K, \delta_{3K}\right) + \ln q\right) \tag{2.19}$$

假定采用随机数生成器控制测量矩阵的生成，那么高斯矩阵需要随机数生成器生成 MN 个独立元，通用的托普利兹矩阵只需要 $M+N-1$ 个独立元，矩阵的其他元素可以通过简单的操作实现，随机间距稀疏托普利兹矩阵只需要生成 $\lceil (N+M-1)/\Delta \rceil|_{\Delta=2,\cdots,16}$ 个独立变量，可以在保证重建精度的基础上降低生成的复杂度。

2.3.2　基于稀疏随机间距托普利兹矩阵的优化

本节在 2.3.1 节提出的稀疏随机间距托普利兹矩阵的基础上，将优化的 SVD 伯努利矩阵与托普利兹矩阵和循环矩阵相融合，实验证明，融合后的矩阵吸收了两种矩阵的优点，不仅大大减少了矩阵中的非零元素，也增强了矩阵的随机性。

　　从矩阵构成元素来看，托普利兹矩阵和循环矩阵由第一行以及第一列元素重复组成，矩阵的随机性不强。同时，已有文献提出了用 SVD 矩阵取代高随机矩阵，将矩阵 SVD 分解后的对角矩阵的主对角元素平方和比一般的随机矩阵大很多，也证明了 SVD 观测矩阵对角线元素含有更强的矩阵信息，集中了矩阵的特征元素，提高了重构效果。

　　将矩阵奇异值分解之后，对角矩阵不仅保留了矩阵的主要部分信息，并且一般对矩阵处理的操作对其影响不大，可以看出外界对矩阵的干扰不明显，增强了鲁棒性。这一性质对于信号测量的准确性有了较大的保证。

　　基于奇异值分解的思想，是否可以通过将随机矩阵进行奇异值分解，保留它的矩阵信息，并将其作为种子向量，生成新的随机间距稀疏循环矩阵。具体步骤如下。

　　（1）令矩阵 A_N 为一个随机生成的伯努利矩阵（其元素 $a_i, i=1,\cdots,N$ 值满足 ± 1 的伯努利分布）。

　　（2）根据奇异值分解公式可得到对应的对角矩阵 D_N，取 D_N 对角元素为 $u=(u_1,u_2,\cdots,u_N)$。

　　（3）以间隔 $\varDelta=2$ 稀疏该种子，得到向量 $U(u_i)$，其中 u_i 是从 $1\sim N$ 个索引中随机选取的 $\lceil N/\varDelta \rceil$ 个索引，其他元素全部置为 0。

　　（4）以该种子 $U(u_i)$ 生成循环矩阵。

2.3.3　基于压缩感知的链式无线传感器网络数据收集

　　在压缩感知过程中，如果保持相同的重构算法，那么测量矩阵的好坏将大大影响信号的恢复误差。本节将前面设计的基于 SVD 优化的循环矩阵运用到无线传感器网络中进行数据收集，并作了相关分析。

　　1. 基于压缩感知的链式无线传感器网络数据收集模型

　　首先，我们根据压缩感知理论介绍无线传感器网络中的压缩感知模型。图 2.3 采用了简单的无线传感器网络链式结构，比较了具体到无线传感器网络数据收集中两种方式的不同。图中无线传感器网络中的节点个数为 N，我们用 $s_1,s_2,s_3,\cdots,s_N$ 来表示，并用 $d_1,d_2,\cdots,d_N$ 来表示这些节点所采集到的数据。如果按照传统数据采集的方式，即通过多跳方式转发数据，如图 2.3(a)所示，s_1 将其采集到的数据 d_1 转发至 s_2，s_2 依次将 d_1 和 d_2 转发至 s_3。最终，s_N 转发至基站的数据包量为 N。整个网络数据传输量为 $(N-1)N/2$，因此，网络的传输开销为 $O(N^2)$。节点距离基站越近，所承担的数据转发任务越重，因此相较于其他节点能量消耗更多，更容易死亡，从而缩短了无线传感器网络的生命周期。

　　图 2.3(b)通过压缩感知技术来转发数据。在 $d_1,d_2,\cdots,d_N$ 是可压缩的前提下，每次数据采集过程，节点 s_1 将其采集数据 d_1 与测量矩阵中对应轮数的系数 ϕ_1 相乘，并将结果发送给 s_2。s_2 同样如此，然后将其计算结果与从 s_1 接收的数据相加得到 $\phi_1 d_1 + \phi_2 d_2$

并转发至 s_3。最终，基站接收的数据为所有节点的读数与测量矩阵中对应该轮稀疏向量的乘积之和 $\sum_{i=1}^{N} \phi_{1i} d_i$。因此，汇聚节点收集的过程可以表示为

$$
\begin{bmatrix} y_1 \\ y_2 \\ \vdots \\ y_M \end{bmatrix} = \begin{bmatrix} \phi_{11} & \phi_{12} & \cdots & \phi_{1N} \\ \phi_{21} & \phi_{22} & \cdots & \phi_{2N} \\ \vdots & \vdots & \ddots & \vdots \\ \phi_{M1} & \phi_{M2} & \cdots & \phi_{MN} \end{bmatrix} \begin{bmatrix} d_1 \\ d_2 \\ \vdots \\ d_N \end{bmatrix} \tag{2.20}
$$

即

$$
y = \phi d \tag{2.21}
$$

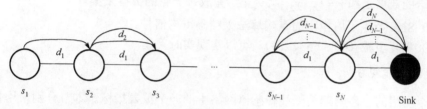

(a) 传统数据采集方案

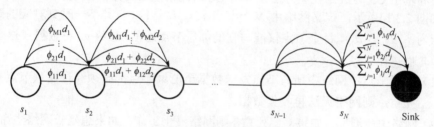

(b) 基于压缩感知的数据采集

图 2.3　传统数据采集与采用压缩感知采集的对比

矩阵中的每个元素 ϕ_{ij} 都是由随机生成器根据一个全局种子生成的。由此可得，节点总共传输的数据量为 MN。由于 $M \geqslant C_\delta K \log_2(N/K)$，所以整个网络的传输开销为 $O(KN \log_2 N)$。因此，采用压缩感知能够显著地减少传输开销。

具体到本章里，由 Sink 节点将观测矩阵中的 N 列分别分发给对应的 N 个节点，每个节点获得属于自己的 M 个权值。假设网络中有节点 $\{1,2,3,4\}$ 和汇聚节点 S，节点的信息向量为 $c = [c_1, c_2, c_3, c_4]^{\mathrm{T}}$，如果某一次的观测向量 $p = [1, 0, -1, 0]$，汇聚节点收到的观测值 $y = c_1 - c_3$，节点 c_2、c_4 并不需要发送这一次的数据，由于随机间距稀疏矩阵中含有大量的零元素，所以每个节点并不需要都发送所有数据。

2. 具体步骤

（1）假设整个网络包含 N 个传感器节点，节点间并不互相影响，每个节点仅能与它的邻居节点通信，汇聚节点在网络之外。

（2）汇聚节点将生成的种子向量 $U(u_i),\{i=1,2,\cdots,N\}$ 分发给其他每个传感器节点，每个子节点根据自己的 node_ID 确定自己在种子向量中所处的位置索引。

（3）节点从自己所在种子向量的索引位置处开始依次往前取，遍历 M 个数据，将新的种子向量作为属于自己 node_ID 的测量投影系数 $U'(u_i),\{i=1,2,\cdots,M\}$。

（4）在每一轮数据采集过程中，每个节点 S_i 将传感数据 d_{node_ID} 乘以自己的 M 个投影系数 $U'(u_i),\{i=1,2,\cdots,M\}$，并将处理后的数据向量 $x_{node\_ID}=\{u_1d_{node\_ID},u_2d_{node\_ID},\cdots,u_Md_{node\_ID}\}$ 并发送给下一个节点。

（5）节点依次传输 M 个测量值并相加，发送至 Sink 节点，Sink 节点收集到所有节点发送的数据之和 $y=\{y_1,y_2,\cdots,y_M\}$，完成每一轮的数据采集。

（6）Sink 节点采用相应的重构算法来精确重构信号。

（7）重复步骤（4）、（5）、（6），可以实现实时采集。

3. 网络能耗分析

整个网络的生命周期是无线传感器网络中的一个重要指标。本节分别采用传统数据收集和基于 CS 的数据收集方法来分析 CS 对网络生命周期的影响。

如图 2.3(b)所示，定义网络中 N 个节点 $s_1,s_2,s_3,\cdots,s_N$，其某一时刻对应的感知数据表示为 $d_1,d_2,\cdots,d_N$，每个节点仅能与它的邻居节点通信，最终 s_N 将数据发送至 Sink 节点。我们还作了以下定义。

（1）瓶颈节点：网络中所有节点发送数据至汇聚节点都必须经过瓶颈节点 s_{neck}。如果 s_{neck} 死亡，则网络无法再收集数据。

（2）网络生命周期：如果 s_{neck} 死亡，则网络停止工作。如果想延长网络生命周期，就必须为瓶颈节点的选取设计全局优化措施。

（3）$E_i(S)$ 表示节点 S_i 的总能量。

（4）$R_i(S)$ 表示节点 S_i 接收一个数据包时的能量消耗。

（5）$T_i(S)$ 表示节点 S_i 发送一个数据包时的能量消耗。

每个节点的通信消耗对整个网络的生命周期影响很大。

1）传统数据收集过程中节点的能量消耗

在传统的数据收集方案下，节点 S_i 需要接收由节点 S_{i-1} 传来的数据，并且将其与自身生成的数据一起转发给下一个节点。假设不考虑节点监听及计算的能量，那么可以得到 S_i 节点在数据收集过程中的总的能量消耗

$$T\_S(i)=(i-1)R_i(S)+(i-1)T_i(S)+T_i(S) \tag{2.22}$$

于是可以得到整个网络的能量消耗

$$T\_Total=\sum_{i=1}^{n}(i-1)R_i(S)+\sum_{i=1}^{n}(i-1)T_i(S)+\sum_{i=1}^{n}T_i(S) \tag{2.23}$$

2）压缩感知数据收集过程中节点的能量消耗

在使用压缩感知的数据收集方案下，所有的节点都会接收 M 个数据并转发 M 个数据（除了第一个节点），那么每个节点的能量消耗为

$$C\_S(i) = MR_i(S) + MT_i(S) \qquad (2.24)$$

其中，第一个节点只需要发送 M 个数据

$$C\_S(1) = MT_1(S) \qquad (2.25)$$

于是可以得到整个网络的能量消耗为

$$C\_\text{Total} = \sum_{i=1}^{n} M(R_i(S) + T_i(S)) - MR_1(S) \qquad (2.26)$$

在本章优化的压缩感知收集方案中，每个节点并不需要都转发 M 个数据包，节点不需要转发测量系数 $\phi_{ij} = 0$ 的时刻，因此，根据本章测量矩阵的生成方式，每个节点仅需测量约 $\dfrac{M}{2}$ 次。那么，相应的，整个网络的能量消耗大约是一般压缩感知收集方案的一半。

3）对比分析

为了便于分析，此处假设节点接收一个数据包的能量消耗与发送一个数据包的能量消耗相同，即

$$R_i(S) = T_i(S) \qquad (2.27)$$

传统数据收集方案如下。

单个节点 S_i 的能量消耗为

$$T\_S(i) = (2i - 1)E \qquad (2.28)$$

所有节点的能量消耗为

$$T\_\text{Total} = n^2 E \qquad (2.29)$$

压缩感知数据收集方案如下。

单个节点 $S_i(i > 1)$ 的能量消耗为

$$C\_S(i) = 2ME \qquad (2.30)$$

所有节点的能量消耗为

$$C\_\text{Total} = (2n - 1)ME \qquad (2.31)$$

优化的压缩感知数据收集方案如下。

单个节点 $S_i(i > 1)$ 的能量消耗为

$$\text{Optmial}\_C\_S(i) = ME \qquad (2.32)$$

所有节点的能量消耗为

$$\text{Optimal\_}C\text{\_Total} = \frac{2n-1}{2}ME \qquad (2.33)$$

下面分别针对单个节点的能量消耗和整个网络的能量消耗来作对比。

（1）单个节点的能量消耗如下。

根据上式，定义

$$\text{com\_}S(i) = \frac{T\_S(i)}{\text{Optmial\_}C\_S(i)} = \frac{(2i-1)E}{ME} \approx \frac{2i}{M} \qquad (2.34)$$

由此可得，当网络中节点的 ID $i > \dfrac{M}{2}$ 时，使用优化后的压缩感知能减少节点的能量消耗。

（2）整个网络的能量消耗如下。

根据上式，定义

$$\text{com\_total} = \frac{T\_\text{Total}}{\text{Optimal\_}C\_\text{Total}} = \frac{n^2 E}{\dfrac{2n-1}{2}ME} \approx \frac{n}{M} \qquad (2.35)$$

由此可得，当网络中节点个数 $n > M$ 时，即 Optimal_div_total >1 时，使用传统的数据收集方案整个网络的能耗会更高。

4）复杂度分析

传统压缩感知数据收集方案中，测量矩阵是一个 $M \times N$ 的矩阵，其元素服从随机均匀分布并且高概率满足 RIP 常数。假设信号的稀疏度为 K，那么根据压缩感知理论当 $M \geq C_\delta K \log_2(N/K)$，其中，$C_\delta$ 是仅取决于 δ 的常量，信号才能被高概率重构。

定理 2.4　当网络的拓扑结构是链式结构时，优化后的压缩感知数据收集方案的传输开销至少为 $O(kn \log_2 n)$。

证明：测量矩阵 ϕ 为 $M \times N$，其中它的有效传输量为 $O(MN/2) \sim O(MN)$，因为 $M \geq C_\delta K \log_2(N/K)$，所以 $O(MN) \sim O(kn \log_2 n)$。因为传统数据收集方案中，一维信号的传输开销为 $O\left(\dfrac{N(N+1)}{2}\right) \sim O(N^2)$，所以压缩感知数据收集方案有效地减少了传输开销。

2.3.4　示例应用场景设置

（1）节点之间的传输距离为 $d_{\min} \sim d_{\max}$，节点不接收超过距离 $d_{\max}$ 的节点传来的数据包。

（2）每个节点具有自己的 node_ID，所有节点的初始能量、接收与发送数据包的功率等全部相同。

（3）节点按照传输时隙依次传输，每个节点的数据采集和投影测量过程是独立的，且可以同时进行。

（4）Sink 节点具有足够大的数据存储空间和足够强大的数据处理能力。

（5）节点收集的信息主要是在时间上相关性比较大、冗余度比较高的一维连续信号，相邻节点变化比较连续、缓慢。例如，监测森林某一处的气温变化、空气湿度等。

2.3.5　实验仿真

实验模拟一条光滑、整体波动比较连续缓慢的一维信号，空间、时间属性相关性比较大。首先分别用不同的观测矩阵观测该一维信号，在解码端统一采用 OMP 算法解码；然后比较无线传感器网络中采用不同数据收集方案的性能，主要通过网络的能耗及整个网络的生命周期比较。

1. 稀疏 SVD 循环矩阵的性能

对于长度 $N = 256$，稀疏度为 K 的信号，取不同的测量值 M。图 2.4 表示信号精确重构的成功率与原信号的稀疏度 K 的关系。测量矩阵采用稀疏 SVD 循环矩阵，为了去除随机性，实验对每个 M 值重复 1000 次实验。

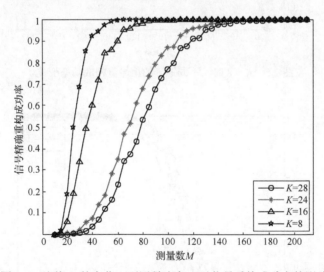

图 2.4　随着 M 的变化，不同稀疏度 K 对信号重构成功率的影响

2. 对一维稀疏信号的仿真

实验主要比较(a)高斯随机矩阵、(b)随机间距稀疏托普利兹矩阵、(c)部分哈达玛矩阵、(d)稀疏 SVD 循环矩阵，重构算法统一采用 OMP 算法。

图 2.5～图 2.7 比较了不同测量矩阵分别在 $K = 8, 20, 50$ 下的重构成功率与测量次

数 M 之间的关系，横坐标为测量数 M，纵坐标为重构成功率。其中监控区域节点个数 $N = 256$，稀疏度 $K = 8, 20, 50$，重构算法采用 OMP。实验中我们固定了稀疏度 K，可以得到信号在不同测量矩阵下的成功重构概率与其测量数 M 之间的关系。取 $M \in \{10, 15, \cdots, 210\}$ 进行实验，步长为 5，对于每一个 M 值，进行 1000 次实验，在满足精确重构的条件下求出成功重构原信号的概率。

由图中看出，随着测量次数 M 的逐渐增大，重构成功率逐步增大，具有渐进性。

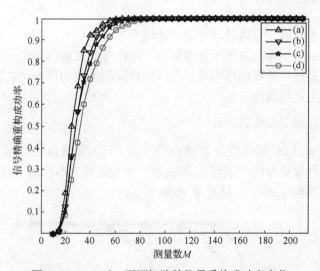

图 2.5　$K = 8$ 时，不同矩阵的信号重构成功率变化

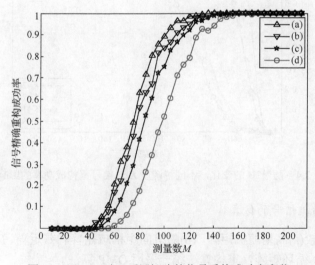

图 2.6　$K = 20$ 时，不同矩阵的信号重构成功率变化

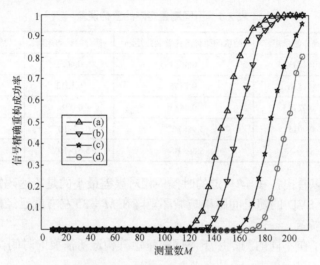

图 2.7　$K = 50$ 时，不同矩阵的信号重构成功率变化

图 2.8 比较了不同测量矩阵在测量值 M 固定的情况下，重构成功率与稀疏度 K 的关系。横坐标为稀疏度 K，纵坐标为信号重构成功率。在测量数目 $M = 128$ 及 $N = 256$ 时，取 $K \in \{1, 3, \cdots, 39\}$ 进行实验，对于每一个 K 值，进行 1000 次实验，然后取重构误差的平均值，在满足精确重构的条件下求出成功重构原信号的概率。

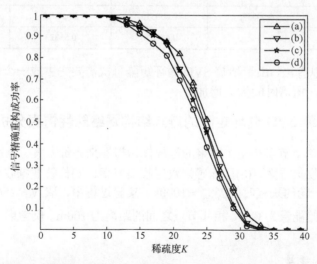

图 2.8　测量数 M 固定时，稀疏度 K 对信号重构成功率的影响

表 2.1 给出了在固定的稀疏度（此处 $K = 8$）下，不同观测矩阵在不同的测量数 M 下的信号重构误差。

表 2.1　不同测量矩阵的重构误差

	随机高斯测量矩阵	随机间距稀疏托普利兹矩阵	部分哈达玛矩阵	稀疏 SVD 循环矩阵
$M=15$	0.4533	0.4688	0.4051	0.4213
$M=25$	0.1536	0.1456	0.1213	0.1056
$M=35$	0.0271	0.0435	0.0211	5.97×10^{-14}
$M=45$	0.0015	5.95×10^{-14}	6.13×10^{-14}	5.95×10^{-14}
$M=55$	5.87×10^{-14}	5.89×10^{-14}	5.61×10^{-14}	$5.76\mathrm{e}\times10^{-14}$

由表 2.1 可以看出，在 M 一定的时候，相对误差最小的是哈达玛矩阵，但是随着 M 的增长，基于 SVD 的随机间距稀疏循环矩阵在 $M=35$ 左右就已经接近完全重构，精度有了一定的提高。

表 2.2 给出了在不同的测量率下不同测量矩阵构造所需要的时间。

表 2.2　不同测量率下不同矩阵构造所需时间

	不同测量率下所需时间/s			
	$M=0.1N$	$M=0.3N$	$M=0.6N$	$M=0.9N$
高斯随机矩阵	0.000134	0.000347	0.001165	0.001138
随机间距稀疏托普利兹矩阵	0.000951	0.001294	0.001696	0.002254
部分哈达玛矩阵	0.000525	0.000519	0.000620	0.000682
稀疏 SVD 循环矩阵	0.496682	0.475658	0.51323	0.604664

由表 2.2 可以看出，由于稀疏 SVD 循环矩阵每次需要先生成一个伯努利矩阵，再进行奇异值分解，所需时间大大增加。

2.3.6　基于稀疏 SVD 循环矩阵的链式结构网络能耗仿真分析

我们分别用单个节点和整个网络的能耗作为指标来评价方案。分别比较(a)优化后的压缩感知数据收集方案、(b)压缩感知数据收集方案、(c)传统数据收集方案。采集间隔 $T_{\mathrm{in}}=10\mathrm{s}$，每一轮的采集时间 $T_{\mathrm{every}}=1000\mathrm{s}$。实验过程中，取 $N=256$，$M=64$，并设所有节点的初始能量为 0.3J，相邻节点之间的距离为 100m，仅考虑节点接收和发送消耗的能量。

1. 对于单个节点

图 2.9 显示了单个节点的能量消耗，实验过程中没有考虑节点计算加法等之类消耗的能量，可以看出，在 $\mathrm{com}\_S(i)>1$ 之后，传统数据收集方案中节点的能耗越来越高。

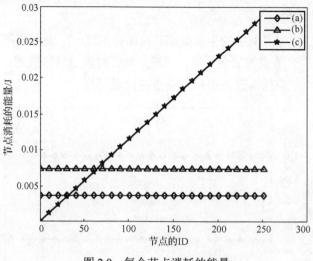

图 2.9　每个节点消耗的能量

2. 对于整个网络

考虑网络总的能量消耗，对此考虑一种异常情况，即在数据收集过程中有新节点的加入，为了考虑最坏的情况，假设新节点都加入在链式网络的前端，每隔 2 个周期加入 50 个新节点，可得整个网络的能耗变化情况如图 2.10 所示。

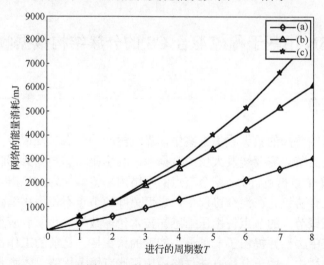

图 2.10　整个网络的能量消耗

其中，压缩感知数据收集方案与传统数据收集方案的交点表示 com_total =1 的时刻，定义此刻节点的数量为 N_e，当网络中的节点数量超过 N_e 时，采用压缩感知数据收集方案整个网络的能耗更小，而优化后的压缩感知数据收集方案将 N_e 值缩小了一半。

3. 网络生命周期

我们根据 s_{neck} 来定义网络的生命周期。前面提到过 s_{neck} 表示瓶颈节点，图 2.11 表示当 $M = 64$ 时，所有节点的生命周期，当 s_{neck} 死亡时表示网络终结，仿真不考虑数据包重传、监听等能量消耗，仅考虑收发节点的能量消耗。

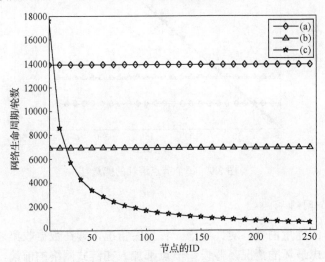

图 2.11　不同数据收集方案下的生命周期

2.4　WSN 中基于稀疏混合 CS 的分簇结构数据收集技术

2.4.1　相关工作

在不使用压缩感知的数据收集方案中，靠近树叶的节点转发很少量的数据包，但是靠近汇聚节点的节点需要转发大量的数据包。利用压缩感知到数据收集中去，每个节点仅需转发 M 个数据包，因此 N 个节点的网络的总传输量为 MN，传输量依然很大。有学者提出了混合协议。在混合协议中，靠近树叶的节点不使用压缩感知方法传输原始数据，靠近汇聚节点的节点使用压缩感知技术传输数据。有学者应用混合压缩感知技术到数据收集中去，并提出了一种最小能耗的聚集树。之前的工作都直接利用压缩感知方法到路由树中。由于分簇方法与路由树相比有很多优势，本章将压缩感知方法利用到分簇网络结构中。相比路由树数据收集方法，分簇算法一般有更好的通信负载平衡，除此之外，先前的工作忽略了地理位置信息以及节点的分布情况，WSN 中节点的分布情况有助于数据收集消耗更少的能量。

已有文献提出托普利兹结构的随机测量矩阵并给出了相应的限制性等容性质

（RIP）的证明及其在稀疏通道估计中的应用的详细理论分析，由于单个簇内节点收集的数据相关性比较大，我们将稀疏矩阵利用到簇内压缩感知过程中，降低了随机测量矩阵自由元素太多的缺点，使得簇间压缩感知的实现过程难度大大降低且计算速度大大加快。

因此，本章将针对无线传感器网络簇内数据相关性较大以及簇间多跳能量消耗这两方面，结合压缩感知理论，设计了一种新的混合压缩感知数据收集算法。

2.4.2　基于混合压缩感知的无线传感器网络模型

在整个数据收集过程中，感知节点先进行分簇，每个簇有一个簇头，整个网络的测量矩阵 ϕ 由汇聚节点根据稀疏种子生成并发送给各个簇头。测量矩阵 ϕ 可以分成很多子矩阵，每个子矩阵对应着一个簇。用 ϕ^{H_i} 表示第 i 个簇的子矩阵，CH_i 表示该簇簇头，x^{H_i} 表示该簇的数据向量。CH_i 能够根据其簇内的子矩阵计算从簇内节点收集而来的数据 x^{H_i} 的测量值 $\phi^{H_i}x^{H_i}$。CH_i 通过 CS 技术生成其簇内数据的 M_i 个预测值，之后 CH_i 沿着一条连接各个簇头至汇聚节点的骨干树，将数据转发至汇聚节点。

假设所有的节点被分成了 4 个簇，这些簇通过一条骨干树连接着汇聚节点。数据向量 x 可以表示成 $[x^{H_1}\ \ x^{H_2}\ \ x^{H_3}\ \ x^{H_4}]^T$，矩阵 ϕ 可以表示成 $[\phi^{H_1}\ \ \phi^{H_2}\ \ \phi^{H_3}\ \ \phi^{H_4}]$，且

$$y = \phi x = \begin{bmatrix} \phi^{H_1} & \phi^{H_2} & \phi^{H_3} & \phi^{H_4} \end{bmatrix} \begin{pmatrix} x^{H_1} \\ x^{H_2} \\ x^{H_3} \\ x^{H_4} \end{pmatrix} = \sum_{i=1}^{4} \phi^{H_i} x^{H_i} \tag{2.36}$$

如式（2.36）所示，测量矩阵的预测系数是簇内所有系数的总和。因此在每一轮中，簇头生成其预测系数，每一轮中所有簇头接收到的预测系数转发至汇聚节点。当汇聚节点从所有簇头收集了 M 轮预测值之后，可以恢复出原始数据。

在我们使用 CS 的分簇方法中主要有两步传输过程：簇头根据压缩感知处理簇内成员数据和簇间转发测量值以及对应各个簇的块矩阵至基站。对于簇内传输来说，我们利用了压缩感知技术，并采用了稀疏随机间距矩阵进一步减少所需测量值。对于簇间传输来说，我们根据簇间多跳路由构建了一个连接各个簇头和汇聚节点的骨干树，并沿着骨干树传输数据预测值。

定义 2.2　测量压缩比 $\rho = M/N$，也就是压缩感知过程中的测量值与网络采集信号的长度的比值，描述了整个网络的压缩效率。

定义 2.3　相对重构误差 $\varepsilon = \dfrac{\left\| d - \hat{d} \right\|_2^2}{\left\| d \right\|_2^2}$，即绝对误差与真实值的比值。

2.4.3 基于混合压缩感知的无线传感器网络数据收集算法

虽然将压缩感知技术应用到无线传感器网络数据收集过程中可以降低网络采集数据时各个节点所需的能耗，但是它跟压缩感知技术中的测量值 M 直接相关，当 M 值很大时，节点的能耗依然很高。针对此问题，本章提出新的混合压缩感知数据收集算法。它主要由四部分构成：网络分簇、构建合适的簇间路由树、簇间压缩感知采集数据、簇头传输数据至基站。下面分别针对构建路由树以及簇内压缩感知过程的改进进行阐述。

1. 网络系统模型

本章对网络作了如下假设。

（1）N 个节点独立随机分布在一个正方形感知区域（边长为 L），基站处于感知区域中心处。

（2）基站具有足够大的数据存储空间和足够强大的数据处理能力。

（3）每个传感器节点的初始能量和传输速率一样。

（4）节点可以通过一些定位技术知道自己的位置信息。

引理 2.2 假设无线传感器网络中的节点随机独立分布，簇内使用稀疏矩阵进行数据收集。如果簇头处于簇的中心，那么此时对于每一次的测量值收集过程，簇内能耗最优。

证明： 假设第 j 个簇内共有 m_j 个节点，参与压缩感知过程的稀疏矩阵的稀疏率为 s。在每一次采集过程中，参与测量值收集的平均节点个数 m'_j 为

$$m'_j = \sum_{i=1}^{m_j} s \times 1 = m_j s \tag{2.37}$$

即每次仅有 m'_j 个节点需要转发其对应的权值，因此，簇头节点共收到 m'_j 个数据包。于是可得第 j 个簇内每次测量时的平均能耗为

$$
\begin{aligned}
\bar{E}_{\text{intra}}^{j} &= \sum_{i=1}^{m'_j} E_{\text{Tx}}^{i}(k, E(d_i)) + m'_j E_{\text{Rx}}(k) \\
&= k \sum_{i=1}^{m'_j} (E_{\text{ele}} + \varepsilon_{\text{amp}} E(d_i^2)) + m'_j k E_{\text{ele}} \\
&= 2m'_j k E_{\text{ele}} + k \varepsilon_{\text{amp}} \sum_{i=1}^{m'_j} E(d_i^2)
\end{aligned}
\tag{2.38}
$$

其中，$E_{\text{Tx}}^{i}(k, E(d_i))$ 代表第 i 个节点转发 k 比特数据至其簇头的能耗；$E(d_i)$ 代表第 i 个点至其簇头节点距离的期望。由上式可以看出，平均能耗由 $E(d_i^2)$ 决定。假设簇为正方形且边长为 b，且簇头坐标为 (x_0, y_0)，我们可以用 $f(x, y)$ 表示子节点至簇头距离的概率密度函数，则

$$f(x,y) = \begin{cases} \dfrac{1}{b^2}, & x \in \left(-\dfrac{b}{2}, \dfrac{b}{2}\right), y \in \left(-\dfrac{b}{2}, \dfrac{b}{2}\right) \\ 0, & \text{其他} \end{cases} \tag{2.39}$$

因此可以得到

$$\begin{aligned} E(d_i^2) &= E((x - x_0)^2 + (y - y_0)^2) \\ &= \int_{-\frac{b}{2}}^{\frac{b}{2}} \int_{-\frac{b}{2}}^{\frac{b}{2}} \frac{1}{b^2}((x - x_0)^2 + (y - y_0)^2)\mathrm{d}x\mathrm{d}y \\ &= \frac{b^2}{6} + (x_0^2 + y_0^2) \geqslant 0 \end{aligned} \tag{2.40}$$

当且仅当 $x_0 = y_0 = 0$，即簇头节点处于簇的中心处时成立，得证。

本章分别利用两种著名的分簇方法 LEACH 和 K-means 对网络进行分簇。相较而言，K-means 算法分成的簇尺寸更均匀。假设网络被分成了 N_c 个不重叠的簇，即有 N_c 个节点被选中作为簇头，其他节点选择离自身近的簇头连接。假设分簇是均匀的，因此可以得到每个簇内的节点个数为 N / N_c。

同时假设节点能够基于真实传输距离调节自身的能量等级。因此，从节点 n_i 到距离 d_{ij} 处的节点 n_j 消耗的能量为 $P_{ij} = d_{ij}^\alpha$，参数 α 取决于信道特征，通常取值为 2～4，方便起见，这里选择 $\alpha = 2$。最终用归一化重构误差作为 CS 信号恢复的重构误差。

2. 簇间路由树的建立

定义 2.4　当前簇头转发至其他簇头的跳数定义为 NoH，节点根据自身的通信半径，以及网络中簇头的分布位置情况确定该值。

引理 2.3　假设簇头之间通过簇间多跳最短路由树转发测量值，那么簇间转发能耗最小。

证明：每一次收集测量值时，簇头会收到 $h - 1$ 个数据包，可以定义簇头间的能耗为

$$\begin{aligned} E_{\text{inter}} &= \sum_{i=1}^{h} E_{\text{Tx}}^i(k, d_i) + (h-1)E_{\text{Rx}}(k) \\ &= k\sum_{i=1}^{h}(E_{\text{ele}} + \varepsilon_{\text{amp}}d_i^2) + (h-1)kE_{\text{ele}} \\ &= (2h-1)kE_{\text{ele}} + k\varepsilon_{\text{amp}}\sum_{i=1}^{h}d_i^2 \end{aligned} \tag{2.41}$$

其中，d_i 表示第 i 个数据包传输的距离。上式表明，如果 h 和 k 一定，则最终结果由 $\displaystyle\sum_{i=1}^{h}d_i^2$ 决定，得证。

因为已经通过 K-means 或者 LEACH 方法进行了分簇，本章提出一种迭代分布式算法来构建簇间路由：假设所有簇头都有相同的传输半径（R），在通信半径内，簇头可以互相通信。所有簇头广播它们至基站的跳数至它们的邻居节点。初次迭代时，设置通信半径包含基站的簇头的 NoH 为 1，在下一次迭代过程中这些簇头广播 NoH 至它们的邻居簇头节点并设置这些未有 NoH 的簇头节点的 NoH 为 2。经过一系列迭代之后，可能有剩余的簇头节点没有 NoH，路由路径可能构建不完全。因此，算法持续选择路由路径直至所有的簇头之间都不再改变，算法伪代码可以简写如下：

```
While(路由路径不再改变)
{
    NoH(Sink)=0；i∈N_c个簇头
    Nei 表示簇头 i 的邻居簇头节点集合
    If(dis tan ce[i,j]<R, 其中 j∈R){
        When(NoH(j)=min{NoH(Nei)}){
        簇头 i 选择簇头 j 连接；
        设定簇头 i 的 NoH(i)=NoH(j)+1;
        }
    }
}
```

3. 基于压缩感知的簇内数据收集

在构建好簇间路由树之后，簇内采用压缩感知技术进行数据收集，由于簇内节点数据相关性比较大，我们可以采用随机间距稀疏矩阵进一步减少所需的测量值。传统基于压缩感知的无线传感器网络数据收集方法中，压缩感知所需的测量矩阵由簇头自身生成，在采集完数据后还需将所用到的测量矩阵与数据一起转发至基站。因为随机间距稀疏矩阵可以由基站提供的种子向量直接生成，所以各个簇头可以直接通过基站提供的种子向量生成对应的子矩阵。该方法具体步骤如下。

（1）汇聚节点将稀疏间距为 Δ 的种子向量 $U(u_i),\{i=1,2,\cdots,N\}$ 分发给每个簇头，每个簇头根据自己在骨干树中的位置确定自己在种子向量中所处位置的索引。

（2）第 i 个簇头节点从自己所在种子向量的索引位置处依次往前取，根据簇内节点的个数 N_i 遍历 N_i 个数据，获得新的稀疏种子向量，并作为属于自己的测量投影系数 $U'(u_i),\{i=1,2,\cdots,N_i\}$ 生成相对应的块矩阵 $M_i \times N_i$。

（3）非簇节点将它们的数据传送给簇头，簇头根据 $y_i = \phi_i x_i$ 将簇内节点发送来的数据计算成 M_i 个测量值。

（4）簇头沿着簇间生成的转发路径将测量值发送至基站。

（5）基站根据设定好的种子向量 $U(u_i),\{i=1,2,\cdots,N\}$ 生成总的测量矩阵，并利用 CS 重构算法将收集到的数据 $y=[y_1,y_2,\cdots,y_{N_c}]$ 恢复出原始数据 x。

在真实的 WSN 中，每个簇可能有不同数量的节点，对应着不同数量的测量值，有学者提出一个簇中测量值的个数应该与节点的个数线性相关，以便簇获得最好的 CS 重构性能。

2.4.4　网络能耗分析

非簇头节点发送它们的读数至它们的簇头。定义簇内能耗为 $P_{\text{intra-cluster}}$。下一步，簇头创建 CS 测量值作为簇内数据的联合（ $y_i = \phi_i x_i$ ），然后发送测量值至基站。对应的能量消耗用 P_{toBS} 表示，总能耗表示为

$$P_{\text{total}} = (P_{\text{intra-cluster}} + P_{\text{toBS}}) \tag{2.42}$$

1. $P_{\text{intra-cluster}}$ 分析

我们假设 WSN 均匀分布了 N_c 个簇，每个簇都有相同的节点数量 N/N_c，其中有一个簇头和 $N/N_c - 1$ 个非簇节点。于是

$$P_{\text{intra-cluster}} = N_c \left(\frac{N}{N_c} - 1 \right) E[r^\alpha] \tag{2.43}$$

其中，r 是一个随机变量，对应着一个普通节点到它对应的簇头的距离；α 是路径损耗指数，本章设定为 2。于是，可以计算出期望 $E[r^2]$ 为

$$E[r^2] = \iint (x^2 + y^2) \rho(x, y) \mathrm{d}x \mathrm{d}y = \iint r'^2 \rho(r', \theta) r' \mathrm{d}r' \mathrm{d}\theta \tag{2.44}$$

其中，$\rho(r, \theta)$ 是节点分布。为了使得分析易于处理，我们假设每个分簇区域是一个半径为 $R = L/\sqrt{N_c}$ 的圆形区域，整个分簇的区域节点的密度平均分布，例如，$\rho(r', \theta) = 1/(\pi L^2 / N_c)$。因此

$$E[r^2] = \frac{1}{(\pi L^2 / N_c)} \int_{\theta=0}^{2\pi} \int_{r'=0}^{R} r'^3 \mathrm{d}r' \mathrm{d}\theta = \frac{L^2}{2N_c} \tag{2.45}$$

相应地

$$P_{\text{intra-cluster}} = \left(\frac{N}{N_c} - 1 \right) \frac{L^2}{2} \tag{2.46}$$

正如我们所见，总的簇内能量消耗是一个与簇的数量相关的递减函数。

2. P_{toBS} 分析

定义簇间传输的能量消耗为

$$P_{\text{toBS}} = \sum_{i=1}^{N_c} \text{NoH}(i) \times R^2 \times M(i) \tag{2.47}$$

其中，$M(i)$ 是第 i 个簇测量值的个数；R^2 是在每一跳上的能量消耗。此处假设路径损

耗指数 $\alpha = 2$。在分析案例中，假设所有簇的尺寸相等。这意味着所有的簇都有相同数量的节点。每个簇所需的测量数与每个簇中的节点个数呈线性比例 $M(i) = \dfrac{M}{N_c}$。因此，式（2.47）可以改写成

$$P_{\text{toBS}} = R^2 \times \frac{M}{N_c} \sum_{i=1}^{N_c} \text{NoH}(i) \qquad (2.48)$$

其中，M 是网络中所需收集的测量值的总数量；N_c 是簇的数量。Chandler 计算了随机定位无线电网络中的平均中继跳数，于是式（2.48）可以改写成

$$P_{\text{toBS}} = \text{NoH}_{\text{ave}} \times R^2 \times M \qquad (2.49)$$

其中，NoH_{ave} 是平均跳数，期望为 $E[n]$。跳数的期望由随机节点间能够产生连接的概率计算出来。如果被一个簇头的通信范围覆盖的区域不包括它的目的地，那么在这个区域里必然有一个称为 A 的簇头来中继数据。

区域 A 里簇头的数量服从泊松分布，均值 $\lambda = \dfrac{N_c}{\pi R_0^2} \times A$。源节点与目的节点直接能够产生连接的可能性为

$$P(\#\text{ofCHs} \geqslant 1) = 1 - P(\#\text{ofCHs} = 0) = 1 - e^{-\frac{N_c}{\pi R_0^2} \times A} \qquad (2.50)$$

其中，$A = 2R(2\theta - \sin\theta\cos\theta)$，$\theta = \cos^{-1}(x/2R)$。

因此，在感知区域里簇头随机分别被选中，簇头和基站之间的距离用 x 表示。在距离 x 下用 n 跳或者更少跳数成功建立连接的可能性用 $P_n(x)$ 表示。在一个随机网络中跳数的均值计算如下

$$E[n] = \sum_{n=1}^{\max(\text{NoH})} n[P_n(x) - P_{n-1}(x)] / P_{\max(\text{NoH})}(x)$$

$$= \max(\text{NoH}) - \sum_{n=1}^{\max(\text{NoH})-1} \frac{P_n(x)}{P_{\max(\text{NoH})}(x)} \qquad (2.51)$$

其中，$\max(\text{NoH})$ 是允许的最大跳数。

3. 簇头的通信半径 R 分析

簇头的通信半径 R 跟网络的能耗密切相关。在每条路由路径里，跳数与通信半径密切相关。如果增加 R，那么发送数据的簇头能够选择更远的簇头转发它的数据，这意味着总的跳数会随着通信半径 R 的变化而变化。在图 2.12 和图 2.13 中，我们构建了一个拥有 2000 个感知节点的网络，通过 K-means 或者 LEACH 将网络分成了 500 个簇。分别选择不同的通信半径 $R = \{10, 12, 14, 16, 18, 20\}$。图 2.12 给出了随着半径的增加，总跳数随之减少的关系。图 2.13 表明当增加半径 R 时，总能量消耗持续增

加。图中(a)表示进行压缩数据收集之前使用 K-means 分簇，(b)表示使用 LEACH 进行分簇。

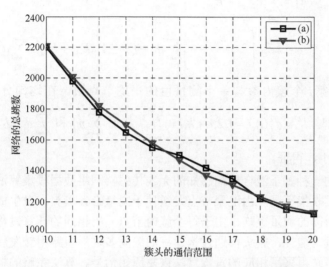

图 2.12　当改变簇头的通信范围时，网络总的跳数的变化

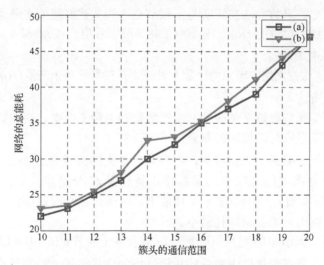

图 2.13　当改变簇头通信范围 R 时网络总能耗变化

2.4.5　算法完整描述

　　定理 2.5　假设无线传感器网络均匀分簇，簇内采用压缩感知技术收集数据，测量矩阵选择稀疏矩阵，簇头节点处于簇中心，簇间按照簇间最短多跳路由树转发数据，那么在每次采集过程中网络的总能耗最小。

证明： 由之前的引理 2.2 和引理 2.3 可以得到每次采集的网络能耗均值为

$$\bar{E}_{\text{total}}(h) = \sum_{i=1}^{h} \bar{E}_{\text{intra}}^{i} + E_{\text{inter}}$$

$$= kE_{\text{ele}}\left(2 + \frac{\varepsilon_{\text{amp}}b^2}{6}\right)\sum_{i=1}^{h} m_i' + (2h-1)kE_{\text{ele}} + k\varepsilon_{\text{amp}}\sum_{i=1}^{h} d_i^2 \tag{2.52}$$

其中，m_i' 表示第 i 个簇内参与单个测量值的平均节点数。在均匀分簇的情况下，$m_i' = m_j'$，且此时 $d_i^2 = d_j^2(i, j = 1, 2, \cdots, h, i \neq j)$，从而 $\sum_{i=1}^{h} m_i'$ 和 $\sum_{i=1}^{h} d_i^2$ 达到最小，因此 $\bar{E}_{\text{total}}(h)$ 达到最小，得证。

我们提出的一种基于混合压缩感知的无线传感器网络数据收集算法，与传统的混合压缩感知数据收集不同，由汇聚节点发送种子向量给各簇头，以生成对应簇内进行压缩感知过程所需的测量矩阵，由于每个簇内节点采用相同的计算过程，因此整个网络具有均衡的簇内能耗，簇头再通过构建好的簇间多跳最短由转发簇头所收集的数据包至基站。基站再采用相应的重构算法恢复原始信号。算法完整的描述如下。

（1）汇聚节点将网络进行分簇，主要采用常规的分簇方法，如 LEACH、K-means。

（2）根据上文给出的方法在簇头与汇聚节点之间构建好簇间多跳最短路由树，每个簇头确定其得到的对应的 NoH，由式（2.48）可以看出，在 M 与 N_c 一定的情况下，簇间能耗仅与 NoH 相关。

（3）汇聚节点根据网络中节点的个数 N 生成对应的稀疏种子向量 $U(u_i), \{i = 1, 2, \cdots, N\}$ 并发送给各个簇头。

（4）各个簇头（假设第 i 个簇头）利用接收到的种子向量，根据自己所处的位置及簇内的节点数量生成对应该簇的测量矩阵 $M_i \times N_i$。

（5）簇内进行压缩感知数据收集，得到对应簇头的 M 个测量值。

（6）簇头根据构建的簇间多跳最短路由树转发 M 个测量值至汇聚节点。基于定理 2.2，判定采集过程中网络的总能耗最小，从而达到性能最佳，否则，通过机器学习的办法进行重构，确保总能耗最小。

（7）由于各个簇所用的测量矩阵都是由稀疏种子向量 $U(u_i), \{i = 1, 2, \cdots, N\}$ 的部分生成的，同样汇聚节点也可以生成总的块矩阵作为恢复矩阵，汇聚节点利用相应的重构算法恢复原始数据。

由于随机间距稀疏矩阵可以由一系列种子向量动态生成，完全可以通过汇聚节点来决定整个网络中所需的测量矩阵，一方面相较于高斯等随机矩阵减少了独立变元个数，同时避免了传统混合压缩感知过程中因路由路径改变，普通节点无法动态保存测量矩阵的问题。

2.4.6　仿真与分析

1.　基于随机间距稀疏压缩感知的数据收集方案性能

我们用网络中的各节点所收集总的数据包传输量来评估基于随机间距稀疏测量矩阵的压缩感知数据收集方案的性能，此处取间距 $\Delta = 2$。我们分别比较了六种方案：(a)基于随机间距稀疏测量矩阵的压缩感知 K-means 分簇方案、(b)基于随机间距稀疏测量矩阵的压缩感知 LEACH 分簇方案、(c)基于高斯测量矩阵的压缩感知 K-means 分簇方案、(d)基于高斯测量矩阵的压缩感知 LEACH 分簇方案、(e)不使用压缩感知的 K-means 分簇方案、(f)不使用压缩感知的 LEACH 分簇方案。节点个数 N 从 500 增加到 1500，节点的传输半径 R 为 10，$\rho = M / N$ 为压缩比。图 2.14 和图 2.15 分别描述了 $\rho = 0.2$ 和 $\rho = 0.1$ 时，各种方案的网络数据包传输量对比情况。

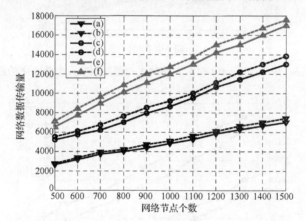

图 2.14　压缩比 $\rho = 0.2$ 时，各种方案的网络数据包传输量对比

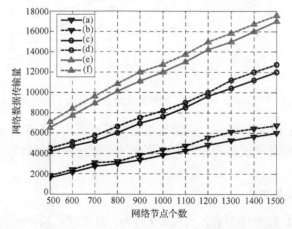

图 2.15　压缩比 $\rho = 0.1$ 时，各种方案的网络数据包传输量对比

　　可以看出，在压缩比 $\rho = M / N$ 减小时，即 M 减小时，基于稀疏随机间距测量矩阵的方案同样进一步减少了网络传输的数据量。我们定义网络中第一个节点能量耗尽时所经历的轮数为网络的生命周期，于是，同样可以得到不同方案的轮数，如图 2.16、图 2.17 所示。

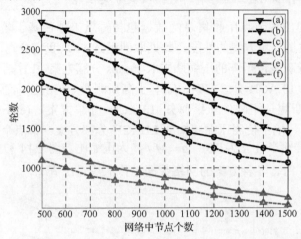

图 2.16　压缩比 $\rho = 0.1$ 时，网络的生命周期随节点个数变化的趋势

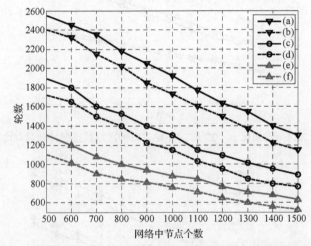

图 2.17　压缩比 $\rho = 0.2$ 时，网络的生命周期随节点个数变化的趋势

　　图 2.16 和图 2.17 可以看出，采用压缩感知进行簇内收集明显延长了网络的生命周期，同时，采用稀疏随机间距矩阵与高斯矩阵相比所需采集数据更少，因而进一步增加了网络的轮数。

2. 网络能耗仿真分析

　　我们同样部署了 2000 个节点，长度 L 为 100。首先利用 K-means 和 LEACH 分簇算法将网络分成 N_c 个簇，接着应用我们的 CS 数据收集方法并计算整个网络的能量消耗。

基站设置在感知区域的中心。给定测量次数 $M=500$，以满足误差目标 0.1。通过改变节点的传输半径来改变网络的簇头个数，分别用传输半径 $R=[50,30,25,22,18,14,11]$ 对应 $N_c=[10,50,100,200,300,400,500]$。

首先针对簇内能耗进行仿真分析，在选择测量矩阵时，分别选择随机间距稀疏循环矩阵和高斯矩阵作比较。同时，我们也选取了不同的随机间距 Δ，如图 2.18 和图 2.19 表示一个簇内包括簇头的簇内总能耗。如果网络分成了许多簇，那么簇内能耗将很少。此时，网络的总能耗主要集中在簇间路由路径上。从图中可以看出，采用随机间距稀疏循环矩阵，由于矩阵中大量零元素的参与，明显比高斯矩阵能耗更低。

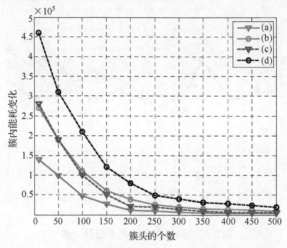

图 2.18　$\Delta=2$ 时，随着簇数的增加，簇内能耗的变化趋势

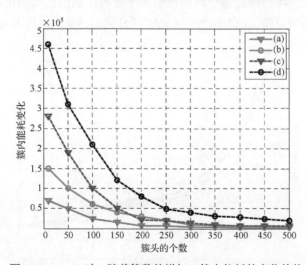

图 2.19　$\Delta=4$ 时，随着簇数的增加，簇内能耗的变化趋势

图 2.18 中(a)表示使用 K-means 方法分簇，采用随机间距 $\Delta=2$ 的稀疏测量矩阵；

(b)表示使用 LEACH 分簇，采用随机间距 $\varDelta=2$ 的稀疏测量矩阵；(c)表示使用 K-means 方法分簇，采用高斯随机矩阵；(d)表示使用 LEACH 分簇，采用高斯随机矩阵。

图 2.19 中(a)表示使用 K-means 方法分簇，采用随机间距 $\varDelta=4$ 的稀疏测量矩阵；(b)表示使用 LEACH 分簇，采用随机间距 $\varDelta=4$ 的稀疏测量矩阵；(c)表示使用 K-means 方法分簇，采用高斯随机矩阵；(d)表示使用 LEACH 分簇，采用高斯随机矩阵。

图 2.20 显示为了达到目标重构误差所需的测量值的数量几乎是一个常数。图中(a)表示均匀分簇；(b)表示使用 K-means 方法分簇；(c)表示使用 LEACH 分簇。

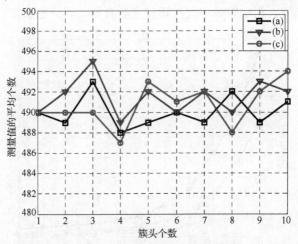

图 2.20　网络中所需测量值的个数

图 2.21 显示当我们增加整个网络里簇的个数时，总的簇间路由能量消耗随之减少。其中(a)表示均匀分簇；(b)表示使用 LEACH 分簇；(c)表示使用 K-means 方法分簇。

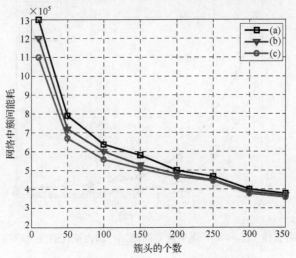

图 2.21　当簇头的个数变化时，簇间能耗的变化

图 2.22 表示网络中总能耗的变化趋势，由图中可以看出，采用簇间多跳路由在簇的个数很多的时候明显降低了网络的总能耗。图中(a)表示采用簇间多跳路由，分簇方法为 K-means；(b)表示采用簇间多跳路由，分簇方法为 LEACH；(c)表示仅采用 K-means 分簇；(d)表示仅采用 LEACH 分簇。

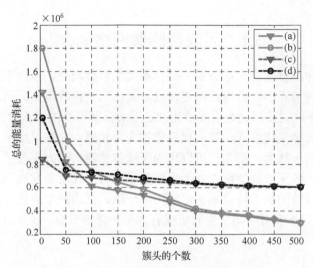

图 2.22　采用簇间多跳路由与不采用的总能耗

2.5　本 章 小 结

测量矩阵是压缩传感理论的重要组成部分，如何改善测量矩阵的性能对压缩感知方法的改良有很大的作用，采用稀疏矩阵作为测量矩阵可显著减小获取测量值的通信开销。本章提出的基于 SVD 的随机间距稀疏矩阵不仅减少了独立元素的个数，通过优化稀疏循环矩阵的种子向量，也在一定程度上提高了精度，并且物理上很容易实现，存储成本低，同时将本章的矩阵利用到无线传感器网络压缩感知方案中，仿真证明了均衡了网络中每个节点的能耗，延长了网络的生命周期。本章提出了一种基于随机间距稀疏压缩感知的数据收集方法，该方法有效降低了网络的能量消耗。节点的位置及分布信息用于设计数据收集方法中的分簇结构。汇聚节点将稀疏种子分发给簇头，在一个簇内，节点不使用压缩感知技术，仅直接发送原始数据至簇头，簇头阶段采用压缩感知技术，利用稀疏种子生成对应的预测系数，并根据从簇内节点收集到的数据产生相应的测量值，簇头之间通过簇间多跳路由生成的骨干树依次将测量值发送给汇聚节点，最终，汇聚节点利用相应的 CS 重构算法恢复出原始信号。我们也对算法在网络中的能耗进行了分析和仿真，分析了簇头的大小与簇间的能耗、网络能耗的关系，实验最终表明，有效降低了网络的总能耗。

第 3 章　低占空比低碰撞节能 MAC 协议

3.1　无线传感器网络简介

现在的无线传感器网络大部分是一种分布式的多跳网络，由位于终端的大量传感器节点组成。这些节点通过自组织网络，以多跳的形式将收集到的信息发送到汇聚节点，汇聚节点再将这些数据处理后发给用户，用来获得需要的监测信息。WSN 自从出现以来，主要经历了三代发展。第一代只能称为传感器，只是采用了连接传感控制器或点对点传输的简单技术。第二代可以称为无线传感器，因为出现了分布式传感器网络系统，传感器间的无线通信协作能力也增强了。第三代就是发展到现在的无线传感器网络技术，其显著的技术特点是自组织网络传输、低功耗节点设计。

如图 3.1 所示，一般的 WSN 主要组成有大量传感器节点，以及少量的汇聚节点和管理节点。

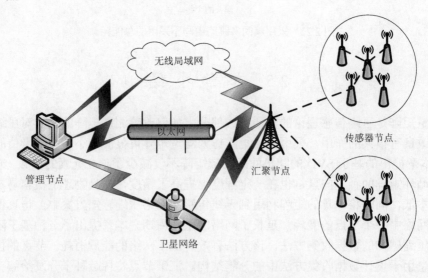

图 3.1　无线传感器网络体系结构

1）传感器节点

传感器节点是 WSN 的组成基础，其主要任务是感知并收集信息，并对自身或其他节点转发的数据作相应处理，再发送到上层节点，是 WSN 的主要实地工作者。针对不同的应用，设计有不同的传感器节点，但其主要系统结构大致相同。如图 3.2 所示，主要包括电源模块、传感模块、处理模块以及无线通信模块，当面向不同的应用需求时，可以对相应的模块作修改。

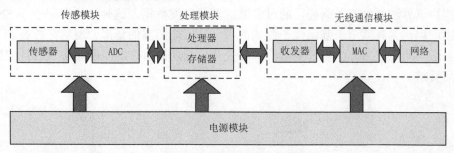

图 3.2　传感器节点结构

2）汇聚节点

汇聚节点可以是基站，或者拥有更强能力的节点，其处理存储以及通信能力都相对较强，而且有足够的能量供应，它是连接 WSN 与 Internet 等外部网的网关，实现不同网络间的切换，并将 WSN 收集的数据通过 Internet 发送给管理节点，或向 WSN 发送来自管理节点的任务。在 WSN 体系中，它是中间的连接者。

3）管理节点

管理节点可以动态地远程地管理整个 WSN，WSN 的用户通过管理节点来访问需要的资源，它是 WSN 的远程操控者。

WSN 拓扑结构主要有三种：星状拓扑、网状拓扑以及混合拓扑。由 WSN 的大规模性和动态性可知，WSN 的拓扑结构也是会不断动态变化的。不同的应用层面需求、不同的监测环境，以及不同的地理位置都会对 WSN 的拓扑结构产生不同的要求。

（1）星状拓扑。

星状拓扑在 WSN 中即为单跳结构，节点通过一跳的形式与基站通信，如图 3.3 所示。但这种拓扑显然不适合大规模的无线传感器网络，单跳的长距离通信是较耗费能量的，只适用于区域较小且基站位于中心的小规模网络。

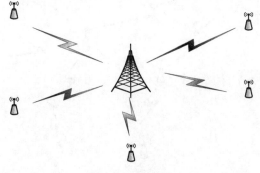

图 3.3　星状拓扑

（2）网状拓扑。

网状拓扑是一种多跳结构，如图 3.4 所示，WSN 中的所有节点都可以相互通信，并根据协议算法找到一条路径，通过多跳的形式转发数据。这种拓扑有利于 WSN 的大规模应用，尤其适用于基站位于监测区域外部一段距离的情形。网状拓扑有利于网络的自适应动态更新，能更好地适应网络变化。与此同时，对于网络协议设计也提出了较高要求。

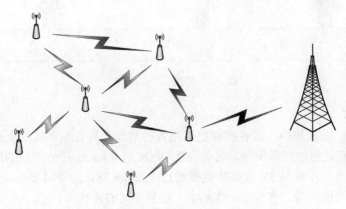

图 3.4　网状拓扑

（3）混合拓扑。

混合拓扑，如图 3.5 所示，它结合了星状拓扑和网状拓扑的优点，简化了网络结构，使节点更易于控制，同时增强了故障修复能力。目前，较为流行的层次型路由采用分簇的办法，将网络节点划分，簇内采用星状拓扑，簇间利用网状拓扑，不但降低了网络复杂度，并且降低了网络能耗。

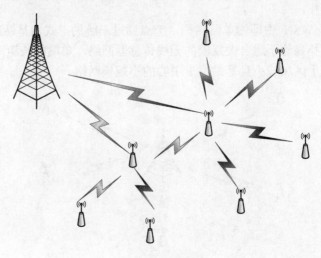

图 3.5　混合拓扑

3.2 无线传感器网络节能技术

3.2.1 传感器节点能耗分析

表 3.1 为节点各模块在不同工作模式下的电流测试，由此分析不同工作模式下的能耗情况。

表 3.1 各模块节点功耗

传感模块	处理模块	通信模块	电流/mA
值守	休眠	休眠	1
工作	休眠	休眠	2
工作	工作	侦听	30
工作	工作	发射	150

由表 3.1 可以看出，传感器节点的通信模块消耗能量是较多的，尤其在处于射频状态的时候，能量损耗最大；而传感模块的耗能变化是最小的，对于处理模块，在工作与休眠状态耗能也是有较大不同的。所以，为了节约能耗，在满足应用需求的前提下，应尽可能地使处理模块和通信模块获得更多的休眠时间。

3.2.2 功率控制技术

功率控制技术是拓扑控制技术的一个主要研究方向，对网络的拓扑控制可以有效地适应网络的动态变化，同时在保证网络连通性的前提下，适合的网络拓扑不但能够提高协议的利用效率，而且对节点的能量利用率也有显著影响，从而延长网络生命周期。

在功率控制技术中，主要是通过控制节点的发射功率，避免与不必要节点的通信链接，避免节点间的远距离通信，如图 3.6 所示，在降低单个节点能耗的基础上，降低整个网络通信能耗。

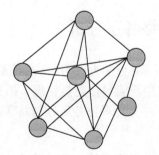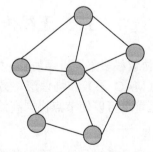

图 3.6 功率控制模型

3.2.3 结构控制技术

结构控制技术是拓扑控制的另一个主要研究方向，其方式是将网络节点分层，划分出不同层次的拓扑结构，如图 3.7 所示。这种结构控制技术常用的有分簇拓扑、支配集层次拓扑，其核心思想大致相同，都是赋予网络节点不同的角色与职能，充分利用分工协作的方式，提高网络能量利用率，并对均衡网络能耗有较大帮助。

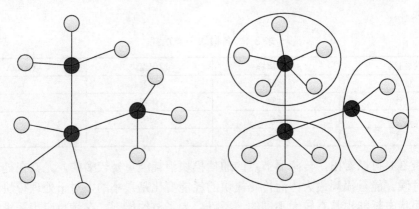

图 3.7　结构控制模型

3.2.4 数据融合技术

数据融合技术主要是通过对冗余数据的处理，根据应用层的需求，尽可能地聚合提取出有效的数据，减少冗余数据，从而降低网络数据传输的负担，节省节点传输能耗。

数据融合技术在降低能耗的同时，由于消除了大量相似数据、冗余数据，从而提升了收集信息的精确度，降低干扰与噪声数据。并且，由于数据的高度融合，网络数据传输量降低，从而获得更多的空间合理分配信道，以避免网络数据冲突、串音等问题，提高了网络整体数据传输效率，从而提高了数据收集效率。

3.3　无线传感器网络各层分析

WSN 的协议栈多采用五层协议，如图 3.8 所示，分别为应用层、传输层、网络层、数据链路层（MAC 层）和物理层。另外，协议层还应包括能量管理、拓扑管理及任务管理，这些管理可以使节点协同高效地工作，并支持多任务运行与共享。

1）物理层

物理层主要负责提供简单而健壮的信号调制，以及无线收发的技术。节点的主要能耗为数据传输，因此，对物理层传输技术的研究用于 WSN 的节能设计，具有较大的研究价值。例如，采用分集技术对抗信道衰落，功率控制节能技术也是物理层的研究课题。

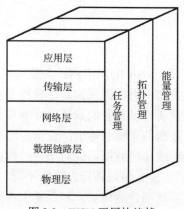

图 3.8 WSN 五层协议栈

2）数据链路层

MAC 层的主要职责是数据成帧、帧的检测以及媒体访问。在 WSN 中，大量无效空闲侦听是过多浪费节点能量的重要原因之一，空闲侦听状态越长，无效能耗越多。因此，许多学者研究出了 MAC 层节能协议，通过设定周期性睡眠的方式，减少空闲侦听，即降低占空比，来节省 WSN 能耗。

3）网络层

网络层的主要职责是路由生成及路由选择。路由选择即结构性拓扑控制，设计高效节能的路由协议是 WSN 的研究热点之一。比较典型的是低功耗自适应分簇协议，是专用于 WSN 的路由协议，但随着各种新型协议的提出，其缺点亦有很多。现在 WSN 需要的节能路由协议不仅要提升网络的生命周期，而且要均衡网络能耗，使整个网络能量均匀负载到节点，才能更有效地利用网络能量。

4）传输层

传输层主要负责数据流的传输控制，其重要性在于保证通信服务质量。在传输层，拥塞或速率控制也会影响网络整体性能，尤其对于无线传感器网络，有可能大量的节点会将数据发送到汇聚节点，从而加剧此类节点的拥塞负担，并且增加时延，降低吞吐量，造成不必要的能量浪费。因此，设计适合的拥塞控制方案，或设计可靠的速率控制传输协议，也是一种 WSN 的节能策略。

5）应用层

应用层主要包括一系列基于监测任务的软件，来满足用户的应用需求。对于 WSN 节能问题，现在提出一些针对 WSN 的跨层设计，根据观测数据的相关性，或者应用层提供的流量信息来控制下层设计，综合考虑了各层特性，更加注重网络整体性能保障。

3.4 低占空比低碰撞节能 MAC 协议设计

3.4.1 相关 MAC 协议

根据数据收集方式的不同，WSN 的应用模式大致可以分为三类：周期性感知、事件驱动型感知和查询驱动型感知。周期性感知即传感器节点按照固定的周期监测和传送数据，其余的时间进入休眠状态以节省能量消耗；事件驱动型感知即当关注事件发生时，传感器节点才会进行数据的采集和传送；查询驱动型感知即传感器节点在收到外部查询指令后，才开始采集或传送数据。针对不同的数据收集方式和应用场景，适用有不同的 MAC 协议。另外，根据信道访问方式的不同，MAC 协议又可分为基于调度的协议、基于竞争的协议以及混合型协议。对于基于调度的 MAC 层协议，每个节点传输信息的时间由调度算法决定，在无线信道上的相互干扰很小，具有延时保障，但调度难以调整，扩展性比较差，时钟同步性要求高。而基于竞争的 MAC 协议无需全局网络信息，可扩展，易实现，但增加了冲突的可能性。根据节点的运行时间是否同步，MAC 协议又主要分为两种策略：节点同步策略和节点异步策略。

同步的 MAC 协议比较典型的有 S-MAC、T-MAC、SCP-MAC 等，S-MAC 协议采用虚拟簇和设置侦听/休眠机制来提高网络效率，网络中节点采用统一的休眠策略，固定的占空比，虽然减小了传输延迟，但其自身机制也易造成网络中大量数据碰撞，浪费节点能量，而且其对网络动态的适应性也较差。T-MAC 协议是对 S-MAC 的改进，其对占空比的自适应调整使协议更能适应网络流量的动态变化，但其存在早睡问题，会增加网络传输时延，降低网络吞吐量。SCP-MAC 在保持高度同步的机制上，极大地缩短侦听时间，提高了节能性，但由于对同步的较高依赖，大大增加了系统负荷。因此为了减少节点对同步机制的依赖，对基于侦听/休眠机制的异步 MAC 协议也有较多的研究，如由发送节点发起的 B-MAC、X-MAC、O-MAC、Wise MAC 和 PB-MAC 等，以及由接收节点发起的 MAC 协议，如 RI-MAC 等。发送节点发起的异步 MAC 协议通过发送节点发送前导序列的方式，等待接收节点醒来时接收后，再向发送节点回复通知传输数据。而接收节点发起的异步 MAC 协议是通过接收节点发送信标帧，发送节点醒来侦听的机制，这是一种被动的机制，但很好地解决了发送节点的长前导序列和过多占用信道的问题，同时减少了碰撞串音的情况，一般情况下，这种被动的异步机制要比发送节点发起的有更低的占空比。

然而，这种被动的异步 MAC 协议虽然降低了占空比，节省了能量消耗，但针对实时复杂的网络情况，如节点加入，局域网络通信任务猝发等网络动态变化，缺少实时的自适应同步更新，带来的延时问题相对于同步 MAC 协议更加不确定。所以本章在异步 MAC 协议的基础上进行优化改进，设计了一种新的由接收节点端发起的异步 MAC 协议，通过相应的算法，网络中的节点根据自己的信息表分布醒来，发送节点可以预测接收节点醒来的时间，从而只在接收节点醒来时侦听，建立可靠的传输链路，从而大大降低了占空比与碰撞情况，同时，针对网络的动态变化，加入自适应更新机制，使协议更加适应复杂的网络变化，保证网络在低能耗的同时拥有更好的鲁棒性。

3.4.2　算法设计

本方法的目标是设计一种由接收节点发起建立连接的低占空比、低碰撞、能够自适应网络变化更新的异步 MAC 协议，在借鉴典型异步 MAC 协议的基础上，对算法进行优化改进，在保证较低占空比与碰撞率的同时引入自适应更新的机制，使协议更能适应网络动态变化。

1. 基本工作原理

本协议采用基于 RTS/CTS/Data/ACK 的通信方式，每个节点中都会记录一份邻居节点信息表，记录包括目标节点地址和用来计算预测目标节点醒来时间的信息等。网络中的节点会以随机的间隔分布醒来，需要发送给此目标节点信息的发送节点会通过保留的邻居节点信息表，计算预测出接收节点要醒来的时间，并在那之前醒来侦听，在收到接收节点发来的信标后，建立通信连接，传输数据。从而使网络中某一信息的收发方能够相对独立地占用信道，这种方式可以很大程度上减少网络中碰撞串音问题，并且发送节点只在接收节点醒来时侦听信道，同时减少了空闲侦听。由于节点的时钟偏转和网络的动态变化，在引入自适应更新机制后，网络节点会在一定的情况下或一定的周期后进行网络的维护更新，确保网络的整体性能。协议原理如图 3.9 所示。

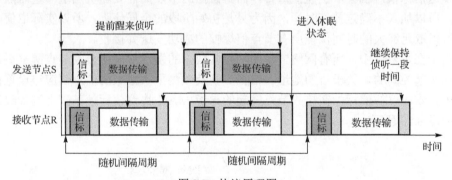

图 3.9　协议原理图

对于网络整体性能的评价，在 MAC 层主要参考指标是较低的占空比以及较低的节点碰撞。另外在基于竞争的 MAC 协议中，为了实现节点间的异步状态，本算法中多次用到退避机制，它们的定义如下。

定义 3.1　占空比。在无线传感器网络 MAC 层，在不同的协议下，节点都会周期性地或不定周期地在侦听/休眠状态间切换，从而减少长期侦听的能量浪费，占空比即节点整个生命周期中处于侦听状态时间所占的比例，占空比越小，消耗能量越少。

定义 3.2　节点碰撞。对于采用竞争方式使用共享无线信道的 MAC 协议，对于某一节点，工作在侦听状态时，有可能收到两个或多个节点同时发送来的消息，从而干扰发送节点与接收节点的通信连接建立，这种状况即为 MAC 层中的节点碰撞。

定义 3.3　退避机制。为了应对 MAC 层的节点碰撞问题，协议采用某种算法，使节点在发送消息或回复消息时，不是立即发送，而是根据相应的算法延退一定的时间再发送，这类机制称为退避机制，通过对时间的控制交错，可以大大降低节点碰撞的概率。

2. 原始周期调度

在网络初始阶段，假设在一个 T_{Prim} 原始周期内，网络中的节点需要通过侦听其他节点发送的信标确定自己的邻居节点信息表。此时所有节点保持侦听状态，在 T_{Prim} 周期内选择一个随机的时间发送信标帧，此信标帧为广播帧，在收到广播信标帧后，记录邻居节点信息表。

原始周期 T_{Prim} 需要满足

$$T_{\text{Prim}} \geq n \times (T_{\text{Broad}} + \text{RTT}) + T_{\text{Uncer}} \tag{3.1}$$

其中，n 为网络中假设节点个数；T_{Broad} 为一个节点发送信标帧完成所需要的时间；RTT 为节点之间的最大往返传输时延；T_{Uncer} 为不确定补充时间。原始时间 T_{Prim} 必须保证足够所有的节点发送完成信标帧，以确定邻居节点信息表，如果同时有两个或多个节点同时发送信标帧，就会产生碰撞重传，而且碰撞的节点间需要随机回避一定时隙后再重传，所以加入不确定补充时间，因为只是初始阶段的全局侦听，所以实际取值时，完全可以取足够大的时间保证所有节点信标帧的成功发送并接收。

由于在本协议中，所有网络链接的构建、数据的发送都是由接收节点醒来后发送信标帧发起控制的，关于目的地址、信标类型及预测下次醒来的信息都应该设置在信标帧内。本协议的信标帧在接收节点发起的异步 MAC 协议信标帧基础上进行改进，设计如图 3.10 所示。

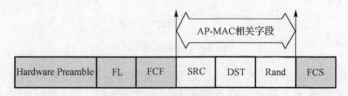

图 3.10　信标结构图

其中，FL 位为帧长度，FCF、FCS 位为原有的字段，SRC 位为发送节点即源节点的地址信息，DST 位为信息目标节点的地址信息。当没有确定目标时，如发送信标帧为广播帧时，DST 位可以置为 0，若发送网络更新的信息，则可以置为–1，作为信标帧类型标志，此时处于侦听的节点检测到 DST 位为广播帧，也会接收此信息来更新邻居节点信息表。Rand 位为节点为下次醒来所产生的随机周期，用于计算预测此接收节点的下次醒来时间。

由此信标结构可以看出，本协议相对其他异步 MAC 协议，对信标的结构调整只是增加了一个 Rand 位，用来完成计算下次唤醒的时间，通过设置 DST 位不同的数值来控制信标的类型，完成广播更新操作，本协议信标具有低开销的特征。

在本协议中，假设 n 可以不为具体的节点个数，无论网络后期有新加入节点或死亡节点，都把 n 作为一个用来计算的常态值，但 n 的取值必须满足大于等于初始节点总个数。网络中的节点开始工作后，需要通过初期的广播信标帧确定自己大致的调度周期，当一个节点成功广播信标帧之后，周期才开始运行。为了避免初始阶段网络中节点广播帧的碰撞，在第一个原始周期 T_{Prim} 内，节点随机选择一个时刻 T_{Rand} 作为自己发送广播信标帧的时间，其中

$$T_{\mathrm{Rand}} = T_{\mathrm{Broad}} \times \mathrm{Random}(1, n) \tag{3.2}$$

即节点在 $1 \sim n$ 随机生成一个整数值，将那个整数倍的信标帧发送完成时间作为自己发送信标的时刻，这样就可以整体错开网络中节点的调度周期。但由于是随机的情况，而且当部分区域节点密集时，依旧有可能发生信标发送的碰撞，干扰节点调度周期的形成，并占用信道，影响其他节点信标的发送。所以为了防止这种情况，还必须引入一定的退避机制。当节点到达自己的随机时刻需要发送信标时，先侦听信道是否空闲，如果信道空闲，则发送信标，如果信道繁忙，则再间隔一个 T_{Broad} 时间后再侦听，若再次空闲，则立即发送信标，若再次侦听信道繁忙，则退避随机倍数的 T_{Broad} 时间后返回重新检测。在退避机制的过程中，假设网络中的信道长期被占用，需要发送信标的节点可能会一直处于侦听-退避状态，不仅浪费能量，还无法发送出自己的信标，针对这个问题，在退避时，节点会对时间间隔值计数，从初始的随机数开始计数。若计数时间间隔值大于 n（n 为常态值，大于网络中实际节点总个数），则说明接近原始周期末期，此时大部分节点已成功发送信标帧，还未成功发送信标帧的节点恢复每隔一个间隔侦听信道，若空闲，则立即发送自己的信标帧。直到原始周期结束，所有节点均能成功发送信标帧，然后进入休眠状态，根据自己的邻居节点信息表和随机定时选择下次要醒来的时间。原始周期调度图见图 3.11。

3. 预测唤醒机制

为了减少节点间的碰撞，尽可能地使需要收发信息的节点独立占用通道，节点在原始周期成功发送信标后，即可大致确定自己的调度周期，且每次唤醒间隔都以这个周期为基础随机摆动，这种机制可以很大程度上避免邻居节点醒来时间的频繁接近，减小了碰撞概率，也就节省了因串音和竞争信道造成的能量浪费。

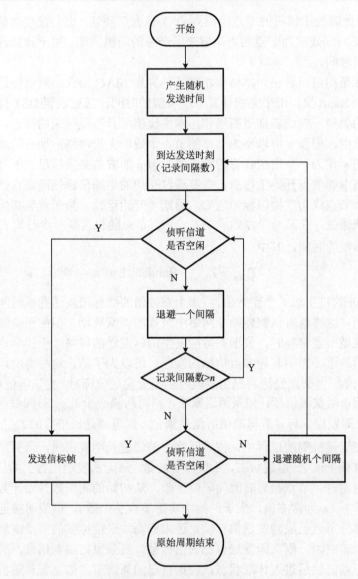

图 3.11 原始周期调度图

当节点在确定发送信标帧后，会立即生成一个随机间隔，写在信标的 Rand 位发送出去，这个时间间隔值由下式确定

$$\text{Rand} = \delta T_{\text{Prim}} + T_{\text{Broad}} \times \text{Random}(-1, 0, 1) \tag{3.3}$$

其中，T_{Prim} 为一个原始周期；T_{Broad} 为一个基本的时间帧隙，乘以$-1\sim1$ 的一个随机数作为振动幅度，对间隔时间进行微调，可以更有效地避免信号重叠；δ 为周期调节系数，设定取值范围为[0.8,1.5]，关于δ值设定的作用，会在后面自适应更新机制中作介绍。

对于发送信标的节点，即接收节点来说，在确定随机间隔的同时，就设定了下次醒来的时刻 T_{R_Wake}，其中 T_{R_now} 即为接收节点当前时间

$$T_{R\_Wake} = T_{R\_now} + \text{Rand} \tag{3.4}$$

而对于接收信标的节点，即需要发送数据的节点来说，在接收到邻居节点的信标后，读取信标帧的 Rand 位，综合考虑误差时延等因素，计算预测出目标节点下一周期的醒来时间，从而在目标节点唤醒前醒来，侦听信道，在邻居节点信息表中，若有对目标节点的传输数据任务，则计算出本节点的唤醒时间 T_{S_Wake} 并存储在相应的目标节点信息中

$$T_{S\_Wake} = T_{S\_now} - T_{Broad} - \text{RTT} + (1-2\theta)\text{Rand} \tag{3.5}$$

其中，T_{S_now} 表示发送节点收到信标帧后的本地时刻，接收节点发送的时间间隔从 T_{R_now} 时刻开始计数，而信标传送到发送节点需要一个 T_{Broad} 时间；RTT 为传输时延；θ 为节点的振荡器频率偏差，由于这个频率的偏差会带来节点间时钟的漂移，所以要将这个时间误差计算在内，而且由于这个时间偏差在数值上比传输延迟大得多，所以可以将传输延迟忽略不计，将上式简化为

$$T_{S\_Wake} = T_{S\_now} + (1-2\theta)\text{Rand} - T_{Broad} \tag{3.6}$$

由于在式中，频率偏差 θ 采用最大频率偏差值，则时间 $2\theta\text{Rand}$ 相对于发送节点来说，为估计的最大提前时间量，所以发送节点与接收节点预计的唤醒时间满足

$$T_{S\_Wake} < T_{R\_Wake} \tag{3.7}$$

这样就保证了发送节点在接收节点之前醒来，侦听信道，以便及时建立连接，发送数据。

节点经过自己一定的随机时间间隔，在设定的时刻 T_{R_Wake} 醒来后，继续以广播的方式发送自己的信标帧，这个信标帧中依旧包含关于源节点的地址信息、下一次随机唤醒时间间隔等主要信息。前面对于广播信标的碰撞问题已经讨论过，设计了一种退避机制来减少碰撞。因为时间间隔是随机设置的，且在原始周期各节点已经采取了避让措施，假设依旧存在节点在相同的时间醒来，就会发生信标的碰撞，这种情况下，仍然可以采用前面介绍的避退机制，若节点醒来后侦听信道空闲，则发送广播信标帧，若信道繁忙，则避退随机个时间帧隙后再发送，此时，信标帧中的随机时间间隔需要重置更新。

成功发送信标的节点会在发送出信标后保持侦听信道一段时间 T_{Keep}，若在这段时间内，有其他节点的 RTS 请求发来，则作出 CTS 回应建立通信连接并传输数据，若在这段时间内没有收到任何请求，则进入休眠状态，直到下一次设定的唤醒时间。节点发送信标后需要保持侦听的时间 T_{Keep} 可以表示为

$$T_{Keep} = T_{Broad} + T_{RTS} + \text{RTT} + T_{P\_off} \tag{3.8}$$

其中，由于从信标发送开始计时，所以计入一个信标发送完成时间 T_{Broad}；往返最大延迟时间为 RTT；T_{RTS} 为节点发送一个 RTS 请求完成需要的时间；$T_{\text{P\_off}}$ 为最大延退时间，会在后面的碰撞重建连接机制中介绍。

将此节点作为目标节点的节点，即需要发送数据给此节点的发送节点，会在设定的时刻 $T_{\text{S\_Wake}}$ 醒来，开始侦听信道，因为发送节点与接收节点预计的唤醒时间满足 $T_{\text{S\_Wake}} < T_{\text{R\_Wake}}$，所以发送节点会在接收节点醒来之前唤醒侦听信道，因此可以接收到目标节点唤醒后发来的广播信标帧，读取信标帧中的信息，计算出下一次唤醒时间，并更新自己邻居节点信息表中相对于此目标节点的信息。同时，发送节点向目标节点发送 RTS 数据发送请求，通过 RTS/CTS/DATA/ACK 机制建立可靠的通信连接并完成数据传送。目标节点在接收完数据并发送确认帧 ACK 之后，依旧保持侦听信道一个 T_{Keep} 时间，若有数据发送请求，则继续接收数据，若没有任何请求，则进入休眠状态。

引理 3.1　在经过一个原始周期后，AP-MAC 协议在每个周期都拥有较小的占空比，且基本是有效占空比，平均占空比的大小只与传输数据流量的多少有关系。

证明：在网络节点更新完节点信息表后，设节点 S 需要向节点 R 发送数据，节点 R 预计在 T 时刻醒来，并在之前节点 S 已收到目标节点 R 的信标帧，则节点 S 会预测在 T 之前 $T_{\text{R\_Wake}} - T_{\text{S\_Wake}}$ 个时间段醒来，设两个节点的有效传输数据时间为 T_{data}，而数据传输完毕节点 S 会再监听 T_{Keep} 时间。所以对于接收节点 R 来说，其占空比为 $(T_{\text{data}} + T_{\text{keep}})/T_{\text{Prim}}$，而节点 S 的占空比为 $(T_{\text{R\_Wake}} - T_{\text{S\_Wake}} + T_{\text{data}})/T_{\text{Prim}}$，由于提前醒来时间及延续侦听时间都是远小于有效数据传输时间的，所以对于发送节点和接收节点，占空比都是较低且有效的，而对于整个网络，设在一个周期内节点之间传送了 K 次数据，则整个网络的平均占空比为 $K(T_{\text{R\_Wake}} - T_{\text{S\_Wake}} + 2T_{\text{data}} + T_{\text{Keep}})/2nT_{\text{Prim}}$，平均占空比的大小只受数据流量 K 影响。

4. 碰撞重连接机制

假设目标节点在唤醒发送广播信标帧后，邻居节点中有不止一个节点需要同时向目标节点发送连接请求，就会造成发送节点与接收节点的连接失败，针对这种情况，本协议中依旧采用随机避退一定时间的方法规避节点同时发送请求冲突。对于初次错过连接的节点，根据错过的时间不同的情况，采用不同的预测重连接时间算法，减少多余侦听时间的浪费，提高重连接的效率。其原理过程如图 3.12 所示。

这里的退避时间与原始周期不同，当多个发送节点收到目标节点的广播信标帧后，在 $[0, T_{\text{P\_off}}]$ 内各自随机退避一定的时间 T_{p}，再向目标节点发送连接请求。由于在目标节点醒来后，有一定的保持侦听时间，发送节点必须保证在退避后依然不会错过目标节点的侦听时间。退避时间 T_{p} 应满足

$$T_{\text{P}} + T_{\text{d}} + T_{\text{RTS}} \leqslant T_{\text{Keep}} - T_{\text{Broad}} - T_{\text{P\_off}} \tag{3.9}$$

其中，T_d 为节点之间的单向传输时延，即 RTT / 2。结合式（3.8），可以将式（3.9）简化为 $T_p \leqslant$ RTT / 2，因此这里最大退避时间 T_{p_off} 可以取值为 RTT / 2。

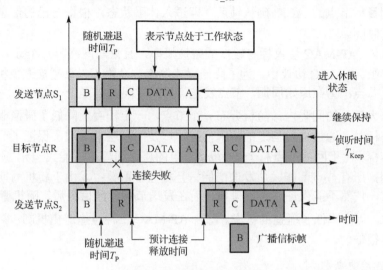

图 3.12 碰撞重连接原理

假设有两个发送节点为 S_1 与 S_2 同时接收到目标节点 R 的广播信标帧，需要向其发送请求建立连接，二者不是立即同时向 R 发送请求，而是在范围 $[0, \text{RTT} / 2]$ 内随机选择一定的时间避退，再发送连接请求。

针对初次错过连接的节点，再要准备发送请求时，初次建立连接的节点已占用信道，在数据未传输完毕前，信道将一直处于繁忙状态。而在这个过程中，错过连接的节点是处于侦听状态的，有可能会侦听到目标节点发给连接节点的 CTS 帧，也有可能侦听到发送节点向目标节点发送的数据分组，根据错过的时间不同的情况，采用不同的预测重连接时间算法计算。

（1）如果侦听到目标节点发出的 CTS 帧，则预计已连接节点发送完数据并释放连接的时间 T_{pre} 为

$$T_{pre} = T_{now} + I_n(\text{RTT} + 2T_{Unit}) + T_{CTS} + T_{ACK} \tag{3.10}$$

其中，T_{Unit} 为节点处理单位数据的时间；I_n 为发送节点要发送数据分组的个数；T_{CTS} 和 T_{ACK} 分别为发送一个 CTS 响应帧和一个 ACK 确认帧所需要的时间。

（2）如果侦听到发送节点向目标节点发送的数据分组，则预计已连接节点发送完数据并释放连接的时间 T_{pre} 为

$$T_{pre} = T'_{now} + I'_n(\text{RTT} + 2T_{Unit}) + T_{ACK} \tag{3.11}$$

其中，I'_n 为发送节点还要发送的数据分组个数。式（3.10）和式（3.11）中的 now 时间并不是相同的时间，而是两种情况下本节点时钟的即时时间。根据这两种情况，错

过连接的节点在预计的时间到达后再向目标节点发送连接请求，并且更新自己的邻居节点信息表，在对应的目标节点唤醒时间上增加等待的时间差。发送节点在数据传输完毕，收到目标节点的 ACK 确认帧后，即进入休眠状态，根据自己的信息表选择下一次唤醒的时间。

引理 3.2　AP-MAC 协议拥有较低的碰撞概率，且只与网络节点个数 n 有关。

证明： 在 AP-MAC 协议中，为了降低碰撞概率，设置了三重碰撞避免机制，设网络中有 n 个节点：①在原始周期，节点发送信标的时间 T_{Rand} 是一个与 n 有关的随机时间，在一个大于 n 的间隔内，随机分布 n 个节点，一定程度上降低了碰撞概率；②在节点发送信标时，通过先对信道的空闲侦听，以及间隔避退发送，保证了节点间不能同时发送信标，由于网络节点总个数为 n，节点的避退间隔不可能大于 n，所以经历一个原始周期，所有节点都能成功发送信标，且相互不重叠；③由于随机周期的间隔及时钟的偏移，依然不能保证完全不碰撞，而在发送节点收到信标后，随机避退时间 T_p 再发送请求，再次降低了碰撞的概率。综合 AP-MAC 三种碰撞避免机制，网络节点碰撞的概率是很低的。

5. 自适应更新机制

网络的动态变化、网络节点时钟的漂移、新节点的加入，以及网络繁忙时个别节点不能及时广播自己的信标或节点没有收到目标节点的信标信息等情况，都会造成邻居节点信息表信息的不对等或失效，进而影响节点的侦听/睡眠调度和数据的链路建立及传送，所以维护网络节点的一致性对邻居节点信息表周期的自适应更新是很有必要的。

下面针对几种不同的需要自适应更新的情况，分别予以讨论并提出解决办法。

（1）在网络中，存在个别节点，如位于边界距离目标较远的节点、新加入节点或由于网络节点的碰撞而未能及时接收到信标的节点，在这些个别节点中，其邻居节点表中找不到相对应目标节点的信息。针对这类个别节点，在找不到目标节点的情况下，可以保持唤醒状态侦听信道，直到收到目标节点的广播信标，再向目标节点发起连接，并回归按随机周期休眠的机制。这是一种局部更新的方式，只针对个别节点，尤其对于新加入的节点，在侦听小于一个原始周期的时间后，便可进入随机周期循环工作状态。

（2）对于网络中所有节点都需要更新邻居节点信息的情况，这里称为全局更新，则相当于网络的一次重新启动，即所有节点再进行一次原始周期的侦听。但由于需要全局更新时，网络中的节点是处于运行状态的，即只有相对应的节点在工作状态，独立占用信道。而本就因为节点时钟的漂移无法保持绝对的一致性，同一时间时钟响应的机制不适用于这种网络情况，所以网络的全局更新必须有一个节点作为发起点。

在本协议中，假设给定一个时间，当网络需要全局更新时，接近于这个时间醒来的接收节点作为此次全局更新的发起点。确定为发起点的节点保持侦听状态，不再使用原有的用于接收数据的广播信标，而是产生全局更新信标帧，将 DST 位设置为−1，即网络重启信标帧，其中 Rand 位设置为一个原始周期，且在此过程中，都以一个帧隙为最小时间单位。首先，发起节点广播这个重启信标帧，然后侦听一个帧隙，若在这个帧隙内没有收到其他节点的重启帧，则在这个帧隙后继续发送一个重启帧，但信标帧中的 Rand 位需更新为新的数值，即在原始周期基础上减去经历的帧隙个数，发送一次信标也为一个帧隙时间。若在发送信标后的帧隙收到其他节点发来的重启帧，则对信标帧不予处理，清空邻居节点信息表信息，转入休眠状态，并按起初设定或收到的信标 Rand 位时间，到达一定的时间间隔后唤醒，重新开始一次原始周期的监听。对于未发送过重启信标帧，且收到重启信标后，立即将 Rand 位减去一个帧隙再发送，和上述原理相同，若在下一个帧隙收到其他节点的重启帧，则清空表进入休眠，若没有收到，则间隔一个帧隙继续发送。在这个过程中，每次发送重启信标帧时，其中的 Rand 位都是递减时间帧隙的，直到 Rand 位的值小于一个时间帧隙时，此过程终止。在设定的间隔到来后，像初始周期一样根据自己的随机时间发送信标，相当于网络的一次重新启动，这样，网络中的节点都会更新自己的邻居节点信息表，若有新的节点加入，也会很快融入网络。全局更新发起原理如图 3.13 所示。

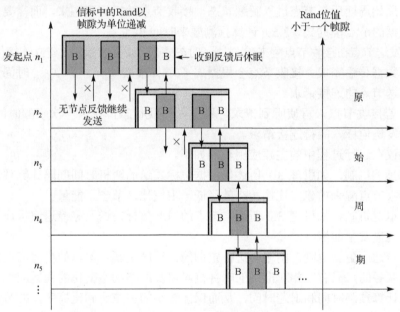

图 3.13　全局更新发起原理

（3）对于网络流量的动态变化，或某一区域内事件频发以及转发热点较高的节点，都需要根据网络流量的变化动态调整运行周期，这是一种即时性的自适应调整，只是为了在确保数据传输的前提下，增加网络周期的弹性，而不像局部更新和全局更新那样为了网络的有效性而定期执行。

本章在随机间隔周期中加入周期调节系数 δ，是为了对节点的调度周期可以进行适当调节，在网络稳定状态下 δ 为固定值，但当网络局部发生流量变化或有驱动事件发生时，接收节点可以通过调节信标 Rand 位中的调节系数 δ，例如，将 δ 值减小就可以使此节点的运行周期更短，在网络流量高发区域加快数据传输。由于关于流量的自适应更新周期会相应增加节点的计算负担，对 δ 的取值也会影响随机周期的碰撞问题，为了简化方法，可以只对其设置两个值，即流量较低的稳定态和流量较高的事件态，实验设定取值区间为[0.8,1.5]，对于不同的网络情况可以设置不同的取值来取得比较好的效果。

6. AP-MAC 协议描述

本章主要提出了一种低占空比低碰撞率的自适应更新 MAC 协议，通过一系列的预测及退避机制，以及自适应更新来降低占空比和碰撞率，算法核心为一个包含随机时间以及控制信标类型的信标帧，协议主要工作流程如下。

（1）通过一个原始周期的调度，根据式（3.2）确定随机发送信标时间，并根据式（3.3）计算 Rand 位，加入广播帧信标发送，所有节点更新目标节点信息表。

（2）原始周期后，节点进入睡眠状态，接收节点随机间隔醒来，而需要发送给目标节点数据的节点根据式（3.5）计算预测醒来时间 T_{S_Wake}。

（3）发送节点在接收节点醒来前 T_{S_Wake} 时刻醒来，侦听信标帧并建立连接传输数据。

（4）数据传输完成，接收节点会根据式（3.8）继续侦听一个 T_{Keep} 时间，以免错过其他发送节点的连接请求。

（5）若接收节点未再侦听到请求，则进入休眠状态，在下一次唤醒时间 T_{R_Wake} 醒来继续发送信标，等待连接请求。

新协议在运行过程中的主要应用机制如下。

（1）预测机制，如引理 3.1 所述，根据信标发送的随机时间间隔计算预计醒来时间，在接收节点醒来前建立连接，有效降低了占空比，节省了能量。

（2）退避机制，如引理 3.2 所述，节点的退避信标发送及碰撞退避重连接有效降低了节点碰撞发生的概率。

（3）自适应更新机制，网络会进行定期的自适应更新，本章的自适应更新是为预测及退避服务的，只有在相对准确的时钟校对以及网络动态变化的强适应性下，才能更准确地计算预测时间和退避时间，从而保证较小的占空比和碰撞率，并节省网络能量消耗。

3.4.3　仿真分析

本章借助仿真平台工具 MATLAB 对 AP-MAC 协议性能进行验证，并对实验数据进行分析，对比了几个典型异步协议 X-MAC 协议、RI-MAC 协议和 PB-MAC 协议的性能，其中，在仿真对比图中，(a)、(b)、(c)、(d)分别表示 X-MAC 协议、RI-MAC 协议、PB-MAC 协议和本章算法 AP-MAC 协议。由于各协议中采用的机制不同，为了保证可比性，仿真设置在相同的网络拓扑下进行，并采用相同的参数设置，由于是要验证 MAC 协议的性能，所以将物理层的干扰暂时忽略掉，设定实验中采用一些理想的环境参数，例如，不设置信道误码率，即不考虑由于信道误码及噪声等因素造成的数据丢失现象，只考虑数据包的碰撞冲突问题。关于网络参数的设定如表 3.2 所示。

表 3.2　仿真参数

参数	取值
节点初始能量	1000J
发送功耗	0.386W
接收功耗	0.368W
侦听功耗	0.344W
休眠功耗	0.00005W
状态转换功耗	0.05W
数据包长度	50B
节点通信距离	150m

网络的仿真场景设置如图 3.14 所示，为一个 5×5 的二维网格网络，$N_i(i = 0,1,2,\cdots,24)$ 分别表示其中的节点，节点之间的间距相同，均为 100m，所有节点都是随机调度运

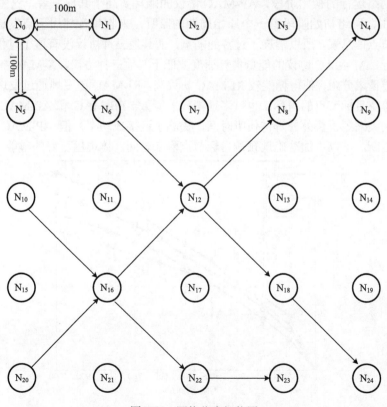

图 3.14　网络仿真拓扑图

行的,并在网络运行期间进行动态的自适应更新维护。为了验证 AP-MAC 协议的性能,减少其他因素的干扰,在实验中人为地设置路由,设定网络中有三条独立的数据流,分别从 N_0 到 N_{24}、从 N_{20} 到 N_4、从 N_{10} 到 N_{23}。网络从开始第 10s 产生数据流,数据流发送的间隔均匀分布在 0.5~1s,网络仿真持续运行 1000s。

仿真实验分为多组进行,主要测量的指标如下。

(1)网络能耗:网络节点运行过程中,包括侦听、发送/接收数据及休眠等状态下消耗的总能量。

(2)平均端到端延迟:从节点产生数据流或者收到数据后开始,到该数据成功被下一跳节点接收的平均延迟时间。

(3)平均占空比:节点处于工作的状态时间占整个实验时间的比例。

(4)平均碰撞次数:节点在工作状态时,同时收到 2 个或 2 个以上节点发送数据的次数。

在第一组实验中,所有节点的原始周期持续时间 T_{Prim} 设定为 10s 进行测试,数据流生成间隔为 10s,观察分析这种状态下网络节点的能耗及时延情况。

如图 3.15 所示为按第一组实验的设置,不同时刻各协议的能耗情况。从图中可以看出,在网络运行的初始阶段,AP-MAC 协议的能耗要高于其他三者,这主要由于在 AP-MAC 中,网络初始阶段有一个原始周期的监听,来收集各邻居节点发送的信标,更新邻居节点信息表,所以消耗了过多的能量,而其他三种协议没有这个过程。但随着网络的运行,AP-MAC 协议的能量消耗速度要低于其他三种协议,X-MAC 中因为大量无效的前导请求分组,使得耗能较 RI-MAC 协议高,RI-MAC 更多地通过发送节点长时间侦听来等待目标节点的信标,也过多地消耗了能量,PB-MAC 和 AP-MAC 的预测醒来机制都大大缩短了额外的等待侦听时间,提高了连接成功率,但 AP-MAC 通过信息表的及时更新,可以更加准确地预测目标节点醒来时间,体现出更好的节能效果。

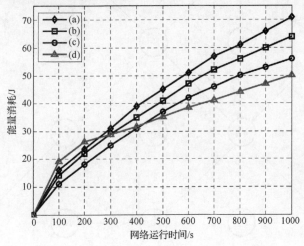

图 3.15　网络能耗图

如图 3.16 所示为网络运行过程中的平均端到端延迟对比,由图可以看出,AP-MAC 的延迟总体是比较低的,600s 出现的波动是因为此前网络完成了一次自适应更新。X-MAC 由于发送前导的机制延迟最高,与 PB-MAC 一样延迟都会随着时间的推移呈上升趋势,这是因为节点相互间的误差关系,网络运行会越来越不同步。而 RI-MAC 的长期侦听使延迟变化较平稳,但可以看出在无网络更新的情况下,AP-MAC 拥有的邻居节点信息表使信道分配更合理,减少了碰撞阻塞的可能,以及对于网络流量的动态调整,使转发热点的延迟也相对较小,但自适应更新机制对时间的占用,使协议在延迟这方面不会有太大的提升空间。

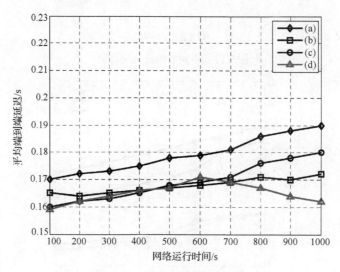

图 3.16　网络平均端到端延迟

在第二组实验中,我们将原始周期 T_{Prim} 设为 10s 固定不变,将数据流的产生时间间隔依次递增,每次增加 1s 直到增为 10s,来观察不同协议下数据流量的变化对网络的影响。

如图 3.17 所示为不同数据流间隔情况下各协议的能耗,数据流发送间隔越大,即网络节点越空闲时,网络的能耗越少,这是由于要发送的数据越少,节点的休眠时间越长,即节点的占空比越低,如图 3.18 所示。

图 3.19 为不同数据流时间间隔的延迟情况,由图可以看出,数据流产生得越快,由于要传送的数据增多,网络延迟也相应增加,RI-MAC 与 X-MAC 通过付出高占空比的代价来减小延迟,而 PB-MAC 和 AP-MAC 高效的预测重建连接机制保障了网络的低延迟。在数据流增加的情况下,也增加了网络节点的碰撞概率,如图 3.20 所示,各协议碰撞次数都呈递增状态,而 AP-MAC 中加入的避让机制及有效预测机制使网络碰撞的次数始终处于较低的数值。

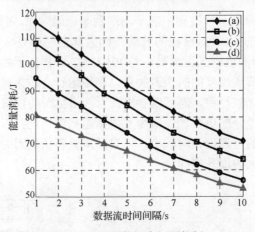

图 3.17　不同数据流间隔能耗

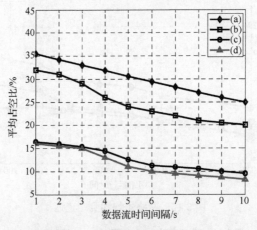

图 3.18　不同数据流间隔占空比

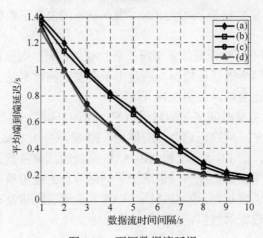

图 3.19　不同数据流延迟

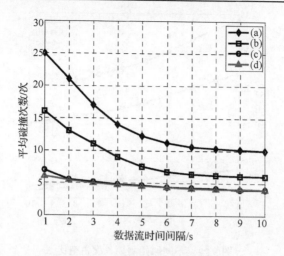

图 3.20　不同数据流碰撞次数

在第三组实验中，将数据流产生的间隔时间设置为固定值，即 10s，将节点原始周期 T_{Prim} 设置为从 1s 递增到 10s。图 3.21 和图 3.22 给出了不同周期长度下网络能耗与占空比的对比，由图可以看出，节点的周期时间越长，节点被唤醒的次数越少，所以占空比越小，网络能耗也越少。随着原始周期长度的增加，网络能耗值都呈上升趋势，但从能耗增长速度水平上看，AP-MAC 相对于其他三种协议更平稳，消耗量也较少，有效的预测使节点提前侦听等待时间很短，自适应的更新也使网络表现出更好的稳定性。

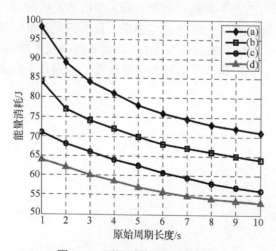

图 3.21　不同原始周期长度能耗

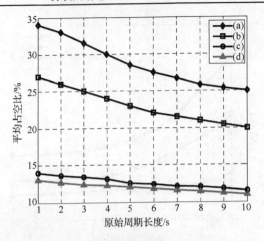

图 3.22　不同原始周期长度占空比

3.5　本章小结

　　本章主要介绍了 WSN 的拓扑结构以及体系结构,说明了 WSN 的节点组成和不同情景下的拓扑形态。然后,根据无线传感器网络的主要耗能情况介绍了几种节能技术,并与无线传感器网络协议栈各层相结合,分析了各层比较适用的节能方式与策略。在异步 MAC 协议的基础上进行优化,主要设计了一种拥有自适应更新机制,并基于时间预测性的低占空比异步 MAC 协议。协议通过一个原始周期的侦听,随机确定醒来时间,避退机制使所有节点不在同一周期内醒来侦听并发送数据,而是相互独立占用信道。碰撞重连接机制加强了网络的通信质量,自适应更新机制的加入使网络适应性更强。仿真结果表明,优化后的异步 MAC 协议有效地降低了网络节点的总体占空比,从而降低了网络能耗,同时提高了数据的可靠传输,并提高了网络的适应性。

第 4 章　面向物联网的分布式自适应信任测度方法

4.1　概　　述

针对物联网的安全信任问题，有文献提出了一种分布式信任模型 EDTM（efficient distributed trust model）。该模型分为两个模块，一个是节点间距离小于通信半径时，进行单跳信任计算的模块；一个是节点间距离大于通信半径时，进行多跳信任度计算的模块。单跳信任模块中包含直接信任的计算和推荐信任的计算，多跳模块中包含间接信任的计算。综合分析上述研究，在对移动自组织网络中节点之间信任度的计算方法中，NBBTE（node behaviors based on trust evaluation）和 EDTM 的结果相对较好。所以，我们将用这两种方法和提出的新方法 DATEA（distributed and adaptive trust evaluation algorithm）进行对比。根据我们的研究可知，物联网存在以下几种问题：①仅仅考虑节点之间的通信行为，得到的信任值不是完全可靠的，我们需要考虑节点的能量信任，节点有足够的能量才有能力进行数据传输；②对于节点通信半径内节点间信任度的计算，不仅要考虑节点之间的直接信任，还要考虑节点的推荐信任，推荐信任来自于该节点的其他邻居节点，但不是所有的推荐都是可靠的，可能会有恶意推荐或夸大推荐信任，所以需要对节点推荐信任进行分析判断，依赖于推荐可靠性和推荐相似性计算得到较为可靠的推荐信任值；③由于物联网节点移动性、拓扑动态性等特点，目前提出的信任计算方法没有较好地解决信任度值的实时性和信任度的趋势问题；④针对网络多跳性、拓扑动态性和自组织性等特点，之前提出的间接信任的计算没有考虑信任度传播距离这个因素。所以，为了解决上述存在的某些问题，我们提出一种面向 IOT 的分布式自适应信任测度方法（DATEA）。

4.2　网　络　模　型

4.2.1　网络拓扑场景

本章所适用的网络具有如下特点：网络拓扑为一个 $M \times M$ 的区域，区域内节点总个数为 NodeNums，所有节点随机分布在该区域内，各节点生成数据并随机发送数据给其他节点。如图 4.1 所示，该多跳网络的节点分为三类：源节点、目的节点、中间节点。源节点可以和自身通信半径内的所有节点进行直接通信，如果节点不在源节点通信半径内，则需要借助中间节点进行消息传输，实现节点之间的间接通信。

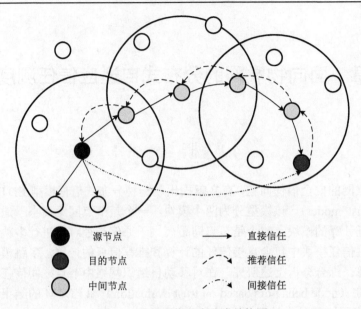

图 4.1　多跳网络节点分类结构图

假定节点具有以下特性。

（1）拓扑区域中的节点都是静止不动的。

（2）每个节点都有唯一的标识 ID。

（3）每个节点具有相同的初始能量、通信能力、计算能力和存储能力。

（4）节点具备感知能力，具有 GPS 位置感知装置，能定位自己在网络中的位置。

（5）节点之间根据在拓扑中的位置进行节点间距离的计算。

（6）节点存储其本身的所有一跳邻居节点 ID。

（7）节点可以根据通信距离调整传输功率。

（8）由于该网络模型为多跳网络，故节点之间只能和通信半径范围内的节点直接通信。

（9）节点和通信半径外的节点通信时，需要借助其他节点进行多跳信任计算。

4.2.2　节点能耗模型

通常节点主要由 4 个模块组成，即数据传感单元、通信单元、数据处理单元和电池。其中前三个模块的能量消耗如图 4.2 所示。

如图 4.2 所示，占节点总能耗比例最大的是通信单元的无线收发装置，且发送数据所占能耗比例最大，其次是接收数据和监听信道，睡眠状态下能耗最小。而数据传感单元和数据处理单元的能耗远远小于通信单元。所以，在大部分能耗模型中，忽略数据传感单元和数据处理单元的能耗，仅考虑节点发送和接收数据的能耗。根据无线电能量消耗模型，发送一个 k 比特的数据，节点的能耗公式如下

$$E_{Tx}(k,d) = E_{Tx\text{-}elec}(k) + E_{Tx\text{-}amp}(k,d) = \begin{cases} kE_{elec} + kE_{fs} \times d^2, d \leqslant d_0 \\ kE_{elec} + kE_{mp} \times d^4, d > d_0 \end{cases} \qquad (4.1)$$

其中，$d_0 = \sqrt{\dfrac{E_{fs}}{E_{mp}}}$；$k$ 为传输数据包字节数；d 为传输距离，当节点发送数据距离小于等于阈值 d_0 时，节点的发送功率采用自由空间模式；当发送距离大于阈值 d_0 时，节点的发送功率采用多径衰减模式；$E_{elec}(nJ/bit)$ 为射频能耗系数；E_{fs} 和 E_{mp} 分别为自由空间模式和多径衰减模式下电路放大器的能耗系数。

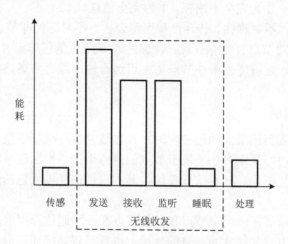

图 4.2　无线传感器节点能耗分布

节点接收 k 比特的消息的能耗计算公式如下

$$E_{Rx}(k) = E_{Rx\text{-}elec}(k) = kE_{elec} \qquad (4.2)$$

4.2.3　网络攻击模型

对物联网的恶意攻击包括：拒绝服务攻击、数据伪造攻击、Sybil 攻击、泛洪攻击、选择转发攻击、蠕虫攻击、bad/good-mouthing 攻击等。例如，bad/good-mouthing 攻击，如果源节点想要得到某一个目的节点的综合信任值，则需要从第三方节点得到第三方节点对该目的节点的推荐信任度。若第三方节点为恶意节点，即第三方节点恶意描述目的节点的信任度，即降低对目的节点的推荐信任值，那么源节点得到的对目的节点的综合信任度会降低。反之，若恶意节点对该目的节点进行夸大信任推荐，那么源节点得到的对目的节点的综合信任度会提升，总而言之，得到的推荐信任度和实际的信任度值有差异。我们将采用上述几种攻击方式进行仿真模拟。

4.3　分布式自适应信任测度方法设计

4.3.1　信任模型结构

定义 4.1 信任度：在网络拓扑中，各节点之间进行数据包交互，通过观测节点的数据包通信行为，根据丢包率、节点能量等信息，以及第三方节点对该目的节点的推荐信任等，综合计算对该目的节点的信任程度，称为节点信任度。我们设定信任度的取值范围为 0～1，0 为完全不信任，1 为完全信任。

信任度的性质：不对称性、传递性和可组合性。不对称性即节点 A 对节点 B 的信任度不等于节点 B 对节点 A 的信任度；传递性即节点 A 信任节点 B，节点 B 信任节点 C，那么节点 A 在一定程度上信任节点 C；可组合性即综合多条路径上的信任度计算得到的一个综合值。

1. 单跳信任模块

当源节点要得到目的节点的信任度时，首先依据节点坐标位置计算两个节点之间的距离，若计算所得结果距离小于等于节点的通信半径，则激活单跳信任模块。单跳信任模包括直接信任模块、推荐信任模块；其中直接信任模块包括通信信任模块和能量信任模块。

定义 4.2 通信信任：当源节点和目的节点在一跳通信范围内时，可直接发送和接收数据包，依据发送和接收数据包的数量，进行节点之间通信信任的计算。

定义 4.3 能量信任：当源节点发送数据给目的节点时，依照下一跳邻居节点的剩余能量进行信任度计算，确保节点有能力接收和转发数据。

定义 4.4 直接信任：当源节点和目的节点在一跳通信范围内时，可直接发送和接收数据包，综合计算通信信任和能量信任，得到节点之间的直接信任。

定义 4.5 推荐信任：当源节点和目的节点在一跳通信范围内时，可直接发送和接收数据包，但是，当通信的数据包数量不足够多时，仅计算源节点和目的节点之间的直接信任可能不能够正确反映节点间的真实信任值。所以，将源节点和目的节点的公共邻居节点作为第三方节点，第三方节点向源节点提供自己对目的节点的信任，该信任称为推荐信任。

所以，在单跳信任模块中，在通信半径范围内的节点之间的信任度依赖于直接信任和推荐信任两方面。当源节点和目的节点之间通信数据包数量大于等于门限时，只需要计算直接信任；当源节点和目的节点之间的通信数据包数量小于门限时，进行直接信任和推荐信任的综合计算。

2. 多跳信任模块

当源节点和目的节点的距离大于通信半径时，由于网络的多跳性，利用其他节点来建立路径，依赖该路径上节点对目的节点的直接或间接信任，以及信任传播的性质，计算得到源节点对目的节点的间接信任。

3. 信任更新模块

由于物联网的拓扑动态性、自组织性等特点，节点会不断地加入和退出网络，所以，我们要对节点之间的信任度进行实时更新。信任度计算模型结构图如图4.3所示。

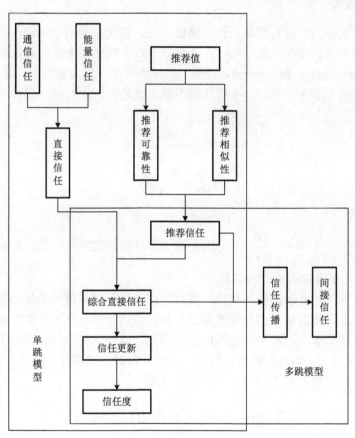

图 4.3　信任度计算模型结构图

4.3.2　直接信任计算

通常情况下，在物联网中，网络的多跳性使得节点只能和通信半径范围内的邻居节点进行数据包的直接交互。因此，我们需要使用节点之间数据包的发送/接收数量来衡量节点间的通信信任。但由于各种内部或外部原因，如节点被攻击等，导致仅仅使用通信信任进行直接信任的计算是远远不够的。由于节点每发送一个数据包就要消耗一定的能量，在节点正常的情况下，即没有遭受攻击或损坏时，发送一个数据包的能量消耗率是定量的，或是在一定的容忍范围内波动的。如果节点损坏或遭受攻击等，则节点的能耗率和正常节点的能耗率会有较大的差别。例如，节点进行泛洪攻击时，发送数据量过大，那么能量消耗就很多，单位时间内的能耗率就比正常的节点大；反之，自私节点由于节点的自私性，不发送或帮助邻居节点转发数据，所以自私节点的能耗率就要比正常节点的能耗率小。

1. 通信信任计算

利用成功通信的数据包的数量计算通信信任。假定 s 是两个互相在通信半径内的节点之间成功通信的数据包的个数，f 是两个节点之间通信失败的数据包的数量。利用 SLF（subjective logic framework）理论，信任由一个三维向量组成，即 $T=\{b, d, u\}$。其中，b, d, u 分别代表了信任、不信任和不确定因素值，且 $b, d, u \in [0,1]$，$b+d+u=1$。计算公式如下

$$
\begin{aligned}
T_{\mathrm{fwd1}} &= \frac{2b+u}{2} \\
T_{\mathrm{drp1}} &= \frac{2d+u}{2} \\
T_{\mathrm{fls}} &= u
\end{aligned}
\tag{4.3}
$$

其中，$b = \dfrac{s}{s+f+1}$；$u = \dfrac{1}{s+f+1}$，T_{fwd1} 为该节点数据包转发信任；T_{drp1} 为数据包丢失信任；T_{fls1} 为不确定因素影响信任。

由于物联网的拓扑动态性等特点，节点之间的信任度是随网络状态等因素不断变化的，仅仅依靠历史通信数据包的数量进行信任度的计算可能不能够真实反映节点之间的信任度。我们引入 AR 模型进行信任度预测，综合历史信任和预测值得到通信信任度。AR 模型是一个自回归模型，利用一组线性预测公式集合，根据当前时刻的前 p 个状态值来预测当前时刻下一时刻的通信信任度

$$
\begin{aligned}
T_{\mathrm{fwd}}(t) &= K_1 + W_1 \times \sum_{i=1}^{p} T_{\mathrm{fwd}}(t-i) + E_1(t) \\
T_{\mathrm{drp}}(t) &= K_2 + W_2 \times \sum_{i=1}^{p} T_{\mathrm{drp}}(t-i) + E_2(t) \\
T_{\mathrm{fls}}(t) &= K_3 + W_3 \times \sum_{i=1}^{p} T_{\mathrm{fls}}(t-i) + E_3(t)
\end{aligned}
\tag{4.4}
$$

其中，T_{fwd} 是数据包转发信任；T_{drp} 是丢包信任；T_{fls} 是不确定因素信任；W_1、W_2、W_3 是权值；$E_1(t)$、$E_2(t)$、$E_3(t)$ 是噪声干扰；K_1、K_2、K_3 是常量，有时候为了简化计算可以省略。由式（4.4）可得，当知道了 W_i 和 p 之后，就可以得到节点在时刻 t 的信任度。针对 W_i 的值，之前提出了多种不同的算法，如最小二乘法、正则方程法等。p 表示样

本集大小，一般情况下认为，使用的历史数据模型越大，得到的结果就越精确。但是，如果历史样本太早，计算得到节点的预测信任度值就可能不能正确反映节点当前的信任度，一般使用最终预报误差准则或赤池信息量准则求解 p 值。我们采用最小二乘法来确定 W_i 的值，采用赤池信息量准则来确定 p 的值。

由上述理论得到如下综合计算公式

$$
\begin{aligned}
T_{\text{fwd}} &= k_1 \times T_{\text{fwd1}} + k_2 \times T_{\text{fwd}}(t) \\
T_{\text{drp}} &= k_3 \times T_{\text{drp1}} + k_4 \times T_{\text{drp}}(t) \\
T_{\text{fls}} &= k_5 \times T_{\text{fls1}} + k_6 \times T_{\text{fls}}(t)
\end{aligned}
\tag{4.5}
$$

其中，参数 k_1、k_2、k_3、k_4、k_5、k_6 是权值；T_{fwd1}、T_{drp1}、T_{fls1} 分别表示节点目前时刻的数据包转发信任、丢包信任和不确定因素信任；$T_{\text{fwd}}(t)$、$T_{\text{drp}}(t)$、$T_{\text{fls}}(t)$ 分别表示预测节点在时刻 t 的数据包转发信任、丢包信任和不确定因素信任。

引理 4.1　由 SLF 计算得到通信信任，由 AR 模型计算得到预测通信信任，综合两种方法计算得出的通信信任更具有实时性，更符合拓扑结构动态性特点。

证明： 在初始状态下，节点 A 有一跳邻居节点 B、C。节点 A 与 B 由于距离近等因素，所以成功通信的数据包数量较多，计算得到的通信信任度较高，但网络的动态性、拥塞等情况的发生导致节点 A 和 B 之间的信任度呈不断降低的趋势（$0.9 \rightarrow 0.8 \rightarrow 0.7 \rightarrow 0.6$）。初始状态时，节点 A 和 C 之间由于距离远等因素，计算得到的通信信任度较低，但随着网络拓扑等因素的改变，节点 A 和 C 之间成功传输的数据呈不断上升趋势（$0.3 \rightarrow 0.4 \rightarrow 0.5 \rightarrow 0.6$）。若仅用 SLF 理论，则得到的节点 A 对 B 和 C 的通信信任都为 0.6，则节点 A 会不确定将数据发给 B 还是 C。利用 AR 进行预测，简化 AR 模型预测计算得到 A 对 B 的信任为 0.5，A 对 C 的信任为 0.7，综合历史信任和预测值，简化计算历史信任和预测值各占 1/2 权值，得到 A 对 B 的通信信任为 0.55，A 对 C 的通信信任为 0.65。得到 A 对 C 的通信信任更大，A 将把数据转发给 C。

结合 SLF 理论，设定 $b = T_{\text{fwd}}$，$d = T_{\text{drp}}$，$u = T_{\text{fls}}$，得到通信信任计算公式如下

$$
T_{\text{com}} = \frac{2T_{\text{fwd}} + T_{\text{fls}}}{2}
\tag{4.6}
$$

2. 能量信任计算

在网络环境等外部条件不变的情况下，节点发送和接收数据的能量消耗率是基本稳定的，或在一定的较小误差范围内波动。但是，如果节点是恶意节点，如某节点进行泛洪攻击，那么发送大量数据包需要消耗较多的能量，则单位时间内的能耗率较大。反之，自私节点由于不进行数据包的转发，其能耗率较小。

由能量消耗模型公式计算得出节点发送和接收数据后的剩余能量，利用节点的剩余能量计算其能量信任。能量信任计算公式如下

$$T_{ene} = \begin{cases} \dfrac{1}{N_{ij}} \times \dfrac{E_{ij}}{E_{aveij}}, & E_{ij} \geq \theta \\ 0, & \text{其他} \end{cases} \tag{4.7}$$

其中，E_{ij} 是节点 i 的通信半径内第 j 个邻居节点的剩余能量；E_{aveij} 是节点 i 的通信半径内所有节点剩余能量的平均值；N_{ij} 为节点 i 的所有一跳邻居节点 j 的总个数；θ 为节点剩余能量门限值。

由于物联网的移动性、拓扑动态性等，节点的一跳邻居总是不断变化的，我们应该自适应调整该门限值。设定门限值 $\theta = \dfrac{E_{aveij}}{2}$，即节点 i 通信半径内的所有邻居节点平均能量的一半作为门限值，这样为每个节点设定自适应的门限值，以确保各个节点的一跳邻居节点的生存时间更长，从而保证了整个网络的生存时间更长。

引理 4.2 由能量信任计算公式及自适应门限的设定计算所得的能量信任更符合网络拓扑动态性特征，且有利于延长节点生存时间。

证明： 例如，节点 i 有 5 个单跳邻居节点，且剩余能量分别为 0.2、0.4、0.7、0.9 和 0.5。利用上述公式计算得到各节点的能量信任分别为 0、0.148、0.26、0.34 和 0.185。得到节点能量为 0.9 的能量信任最大。再如，若有 4 个邻居节点剩余能量分别为 0.2、0.2、0.2 和 0.8，利用上述公式计算得到节点能量信任分别为 0.143、0.143、0.143 和 0.57，得到节点能量为 0.8 的节点能量信任最大。故上述公式能有效地计算出各节点能量信任，选择最可靠的节点作为数据转发节点，能有效延长节点生存时间。

综合上述节点的通信信任和能量信任，当源节点和目的节点处于相互的通信半径范围内时，得出一跳模型中的节点之间的直接信任计算公式如下

$$T_{direct} = w_{com} T_{com} + w_{ene} T_{ene} \tag{4.8}$$

其中，$w_{com} + w_{ene} = 1$，且 w_{com}，$w_{ene} \in [0,1]$ 为权值参数。

4.3.3 推荐信任计算

当源节点和目的节点之间处于相互的通信半径内时，可以进行直接数据包交互，但是当源节点和目的节点之间通信数据包的数量不够多时，仅仅考虑直接信任不足以反映节点间的真实信任度。我们考虑了在通信半径范围内的除目的节点之外其他节点对目的节点的推荐信任。推荐信任的拓扑结构如图 4.4 所示。

如图 4.4 所示，有源节点 A 和目的节点 B，且 A 与 B 在相互通信半径范围内。在两个节点通信半径内的所有公共邻居节点中选出一组节点集合 C_1, C_2, C_3, …, C_n，其中 A 对 C_i 的直接信任值大于等于门限值 0.5，该门限值可根据网络的实际情况进行修改。A 接收由 C_i 提供的对 B 的推荐信任度，但不是所有 C_i 对 B 的推荐信任度都是可靠的。为此，我们提出利用推荐可靠性及推荐相似性对推荐信任度进行评估。

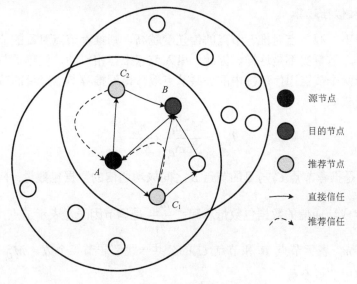

图 4.4　节点之间推荐信任结构图

1. 推荐可靠性计算

在计算节点的推荐信任时，并不是所有公共节点对目的节点的推荐信任都是可靠的，我们需要过滤掉恶意节点对目的节点的推荐信任。推荐信任度差异值计算公式如下

$$\mathrm{Diff} = \frac{|\mathrm{RT_{ave}} - \mathrm{RT}_i|}{\mathrm{RT_{ave}}} \tag{4.9}$$

其中，RT_i 是第 i 个推荐节点 C_i 对目的节点 B 的推荐信任度；$\mathrm{RT_{ave}}$ 是 $C_1 \sim C_n$ 对目的目标节点 B 的平均推荐信任度。

由上述分析可以得到节点的推荐可靠性计算公式如下

$$T_{\mathrm{rel}} = 1 - \mathrm{Diff} \tag{4.10}$$

定理 4.1　当源节点要获得公共一跳邻居节点对目的节点的有效推荐信任时，需要进行推荐可靠性计算，推荐可靠性服从上述计算公式，且具有计算高效性。

证明：源节点 A 与目的节点 B 在相互的一跳通信范围内，且 A 从公共一跳邻居节点 C_i 中获得 C_i 对 B 的推荐信任。若 A 与 B 的公共邻居节点为 C_1、C_2、C_3。C_1 对 B 的推荐信任为 0.3，C_2 对 B 的推荐信任为 0.8，C_3 对 B 的推荐信任为 0.4。计算可知，公共节点 C_i 对目的节点 B 的平均推荐信为 (0.3+0.8+0.4)/3=0.5。由上述公式可知，C_1 对 B 的推荐可靠性为 1−(|0.3−0.5|)/0.5=0.6，C_2 对 B 的推荐可靠性为 1−(|0.8−0.5|)/0.5=0.4，C_3 对 B 的推荐可靠性为 1−(|0.4−0.5|)/0.5=0.8。由上述可知，节点 C_3 对 B 的推荐可靠性最高，其次为 C_1，最后为 C_2。由于平均推荐信任为 0.5，C_3 对 B 的推荐信任 0.4 最接近平均值 0.5，根据随机数的正态分布特性，越接近期望值的数，其可靠性越高，从而验证了我们提出的方法的有效性。

2. 推荐相似性计算

通常情况下，源节点对推荐节点的信任度越高，则推荐节点对目的节点的推荐信任度就越可靠，但事实不是这样。因此，引入节点推荐相似性，依赖于节点之间成功通信的次数和两个节点通信范围内的公共节点数，得到推荐节点对目的节点的推荐相似性的计算公式如下

$$T_{fam} = \frac{Num_{C_i}^B}{Num_{C_i}} \times \frac{m_{C_i}^B}{M_{C_i}} \qquad (4.11)$$

其中，$Num_{C_i}^B$ 是推荐节点 C_i 与目的节点 B 之间成功通信的数据包数量；Num_{C_i} 是节点 C_i 与其他节点成功通信的数据包数量总和；$\frac{m_{C_i}^B}{M_{C_i}}$ 是调节因子，表示节点 B 和节点 C_i 的相关程度，$m_{C_i}^B$ 表示节点 B 和节点 C_i 的公共一跳邻居节点个数，M_{C_i} 表示节点 C_i 的所有一跳邻居节点个数。

定理 4.2 当源节点要获得公共一跳邻居节点对目的节点的有效推荐信任时，需要进行推荐相似性计算，推荐相似性服从上述计算公式，且具有计算高效性。

证明：源节点 A 与目的节点 B 在彼此一跳通信范围内，且 A 从公共一跳邻居节点 C_i 获得 C_i 对 B 的推荐信任。若 C_1 与 B 通信数据包数量为 200，C_1 与其所有一跳邻居节点通信的数据包总数为 1000，C_1 与 B 的公共邻居节点个数为 4，C_1 的一跳邻居节点个数为 7。计算得 C_1 对 B 的推荐相似性为(200/1000)×(4/7)=0.11。若节点 C_2 与 B 通信数据包为 400，C_2 与其所有一跳邻居节点通信的数据包数量为 1000，C_2 与 B 的公共邻居节点数为 4，C_2 的一跳邻居节点个数为 7。计算得 C_2 对 B 的推荐相似性为(400/1000)×(4/7)=0.23。若节点 C_3 与 B 的通信数据包为 200，C_3 与其所有一跳邻居节点通信的数据包总数为 1000，C_3 与 B 的公共邻居节点个数为 6，C_3 的一跳邻居节点个数为 7。那么得到 C_3 对 B 的推荐相似性为(200/1000)×(6/7)=0.17。若节点 C_4 与 B 的通信数据包为 400，C_4 与其所有一跳邻居节点通信的数据包总数为 1000，C_4 与 B 的公共邻居节点个数为 6，C_4 的一跳邻居节点个数为 7。那么得到 C_4 对 B 的推荐相似性为(400/1000)×(6/7)=0.34。由上述分析证明得出，当推荐节点 C_i 和目的节点 B 通信数据包数量较大，或者当推荐节点 C_i 和目的节点 B 的公共邻居节点较多时，推荐节点对目的节点的推荐值更相近，如上述例子分析中，C_2 与 C_3 对目的节点 B 的推荐值最相近。

基于节点 A 对 C_i 的直接信任 T_{Ci}，节点 C_i 对 B 的推荐信任 T_{Ci}^B、推荐可靠性 T_{rel}、推荐相似性 T_{fam}，得到推荐信任的计算公式如下

$$T_{recom} = \frac{\sum_{i=1}^{n} 0.5 + (T_{Ci}^B - 0.5) \times T_{rel} \times T_{fam}}{n} \qquad (4.12)$$

4.3.4　单跳模块中综合直接信任计算

当两个节点在彼此的通信范围内时，进行单跳模块的信任计算。且当两个节点之间通信的数据包数量大于等于门限值时，只进行直接信任的计算，得到单跳模块下的综合直接信任。当两个节点之间通信的数据包数量小于门限值时，需要考虑单跳通信范围内公共邻居节点对目的节点的推荐信任。

单跳信任模块中的节点综合直接信任计算公式如下

$$T(P_i, P_j) = \begin{cases} T_{\text{direct}}(P_i, P_j), & h \geqslant H \\ W_1 \times T_{\text{direct}}(P_i, P_j) + W_2 \times T_{\text{recom}}(P_i, P_j), & 0 < h < H \\ 0, & h = 0 \end{cases} \quad (4.13)$$

其中，h 为源节点与目的节点之间通信数据包的数量；H 为通信数据包数量门限值；W_1、W_2 为调节参数，调节直接信任和推荐信任的比例。现有的信任计算模型中，分类权重采用专家意见法或者平均权值法等主观的方法，致使预测结果带有较大的主观成分，影响了可信决策的科学性，而且缺少灵活性，一旦权值确定，将在实际应用中很难由系统动态地调整它，致使预测模型缺少自适应性。

我们引入 $\beta(j) \in [0,1]$，称为节点 j 的活跃度，活跃度反映了节点在网络中的活跃程度，活跃度越高，表示与 j 成功交互的节点越多，说明 j 有较高的可信度。

令 $W_1 = \dfrac{1}{1+\beta(j)}$，$W_2 = \dfrac{\beta(j)}{1+\beta(j)}$。由于 $\beta(j) \in [0,1]$，所以直接信任的权重 $\dfrac{1}{1+\beta(j)}$ 始终不小于推荐信任的权重 $\dfrac{\beta(j)}{1+\beta(j)}$，且推荐信任权重 $\dfrac{\beta(j)}{1+\beta(j)}$ 由函数 $\beta(j)$ 自动调整。因此，我们提出的综合直接信任计算方法是一种自适应方法，权值由系统根据建立的数学模型自动计算。函数 $\beta(j)$ 的计算公式如下

$$\beta(j) = \frac{1}{2}[\Phi(L_j) + \Phi(n_{\text{total}})] \quad (4.14)$$

其中，L_j 表示源节点 i 和目的节点 j 的公共邻居节点个数；n_{total} 表示节点 j 通信半径内的所有一跳邻居节点个数；$\Phi(x) = 1 - \dfrac{1}{x+\delta}$，$\delta$ 为一个大于 0 的任意常数，用于控制 $\Phi(x)$ 趋于 1 的速度。由上述公式可知，节点活跃度 $\beta(j)$ 由变量 L_j 和 n_{total} 共同决定，与该节点交易的其他节点个数越多，则 $\beta(j)$ 值越大。

由上述可得，单跳信任模块中节点的综合直接信任计算公式如下

$$T(P_i, P_j) = \begin{cases} T_{\text{direct}}(P_i, P_j), & h \geqslant H \\ \dfrac{1}{1+\beta(P_j)} \times T_{\text{direct}}(P_i, P_j) + \dfrac{\beta(P_j)}{1+\beta(P_j)} \times T_{\text{recom}}(P_i, P_j), & 0 < h < H \\ 0, & h = 0 \end{cases} \quad (4.15)$$

4.3.5 多跳模块中间接信任计算

针对物联网中的多跳网络，当源节点和目的节点不在彼此的通信范围内时，根据节点之间信任度的传播特性，进行间接信任度计算。在求间接信任时，首先，我们需要得到源节点与目的节点之间的推荐节点集合，即源节点到目的节点路径上的所有点集合。其次，通过路径上邻居节点之间信任度的传播，计算得到源节点与目的节点之间的间接信任度，如图 4.5 所示。

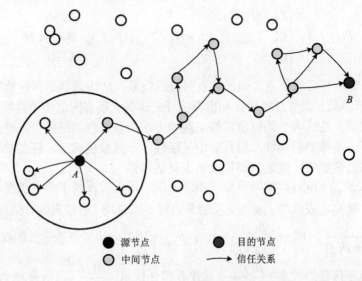

图 4.5 节点之间间接信任结构图

其中，选择最佳路径节点需要考虑多个因素，我们设定转发节点的选取规则如下。

（1）节点位置信息，选择节点通信半径内距离该节点最近的节点作为下一跳节点，这样发送数据时，消耗的能量最少。

（2）节点能量信息，选择节点通信半径范围内剩余能量最多的节点作为下一跳节点，保证节点有足够的能量进行数据接收和转发。

（3）节点信任度，选择在节点通信半径范围内且对其综合直接信任度最高的点作为下一跳节点，这样可以使发送和接收数据更可靠。

在建立信任传播路径之后，所有路径上的节点都进行信任度的传播。源节点首先将消息发送给所有一跳邻居节点，收到消息的节点查看目的节点是否是自己的邻居节点，并查看自己是否有到目的节点的路径。如果目的节点不是该节点的邻居节点，那么该节点将消息转发给它的邻居节点。当某一节点的邻居节点包含目的节点时，该节点就会发出回应消息，将它对目的节点的推荐信任回应给上一级节点，上一级节点通过自身对返回信任节点的综合直接信任，以及返回节点对目的节点的推荐信任，得出该节点对目的节点的间接信任。以此类推，直到该返回消息到达源节点，源节点依照它对一跳邻居节点的综合直接信任和邻居节点对目的节点的间接信任，计算得出源节点对目的节点的间接信任。

由于网络中节点移动性、拓扑结构动态性等特点，我们需要综合考虑信任度在网络中传播距离因素，信任度的传播距离计算公式如下

$$L = \frac{\ln n}{\ln k} \tag{4.16}$$

其中，n 是网络拓扑中节点总个数；k 是网络中各个节点一跳邻居节点个数的平均值。由上述理论得到节点之间间接信任的计算公式如下

$$T_{\text{indirect}}\begin{pmatrix} B \\ C_i+1 \end{pmatrix} = \begin{cases} \dfrac{\ln n}{\ln k} \times T_{C_i+1}^{C_i} \times T_{\text{indirect}}\begin{pmatrix} B \\ C_i \end{pmatrix}, & T_{\text{indirect}}\begin{pmatrix} B \\ C_i \end{pmatrix} \leqslant 0.5 \\[3mm] \dfrac{\ln n}{\ln k} \times [0.5 + (T_{C_i+1}^{C_i} - 0.5) \times T_{\text{indirect}}\begin{pmatrix} B \\ C_i \end{pmatrix}], & \text{其他} \end{cases} \tag{4.17}$$

$$T_{\text{indirect}}\begin{pmatrix} B \\ C_2 \end{pmatrix} = \begin{cases} \dfrac{\ln n}{\ln k} \times T_{C_2}^{C_1} \times T_{C_1}^{B}, & T_{C_1}^{B} \leqslant 0.5 \\[3mm] \dfrac{\ln n}{\ln k} \times 0.5 + (T_{C_2}^{C_1} - 0.5) \times T_{C_1}^{B}, & \text{其他} \end{cases} \tag{4.18}$$

其中，$T_{\text{indirect}}\begin{pmatrix} B \\ C_i+1 \end{pmatrix}$ 是节点 C_{i+1} 对目的节点 B 的间接信任；$T_{C_{i+1}}^{C_i}$ 是 C_{i+1} 对其一跳邻居节点 C_i 的综合直接信任；$T_{\text{indirect}}\begin{pmatrix} B \\ C_i \end{pmatrix}$ 是节点 C_i 对 B 的间接信任。当到达目的节点时，例如，节点 C_1 是目的节点 B 的一跳邻居节点，则两跳邻居节点 C_2 对 B 的间接信任计算依赖于节点 C_2 对 C_1 的直接信任，以及 C_1 对目的节点 B 的推荐信任。

4.3.6　信任值更新

由于网络的拓扑动态性、自组织性等特点，节点会随机地加入或离开。因此我们需要对节点之间的信任度进行周期性更新。首先，信任度的更新不能太频繁，因为频繁的更新会消耗较多的能量，不利于整个网络拓扑的整体生存时间。其次，信任度的更新周期也不能太长，因为如果更新周期太长，更新计算所得的信任度不能较准确地反映当前节点的信任度。我们得到信任度更新计算公式如下

$$T_{(n+1)} = w_1 \times T_1 + w_2 \times T_2 + \cdots + w_n \times T_n \tag{4.19}$$

其中，$T_1, T_2, T_3, \cdots, T_n$ 为各个节点的历史信任度。我们利用基于 IOWA（induced ordered weighted averaging）方法计算权重系数，算法如下。

算法 4.1　权重系数计算。

```
Begin
Input(α, < T_D^(1)(P_i, P_j) >, < t_2, T_D^(2)(P_i, P_j) > ··· < tn, T_D^(n)(P_i, P_j) >);
/*For different α and n, we can get different weight*/
/*n is the number of history communication times*/
```

```
/*α is the situation parameter*/
If α < 0.5 then α = 1−α
If α ⩾ 0.5 then {
```
$$w_1[(n-1)\alpha+1-nw_1]^n=[(n-1)\alpha]^{n-1}[((n-1)\alpha-n)w_1+1]; \quad /\text{*计算 } w_1\text{*}/$$
$$w = \frac{((n-1)\alpha-n)w_1+1}{(n-1)\alpha+1-nw_1}; \quad\quad\quad\quad\quad /\text{*计算 } w_n\text{*}/$$
```
For i = 2 to n−1 do
```
$$w_i = \sqrt[n-1]{w_1^{(n-i)}w_n^{(i-1)}}; \quad\quad\quad\quad\quad\quad /\text{*计算 } w_i\text{*}/$$
```
Output(w_1,w_2,⋯,w_n);
End
```

由上述算法可知，分类权重系数主要由两个参数决定：参数 α 和交互历史证据数目 n。n 的值即为拓扑节点信任度计算的轮数；参数 α 的取值类似于机器学习算法中的学习因子，它反映信任模型对以往交互经历的遗忘程度，α 的值越趋近于 1，交互历史记录信任度越容易被遗忘。

4.3.7　集成描述信任计算方法

根据上述计算公式、理论等，集成描述我们提出的分布式自适应信任测度方法如下。

1）当源节点和目的节点间距离小于等于通信半径时，进入单跳信任模块

（1）当源节点和目的节点之间通信数据包数量大于等于门限值时，只计算直接信任，直接信任包含通信信任和能量信任。

①利用式（4.3）计算 SLF 模型下的通信信任；

②利用式（4.4）计算 AR 模型下的预测通信信任；

③利用式（4.5）和式（4.6）计算综合 SLF 模型和 AR 模型的通信信任，且引理 4.1 证明了该计算方法的有效性；

④利用节点能耗模型中的式（4.1）和式（4.2）计算节点发送/接收数据后的剩余能量；

⑤利用式（4.7）计算节点的能量信任，且引理 4.2 证明了该计算方法的有效性；

⑥根据③计算得出的通信信任、⑤计算得出的能量信任，利用式（4.8）计算得出节点间的直接信任。

（2）当源节点和目的节点之间通信数据包数量小于门限时，需要计算推荐信任。

①利用式（4.9）和式（4.10）计算推荐节点对目的节点推荐信任的推荐可靠性，且定理 4.1 证明了该计算方法的有效性；

②利用式（4.11）计算推荐节点对目的节点推荐信任的推荐相似性，且定理 4.2 证明了该计算方法的有效性；

③根据①计算得出的推荐可靠性、②计算得出的推荐相似性，利用式（4.12）计算得出推荐信任。

（3）根据（1）计算得出的直接信任和（2）计算得出的推荐信任，利用式（4.13）、式（4.14）和式（4.15）计算得出单跳信任模块中的综合直接信任。

2）当源节点和目的节点间距离大于通信半径时，进入多跳信任模块

（1）利用上述转发节点的选取规则，选择转发数据的下一跳节点。

（2）利用式（4.16）计算节点信任的传播距离因素。

（3）利用式（4.17）和式（4.18）计算得出节点之间的间接信任。

3）信任更新

对上述 1）中单跳信任模块计算得到的节点之间的综合直接信任，以及 2）中多跳信任模块计算得到的节点之间的间接信任，利用式（4.19）进行信任更新，并利用算法 4.1 设置历史信任之间的权值比例。

4.4　协议仿真与分析

本实验借助 MATLAB 平台，对提出的 DATEA 进行仿真并分析。首先，在不同参数情况下，对 DATEA 进行仿真，如不同的数据包门限值、不同的权值等。然后，比较 DATEA、EDTM 和 NBBTE 在恶意节点检测率和节点能耗方面的效率。网络拓扑场景为 500×500 的范围，随机分布 100 个节点，采用三种恶意节点攻击方式：泛洪攻击、选择转发攻击和 bad/good-mouthing 攻击。网络拓扑如图 4.6 所示，并引入理想状态下节点的信任度值进行对比分析，即网络中节点不移动，没有恶意节点，没有网络延迟等所有干扰因素。网络中的仿真参数设置如表 4.1 所示。

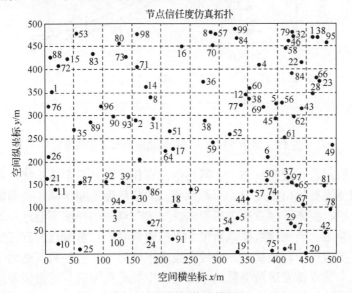

图 4.6　网络拓扑结构图

表 4.1　仿真参数

节点分布范围	500 (m) × 500 (m)
网络节点总个数 NodeNums	100
节点通信半径	100m
数据包长度	2000bit
距离阈值 d_0	87
节点间初始信任度	1
节点初始能量 E	0.9J
电路消耗能量系数 E_{elec}	5.0×10^{-8}J/bit
信道传播模型能耗系数	E_{fs}:1.0×10^{-11}J/(bit·m^{-2})，E_{mp}:1.3×10^{-15}J/(bit·m^{-4})
计算推荐信任时，源节点对公共邻居节点信任门限值	0.5

在图 4.7 和图 4.8 中，(a)表示理想状态下，正常节点的信任度；(b)表示通常状态下，正常节点的直接信任度；(c)表示通常状态下，正常节点在单跳信任模块的综合直接信任度；(d)表示理想状态下，恶意节点的信任度；(e)表示通常状态下，恶意节点的直接信任度；(f)表示正常状态下，恶意节点在单跳信任模块的综合直接信任度。

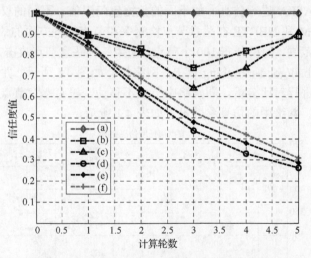

图 4.7　通信数据包大于门限值时的节点信任度图

如图 4.7 所示，在理想状态下，网络中没有任何恶意攻击等干扰，所以正常节点的信任度仍保持为初始信任度 1，而恶意节点的信任度不断下降。在通常状态下，由于网络中有延迟、拥塞、恶意攻击等影响，导致节点的信任度不能达到理想状态，从图 4.7 中可以看出，当通信数据包数量大于门限值时，正常节点的直接信任度比其综合直接信任度更接近于理想状态。曲线图呈先下降后上升的趋势，是由于网络从初始状态开始，各个节点都发送数据包，导致链路中数据包冲突，链路拥塞，数据包递交率低，节点通信信任度降低。随着网络状态的稳定，各个节点进入侦听、发送、接收的模式, 节点的信任度就慢慢提高。对于恶意节点, 由图 4.8 可知, 节点之间通信数据包数量大于门限值时, 恶意节点的直接信任计算所得值更接近于理想状态恶意节点信任值, 呈不断下降趋势。

如图 4.8 所示, 当通信数据包数量小于门限时, 在理想状态下, 由于没有任何干扰因素, 所以对正常节点的信任度仍保持初始信任度 1, 恶意节点的信任度值呈不断下降趋势。从图 4.8 可以得出, 当通信数据包数量小于门限值时, 正常节点在单跳信任模块的综合直接信任度更接近于理想状态值。恶意节点在单跳模块的综合信任度呈下降趋势, 且更接近于理想状态下的值。

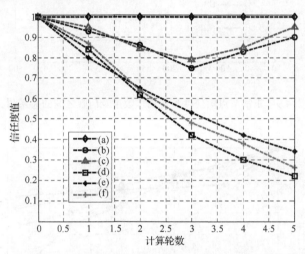

图 4.8   通信数据包小于门限值时的节点信任度图

如图 4.9 所示为通常状态下正常节点的信任度与通信数据包数量及门限的关系, 图中, (a)表示门限为 20%时的节点信任度; (b)表示门限为 40%时的节点信任度; (c)表示门限为 60%时的节点信任度; (d)表示门限为 80%时的节点信任度。当通信数据包数量小于 250, 门限值为 40%时, 节点信任度最接近理想值; 当通信数据包数量为 250~450, 门限值为 60%时, 节点信任度最接近理想值; 当通信数据包数量更多, 门限值为 20%时节点信任度更接近理想值。所以, 我们可以根据不同通信数据包数量和实际网络状态来进行门限值的设定。

在单跳信任模块中, 节点综合直接信任的计算依赖于直接信任和推荐信任两方面, 我们提出了采用自适应权值的方法进行计算。如图 4.10 所示, 网络中存在一定比例的恶意节点, 通过手动设定权值, 与 DATEA 自适应权值进行对比。可以得到, 当恶意节点不超过 5%的时候, (0.2,0.8)权值设置计算得到的正常节点信任度更好, 但随着恶意节点比例的增多, DATEA 提出的自适应权值的设置计算得到的正常节点信任度更好。图 4.10 中, (a)表示 DATEA 自适应权值方法, (b)表示权值比例为(0.2,0.8), (c)表示权值比例为(0.4,0.6), (d)表示权值比例为(0.6,0.4), (e)表示权值比例为(0.8,0.2)。

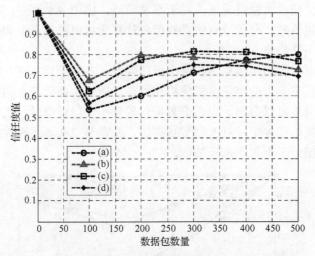

图 4.9   正常节点信任度和通信包数量及门限之间的关系图

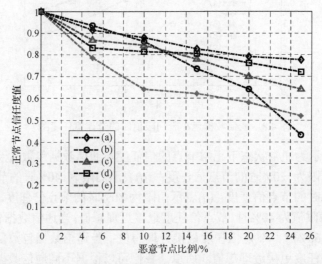

图 4.10   单跳信任模块中权值对正常节点的综合直接信任度影响图

图 4.11 和图 4.12 中，(a)表示 DATEA，(b)表示 EDTM，(c)表示 NBBTE。如图 4.11 所示，用三种方法对非邻居节点之间进行间接信任计算。例如，某节点在理想状态下的信任度为 0.7，其一跳邻居节点对它的直接信任为 0.7，两跳节点对它的间接信任为 0.6。由 NBBTE 可知，该节点的三跳邻居节点对它的间接信任为 0.6×0.7×0.7=0.294。在 EDTM 中，该节点的三跳邻居节点对它的间接信任为 0.5+(0.6−0.5)×(0.5+(0.7−0.5)×0.7)=0.564。由 DATEA 计算得到三跳邻居节点对它的间接信任为(ln100/ln14)×0.5+(0.6−0.5)×(0.5+(0.7−0.5)×0.7)=0.581，可得结果 0.294<0.564<0.581<0.7。由此得出，

利用 DATEA 计算得到的结果更接近理想状态下正常节点信任度，所以 DATEA 比 EDTM 和 NBBTE 效果好。

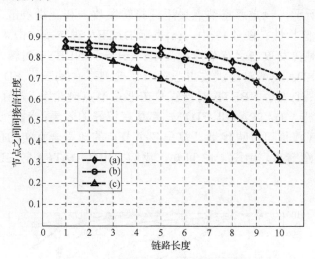

图 4.11　节点之间间接信任度的比较图

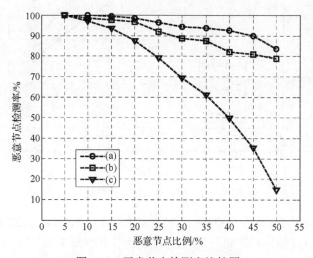

图 4.12　恶意节点检测率比较图

　　如图 4.12 所示，在网络拓扑中设置一定比例的恶意节点，利用三种方法进行恶意节点检测，得出恶意节点检测率。实验中采取的攻击方法有泛洪攻击、选择转发攻击、bad/good-mouthing 攻击和 DDoS 攻击。由图 4.12 可知，DATEA 的恶意节点检测率远远优于 NBBTE，比 EDTM 略好。因为 NBBTE 方法仅对选择转发攻击较为有效，EDTM 除转发攻击外，也对 DDoS 攻击、bad/good-mouthing 攻击有效。但当数据包数量巨大的时候，EDTM 中直接信任和间接信任之间权值的非自适应性，导致节点信任度计算与实际值有较大差距。从图 4.12 可知，我们提出的方法 DATEA 对这几种攻击都具有较好的健壮性。

　　如图 4.13 所示，设定恶意节点采用选择转发攻击和泛洪攻击，比较三种方法对这两种攻击的健壮性。图 4.13 中，(a)表示 DATEA 对转发攻击恶意节点检测率；(b)表示 EDTM 对转发攻击恶意节点检测率；(c)表示 NBBTE 对转发攻击恶意节点检测率；(d)表示 DATEA 对泛洪攻击恶意节点检测率；(e)表示 EDTM 对泛洪攻击恶意节点检测率；(f)表示 NBBTE 对泛洪攻击恶意节点检测率。从图 4.13 可以得出，对于选择转发攻击，DATEA 和 EDTM 都具有较好的效果；对于泛洪攻击，由于 DATEA 的自适应权值可以更优地计算出各个节点的较符合真实的信任度，所以能更好地检测出恶意节点。由图 4.13 可知，我们提出的 DATEA 较 EDTM 和 NBBTE 有更好的效果。

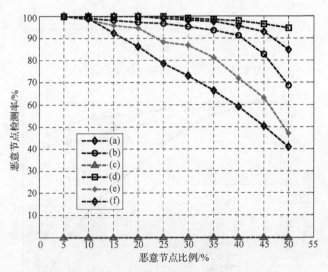

图 4.13　抵抗特定攻击的有效性比较图

　　如图 4.14 所示，(a)表示 DATEA，(b)表示 EDTM，(c)表示 NBBTE。由于检测恶意节点需要消耗节点的能量，每达到一定的恶意节点检测率，对网络拓扑中节点总能量进行统计。从图 4.14 可以得出，在恶意节点检测率小于 35%时，DATEA 相比于其他两种方法有较好的节能效果。但随着恶意节点检测率的提高，其能耗比 EDTM 略大。这是因为 EDTM 仅保存一跳邻居节点的信息，不保存除一跳邻居节点之外的其他节点的信息，但在我们提出的方法中，间接信任的计算需要寻找并保存路径，所以节点中存储的信息较多，能耗较大。但是我们主要考虑的是数据的可靠性传输，由于我们提出的方法应用于物联网，与 EDTM 中的无线传感节点不同的是，它的终端节点如手机可进行充电，所以对能量部分考虑不是很紧迫。

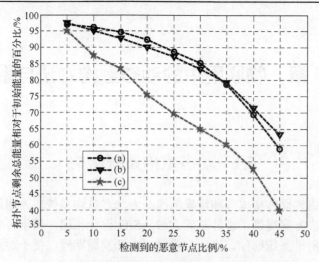

图 4.14　恶意节点检测率和网络拓扑剩余能量关系图

4.5　本 章 小 结

　　本章主要设计了一种针对物联网的分布式自适应信任测度方法，在该方法中定义了单跳信任模块和多跳信任模块。单跳信任模块中包含直接信任、推荐信任的计算；多跳模块中包含间接信任的计算。其中直接信任包含节点的通信信任和能量信任，对于通信信任的计算不仅考虑当前的通信信任，而且根据网络的状态及信任度的趋势进行预测，得出实时性更强的通信信任。在单跳信任模块中，自适应设置权值，计算直接信任和间接信任的综合值。在间接信任中，不仅考虑节点间的直接、推荐信任，还综合考虑了信任的传播距离因素，并且讨论了信任的更新方法。实验仿真表明，对于存在恶意节点的网络，本章提出的信任测度方法对正常节点信任度的计算以及恶意节点的检测，相比于 EDTM 和 NBBTE 都具有较好的效果。

第 5 章 物联网中的动态重构方法与系统

5.1 动态重构系统结构

近年来，可重构硬件集成度和规模的提高为动态重构系统成为通信、多媒体技术等问题的重要解决方案提供了硬件基础。与 ASIC 设计相比，基于可重构硬件的动态重构系统能够应用于系统编程，设计方式灵活，开发周期短，便于对系统进行功能裁减、扩充和升级。

微处理器将整个系统看作一系列内存位置，两者之间通过共享内存进行通信。可重构硬件执行不同的面向应用的粗粒度任务，作为微处理器核的协处理器运行，其系统结构如图 5.1 所示。在系统运行时，编译好的程序存放在指令存储器中，调度单元负责将指令调度到相应的处理单元上执行，根据不同的应用或应用的不同阶段，可重构硬件的动态重构能力，使其能够实现不同的面向应用的具体功能，实现在微处理器中未实现或者实现效率不高的功能，以加速整个应用程序的执行。如果将微处理器的功能集成在可重构硬件上，则可以构成动态重构片上系统。

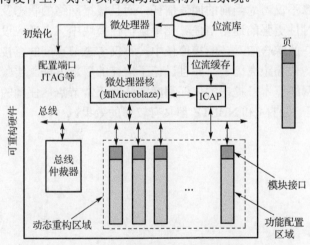

图 5.1　动态重构系统体系结构

与 ASIC 实现方式不同，在可重构硬件上实现的功能需要在执行之前进行相应逻辑资源的配置，然后使用配置好的逻辑电路进行任务处理，因此将可重构硬件上的任务处理分为两个阶段：重构和执行。重构阶段是根据应用的需求完成逻辑资源的功能配置，执行阶段则完成实际需要执行的操作。根据解码预取的指令，可以在执行之前足够长的时间内重构逻辑资源，从而隐藏重构延时，缩短任务的执行时间。

由于可重构硬件掉电后其逻辑功能即消失，所以每次使用时需要进行全局配置，可以通过芯片外部连接的 EPROM 来实现，存储配置微处理器等静态功能所需的配置信息。除了在设备启动时需要进行全局配置外，在应用执行的过程中一般只进行逻辑资源的部分重构，因此系统只增加一些专门针对部分重构的指令即可。应用需求的多样性导致了可重构硬件上的电路模块的多样性，考虑到指令空间的有限性，并不为每种功能的电路模块都设置重构和执行指令，而是采用直接指向部分位流或者电路模块的位置作为参数，通过给出不同的位流和电路模块的位置参数实现不同的功能，从而降低了指令集扩展的复杂性和对指令空间的需求。

扩展指令的格式及其功能描述如下。

（1）prcon flag addr：prcon 为部分重构指令，使用相应的位流文件配置可重构硬件上的逻辑资源，从而实现运行所需功能的配置。其中，配置数据的起始地址由 addr 字段指定，根据逻辑资源的动态分配结果，可对位流中的位置信息进行相应的修改，以改变模块在芯片中的重构位置；字段 flag 用于表示位流是位于外部内存还是在片上缓存中。

（2）prexec addr：prexec 为电路模块的执行指令，用于启动一个在可重构逻辑上功能的执行，真正实现任务处理，addr 指定了要执行的电路模块在芯片中的位置。

5.1.1　静态模块

在系统运行时，静态模块负责控制可重构硬件上的所有活动，包括与微处理器的通信和对动态重构区域的逻辑资源管理与功能重构。

定义 5.1　静态模块。 静态模块主要由控制器、位流管理器、位流缓存、资源管理器、重构调度器、配置端口和互连总线等组成，如图 5.2 所示，能够根据已定义的应用需求进行动态模块的重构和执行等操作。在可重构硬件中可以完全由硬件实现，还可以在微处理器上实现其部分功能。

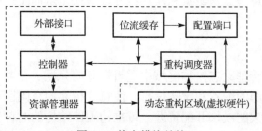

图 5.2　静态模块结构

1. 控制器

控制器需要操作和监视所有的资源，其典型流程为：接收应用并将其调度到相应的处理器上执行，如果是在微处理器上执行则视其情况而定，如果是硬件电路执行，则检查当前可重构资源的使用情况，首先为其分配资源，然后使用位流并通过配置端口将数据写入配置 RAM 中，并启动电路模块的执行。控制器可以使用已有处理器 IP 核来实现，IP 核是一种预先设计好的、已通过验证的、具有某种确定功能的集成电路或部件，具有良好的可重用性，如 Xilinx 的 Microblaze、Altera 的 Nios 等。Microblaze 能够配置为 32 位的微处理器，并且带有大量外设和接口库，能够提高设计的可靠性，降低系统的设计成本。对于某些速度要求很高的高端应用，为了解决软核处理速度不够的问题，可以采用硬核来实现，如 Xilinx 的 PowerPC、Altera 的 ARM922T 硬核。硬核提供给用户的是电路物理结构掩模版图和全套工艺文件，易于使用且性能很高。使用处理器核的形式可以充分发挥处理器灵活性高的特点，对控制类操作的执行效率高，有利于提高整个系统的性能。

2. 互连总线

片上总线（on-chip bus）技术便于使用 IP 核的系统集成，目前的互连总线结构主要有 IBM 的 CoreConnect、ARM 的 AMBA 和 SilicoreCorp 的 Wishbone 三种。其中，片上总线协议 Wishbone 只定义了一种高速总线，结构简单。CoreConnect 提供了三种基本结构：处理器内部总线 PLB、片上外围总线 OPB 和设备控制总线 DCR。PLB 是为总线传输的主要发出者和接收者之间提供高带宽、低延迟的连接，性能非常高。OPB 为连接具有不同的总线宽度及时序要求的外设和内存提供了一条途径，并尽量减小对 PLB 的影响。DCR 规范 CPU 的通用寄存器设备，控制寄存器之间的数据传输，在内存地址映射中取消了配置寄存器，减少了取操作，增加了处理器内部总线的带宽。AMBA 总线定义了 AHB 和 APB 两种总线，AHB 主要用于连接高性能、高吞吐率的设备，完成处理器核与外围器件的整合，APB 是专为降低功耗以及接口复杂性而设计的外围互连总线，常用于连接低带宽、低速率的外设。总线仲裁器决定了各模块对总线的访问权限，能够以合理的顺序执行模块请求，将总线的使用权赋予相应的模块，即仲裁器允许模块向总线发送数据和从总线读取数据，从而实现微处理器和模块之间的通信。

3. 资源管理器

资源管理器负责管理动态重构区域中逻辑资源的分配、合并与回收等操作，动态地保持可重构逻辑资源的配置和状态信息。注意：相邻的空闲区域总是被合并为一个大的区域，以便给更大的模块分配资源。可重构硬件结构的对称性便于对可重构资源的管理，对于分配的和未分配的逻辑区域的大小可以采用 Slice 起始坐标和终止坐标标识，而其状态使用如下字段标识。

空闲态：表示没有被配置为具体功能的逻辑区域。

重构态：表示相应区域的逻辑资源处于重构状态。

就绪态：表示已经被配置过或者该模块执行完毕后正处于不执行的状态，后者相当于在芯片上缓存了模块，类似于微处理器中的指令缓存，能够有效地提高系统的性能。

执行态：表示相应区域的模块处于运行状态。

碎片是由于尺寸过小而不能被利用的资源，与磁盘和内存等存储资源一样，模块的添加和删除请求需要不断地进行资源分配和回收操作，而且模块大小不相同，容易在运行过程中产生逻辑碎片。基于资源管理器提供的信息可以实现逻辑碎片整理功能，通过重定位现有的模块可将不相邻的碎片合并为一个较大的区域，虽然能够提高资源利用率，但这比磁盘整理远远复杂。

4. 重构调度器

很多应用都能分解为一系列相互独立的任务集合，如视频编码可以分解为运动估计、小波变换、编码、量化等相互独立的操作阶段，而且不同阶段所需的处理时间不同，因此需要合理地调度各阶段的操作，以最小化应用的处理时间。与应用的任务流图类似，可以将在可重构硬件上执行的模块对应的部分位流构成位流流图，并在重构调度器中保存着使用状态机表示位流之间的转换关系，则部分重构被模型化为状态转换。重构调度器负责检测需要执行的重构操作，并负责通知微处理器下一步使用哪个部分位流，以尽量提前对逻辑资源进行重构，从而隐藏系统的重构开销，提高系统的性能。位流流图中对应的模块都是预先综合的，是在布局布线过程中使用确定数量的逻辑资源，以模块化设计流程在芯片的指定区域上生成的部分位流存在。在芯片中相同或者不同的物理位置上，当所有模块相继综合实现之后，产生部分位流并存储在芯片外部的位流库中。在指定区域上产生位流时，输入/输出信号必须连接到三态总线上，提供运行时对通信网络的访问，在实际的布局布线过程中使用硬件宏以阻止将三态线连接到模块的内部信号上。根据应用程序的不同运行阶段，重构调度器根据逻辑资源的动态分配情况，通知微处理器从位流库中装载所需的部分位流配置所分配的逻辑资源。

在应用程序执行过程中，可重构硬件是在许多电路之间共享使用的，不能希望一个模块一直能不加修改地添加到可重构硬件上，也就是说有些模块的"默认位置"可能已经被别的模块占用了。因此，当产生部分位流时的位置与新分配的位置不同时，需要将位流从初始位置重定位到新分配的位置上，而不是存放在不同位置预综合生成的同一模块的多个位流，可以节省较多的位流库空间。为了移除一个模块，应该向相同的位置上装载一个相应大小的"空"部分位流，使得该区域的逻辑功能消失，可以防止小模块不能完全重新定义先前较大的模块中的所有资源而造成信号间的冲突。

5. 位流缓存

动态部分重构使得小硬件能够通过硬件资源的时分复用完成较大的任务，以 Virtex II FPGA 为代表的可重构硬件提供了 ICAP 端口，在不借助外部控制设备的情况下，能够实现芯片中动态区域的重构，降低了系统的重构控制和时间等开销。以

XC2V1000 FPGA 为例，其全局位流大约为 512KB，而内部块 RAM 大约为 90KB。不过，相对于现有的重构技术，外部存储的带宽并不会构成重构操作的性能瓶颈，因此可用片外 EPROM 等存储系统所需的部分位流。

块 RAM 作为芯片内部的存储资源具有很重要的作用，每个 18KB 的块 RAM 是可级联的，可支持更深和更宽的存储器设计，同时通过专门的布线资源使得其时序代价极小。很多应用都符合时间和空间的局部性原则，与现在的微处理器系统的内存缓存类似，可以利用芯片内的存储资源缓存经常用到的部分位流，进一步减小位流的下载时间，以加速逻辑资源的重构过程，减小系统的重构实际开销。

在 Virtex II 系列的设备中，ISE 以组件的形式提供对块 RAM 的使用，可以设置为单端口或者双端口 RAM 使用，提供了不同的位宽和地址位数。在使用时直接在程序实体对应的体系结构中声明相应的组件原型，然后对其进行端口例化即可。双端口 RAM 可以同时实现对两个端口的读/写操作，提高了对内存访问的速度。但是，当一个端口读或写另一个端口正在写的内存单元时会发生冲突，不过所有的读/写冲突都不会造成块 RAM 的物理损坏。

5.1.2　动态区域

动态区域是芯片上分配给静态模块以外的区域，是在系统控制下实现基于模块的动态部分重构的逻辑资源，是实现"虚拟硬件"的重要载体。根据应用的执行需求对动态区域进行相应的重构，可实现面向具体任务的电路，而且动态区域上的多个模块可以并行执行，可与微处理器协同工作，加快对应用的处理速度。但是，对动态区域的使用受到硬件技术的限制，特别是对逻辑资源的重构技术，需要根据具体的硬件水平来判断。

1. 动态模块

动态重构系统的可重构硬件上集成了一个复杂的系统，具有复杂的结构，为了加快系统的设计速度，可将已有的 IC 电路以模块的形式直接应用于系统中，包括各种微处理器、接口以及实现某种具体功能的 IP 模块。IP 模块的重用技术使芯片设计从以硬件为中心逐渐转向以软件为中心，从门级设计转向 IP 模块和 IP 接口级的设计。对于目前的 Virtex 等芯片，为了能访问所有全局资源，模块必须垂直设计并跨越整个芯片高度，与全局通信信号正交布局以便访问所有全局信号，保证模块的正常操作。尽管所有模块必须跨越芯片的整个高度，但每个模块在高度上可以占据任意多的资源。

定义 5.2　动态模块。动态模块是指事先按照基于模块的动态部分重构设计流程综合得到的功能模块，它占有芯片中相对固定的逻辑资源，其功能和该区域的电路连接方式在系统运行过程中能够动态改变。动态模块可被配置为不同的逻辑功能，对支持部分重构的可重构硬件而言，其重构过程不影响逻辑上不依赖该模块的其他模块的功能和正常工作。

　　在动态重构系统中，静态模块管理动态模块的物理布局位置，所有的动态模块必须在物理上相互独立，任何动态模块的物理布局不能影响任何其他模块，两个相互交叠的模块永远不能同时实现正确的操作。由于硬件面积有限，动态模块在布局过程中不可避免地会发生模块的替换操作，如果两个交叠的模块经常使用，则模块的替换开销将变成系统的性能瓶颈，即为动态模块固定位置会引起严重的性能问题。而且，由于系统存储资源有限，为每个动态模块产生多个布局位置也是比较低效和不现实的。

　　在系统运行过程中，根据硬件资源的使用情况为后进入的动态模块分配资源，并根据分配结果改变动态模块在动态区域中的布局位置，使之仍然能够实现正确的功能，以提高系统的运行效率。如垂直平移、水平平移、水平翻转、垂直翻转、90°旋转等复杂重定位技术的实现，不但提高了资源利用率，还极大地方便了 IP 模块在系统中的广泛使用。但是，由于动态模块的大小和形状等并不完全一样，随着动态模块的加载、卸载等操作的不断进行，会产生一些类似于磁盘碎片的逻辑碎片。改变动态模块的位置在一定程度上能够起到降低逻辑碎片的作用，但碎片整理技术可以更好地将碎片集中在一起形成更大的逻辑资源，以供新的动态模块使用。在碎片整理过程中允许已有的模块仍保留在硬件中，而不用将其替换出去重新配置，能够减小系统的重构开销。

　　2. 区域划分

　　以 FPGA 为代表的可重构硬件在物理上一般都是由相同结构的基本配置逻辑块（configurable logic block，CLB）阵列通过水平和垂直的通信连线构成的，在逻辑上可以采用 1D 或者 2D 区域模型来表示，都可以用 CLB 坐标进行资源标识，矩形形状的模块尺寸可用它占有的 CLB 行数和列数指定。不同的应用所需要的硬件资源量并不相同，同一应用的不同划分方法也会导致动态模块的大小和功能不同，因此为了获得更高的资源利用率，同时减少逻辑资源的重构开销，必须根据应用的具体需求实现对动态区域的划分。

　　1）固定划分

　　仅考虑当前应用中最大动态模块所需要的资源量，并据此将动态区域划分为面积相等且位置固定的逻辑区域。因为要容纳下最大的动态模块，所以很多相对较小的模块被配置到该区域上时会造成很大的资源浪费，资源利用率低，尤其是在 1D 区域模型下，区域相对较窄，更不利于资源的充分利用。不过，由于动态模块的位置相对固定，模块之间的通信接口设计变得比较简单。

　　2）统计划分

　　考虑当前应用中最大和最小动态模块所需要的资源量，并考虑各模块大小的分布情况，将动态区域划分为面积不等、位置固定的逻辑区域，在执行时根据模块尺寸进行区域选择及配置。与固定划分相比，其资源利用率有所提高，但是在进行动态模块配置时，需要搜索与动态模块最接近的区域，降低了模块的重构速度。而且，区域个数及其大小的分配相对困难。

3）动态分配

顾名思义，这种方法不对动态区域作固定的划分，而是采用"即分即用"的原则，在运行时基于动态模块所需的资源量在合适的芯片位置上分配相应大小的逻辑资源，将动态区域的划分隐含在了模块的布局过程中。特别是，可以根据已有 IP 模块的形状和面积，在二维阵列形式的动态区域上实现逻辑资源的分配及配置，具有较高的资源利用率。但是，动态模块位置的任意性导致各模块之间通信的实现比较困难，通信资源开销大。结合动态模块的重定位技术，可将动态模块布局在运行时分配的逻辑区域中。

在实际应用中，还要考虑可重构硬件的技术特点，例如，Virtex II 系列 FPGA 的基本配置单位为 4 个 Slice 列，而且必须从偶数列开始，因此在逻辑资源划分时都要加以分析。为了避免动态模块之间发生冲突，它们在时间和空间上不能出现交叠。而且，模块的大小、形状和运行时间等相关信息在编译时并不清楚，静态模块在运行时根据需要分配逻辑资源并进行相应的功能重构，确保逻辑资源得到有效利用。

3. 通信网络

由于系统运行时需要动态分配和重构动态区域的逻辑资源以实现不同的功能，所以模块之间的通信是一个很重要的问题。系统中模块之间的通信需要通过预布线的总线进行，否则由于重构操作破坏模块间的通信资源而导致通信失败。模块通信接口提供了功能模块与总线之间的连接以及必要的数据宽度转换等工作，在很多情况下，通信接口往往必须被重构，通信接口随着模块一起被重构的方式实现了"即插即用"的概念。

对于 2D 区域模型，由于模块间的连接特别复杂，目前还没有提出有效的通信结构。在 1D 区域模型下，为了满足各模块之间的通信，需要构造一个在水平方向上跨越整个芯片的总线，这也是沿水平总线结构对预先综合的模块进行定位的一个最基本的要求，它简化了各模块之间的连接，方便了模块的加入或退出。总线是在模块之间传送信息的一组信号线的集合，在物理上是由传输线和三态器件构成的，采用三态器件可以使连在总线上的信息源在不发送信息时，对总线呈现高阻状态，从而保证总线上信息的正确传输。

在 Virtex II 系列芯片中，每列 CLB 提供 2 个三态缓冲器（TBUF），每个 CLB 行提供 4 条水平三态线，因此每个芯片最多提供 $4 \times H$ 条水平三态线。如果芯片提供的三态线多于实现通信基础设施所必需的线，则可以使用每个 CLB 行的 1、2 或 3 条线。每隔 4 个 CLB 列水平相邻的线分段可以连接起来，从而形成每隔 4 列的所有资源的同构水平重复，Virtex II 系列芯片内部使用三态缓冲驱动的长线实现的三态线，可以生成水平方向上跨越整个芯片宽度的分段连线和 TBUF 组成的三态总线。

但是，在芯片中的每个 CLB 只有两个 TBUF 可用，不能将 CLB 只作为三态缓冲器和路由来使用，而且不能定义连线的位置，因此除预布线的通信总线提供的网络连接以及接口外，还需要模块提供相应的通信接口。当模块布局到相对固定的位置后，内置于模块通信接口中的信号连接到预布线的固定 TBUF 上，从而实现动态模块与总线宏之间的通信，确保了模块的功能独立性。

由于芯片容量的限制，同时布局到芯片上的模块不会太多，仲裁器可以采用分散请求、集中仲裁的方式为总线上的每次访问进行仲裁。仲裁器根据各模块发出的总线使用请求，控制和管理总线上需要占有总线的请求源，确保任何时刻最多只有一个模块向总线发送信息，不允许产生总线冲突。由总线的广播特征可知，获得使用权的动态模块处于发送状态，包括静态模块在内的其他模块都处于接收状态，它们对接收信息中的地址字段进行判断，如匹配成功则接收，否则不予接收。但在动态模块数量较多和模块间通信较为频繁时，会降低系统的通信性能，采用网桥等方式将通信总线进行分段，可将通信限制在一个分段内，从而使得各分段间的模块可以并发地传送数据，提高通信效率。

5.2　FPGA 的动态部分重构

目前，FPGA 是构成动态重构系统的主要硬件平台，能够满足某些领域高性能计算的需求。系统的重构开销和可重构资源利用率是影响动态重构系统性能的关键因素，本章以 Xilinx 的 FPGA 为基础，对动态部分重构技术及其性能进行分析，有利于进一步提高动态重构系统的性能。

任何 FPGA 的基本结构都主要由六部分组成：可编程 I/O 单元、CLB、嵌入式块 RAM、布线资源、底层嵌入功能单元和内嵌专用硬核。可编程 I/O 单元是芯片与外界电路的接口部分，完成不同电气特性下对 I/O 信号的驱动与匹配需求。CLB 是可编程逻辑的主体，可以根据设计灵活地改变其内部连接与配置，完成不同的逻辑功能。SRAM 型 FPGA 一般由查找表（LUT）和寄存器组成，不同厂商的寄存器和查找表的内部结构及其组合模式有所不同，目前多使用 4 输入 LUT，每个 LUT 可以看成一个有 4 位地址线的 16×1 的 RAM。现有的大多数 FPGA 都有内嵌的块 RAM，可配置为单口或双口 RAM、内容可寻址 RAM 和 FIFO 等结构，拓展了其应用范围和灵活性。布线资源连通芯片内部的所有单元，连线的长度和工艺决定着信号在连线上的驱动能力和传输速度。其中，全局性的专用布线资源用以完成器件内部的全局时钟和全局复位/置位的布线；长线资源用以完成器件组间的高速信号和第二全局时钟信号的布线；短线资源用以完成 CLB 之间的逻辑互连与布线；此外还有各式各样的布线资源和控制信号线等。但是，互连资源的丰富是以降低操作频率和逻辑密度为代价的，连线资源和连线之间的空间占用了芯片的大部分面积。

SRAM 型 FPGA 使用配置 RAM 来存储逻辑和布线资源的配置信息，将配置信息写入 FPGA 内部的配置 RAM 中就可以改变逻辑单元中执行的逻辑功能和它们之间的互连，配置信息能够频繁地变化而不对 FPGA 造成损害，而且阵列上的逻辑还可以直接访问其他单元的配置信息。表 5.1 给出了三种不同编程结构的 FPGA 芯片特征。

表 5.1　不同编程结构的芯片特征

供应商	Xilinx	Altera	Lattice
芯片系列	Spartan、Virtex	Apex II	ORCA, ispXPGA
芯片型号	XC2V10000	EP2A90	ispXPGA 1200
等效门电路数	10 M	7 M	1.25 M
RAM 容量	3.5 M	1.5 M	660 K
用户 I/O 引脚	1,108	1,140	496
实现技术	SRAM-based	SRAM-based	SRAM-based
粒度	Coarse grained	Coarse grained	Coarse grained
编程结构	Partial reconfiguration	Single context	Multi-contexts

在支持动态重构的 FPGA 中，逻辑资源可以被重复地多次编程或者互连，大大提高了资源利用率，降低了器件损坏率。单上下文 FPGA 只能使用配置信息的串行方式进行配置，由于只支持顺序访问方式，所以对内部资源的任何改变都需要重构整个芯片。虽然用于重构的硬件比较简单，但重构开销很大，严重降低了系统的性能。如 Apex II 系列的所有 FPGA 都支持全局重构，即在 FPGA 处于运行状态时，即使很小的逻辑模块发生变化，也必须擦除所有配置信息，内部寄存器的数据也随之丢失，重新完全装载新的配置信息。

多上下文 FPGA 的每个可编程位都包括多个内存位，这些可编程位可被视为多个用来实现不同功能的配置信息上下文。一个上下文存储器可以存储多种配置信息，事先将多种配置信息下载到片上的上下文存储器中，直接通过上下文间的部分或全部内容切换来改变配置信息，控制逻辑资源实现新的功能。在某个时刻只有一个上下文处于活动状态，需要时可以快速地进行不同上下文的切换，实现对逻辑资源的重构。处于不活动状态的上下文可以在系统运行时进行重构，从而隐藏了重构开销，极大地提高了系统的性能。CS2000　RCP 系列产品使用了这个技术，它提供了两个相互独立的上下文，一个用于控制当前逻辑功能的执行，一个用于即将需要的功能的配置信息装载。

多上下文 FPGA 是通过交换配置 RAM 和上下文存储器的部分或全部配置信息来实现重构的，如 ispXPGA 系列芯片，它保存了多个配置上下文，不同的配置可以快速地进行切换。重构时间的长短仅仅取决于上下文间的切换速度，可以大大缩短重构时间，一般仅需几纳秒。虽然大大缩短了配置时间，但由于每个上下文存储的都是整个芯片的配置信息，需要耗费大量的配置 RAM，这会导致芯片面积的迅速增加。

目前，Xilinx 等公司生产的 FPGA 可支持部分重构，能够有选择地更新芯片上指定区域的逻辑资源，不被选择的区域不受影响，为运行时改变未被使用的动态模块提供了可能，能够更加有效地利用 FPGA 资源。

动态部分重构将应用划分成更细粒度的功能模块，这些模块不是一次全部配置到芯片上，而是根据应用的运行阶段分别下载，动态地重构相应的逻辑资源，而不需要重构的部分不受影响。这种方式减小了重构的资源范围和数目，位流存储及重构时间等也显著减小。动态部分重构改变了时间上互斥的概念,实现了动态模块不同子集的结合,模块在任何时候都只占用自己的芯片区域,这种逻辑资源的灵活使用可以在更细粒度上描述应用,实现了更细粒度的可重构系统结构,可以解决任意规模的应用,拓展了系统的应用范围。

5.3　FPGA 部分重构及分析

动态部分重构实现了运行时对逻辑功能的改变,通过移除空闲模块为其他功能提供逻辑资源,提高了可重构硬件的资源利用率。由于只需要重构部分逻辑资源,减小了配置信息量,并且重构时可将系统状态保留在芯片内部,既节省了保存这些数据所需的传输时间,又减少了相应的控制等外围电路所需的硬件资源,大大降低了系统的重构开销。

5.3.1　FPGA 配置结构

Virtex II FPGA 的系统结构主要由配置逻辑块(CLB)、可编程输入/输出块(IOB)、块 RAM(BRAM)、可编程内部互连资源、乘法器模块、数字时钟管理器(DCM)和配置 RAM 等基本功能单元组成。以 XC2V1000 FPGA 为目标结构,其等效门电路数为 100 万,是一个 40 行 32 列的 CLB 阵列,具有 160Kbit 的分布式 RAM、40 个乘法器模块、40 个 18Kbit 的 BRAM、8 个 DCM、CLB 内部的互连资源以及可用于产生逻辑功能的寄存器等逻辑资源。其中,每个 CLB 包含 4 个 Slice 和 2 个三态缓冲器,每个 Slice 由 4 输入查找表构成,LUT 本质上就是一个 RAM,每个 4 输入 LUT 可以看成一个有 4 位地址线的 16×1 的 RAM。

Virtex II 芯片中所有的可编程特征都由易失的存储单元控制,必须在上电时进行配置,这些内存单元称为配置 RAM,它定义了用户设计的所有方面,如 LUT 方程、IOB 电压标准等。因此,FPGA 可看作由两层以及附加的处理位流装载的配置和控制逻辑组成,第一层包括可重构的逻辑资源,如逻辑块、RAM 块、IOB 和可编程互连资源等,所有同类型的块(IOB 除外)排为列。第二层即配置 RAM 也组织为列,如果列中的一块被重构,此列中的其他块也将被重写。

5.3.2　配置 RAM 结构

配置 RAM 是由一系列配置帧所组成的存储队列,配置帧是从设备顶端延伸到设备底端的一位宽的存储数组,是配置 RAM 中最小的可寻址单元,因此所有的操作都必须对整个配置帧进行。配置帧配置的是芯片中的垂直 Slice,而不是直接映射到芯片内的某个逻辑单元上。配置帧的长度依赖于芯片的尺寸,并且根据 Stepping Level 和 BitGen 的设置而相应变化。与 Virtex II 芯片的物理资源相对应,可将配置帧分为六个类型的配置列,如图 5.3 所示。对于所有的芯片来讲,每个类型的配置列都包括相同的帧数，不同的芯片包括相同的 IOB、IOI 和 GCLK 配置列。IOB 列配置设备左侧和右侧边缘的 I/O 电压标准，上下两端的 IOB 由 CLB 列进行配置；IOI 列配置设备左、右两侧的 IOB 中的寄存器、复用器和三态缓冲器，上下两端的仍由 CLB 列进行配置；GCLK 列配置大多数全局时钟资源，包括时钟缓冲器和 DCM；CLB 列编程 CLB、路由和大多数互连资源；BRAM 列只编程 BRAM 用户存储器空间，BRAM 互连列编程其他 BRAM 和乘法器等特征，其配置列数与对应的物理资源列数相匹配。配置控制器与用户设计访问块 RAM 的方式一样，即当块 RAM 被配置控制器访问的时候，用户设计不能访问，否则会产生冲突。因此，应该尽量避免对块 RAM 的动态重构和位流回读。

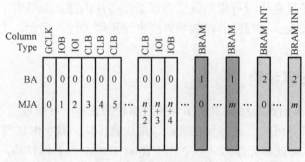

图 5.3 配置列内存映射

在 Virtex II 结构中，每个 CLB 有以 2×2 方式排列的 4 个 Slice，因此每个 CLB 列包括 2 个 Slice 列，标记为 X_iY_j，$0 \leqslant i \leqslant 2n-1$，$n$ 为 CLB 的列数，左起为 0，$0 \leqslant j \leqslant 2m-1$，$m$ 为 CLB 的行数，底端起为 0。对于 40 行 32 列 CLB 阵列构成的 XC2V1000 来说，左上角 Slice 的编号为 X_0Y_{79}。每个 Slice 具有 2 个 LUT，分别称为 G-LUT 和 F-LUT。每个 CLB 列包含 22 个配置帧，第一个 Slice 列中 LUT 的配置信息在第二帧中（X 为偶数），第二个 Slice 列中 LUT 的配置信息在第三帧中（X 为奇数）。Virtex II 芯片的配置帧组成如图 5.4 所示，前 12 字节配置顶端 IOB，接下来的 2 字节配置顶部 Slice 的 G-LUT 内容，下一字节未用，之后 2 字节配置 F-LUT 内容……对每个 Slice 重复相同的序列，直到底端 IOB 配置结束。例如，XC2V1000 配置帧的长度为 12+5×40×2+12 = 424 字节，即 106 个 32 位字。

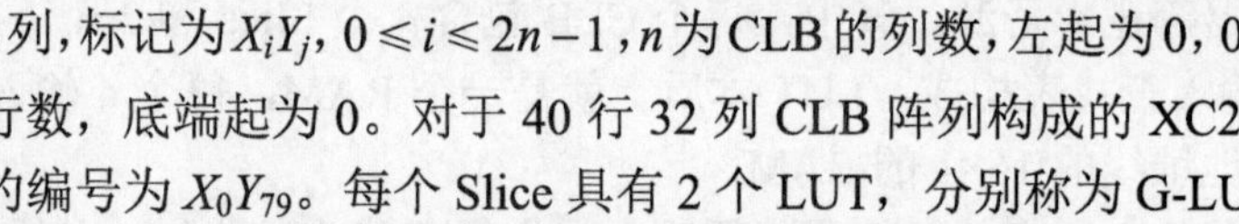

顶端IOB	CLB R_1	CLB R_2	...	CLB R_m	底端IOB
12字节	5字节	5字节		5字节	12字节

图 5.4 Virtex II FPGA 配置帧

每个配置帧都有一个独一无二的 32 位地址，由块地址 BA（25~26 位）、主地址 MJA（17~24 位）、辅地址 MNA（9~16 位）和字节长度（0~8 位）组成，其中字节长度只能由配置逻辑使用，用户不能访问配置帧内部的字节。配置 RAM 分为 3 个相互独立的可寻址块，块地址 00 包含所有的 GCLK、IOB、IOI 和 CLB 配置列，01 包含所有的 BRAM 列，10 包含所有的 BRAM 互连列。块中的主地址是由设备中 CLB 列的数目 n 和 BRAM 列的数目 m 所决定的。在配置期间，按照块地址、主地址和辅地址的递增顺序来编程配置帧。

根据对 Virtex II 芯片的位流解析和配置帧组成的描述，可以利用式（5.1）确定任何 LUT 的配置信息在位流文件中的位置，同时该公式给出了芯片资源的配置顺序。对于同一系列的芯片，除了配置帧的字节数依赖于芯片的 CLB 行数之外，几乎所有的值都是常数，位流文件的头部长度是一个依赖于产生位流时所使用的开关参数的变量。

$$
\begin{aligned}
\text{LUT的位置} = {} & \text{文件头部长度} \\
& + \#\text{GCLK列的帧数} \times \#\text{字节数/帧} \\
& + \#\text{IOB列的帧数} \times \#\text{字节数/帧} \\
& + \#\text{IOI列的帧数} \times \#\text{字节数/帧} \\
& + \#\text{CLB列的X坐标} \times \#\text{CLB列的帧数} \times \#\text{字节数/帧} \\
& + 1 \times \#\text{字节数/帧（Slice的}X\text{坐标为偶数）} \\
& + 2 \times \#\text{字节数/帧（Slice的}X\text{坐标为奇数）} \\
& + 12 \qquad\qquad\qquad\text{--用于配置IOB的字节数} \\
& + 5 \times \#\text{Slice的}Y\text{坐标（从顶端算起）} \\
& + 0 \text{（如果是G-LUT）} \\
& + 3 \text{（如果是F-LUT）}
\end{aligned}
\tag{5.1}
$$

5.3.3　配置控制器

Virtex II 的位流由头部 32 位的同步字（0xAA995566）和若干数据包组成，同步字的目的是对齐配置逻辑和位流中的第一个数据包的开始，每个数据包都根据具体的配置寄存器来设置配置选项、编程配置帧或者连接内部信号。一般有两种类型的数据包，它们都指定了读/写操作以及以字为单位的包长，Type1 类型的包长度小于 $2^{11}-1$ 个字，Type2 类型的包长度小于 $2^{27}-1$ 个字，正是这个包长字段的存在才可以使用相同的配置端口来配置所有的 Virtex II 芯片。不过，只有 Type1 类型的数据包的头部可以指定寄存器的地址，它设置的寄存器地址在处理 Type2 类型的数据包的头部时仍然是可用的，因此所有 Type2 类型的数据包都作为"Type1，Type2"组合来使用。

配置控制器由包处理器、寄存器和配置寄存器控制的全局信号组成，包处理器将配置端口来的数据送到相应的寄存器，寄存器控制着配置的所有其他方面，所有的配置操作都是通过读/写配置寄存器来实现的。其中，命令寄存器（CMD）用于指挥配置控制器选通全局信号，执行相应的配置功能，当命令被写入 CMD 寄存器时便立刻执行，当向帧地址寄存器（FAR）中写入地址时，最后写入 CMD 寄存器的命令会再次执行；当 CMD 中的命令执行时，FAR 使用新的值进行自动更新，以便正确地访问帧数据输入寄存器（FDRI）和帧数据输出寄存器（FDRO）中的数据；由于所有芯片都使用相同的配置控制器，所以配置帧的长度并不固定到芯片中，而是存储在芯片内的帧长寄存器（FLR）中，而且必须在 FDRI 或者 FDRO 操作执行之前写入该值；配置数据的完整性由 16 位的 CRC 来保证，其值使用寄存器数据和地址位进行计算，当向 CRC 寄存器写入值后进行 CRC 检查操作，既可明确地向 CRC 寄存器写值，也可使用 AutoCRC。由于所有的包头需要经过一个 64 位的缓冲区才能到达包处理器，为了从包缓冲区中清空最后一个命令，配置命令必须以 4 个 32 位的 NOOP 命令作为结束。

对 XC2V1000 芯片的一个配置帧进行动态部分重构的基本流程如表 5.2 所示，每个帧被写入配置 RAM 之后，FAR 的值会自动增加，编号连续的配置帧可以使用一个数据包写入 FDRI 中。当需要写不连续的配置帧时，需要明确地给出新的配置帧地址。而且，每个 FDRI 数据包的尾部需要包含一个填充数据帧，紧跟着每个 FDRI 数据包之后的字被视为 AutoCRC。

表 5.2　动态部分重构一帧的过程

步骤	配置数据	备注
1	AA995566	32 位同步字，用于同步设备
2	30008001	写 CMD 寄存器命令
	00000007	RCRC 命令，用于重置 CRC 寄存器
3	3001C001	写 IDCODE 寄存器
	01008093	设备 ID
4	30016001	写 FLR 命令
	00000069	帧长为 106−1=105 个 32 位字
5	30008001	写 CMD 寄存器命令
	00000001	将 WCFG 命令写入 CMD 寄存器
6	30002001	写 FAR 寄存器命令
	XXXXXXXX	给出起始帧地址值
7	30004034 ……	写（1+1）×106=212 个 32 位字到 FDRI
8	0000DEFC	写入默认的 CRC 值
9	30008001	写 CMD 寄存器命令
	00000007	RCRC 命令，用于重置 CRC 寄存器
10	30000001	向 CRC 寄存器写一个 Type1 的数据包
	0000DEFC	写默认的 CRC 值 0x0000DEFC
11	30008001	写 CMD 寄存器命令
	0000000D	写入 DESYNCH 命令
12	20000000	写入多个 Type1 NOOP 字刷空包缓存

5.3.4　配置端口

为使芯片实现相应的功能，必须以位流的形式给出配置 RAM 的配置控制和数据指令，借助芯片提供的 JTAG、SelectMAP、Serial 和 ICAP 等配置端口将位流传送到芯片中。位流的组成在很大程度上独立于配置的方法，但像回读这样的操作只能通过 JTAG、SelectMAP 和 ICAP 端口进行，使用这三种配置端口都可以实现动态部分重构。其中 JTAG 端口比较常见，与 IEEE 1149.1 标准的 JTAG 完全兼容。

SelectMAP 端口提供了一个 8 位的双向数据总线接口，是一个高速并行配置端口，最高传输速率可以达到 50MB/s。在主模式下，CCLK 信号是芯片输出信号，只允许写入配置数据；在从模式下则是输入信号，允许写入和回读配置数据。它在 CCLK 的上升沿对信号写、CS 进行判断，进行数据的输入或输出，当时钟频率高于 50MHz 时，还需要对 BUSY 信号进行握手判断：低电平表示配置端口空闲，在 CCLK 的上升沿输入数据；高电平表示配置端口忙，配置数据总线上的数据被忽略，直到 BUSY 信号再次为低时才输入数据。该端口与大多数微处理器的并口兼容，微处理器可以与其直接相连，以访问外围存储器的方式写入或回读配置信息。对于这种方式的部分重构，必须打开 Persist 开关来保持 SelectMAP 引脚在配置之后的功能，否则可作为一般端口来使用。

Virtex Ⅱ芯片提供了 ICAP 端口，允许芯片内的用户设计控制配置和回读操作，它与从 SelectMAP 端口使用相同的协议，是 SelectMAP 端口的子集，能够访问所有的配置信息。由于它不用作全局配置，也不用支持不同的配置模式，所以它具有更少的信号。用户在 ISE 中实例化 ICAP_VIRTEX2 原语便可以使用 ICAP 端口，但在配置之后不能与 SelectMAP 端口同时使用。

5.3.5　基于模块的部分重构

支持部分重构芯片的物理资源被划分为若干区域，从逻辑上看由若干相对独立的功能模块构成，当系统需要某个功能模块时，可对特定区域的逻辑资源进行重构来实现。在系统运行过程中，静态模块占有芯片中固定区域的逻辑资源，其功能和该区域的连接方式始终保持不变。动态模块虽然也占有芯片中某区域的资源，但其功能和该区域的电路连接方式可以根据应用的运行阶段动态改变，而且边界、位置以及占用的区域也可以相应地改变。在动态模块重构时，不依赖于该模块的其他模块可以正常工作，在一定程度上实现了系统重构和运行的交叠。

基于模块的动态部分重构技术基于 Xilinx 的模块化设计方法，在实现时必须遵守模块化设计所有原则，同时与芯片的体系结构有关。为了满足部分重构的要求，每个动态模块定义为一个黑盒子，必须具有输入和输出接口，且必须是逻辑意义上完整的模块，它们通过顶层结构连接各个模块，顶层逻辑仅限于 I/O、时钟、模块及总线宏的实例。注意所有的时钟必须使用全局布线资源，全局时钟的配置帧独立于可编程逻辑块的配置帧，除了时钟信号之外，动态模块不能直接与其他模块共享任何信号，这样在进行部分重构时才能够保证时钟正常工作。

5.3.6　总线宏

总线宏是位于相邻的或者不相邻的模块之间的预布线硬件电路，不随模块的重构而动态改变，从而保证了模块之间的正确通信，即在进行重构的过程中不能改变用于通信的布线资源。目前使用三态缓冲器（TBUF）来实现总线宏，8 个 TBUF 为一组，每个 TBUF 传输 1 位信息，如图 5.5 所示。在 Virtex II 等系列芯片提供的预定义总线宏中，每个 CLB 行支持 4 位宽度，总线宏的位置处于模块边界上，两边分别都只用到两列三态缓冲器。为了避免出错、简化设计，总线宏信号的传输方向在运行过程中始终是固定的，而且是单向的。

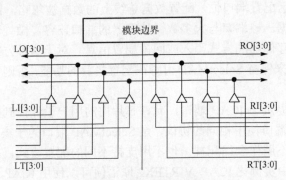

图 5.5　总线宏的物理实现

除在 FPGA_Editor 中手工实现总线宏外，还可以使用自动生成的方法。首先对所需要的总线宏作出整体规划，确定总线宏的长度以及起始 TBUF 的位置。注意，在约束文件中对其位置进行限定时以左下方的第一个 TBUF 作为参考，从而确保总线宏能够布局在模块确定的范围内。

XC2V1000 芯片上的 TBUF、Slice 以及 CLB 的排列规律如下：设 CLB 的编号为 R_mC_n，其中，$1 \leqslant m \leqslant 40$，从顶到底编号依次增加，$1 \leqslant n \leqslant 32$，从左到右编号依次增加。每个 CLB 包含 4 个 Slice，编号为 R_mC_n 的 CLB 对应的 Slice 的编号分别为 $X_{(2n-2)}Y_{(80-2m)}$、$X_{(2n-2)}Y_{(81-2m)}$、$X_{(2n-1)}Y_{(80-2m)}$ 和 $X_{(2n-1)}Y_{(81-2m)}$，对应 TBUF 的编号分别为 TBUF_$X_{(2n-2)}Y_{(80-2m)}$ 和 TBUF_$X_{(2n-2)}Y_{(81-2m)}$。自动生成总线宏的流程如下。

（1）使用表 5.3 所示的语法书写脚本 bm.xdl，并运行命令 xdl-xdl2ncd bm.xdl bm.ncd，ren bm.ncd bm.nmc。在 NET 属性上应该添加 cfg "_NET_PROP:: IS_BUS_MACRO:"，否则会在布局布线时出现错误。

表 5.3　XDL 语法格式

整体描述	design <design_name> <part> <ncd version>; or design <design_name> <device> <package> <speed> <ncd_version>;	
模块描述	module <name> <inst_name> ;	//模块名称
	port <name> <inst_name> <inst_pin> ;	//端口名称
	...	
	instance …;	//实例化组件
	...	
	net …;	//定义信号的物理连接
	...	
	endmoudle <name>;	//模块定义结束

（2）给出定义总线宏各个引脚的 bm.scr 文件，通过调用 fpga_editor 命令读取该文件的有关设置进行自动布线，生成最终需要的总线宏文件，并对布局布线结果进行检查。SRC 语法格式见表 5.4。

表 5.4　SRC 语法格式

命令	描述
Create macro	创建总线宏
Unselect-all	确定没有选择任何器件
Add comp	添加组件
Select pin	指定要进行布线的 TBUF 的位置
Setattr pin/comp	设定引脚/组件的属性
Save macro	保存结果
Route	布线

目前使用的总线宏都只进行单方向的通信，不过在使能禁止方向上的输入不能悬空，该输入需要通过在其对应的模块中输出相应的信号对其进行赋值，不能在顶层描述进行。

5.3.7　实现流程

基于模块的动态部分重构遵循模块化设计的所有原则，在部分重构期间，被重构的部分逻辑需要严格定义，其实现过程主要分为三个阶段。

（1）初始化预算阶段（initial budgeting phase）建立整体平面布局和约束，主要是对模块、IOB 和全局逻辑进行布局，需要在约束文件中指定每个动态模块的重构属性、指定总线宏的位置以及确定所有 IOB 的位置，并对整体设计作必要的全局时序限制。

（2）激活模块阶段（active module phase）实现每个模块，对每个模块布局布线。

每个模块都需要结合顶层逻辑和约束条件单独地进行实现，并生成相应的配置位流，这个过程与模块化设计所描述的过程一致。

（3）最后组装阶段（final assembly phase）把所有的模块组装在一起，实现完整的设计。在激活模块阶段所获得的布局布线结果都被保留，从而维持了每个模块的性能。由于动态部分重构要求初始被装载到芯片中的位流是一个功能完整的设计，这就要求所有的全局和非重构逻辑完成布局并锁定位置，在进行重构的过程中只有动态模块可以被改变。同样，也可以使用 FPGA_Editor 打开布局布线后的文件，在可视化方式下检查布局布线的结果，确认除使用总线宏进行模块间的通信外，是否还存在其他跨越边界的布线。

5.3.8　基于差异的部分重构

该方法主要是通过比较需要替换的模块的布局布线结果与原有模块配置信息之间的差异，生成两者之间的差异配置信息，替换时只将该差异配置信息下载到芯片上，更新两个模块电路之间的差异部分。一般来说，两个模块之间的差异比较小，因而描述差异的信息比较少，重构时间比较短。例如，RRANN2 系统应用基于差异的部分重构思想实现了后向传播算法，它通过增加静态模块，将其配置负载减少了 53.4%。基于差异的部分重构需要扫描整个芯片，替换的是需要配置的模块与当前芯片上模块的差异信息，要暂停任务的执行，保证正确完成差异部分的重构。

实现基于差异的部分重构主要有两种方法：修改前端设计（HDL 或原理图）或后端设计（.ncd 文件）。修改前端设计的方法必须重新综合和生成新的布局布线.ncd 文件。修改后端设计.ncd 文件的方法，使用 FPGA_Editor 可以对设计的局部进行修改，然后使用 BitGen 以及相应的开关参数生成可对芯片的一小部分进行重构的配置信息。如以下命令行所示，-r 开关表示生成输入的布局布线文件 test2.ncd 和原来的位流文件 test1.bit 的差异位流文件 test1to2.bit，开关参数-g ActiveReconfig:Yes 表示新的部分位流下载后芯片仍然能够正常工作，不指定或设置为 No 就不能实现动态部分重构。通过 SelectMap 方式实现部分重构需要指定-g persist:Yes 参数，这个参数使得 SelectMap 引脚在配置完成后得以维持，从而使之能用于对芯片进行重构。

对于支持部分重构的单上下文 FPGA，使用差异位流重构其功能时，必须停止芯片的运行，待重构完成后再重新启动。而对于多上下文 FPGA 来说，某个上下文中的功能使用差异位流配置后，通过上下文的切换可以快速改变所运行的电路功能。

5.3.9　实验结果及分析

一般来说，两种方法都可以完成任意规模的任务。但对于不同的任务或任务的不同划分，两者所需的硬件资源和执行效率会有很大的不同，要根据具体应用的特点来选择。如果任务所需要的模块很多，而且模块之间的共性比较少，采用基于差异的方法会产生很多差异文件，而且每次重构需要更新的电路也较多，重构时间较长，这时一般采用基于模块的动态部分可重配置方法。表 5.5 给出了 TQ144 FPGA 上的两种方法所产生的部分位流，位流大小和重构时间明显减少，有效地提高了系统的性能。

表 5.5　位流大小和重构时间

重构方式 比较项目	全局配置	基于模块	基于差异
递增位流	96 KB	28.1 KB	29 KB
递减位流	96 KB	29.4 KB	27.5 KB
递增重构	5 s	2 s	2 s
递减重构	5 s	2 s	2 s

部分重构既减小了配置信息量，又可以实现逻辑重构和计算的并发进行，有效地降低和隐藏了重构开销。基于部分重构技术构建的可重构系统可以实现硬件逻辑资源的分时复用，用相对小规模的硬件可以实现大规模系统功能，空间分布的硬件资源的外部特征不变，而内部逻辑功能在时间上交替切换，共同在时间和空间上构成系统的整体逻辑功能。

实验采用的硬件平台为 Memec 公司的 V2MB1000 开发板，板载的 FPGA 型号为 XC2V1000-4FG456C，速度等级为-4ns，可供用户定义、使用的 I/O 引脚丰富，能够满足大多数应用的需要。本章使用 ISE6.3i 在开发板上设计并实现了 CRC16-ITU/IP 校验的动态部分重构原型系统，该系统将 FPGA 分为一个静态区域和一个动态区域。静态模块的功能是将初始数据写入数据缓冲区，通过向端口写入命令字的方式实现与动态模块的交互。动态模块则根据静态模块送入的命令字，完成对缓冲区中数据的 CRC/IP 校验，并向静态模块反馈当前状态。根据两个模块之间的数据交互需求，使用自动生成方法产生相应宽度的总线宏。为了便于观察在动态模块重构时不影响静态模块的工作，静态模块同时驱动发光二极管进行显示。在系统运行时，根据需要可将动态模块配置为 IP 分组首部或者 CRC16-ITU 校验逻辑，而不影响其余区域的正常运行。

1）系统占用资源分析

系统占用 FPGA 芯片的资源情况如表 5.6 所示，其中硬件宏（hard macros）是指系统使用的总线宏，共使用了两个 BRAM，其中一个作为 PicoBlaze 的指令 ROM 使用，另一个作为数据缓冲区使用。系统输入的时序控制有三位，即时钟源和两个复位信号，输出是两个七段显示器的驱动，共 14 位，因此占用了 14+3=17 个 Bonded IOB，其余的资源由映射和布局布线工具分配。

表 5.6　系统占用资源情况

资源	静态模块	CRC16-ITU	IP
只包含相关逻辑的片（slice）	297	499	529
用作 FFs 的片寄存器	84	133	157
用作 latches 的片寄存器	64	80	80
用作逻辑的 LUTs	310	563	599
用作 route-thru 的 LUTs	3	7	40
用作双端口 RAM 的 LUTs	32	32	32
用作 32×1 RAM 的 LUTs	32	20	20
绑定的 IOBs	17	17	17
TBufs	144	144	144
Block RAMs	2	2	2
硬件宏	18	18	18
取等值	141027	143173	144181

2）位流尺寸和重构时间

XC2V1000 FPGA 的配置帧数为 1104，每帧的长度为 3392 位，使用 JTAG 方式编程整个芯片的时间为 113.48ms，其中端口速度为 33MHz。在 Windows 2000 操作系统下，表 5.7 是在 ISE6.3i 中生成的整体位流和部分位流文件的大小，并给出了每种位流的重构时间的近似值。由此可知，动态模块对应的部分位流远小于整体位流的大小，重构时间显著缩短，大大降低了重构开销，有效地提高了系统性能。

表 5.7　位流大小及重构时间

位流	大小/KB	重构时间/ms
CRC-16 校验的整体位流	499	113.48
IP 分组首部校验的整体位流	499	113.48
CRC-16 校验位流	66	2.05
IP 分组首部校验位流	70	2.17

根据配置方式不同，片内 BRAM 的访存频率为 250～278MHz。根据时序分析器可知，总线宏的传输时延为 7.887ns，动态模块数据通路的最大时延为 7.987ns。PicoBlaze 每两个时钟周期执行一条指令，依据具体芯片类型和输入时钟频率，其速度峰值为 40～70MIPS，根据上述参数可将系统工作频率设定为 12.5MHz。根据表 5.6 的数据结果可知，当动态区域被部分位流刷新时，PicoBlaze 大约可以执行 25000 条指令，而动态模块可以在同样时间内完成 200Mbit 的校验。以 PicoBlaze 8 位数据宽度的处理能力处理 200Mbit 需要 $2.5×10^7$ 次"取数"指令，占用 PicoBlaze 大量的运行时间。该体系结构中 PicoBlaze 和动态模块有较好的并行性，并且在至多相当于 14.4181 万逻辑门的芯片上实现了具有动态部分重构特性的校验系统。

当芯片型号确定之后，其配置端口的数据传输速度以及为系统进行重构所必需的附加开销就确定了，由于重构区域是不能运行的，所以重构时间越短越好，重构时间越长，系统的资源利用率就越低。基于模块的动态部分重构将各模块的公共部分和全局控制部分设计为静态模块，在重构过程中将系统运行状态和中间结果等存入该静态电路中，既节省了向外传送这些数据所需要的时间，也减少了相应的路由选择和控制等外围电路所需要的硬件资源。由于部分位流尺寸与整体位流相比都很小，所以所需要的位流存储空间也大大减少。如在 DISC 系统中，部分重构信息量减为原来的 1/60～1/3，重构时间也大幅缩短；RRANN2 系统的重构时间比 RRANN 缩短了大约 25%，但其性能却提高了近一半。因此，部分重构是降低重构信息量和重构时间的有效方法，有效地提高了芯片的资源利用率和系统性能。

5.4　FPGA 动态模块重定位

利用基于模块的动态部分重构技术，不必在开始将所有模块都配置到芯片上，而只配置当前应用执行所需的模块，在运行时根据需求动态地进行模块替换。因此，只需将任意规模的应用划分为适当的模块就可以在芯片上完成，突破了芯片容量的限制。但芯片容量的有限性使得模块的位置会产生冲突，为了不对系统性能产生较大的性能降低，必须对其进行相应的重定位。

5.4.1　快速重构方法

随着硬件技术水平的不断进步，芯片内部的存储资源越来越丰富，为部分位流提供了越来越大的存储空间。将模块对应的部分位流存储在芯片内部，消除了位流的下载时间，能够降低系统的重构开销，提高系统的性能。但是，目前将所有位流文件存储在芯片内部是不现实的，因此研究人员提出了几种快速重构方法。使用配置信息压缩技术可以减小位流文件大小，从而有效地缩短下载时间。例如，使用 Bitgen 时可以设置开关-g compress 以产生压缩位流，在 XC6200 FPGA 这种包括通配符硬件的芯片中，使用相同的配置信息可以同时配置多个不同的逻辑位置。

由于配置信息往往都是存储在宿主机的硬盘或内存中，配置信息的读取、下载延迟比较大，配置信息缓存技术可以有效地隐藏系统的重构开销。通过将配置信息存储在芯片内部或者距离较近的内存中，采用高带宽通信方式可以缩短配置信息的读取时间。与现代微机中的缓存机制一样，虽然级别越高速度越快，但其代价也就越大。

配置信息预取技术可以实现位流下载和动态模块执行过程的交叠，避免了宿主机停止运行等待重构过程的进行，能够隐藏配置信息的下载时间。正如软件实现具有分支、跳转等语句一样，使用预取方法不能总是成功地隐藏重构开销，因此要最小化预取出错的情况，提高系统的预取成功率。在部分重构系统中，逻辑资源的重构可以使用芯片上已有的配置信息，只需将增加的部分配置信息读入即可，从而进一步减少系统的重构开销。

与基于差异的动态部分重构类似，对于功能非常接近的动态模块，模块之间的差异很小，可以采用从配置 RAM 中回读相应的配置帧、修改并写回修改过的配置帧的方式进行重构，而不是采用整个模块的部分位流。通过式（5.1）可以直接寻址目标配置帧，利用片内或片外的重构控制器可以简单地修改相应配置帧的信息，这种直接访问配置信息的方法使得重构操作更加灵活，简化了重构的复杂度，减小了其开销。

5.4.2　重构方式描述

将芯片内配置 RAM 的数据和地址总线绑定到芯片引脚上，由于 RAM 的随机访问特性，可以实现对 SRAM 型 FPGA 中任意区域的部分重构。因为用户经常会重构某个特殊的逻辑资源（如 LUT、多路复用器等），掩模寄存器可以屏蔽向内存传输的字中的某些位，从而可以只重构 RAM 中配置字的几位。Virtex II 虽然支持动态部分重构，但与 XC6200 相比，它不能被任意大小的位流对它进行配置。如 XAPP290 中设定的一些重构约束一样，对这类芯片已经提出了一些不同的方法来使得设计者不会产生无效的位流，以免产生内部的信号冲突而导致芯片被烧。部分重构的关键在于确定重构哪些帧及其新的配置信息，而且在对某个区域重构之前，需要将该区域的时钟停掉，然后重构这个区域的逻辑，最后打开这个区域的时钟。

当供电或者芯片重新启动时，动态部分重构依赖一个外部重构控制端口来启动芯片并进行初始化配置。使用 Virtex II 系列芯片提供的 ICAP 端口可以实现芯片内部的用户设计访问配置 RAM 中的所有信息，能够实现配置信息的回读和芯片的自重构。它使得芯片上的静态模块可以控制本芯片上动态区域的逻辑重构，当然在重构期间必须保证静态模块的完整性，这种方式扩展了动态部分重构的概念，是动态部分重构的一种特殊形式。利用芯片内部的块 RAM 作为回读位流的缓冲区，在一定程度上减轻了芯片有限的 I/O 带宽导致的高重构开销，减小了芯片的重构时间开销。

在应用动态重构系统时，首先要采用基于模块的设计原则预先综合生成一个部分位流库，在应用的执行过程中根据需要动态地重构芯片，提供面向具体应用的算法实现。根据应用执行时的重构位流流图，可事先从部分位流库中预取部分位流到芯片内部，并利用 ICAP 端口对芯片的部分区域进行重构，而不使用 JTAG 或 SelectMAP 等外部配置端口，有效地缩短了系统的重构时间。但是，由于芯片上的逻辑和 RAM 资源是有限的，对于最初生成的各个部分位流，并不是每个位流都能在芯片上占有一个独一无二的位置。根据应用需求的不同，各部分位流在运行时的调入时间和驻留时间都是无法预知的，导致新调入模块的位置可能已经被别的模块占据了全部或者部分逻辑。一种方法是等待占据其逻辑资源的模块运行完成后进行重构并完成计算，但这会导致系统的重构开销过大而降低系统的性能。第二种方法是使用基于模块的方法在空闲逻辑上重新生成一个部分位流，不但会严重降低系统的性能，而且是不现实的。因此，将新来的动态模块重定位到运行时分配的空闲逻辑资源上是非常有必要的，基于模块重定位的重构方式如图 5.6 所示，动态模块重定位是可重构计算实用化的重要因素。

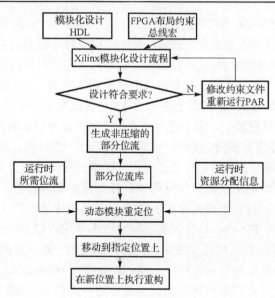

图 5.6　基于模块重定位的重构方式

5.4.3　动态模块重定位

　　JBits 软件是用 Java 语言编写的类函数包，它提供了访问位流的应用程序接口，主要面向 Xilinx 公司的 XC4000 和 Virtex 系列的芯片。JBits 既可以对由 Xilinx 设计工具产生的位流进行操作，也可以对从实际器件中回读的位流进行操作，这就提供了对芯片进行设计以及动态重构的能力。它既可以直接访问芯片中的配置逻辑块内的查找表并对其进行配置，也可以实现对配置逻辑块之间布线资源的控制。它可用于创建完整的逻辑以及修改现存的逻辑，Java 语言中面向对象的支持允许实现一个可参数化的、面向对象的宏电路库，它还可用作创建其他工具的基础。

　　JBitsDiff、PARBIT 和 JPG 都是在 JBits 基础上建立的。JBitsDiff 不用于产生部分位流，而是从位流中抽取信息产生预先布局布线的 JBits 核，也就是产生操作位流的 Java 方法调用序列。PARBIT 是为 Virtex-E 芯片产生部分位流的 C 程序，它从原始位流中读取配置帧，并根据用户定义的区域将相关的配置信息抽取到部分位流中，然后根据部分重构的区域产生配置地址寄存器的新值，从而产生部分位流文件。此外，它还能根据用户选择的新位置来计算新的帧地址值。PARBIT 使用独立的选项文件指定要产生的部分位流的信息，而 JPG 依赖于从 Xilinx CAD 工具产生的设计和约束文件中抽取出来的信息，这是 PARBIT 和 JPG 的最大区别。

　　BITPOS 针对 Virtex II 系列芯片实现了部分位流在整体位流中的位置移动。Xilinx 从未正式发布的 XPART 是 Microblaze 或者 PowerPC 核的应用程序接口，提供了通过 ICAP 端口回读和修改给定的配置信息的方法。

应用同样的配置信息可将相同的逻辑资源配置为同样的功能,即对于相同的逻辑资源,配置信息与位置是相互独立的,FPGA 系统结构的对称性为动态模块的重定位奠定了基础。根据对重构过程和部分位流格式的分析可知,在进行逻辑资源的配置时,首先将相应的控制命令写入 CMD 中,然后将相应的配置信息写入 FDRI,则可实现对 FAR 指定的配置 RAM 的编程,实现所需的逻辑功能。通过改变位流中的 FAR 值可以将其写入不同位置的相同逻辑资源上,由于这时修改过的帧地址值会影响到 CRC 校验,所以需要重新计算 CRC 寄存器的值,或者简单地应用默认的 CRC 值。因此,在同等条件下,只改变 FAR 和 CRC 寄存器的值即可完成对不同区域的相同逻辑资源的重构。

根据应用的运行时需求从部分位流库中选择相应的部分位流,将其重定位到运行时分配的资源位置上,有利于提高系统的资源利用率和计算性能。根据逻辑资源的编号规则可知,CLB 和 BRAM 等资源是分别进行编号的,CLB 所在列的配置信息和 BRAM 所在列的配置信息在位流文件中也是分开放置的,对两者的配置是相互独立地进行的。本章实现的动态模块重定位(dynamic module relocation,DMRL)的工作原理如图 5.7 所示,通过修改未压缩的部分位流中的相关信息,能够将采用基于模块的设计原则生成的动态模块移动到用户指定的芯片位置上,目前只包含对 CLB 逻辑资源的配置信息,且只能实现模块在 1D 区域模型上水平方向的移动。由于对逻辑资源配置的基本单位是配置帧,可以统一对待芯片上各种资源的配置信息,还可以将 BRAM 和乘法器等资源的配置信息包括在内进行处理。而且对于 2D 区域模型,还需要进一步研究并扩展 DMRL 以实现模块的垂直移动。

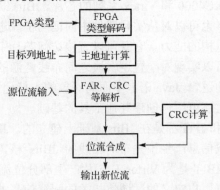

图 5.7　动态模块重定位工作原理

在支持动态部分重构的芯片上都可以使用该方法,以很小的代价即可改变动态模块在芯片上的重构位置,其执行模式如图 5.8 所示。配置帧是配置内存的最小操作单元,它配置的是物理资源中从芯片顶端延伸到底端的垂直 Slice,而不是直接映射到芯片的某个逻辑单元上。但是,即使是同一系列的不同规模的芯片,尤其所含有的 CLB 阵列及配置帧长都不等,因此应用在不同的目标芯片上时需要进行相应的修正。而且,由于现有技术水平的限制,目前的部分重构都是基于芯片的整个高度进行的,即配置信息占用芯片的整个高度，因此不能实现功能模块在芯片垂直方向上的移动。另外，由于系统结构和逻辑资源等不同，也不能实现在不同类型的芯片之间的位置移动。

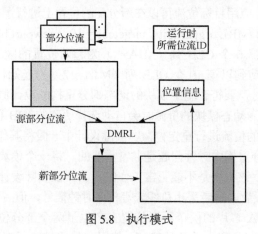

图 5.8　执行模式

1. 位置信息描述

在进行动态模块重定位时，首先要根据给出的位置信息计算出配置帧的主地址。在 Virtex II 系列芯片上使用基于模块的动态部分重构方法进行设计时，动态模块所占用的区域是用 Slice 的坐标（SLICE_X_iY_i: SLICE_X_jY_j）标识的，每个 CLB 包含 2×2 排列的 4 个 Slice。XC2V1000 FPGA 有 32 个 CLB 列，除了使用 FPGA_Editor 打开设计查对以外，还可以用式（5.2）计算配置帧的主地址 MJA，其中 X_i 为 CLB 中 Slice 的横坐标，CLB_col 为 CLB 列号

$$MJA = CLB\_col + 2 = \begin{cases} \dfrac{X_i}{2} + 3, & X_i \text{为偶数} \\ \dfrac{X_i - 1}{2} + 3, & X_i \text{为奇数} \end{cases} \tag{5.2}$$

使用基于模块的动态部分重构方法在 Spartan II 系列 FPGA 上进行设计时，动态模块所占用的区域是采用 CLB 坐标实现的。而且，Spartan II 系列 FPGA 的配置控制结构比 Virtex II 系列简单得多，对于 XC2S100 FPGA，芯片上 CLB 的总列数（chip_cols）为 30，根据式（5.3）即可根据 CLB 列号（CLB_col）计算出配置帧的主地址 MJA

$$MJA = \begin{cases} chip\_cols - CLB\_col \times 2 + 2, & CLB\_col \leqslant chip\_cols / 2 \\ CLB\_col \times 2 - chip\_cols - 1, & CLB\_col > chip\_cols / 2 \end{cases} \tag{5.3}$$

2. 输入/输出文件

DMRL 的输入为根据应用的运行时需求从部分位流库中选择的相应未压缩部分位流 orgpart.bit 和动态运行时分配的空闲区域位置 targetcol，然后根据对芯片类型解码的信息，

使用 targetcol 计算目标位流的主地址并产生新的位流文件 newpart.bit，位流文件头中包含芯片的设备编号。目标位流与原位流的大小相同，所占的资源面积与原位流相等，只是在位置上进行了移动，应用目标位流可以在新分配的位置上进行逻辑资源的重构。

例如，有命令行 DMRL orgpart.bit　targetcol = 10　newpart.bit，在 XC2V1000 上，它将原位流移动到以第 6 个 CLB 列（MJA=8）为起始位置的区域上；而在 XC2S100 上，则是将原位流移动到以第 10 个 CLB 列（MJA=12）为起始位置的区域上。

在分配空闲资源时，要符合基于模块的动态部分重构的设计原则。由于在选择最左边和最右边 CLB 列作为动态模块的资源时会自动选择两侧的 IOB 和 IOI 列，DMRL 中不对含有两侧的 CLB 列的位流进行重定位，在实际设计中一般将其作为静态模块的逻辑资源使用。另外，在部分重构中时钟问题是非常重要的，将一个模块移动到芯片上没有时钟的空闲逻辑区域时，该模块是不能正常工作的，因此在实际设计中需要在所有的动态区域上事先进行时钟设置，或者采用总线宏等传递时钟信号，但后者会引入一些延时。

在 XC2S100 FPGA 芯片的两个不同位置上产生了两个部分位流，两个区域的宽度都是 2 个 CLB 列，高度是整个芯片的高度，使用文件比较工具对两个部分位流比较发现，除 CRC 值不同以外，同样位置上的帧地址值相差相同的距离，说明使用 DMRL 进行帧地址值的修改可以改变模块的位置。而在 XC2V1000 FPGA 芯片上，在包含 2 个 CLB 列的区域上产生一个部分位流，然后另外选择一个含有 2 个 CLB 列的区域，将原位流中的帧地址进行相同的偏移，并采用总线宏传递时钟信号，仍然能够实现原来的功能，即验证了 DMRL 的可行性。但是，在实验过程中发现，由于布局布线工具对部分重构的支持不够完善，使得在某些区域上不能正确地产生部分位流。

5.5　本　章　小　结

动态重构系统利用了微处理器和可重构硬件的优势，尽可能降低逻辑资源的重构控制和时间开销，从而提高了系统的性能。系统所涉及的关键问题有：需要支持动态部分重构的可重构硬件，粗粒度可重构硬件能够有效地降低系统的重构开销；由于系统集成在一个芯片内，所以需要支持部分位流的产生和下载，并且能够在芯片内部实现部分逻辑资源的重构；需要高效的通信网络，尤其是 2D 区域模型下，如何实现模块间的高效通信是整个系统的重要问题；需要有效的动态重构控制机制，不管是 1D 还是 2D 区域模型，都支持运行时可重构逻辑资源的分配、重构和电路执行，如何合理高效地利用可重构资源是提高性能的必要手段；应用问题到片上系统的映射，如何使微处理器和可重构逻辑发挥各自的优势协同工作，提高应用的执行效率，是系统实用化的关键所在。部分重构是一种降低重构开销的现实有效方法，本章对其进行了实验及分析，并给出了动态模块重定位的方法。应用及其执行过程都不是预知的，借助重定位技术可以快速地根据应用执行的需求修改动态模块在芯片上的位置，从而减小系统的重构开销，提高系统的运行效率，为可重构计算的实用化提供有力支持。

第 6 章　基于 VirtexII 的可重构资源管理系统

6.1　可重构资源管理

　　动态重构系统在运行时的部分重构行为会导致芯片的配置信息重组，也就是发生动态模块的替换。当新的动态模块进入系统时，需要为之分配逻辑资源，并根据芯片的体系结构为之确定布局位置。由于各类资源在芯片上的分布、体系结构等属性差别较大，并且有的资源影响到模块在芯片上的布局，所以高效的逻辑资源管理对系统的重构开销降低和性能提升有重要影响。在系统的运行过程中，对应动态模块实现的逻辑网表可被映射到 FPGA 的不同芯片区域，这使得对逻辑资源的使用像内存一样方便。网表之于逻辑资源就类似于程序之于内存，不同的是所有内存单元都有统一的硬件电路结构，而逻辑资源则具有不同的结构、电气特性和物理位置等。与冯氏体系中的内存管理不同，可重构资源管理主要是对 FPGA 中逻辑资源的管理。

6.1.1　可重构资源及分类

　　FPGA 作为动态重构系统的主流硬件平台在系统中发挥着越来越重要的作用，它主要向用户提供了六种可重构资源：IOB、CLB、布线资源、BRAM、底层嵌入功能单元和嵌入式专用核。其中，IOB、CLB、BRAM 是用户设计动态模块时最常用的基本逻辑资源。下面以 Xilinx FPGA 为例说明。

1. IOB

　　IOB 是 FPGA 芯片与外围电路的接口部分，完成不同电气特性下对 I/O 信号的驱动与匹配。为了使 FPGA 有更加灵活的应用，目前大多数 IOB 被设计为可编程模式，即通过灵活的配置使得 IOB 匹配不同的电气标准和物理特性。

　　可编程 IO 单元支持的电气标准因工艺而异，不同器件供应商或器件族的 FPGA 支持的 IO 标准也不同，常见的电气标准有 PCI、LVTTL、LVCOMS、SSTL、HSTL、LVDS 和 LVPECL 等。值得一提的是，随着 VLSI 技术的发展，目前可编程 IOB 支持的频率越来越高，一些高端 FPGA 通过 DDR 寄存器存取技术，可以支持高达 2GHz 的频率。

2. CLB

　　CLB 是基于 SRAM 型 FPGA 的可编程逻辑的主体，可以根据设计灵活地改变其内部连接与配置，实现不同的逻辑功能。CLB 通常是由四输入的 LUT 和寄存器组成的，如图 6.1 所示为 Virtex-II CLB 的结构，比较经典的配置为一个寄存器加一个 LUT。但是不同厂商的寄存器和 LUT 的内部结构有一定的差异，而且两者的组合模式也有所不同。例如，Xilinx 公司的可编程逻辑单元由上下两部分构成，每部分都由一个寄存器加一个 LUT 组成，被称为逻辑单元，两个逻辑单元之间有一些共用逻辑，可以完成逻辑单元之间的配合工作与级连。FPGA 内部的寄存器结构相当灵活，可以配置为带同步/异步复位或置位、时钟使能的触发器，也可以配置成为锁存器，同步时序逻辑设计一般都依赖于寄存器来完成。

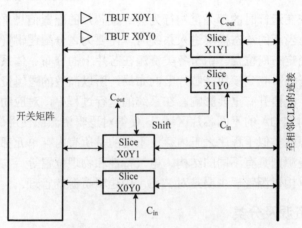

图 6.1　Virtex-II 的 CLB 结构

3. BRAM

目前大多数 FPGA 都有内嵌的 BRAM，FPGA 内部嵌入可编程 RAM 模块，拓展了 FPGA 的应用范围并增强了使用的灵活性。FPGA 内嵌的 BRAM 一般可以灵活配置为单口 RAM、双口 RAM、伪双口 RAM、CAM 和 FIFO 等常用存储结构。FPGA 中并没有专用的 ROM 硬件资源，实现 ROM 的方法是对 RAM 赋予初值，并保持该初值。除了 BRAM 以外，还可以灵活地将 LUT 配置成 RAM、ROM、FIFO 等存储结构，这种技术被称为分布式 RAM，它比较适用于多块小容量 RAM 的设计。

4. 布线资源

FPGA 内部有着非常丰富的布线资源用于连通芯片内部的所有单元，这些布线资源根据工艺、长度、宽度和分布位置的不同而划分为不同的等级，具有不同的信号驱动能力和数据传输速度。全局性的专用布线资源用以完成器件层与层之间的高速信号和第二全局时钟信号的布线，短线资源用以完成基本逻辑单元之间的逻辑互连和布线，另外，在基本逻辑单元内部还有着各式各样的布线资源和专用时钟、复位等控制信号线。

　　设计者通常不需要直接选择布线资源,实现过程一般是由布局布线器根据输入的逻辑网表的拓扑结构和约束条件等自动选择可用的布线资源连通所用的底层单元模块。布线资源的使用和设计的实现结果有直接关系,时序约束属性就是通过调整布线资源以使设计的布局布线结果达到所需的时序性能。

　　当有新的模块调入系统时,需要根据系统当前的运行状态为之分配资源。由于模块对资源的类型和数量需求并不统一,通常由各类资源数量和约束文件来描述模块占用的资源,其中约束文件用于规定特殊的布局信息,例如,需要 BRAM 的模块需要布局到具有 BRAM 资源的位置上。因此,分类管理资源有利于形式化描述其资源需求量,从而有利于资源分配算法的设计和执行,有利于提高系统的资源利用率。

　　用户设计功能模块时,一般采用 HDL 或原理图描述,这种方式称为前端设计。在这个过程中,用户仅仅描述模块内部各个功能单元的互连信息,和实际芯片的布线结构没有实际的对应关系,经过后端设计后才生成实际的布线信息,并包含在模块对应位流文件中。因此,前端设计过程结束后,并不能确定模块使用的布线信息,所以布线信息通常不包含在逻辑资源的分类建模中。

　　CLB、IOB 和 BRAM 等资源的使用量可以在用户前端设计综合阶段通过专用的综合工具生成,而它们又是描述用户模块功能的最主要体现,因此系统资源管理模型中的元素通常都包含 CLB、IOB 和 BRAM。所有 CLB 都具有相同的属性,包含 Slice、TBUF 资源,而每个 Slice 内部又含有 LUT、MUX、触发器等,用户模块一般不对 CLB 的位置作约束,只对使用 CLB 的数量作约束。FPGA 芯片的 IOB 比较复杂,几乎每个 IOB 都是独特的,与 IOB 最相关的属性是电气特性、IO 方向、位置,用户在前端设计中通常通过约束文件的形式约定使用哪个 IOB。BRAM 是含有固定容量的存储器,其位宽、地址深度通常是可以配置的,而用户模块通常在设计过程中对这些条件作了约束,但是这些约束被包含在诸如位流等配置信息中。因此,每块 BRAM 的容量及所用的数量是最主要的属性。

6.1.2　段页式资源管理

　　FPGA 的配置依赖于配置 RAM 的体系结构,一个配置列的逻辑功能由若干连续的配置帧中的数据指定。它的高度填满整个芯片阵列高度,宽度以 4 个 Slice 列为基本单位,相对于最左侧的 Slice 列编号的偏移也是 4 的倍数,因此 1D 布局更加符合 Xilinx FPGA 的体系结构特征。

1. 段页式结构

　　随着可重构系统的发展,所支持的粗粒度、大规模的应用越来越多,即在模块进入系统时,为之分配资源的粒度也相应越来越大。为了有效地管理资源,必须加大资源分配粒度,借鉴微机中对内存资源的管理方式,提出了可重构资源的段页式管理方式。一个配置页由若干连续的配置列组成,FPGA 芯片在逻辑层面被划分为若干连续等尺寸的配置页，配置页的尺寸要符合芯片部分重构的约束规则。一个配置段由相应不等数量的配置页组成，用于容纳相应尺寸的模块，减少段内的逻辑资源碎片。由于FPGA 中逻辑资源的分布不同，所以各个配置页内含有的各类逻辑资源及其数量也不尽相同。图 6.2 描述了配置页的一种划分方式，图中没有显示 IOB、BRAM 等资源，因为这些资源包含在配置页中，且布局依赖于不同的芯片体系结构。

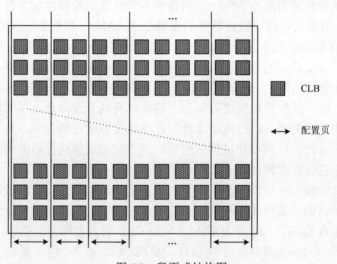

图 6.2　段页式结构图

配置页尺寸通常需要根据系统承载的应用特点来确定，如果应用的粒度比较大，一般页面也会被设计为一个较大的合理值，反之亦然。正如内存的管理一样，一个模块通常也不会恰好占用一个配置页内的所有资源，映射到芯片上的模块使用的区域有一部分是被浪费掉的，因此配置页尺寸的设置是非常重要的。假设每个配置页含有 p 个 Slice 列，每个配置页页项需要 e 个 Slice 存储，模块平均占用 s 列 Slice，因此每个模块平均需要 s/p 个配置页，占用约 se/p 个 Slice 的页表空间。一个模块占用的配置页中被浪费掉的 Slice 列的数学期望是 $p/2$，则开销为

$$开销 = se/p + p/2 + C, \quad C\ 是固定开销 \tag{6.1}$$

在页面比较小时，式（6.1）的第一项比较大，第二项比较小；当页面比较大时，第二项比较大，第一项比较小。因此对上式中的 p 求导并令其为 0，可知当 $p = \sqrt{2se}$ 时页面使用率最优。

2. 通信

在可重构系统的 1D 区域模型中，通信网络通常采用总线方式实现，虽然总线结构比较简单，但是总线通信容易造成系统瓶颈，降低系统的性能。由于配置页的重构规模和粒度都比较大，在基于配置页的段页式管理中采用了信箱通信，为每个配置页

提供一个较大的数据缓冲区和通信原语。当配置页上的模块需要与其他模块通信时，首先向本地缓冲区写入待发送的数据，然后向控制模块发送消息原语字。控制模块根据原语内容将消息源数据复制到目的配置页对应的缓冲区中，然后激活目的页上模块的消息响应。当需要实现广播功能时，控制模块就把源消息复制到每个配置页对应的缓冲区中，然后依次激活每个接收模块的消息响应。图 6.3 阐述了基于信箱通信方式的实现流程，表 6.1 阐述了配置页方式下的通信原语操作及其含义。每个配置页对应的缓冲区内的消息的存放位置的查找对控制模块是不透明的，其余的缓冲区空间可以由该配置页上的模块自行定义使用。

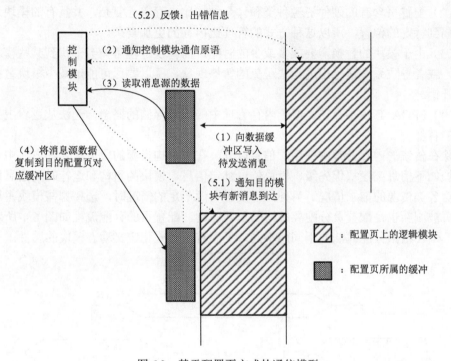

图 6.3　基于配置页方式的通信模型

表 6.1　通信原语及其含义

符号	功能描述
mailto	将缓冲区指定范围内的数据发送给指定模块对应的配置页
broadcast	将缓冲区指定范围内的数据发送给片上当前所有的模块
download	从其他存储空间将数据下载到与本配置页相关的缓冲区
upload	把缓冲区指定范围内的数据传送到外围存储空间

6.1.3　管理模型

在系统运行过程中，动态模块像动态链接库中的函数一样不断地进入和退出芯片，像内存使用一样，芯片的使用也是动态的。当新模块进入系统时为之分配必需的资源，在运行过程中也会出现不连续的空间，会发生芯片上资源不足的情况。因此，必须合理地分配、回收和重组资源，以获得较高的资源利用率，保证系统运行的性能。

为模块分配配置页类似于为动态链接库中的函数分配内存空间，首先要了解当前的资源使用状态，但配置页分配和内存页分配有许多不同点。

（1）与内存分配方式不同，由于模块会动态地被调入/换出芯片，致使芯片上形成若干不连续的空闲区域，配置页的分配就是从这些区域中找到足够多的连续配置页分配给即将被调入芯片的模块。

（2）配置页含有的硬件资源种类和体系结构比内存单元复杂，并且有的模块还需要布局到特定的位置，所以这种方式的管理比内存的更加复杂。

（3）由于模块的替换需要或多或少的时间，而替换过程可能会干扰到某些模块的运行，或者导致系统运行出现无法避免的暂停现象，所以要尽可能地减少模块替换带来的开销。

（4）FPGA 芯片不存在类似于内存管理中的虚拟存储的概念，无法从逻辑上扩展芯片的容量。

除在传统的内存管理中使用的信息以外，在可重构资源的段页式管理方法中还需要增加如下信息：模块优先级、模块位置绑定信息、模块的重构和运行时间信息以及模块对各类资源的需求情况。另外，当发生资源不足的情况时，选择哪些模块占用的配置页被刷新也是配置页分配要解决的重要问题。配置页的分配流程如图 6.4 所示，其中 I 和 II 根据分配算法的不同而不同，下面首先形式化定义动态模块的属性。

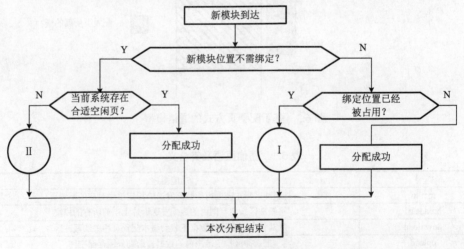

图 6.4　配置页的分配流程

1）模块布局位置绑定的确定

一般来讲，如果模块需要布局到特殊的位置上，则需要对它的布局位置进行绑定，如某模块需要特定位置的 IO 引脚则必须绑定。另外，在用户约束文件中特殊声明的情况，也需要对模块的布局进行特殊的绑定。确定一个模块是否需要被绑定，一是根据用户约束，二是根据它对 IOB 等特殊资源的要求。

2）绑定位置已经被占用

如果一个模块的布局位置需要被绑定，且该位置已经被其他模块占用，则进入图 6.4 的分支 I，此时需要根据具体情况进行处理。如果采用抢先式且原有模块的优先级低于待入模块，则原来位置上的模块将被停止运行，将新模块布局到该位置。否则这次分配失败，该模块等待资源释放重新调入或者它对应的软件实现程序被调度到微处理器上执行。

3）无合适的空闲配置页

假设系统当前有 K 个不连续的空闲区域，每个空闲区域由物理位置上连续的若干配置页组成，若每个空闲区域都不能提供新模块所需的资源，则进入流程图 6.4 所示的分支 II。在目前的硬件技术水平下，FPGA 的重构时间能够达到毫秒级别，对于通常以 MHz 或者 GHz 运行的微处理器，一般能够完成 $10^3 \sim 10^6$ 量级的指令数，通过替换操作为新模块提供足够的资源空间是一个比较耗时的过程。因此，大多数系统在遇到这种情况时，就把算法对应的软件事件调度到微处理器上执行。

但是，当硬件实现电路能够在片上长时间运行且比软件实现具有较高的加速比时，采用替换的方式腾出新模块的资源空间也是可行的。一种方法是重定位某些模块将不连续的空闲区域组合为更大的区域，对于现有体系的 FPGA 上的模块重定位操作，首先要停止模块的运行，保存模块的运行状态，然后修改其位流中的帧地址，最后重新回写配置 RAM。这个过程相当于对该模块进行了一次重构，因此为了尽量减少这一过程的时间开销，需要选择重构时间比较短的那些模块进行重定位。另一种方法是直接替换出某些模块释放资源，与模块的重定位相比开销更小，但这种方式可能会导致某些模块运行的不连续性，而且需要保存模块的运行状态。资源的释放原则如下。

（1）通过替换/移位的确能够为新模块的进入提供必要的硬件资源。

（2）刚刚替换出去的模块在未来足够长的时间范围内不会再次进入芯片。

（3）如果前两个条件都满足，则选择重构时延较小的模块替换/位移。

配置页的回收操作是分配的逆过程，与分配算法有直接关系，首先要获得模块什么时候不需要继续使用芯片资源的条件。

（1）该模块已经完成规定的操作，并在今后较长时间范围内不再被激活运行且系统需要资源时。

（2）该模块被替换出去时。

（3）该模块发生不可预知的错误时。

（4）系统发生资源缺乏时的强制回收。

配置页的回收操作一般是对资源描述结构（如分配页表、位图）等进行修改操作，通常能够在常数时间复杂度上实现。

6.2　原型系统设计

该系统提供简单的配置页管理功能，模块到芯片区域的布局方法由用户自行决定。由于控制部分也占用部分芯片资源，降低其复杂程度可以减小占用的芯片面积，可为动态模块提供更多的芯片资源。

系统将 FPGA 芯片划分为若干连续的配置页，其高度占满整个芯片的所有行，在系统启动时计算并初始化配置页的宽度。在原型系统中，位流库存放在外围存储器中，由软件实现的位流管理器来管理这些位流文件，并在系统需要时读取位流库中的相关信息，使用相应的配置端口完成相应的配置操作。

初始情况下的模块资源属性信息表、系统分页表和模块属性表等统一在外围存储器中存储和管理。当需要将该系统映射到某芯片时，以软件方式形成针对该芯片体系的具体数据，并下载到芯片内部 RAM 的指定位置，然后引导系统进入运行状态。此外，软件进程负责监控来自片上通信接口送来的交互请求，如请求下载某模块的属性描述符，保存某模块的运行现场信息到磁盘等。

系统初始情况下，页表仅有静态的控制模块和 Dummy 模块占用的配置页的信息，这个状态的全局位流被下载到 FPGA 芯片上。当系统静态控制模块收到对某个/某些配置页的更新请求时，便启动相应的配置流程，运行过程中的重构流程如图 6.5 所示。

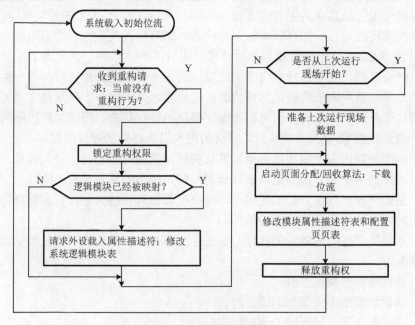

图 6.5　系统重构流程

如果请求的某个模块当前不在系统中，则启动外设将该模块的属性信息下载到资源管理模块；如果该模块中途被替换出配置页，则它的运行现场被保存；如果请求模块在系统中被重新调度，则根据需要决定是否从上次运行现场开始；如果从上次运行现场开始继续运行，则该逻辑模块被下载到配置页后，读入上次运行现场信息；否则逻辑模块从默认初始状态开始运行。

一个芯片的属性就是该芯片上承载的所有资源的属性描述集合。主流芯片上的可重构资源主要有 IOB、CLB、PI、BRAM、MULTI 等，它们在芯片上的数量、物理特性和编程模式差别较大。例如，不同位置上 IOB 的方向、电气特性差别较大；所有 CLB 都具有相同的特性；在使用自动布线时，PI 一般对设计人员透明；使用 BRAM 时需要详细了解其时序和配置方式。图 6.6 给出的芯片属性模型，CLB 行列数记录该芯片上 CLB 阵列的行列数目，接着是 CLB、IOB 和 BRAM 的属性描述符。由于 MULTI、PI 等资源较少用到，所以暂不支持其属性描述，保留字段为以后扩展该类资源的属性预留空间。

资源类型	编码
IOB	0××
CLB	100
BRAM	101
MULTI	110
PI	111

芯片型号
属性描述符结构长度
保留
CLB 行列数
CLB 属性描述符
IOB 属性描述符
BRAM 属性描述符

图 6.6　芯片资源属性模型

CLB 通常由几个 TBUF 和 Slice 组成，每个 Slice 又由若干 LUT、触发器、MUX 等资源组成，其属性模型如图 6.7 所示。

'100'	TBUF 个数	Slice 个数	LUT 个数	MUX 个数	触发器个数

图 6.7　CLB 属性模型

与 IOB 相关的三个属性为编号（含位置信息）、方向和电气特性。有些 IOB 既可以作为输入引脚，又可以作为输出引脚，且它们的电气特性可能有差别，因此输出和输入下的两条信息都要存储。如图 6.8 所示，高有效位表示该条记录是否为一条有效的 IOB 记录，低有效位表示是否和前一个 IOB 记录是同一位置的 IOB 信息。由于该方式下重构的基本单位是配置页，所以 IOB 的位置信息由 CLB 列号及列内偏移来决定。当 IOB 位于芯片左右两侧时，忽略这种偏移。

'0'	有效位	IOB 个数		
I/O	'1'-'0'	CLB 列号	CLB 列内偏移	电气特性
I/O	'0'-'0'	CLB 列号	CLB 列内偏移	电气特性
...				
I/O	'1'-'1'	CLB 列号	CLB 列内偏移	电气特性

图 6.8　IOB 属性描述模型

BRAM 大多为双端口可配置位宽的块状 RAM，一般可以被配置为 1、2、4、8、16 和 32 位宽的双端口存储器，用位图表示 BRAM 可以被配置为某种位宽的存储器使用。芯片对 BRAM 按列方式布局，只要指明每列 BRAM 数量和位于哪两列 CLB 之间即可定位任何 BRAM，其属性模型如图 6.9 所示。

101	单片容量	配置位宽位图
片上 BRAM 数量		每列 BRAM 数量
CLB_COL$_i$		CLB_COL$_{i+1}$
...		
CLB_COL$_k$		CLB_COL$_{k+1}$

图 6.9　BRAM 属性模型

一个模块所占用的资源可以用基本门电路数来表示，它是用户设计的与芯片体系结构无关的一种具有某种数据处理功能的逻辑网表，可以是硬件描述语言或者是原理图描述的一个设计，也可以是通过综合工具综合后的网表。当它被映射到某种体系结构的 FPGA 上时，它使用的资源可以用该体系结构支持的资源来描述。一个模块可能被映射到多种体系结构的芯片上实现，所以该模块的资源占用模型需要支持到多种芯片的映射，图 6.10 是该系统设计采用的一种数据结构。

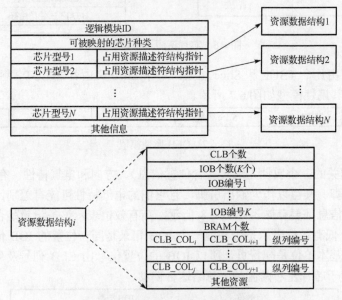

图 6.10　资源占用描述数据结构

通过模块占用资源的描述可以获取它使用的该芯片的配置页数量，针对特殊约束可以定位该模块占用的配置页在芯片上的位置。配置页表主要记录系统所有配置页的状态和被映射的模块 ID 等信息，同类状态的配置页用双向链表连接，以便于同类页的检索，如图 6.11 所示。页号从 1 开始编址，0 号页面被认为是无效页面。

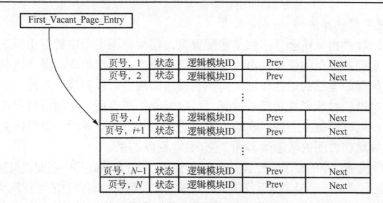

图 6.11　配置页页表数据结构

（1）状态字段指示该配置页的当前状态，一般为空闲、被锁定（正在被编程）、被占用（承载非 Dummy 功能）。

（2）模块 ID 字段指示该页上运行的模块的编号，模块 ID 为 0 表示是 Dummy 功能，其功能仅仅是悬空该配置页到控制模块的物理布线连接。

（3）Prev 和 Next 字段指示同类状态的配置页的链表连接，这样形成的静态链表方便空闲配置页的查找和分配。

在系统启动时，除了静态控制模块被映射到芯片外，其余配置页都被映射为 Dummy 功能。静态模块接收到对某个动态模块映射的请求后，自动检索配置页管理页表，分配某些配置页给该模块，并同时更新页表。如果出现资源不足或者其他异常情况，则向外围控制进程发送中断命令，页面的替换由外围中断处理程序来完成。当模块在 FPGA 芯片上运行时，需要根据其运行状态向控制模块提供如下信息：最大实例个数、中断个数和中断码、重构时间和占用资源量等信息。当某个模块请求中断时，通过总线向静态控制模块送入中断码索引，然后根据索引号请求中断。

1）配置页分配算法

配置页的使用与内存的使用方式不同，配置页的管理比内存管理更加复杂。在芯片内部实现管理算法需要的逻辑门电路数量比较多，导致芯片上过多的资源用于管理而不是用于模块的执行。将这些管理算法交给片外的软件实现可以为模块提供更多的逻辑资源，片内可只提供算法所必需的数据交互和存取。

当控制模块接收到重构指令后，请求下载待调入模块的属性描述符，结合配置页页表、芯片资源表和模块的资源占用表，得出该模块应该被映射到的区域。然后查询该区域是否被占用，如果没有则锁定这些配置页，向外围的控制进程发出消息，请求下载该模块对应的位流文件到芯片指定区域。当位流被下载完毕后，外围控制进程向它发送编程结束消息，然后控制模块根据该消息将被锁定的页修改为被占用状态，置相应的标志位，并向外围控制进程发送页表更新完毕消息，完成一次重构过程。如果该区域已经被占用，则只需向外围控制进程发送无可用资源消息。

2）配置页回收算法

这里的回收是指系统强行回收某些配置页，模块并不主动申请退出系统。控制模块首先向指定配置页上的模块发出"强行中止"命令，并启动定时器。这些模块收到该命令后，保存好自己的运行现场，向控制模块回应"可以回收"应答。

如果定时器超时或者控制模块收到"可以回收"应答后，控制资源管理器锁定这些回收页面，同时把每个所要回收的配置页更新为 Dummy 逻辑，最后控制模块通知资源管理器将这些页面的状态改写为"空闲"，回收结束。

根据总线控制命令的要求，配置页动态地连接、断开总线，其中在配置页接口中有足够大的缓冲区可容纳一个模块的运行现场，并根据命令自动地将模块的运行现场发送至静态控制模块。如果一个模块使用了多个配置页，则编号最小的配置页接口负责这个工作。

如图 6.12 所示，在原型系统中，配置页内的模块之间以总线方式互连通信。每个模块都有自己独立的逻辑地址空间，可以透明地访问静态区域中的存储器，在访问之前首先获得总线使用权，静态模块根据仲裁结果确定访存的起始地址，然后才能使用总线进行访存。例如，每个页内模块的地址空间都是 $0 \sim 2^{10}-1$，每个模块只知道自己有 2^{10} 的地址空间，系统共有 8 个配置页，则一共有 8×2^{10} 的存储单元可以为配置页内的模块使用。在获得使用权限的仲裁过程中，静态模块可以决定 8 个 2^{10} 地址空间中的哪一个是该配置页上的模块要访问的。如果一个模块占用了若干连续的配置页，则它可在内部完成对其所属空间的统一访问。

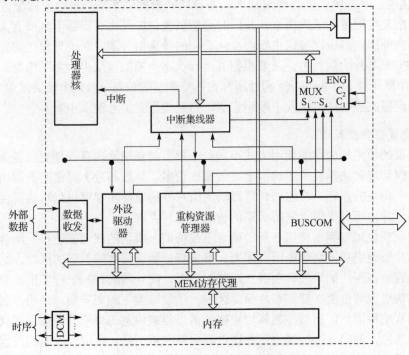

图 6.12　静态重构控制模块体系结构

1）处理器核和中断集线器

处理器核在系统中主要完成系统引导、中断处理、外设交互控制等功能，在这种情况下，PicoBlaze、MicroBlaze、TinyRISC 等处理器软核成为动态部分重构系统中控制处理器的常见选择。在系统引导阶段，处理器执行一段代码，将系统承载的模块的属性表载入存储器的指定位置，然后执行其他代码。

外设驱动器、资源管理器和 BUSCOM 都可以向处理器核提出中断，但是要通过一个中断集线器代理才能真正被处理器核接收，这样才能从物理上避免电气信号干扰。中断集线器内部有一个 FIFO，它缓存中断码，然后根据中断码向处理器核发出中断请求。处理器核每读取一个中断码，它就留出一个中断码的空间，用于继续响应其他的中断，当 FIFO 满后便不再响应任何中断。中断集线器的状态信息可以被所有连接到中断集线器上的设备侦听到，以完成数据交互。

2）重构资源管理器

重构资源管理器接受来自处理器核的控制命令，存取配置页表和资源管理表，并根据运行情况向处理器核发出中断。它以外设方式与处理器核交互，它设定四个寄存器作为交互口：命令口、数据口、状态口和中断描述符口。它有三组接口：处理器核端、访存端、时序控制端；内部的 FIFO 作为处理器核与存储器之间的数据缓冲区。

它与处理器核之间的交互命令包括获取指定模块的属性描述符、将指定配置页修改为指定的状态、完成中断以及为某个模块分配相应的配置页，两者之间的中断包括访存越界和命令无法识别。状态口负责提供该模块的运行状态，一般情况下，它等于正在执行的命令；发生异常时，处理器核可以读取该端口内容，以发现执行哪条命令时出现异常，当复位时清空状态口的内容。

3）总线接口

总线接口（BUSCOM）负责仲裁某个配置页上的模块对存储器的访问，形成访存物理地址，并负责将处理器核的命令传送到指定的模块，将来自配置页上的模块的中断送入处理器核。也就是说，BUSCOM 模块只提供对访存通道的多路复用和访存起始地址的形成，并不用于访存代理，这样可以减轻设计的复杂性。如果 BUSCOM 模块也具有访存代理功能，那么配置页上的模块访存时需要通过两级访存代理，其访存效率必然下降。

由于该接口跨越系统时钟和访存时钟两个时钟域，所以需要一个异步 FIFO 进行数据交互的缓冲区。有五组 IO 端口：配置页接口、系统命令、处理器核交换口、访存口和时序控制。其中配置页接口包含了配置页上模块的仲裁信号。此外，它也提供了四个与处理器核交互的端口：命令口、数据口、状态口和中断口。

根据 BUSCOM 模块发出的总线控制命令，实现了配置页内的模块与总线的动态连接。BUSCOM 与处理器核之间的接口命令包括复位指定的模块、强行停止某个模块的运行、更新保存某模块的运行现场和停止/启动某模块的通信等，中断命令包括模块 ID 失效和命令执行结束等。

6.3　原型系统实现

该原型系统是基于 Memec V2MB1000 开发板实现的，采用了 PicoBlaze KCPSM3 微控制器作为系统的控制处理器和板载 XC2V1000-FG456-4 芯片内部的 BRAM 作为系统运行过程的数据缓存。板上 UART 接口负责 PicoBlaze 与外围 PC 的交互，宿主进程在 PC 上运行，通过 COM 口向 UART 接口发送命令，控制板上的资源管理模块进行芯片上可重构资源的管理。

6.3.1　整体结构

PC 上运行的进程负责完成动态模块调度，当调度过程中发生重构申请时，主控进程将该请求以消息形式发送给芯片上的静态控制模块。静态控制模块内部存放芯片资源的有关数据结构，它运行简单的查找/定位/替换算法，协助主控进程完成模块调度。受实验环境所限，上述芯片不能容纳较为复杂的模块调度算法，因此把模块的调度算法放到外围 PC，但是静态控制模块与外围 PC 间的通信格式可以统一定义，便于实验平台的移植。

系统开始运行后，主控进程首先初始化自身，然后等待片上静态控制模块发送回"初始化完成"消息。接着主控进程读取重构任务清单，将重构消息发送给静态控制模块，之后接着读取下个重构清单中的任务。静态控制模块接收到主控进程发送来的消息后，查询页表、读取芯片资源表和待下载位流对应模块的属性信息，为之分配一个逻辑区域，然后向主控进程发送回待进入模块的映射区域信息。主控进程根据消息中规定的区域位置选择位流、通过 JTAG 接口下载位流，并与静态控制模块发生一次交互，完成一次重构操作。

当发生资源不足、无法为待进入的模块定位或其他情况时，片上的静态模块不作处理，仅仅向主控进程发送回"资源申请失败"消息。此外，静态控制模块还提供某些信息查询消息，以协助主控进程完成模块调度和布局。

图 6.13 阐述了系统的消息交互模型，每个进程、模块依靠消息进行状态转换。当芯片因为断电等故障发生时，片上控制模块向主控进程发送一个初始化消息，该消息导致软件进程重新运行，即采用硬件同步软件运行，借此进行故障的恢复。

外围 PC 上运行 COM 口监视进程（采用 Microsoft 的 CMSComm 控件辅助实现）。片上静态控制模块集成了 4 个 PicoBlaze 软核，其中包括一个主处理器核、三个从处理器核，分别实现控制模块整体协调、UART 交互控制和片内数据转移、中断处理，资源管理数据结构的查询/处理。其中，运行资源管理数据结构查询/处理的模块单独占用一个重构区域，当有更先进的资源管理算法实现时，可以动态地重构该区域，从而实现了资源管理和控制的相互独立。

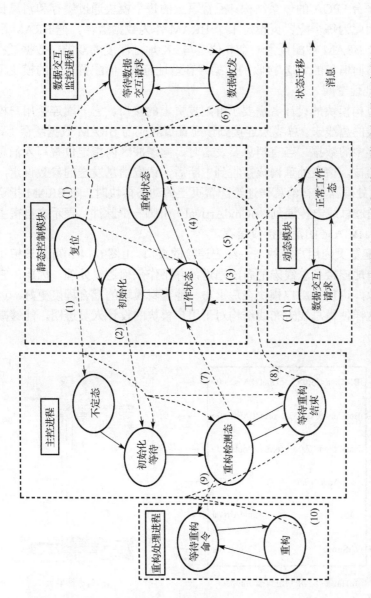

图 6.13　系统消息交互模型

(1)复位；(2)初始化完成；(3)数据交互结束/异常出现；(4)数据交互命令/数据包；(5)命令、停止通信/导出，导入运行现场；
(6)数据收发结束/收取数据包；(7)必起重构；(8)重构结束；(9)发起重构；(10)重构结束；(11)请求数据交互

6.3.2 通信网络

根据实验平台 FPGA 的体系结构，配置页上的每个模块通过缓存和消息传递的方式进行通信，因此为每个配置页设定 1 个 BRAM 作为数据缓存。把 BRAM 配置为双端口，这里每个 BRAM 被配置为一个 8 位宽与 2K 地址深度的双端口数据缓存。宿主处理器核可以访问消息的发送/接收的数据缓存地址范围，而配置页上的模块可以访问 BRAM 的所有地址空间。

每个用户重构模块的设计者需要了解配置页上的接口。它一端连接用户模块，另一端连接预布线的总线宏。总线宏连接到该配置页对应的 BRAM 数据缓存上，可以直接操作在该缓存中的数据。当有消息要发送时，向缓冲区内指定位置写入消息，然后中断宿主处理器核。宿主处理器核接收到中断后，读取消息发送的参数设定，完成消息发送。当宿主处理器核有消息传递给配置页上的动态模块时，向 BRAM 指定位置写入消息，然后通过总线宏传递到"oCmdArrival"引脚一个脉冲，表示来自宿主处理器核的消息被写入 BRAM 的消息接收缓存。

图 6.14 是配置页内用户模块与总线宏连接的接口，由图 6.14(b)可知该模块仅仅是把用户模块简单地连接到总线宏的布线通道，并不作任何逻辑处理。因此，它占用比较少的逻辑资源，也使得用户模块在片上与其他逻辑模块的耦合程度更好，运行效率也有所提高。这样使得总线宏布线结构对于用户模块的设计人员透明，能够减小模块设计的任务量。

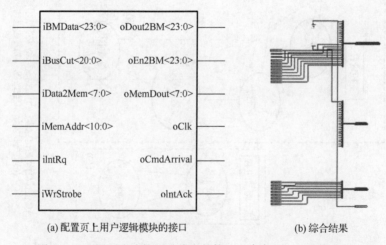

(a) 配置页上用户逻辑模块的接口　　　　　　　(b) 综合结果

图 6.14　配置页内连接到总线宏的接口（来自 ECS，ISE6.3i）

6.3.3 控制模块

控制模块分为重构资源管理器（RRM）和静态控制部分，其中 RRM 占用的区域可以被重构为更高级的算法实现，目前仅提供最基本的资源管理功能，并在实现过程中将其设计为一个可重构模块。

静态控制部分由中断集线器（interrupt hub）、外围设备控制器和配置页总线接口等组成，这三个设备分别完成外设数据传输、总线接口连接、中断处理和仲裁，都受宿主控制器核的控制。其中，中断集线器和外围设备控制器的处理流程分别由两个 PicoBlaze 软核通过执行软件完成。

1. RRM

RRM 协助主控进程完成新入模块的定位和资源分配，它内部缓存了芯片的属性模型、片上模块属性表和配置页的使用情况，本章采用了 16bit×1K 的 BRAM 来缓存这些数据。如图 6.15 所示，这几个表以双向循环队列的方式组织，每个表占用独立的地址空间。

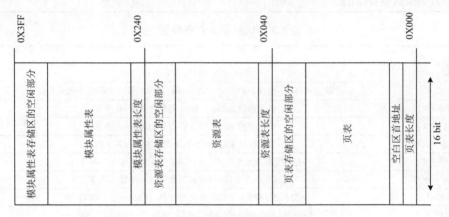

图 6.15　RRM 资源数据结构的存储空间分布

将 BRAM 配置为双端口 RAM，一端由 RRM 进行读写，另一端供静态控制部分协助进行数据转移。该 BRAM 被配置为"写优先/写直通"方式，当对同一地址空间进行互斥操作（至少有一个操作对该地址进行写操作）时，优先写入操作，并且一经写入，该地址对应的数据立刻出现在数据线上。此外，RRM 还拥有两块单端口 BRAM，一块用于缓存消息，另一块用于作为中断处理时的堆栈使用。

表 6.2 阐述了 RRM 与静态控制部分的宿主处理器核之间的交互消息。在 RRM 内部使用了 30 个 8 位位宽的端口寄存器完成与宿主处理器核的交互，如表 6.3 所示。

表 6.2　RRM 与宿主处理器核的消息

符号表示	编码	含义
MSG_H2RRM_GETMODDWNTIME	0X01	获取模块下载到芯片上的时间
MSG_H2RRM_GETPAGEMAPED	0X02	获取一配置页上运行的模块 ID
MSG_H2RRM_GETMODPAGES	0X03	获取一个模块占用的配置页范围

符号表示	编码	含义
MSG_H2RRM_MAPMOD	0X04	将某个模块映射到芯片上，获取映射布局
MSG_H2RRM_SRCTABDWN	0X05	芯片资源数据结构已下载到 RRM 的存储器中
MSG_H2RRM_MODTRAITDWN	0X06	模块属性数据结构已下载到 RRM 的存储器中
MSG_H2RRM_BSDWN	0X07	模块对应的位流文件已经编程完毕
MSG_RRM2H_RQDWNSRCTB	0X01	请求宿主处理器下载芯片资源数据结构到 RRM 指定的内存位置
MSG_RRM2H_RQDWNMODTRAIT	0X02	请求宿主处理器下载模块属性描述符到 RRM 指定的内存位置
MSG_RRM2H_MODDWNTIMERDY	0X03	模块下载时间已经准备好
MSG_RRM2H_MODONPAGENORDY	0X04	配置页上的模块属性准备好
MSG_RRM2H_MODPAGERANGERDY	0X05	某模块占用的配置页范围准备好
MSG_RRM2H_PAGELOCKED	0X06	配置页已经锁定，可以下载位流
MSG_RRM2H_MAPCOMPLETE	0X07	映射完成
MSG_RRM2H_MAPFAILED	0X08	映射失败

表 6.3　RRM 的端口寄存器

端口地址	作用
0X00～0X07	依次存放计时器的第 0～7 字节
0X08	状态寄存器；0X00=初始化，0X01=闲，0X02=忙，0X03=不响应消息
0X09～0X11	依次存放 RRM 至 Host 消息的第 0～8 字节
0X12～0X15	依次存放 Host 至 RRM 消息的第 0～3 字节
0X16～0X17	依次存放 RRM 访存地址的低 8 位、高 8 位
0X18～0X19	依次存放 RRM 待写入存储器的数据的低 8 位，高 8 位
0X1A～0X1B	依次存放存储器至 RRM 的数据的低 8 位，高 8 位
0X1C	RRM 访存控制；0X00=断开存储器，0X03=写，0X02=读
0X1D	上次中断是否被处理；0X00=已经被处理，0XFF=尚未被处理
0X1E	向 Host 发出中断请求；0X00=发出请求，0X01=撤销请求

当一个消息到达时，RRM 向它的控制器核 PicoBlaze 发送一个中断，中断处理程序把消息码和消息参数读入，放到消息循环队列中，然后退出。该 PicoBlaze 上运行的主程序从消息循环队列中读取一个消息，然后分析并处理。每处理完一个消息，向宿主处理器核发送一个中断，当宿主处理器核接收到该消息后，以一个高脉冲复位该中断，然后宿主处理核读取下个消息进行处理。如果消息队列满，则它的状态寄存器置为"不响应消息"状态。宿主处理器核在向 RRM 发送消息前，先读取该状态寄存器，根据其状态决定消息传递与否。

在实际的整体布局中，RRM 模块被放置到芯片的最右侧，占用了 2 个配置页，通过 19 组 4 位位宽的总线宏模块与静态控制部分连接。可以根据系统的需要断开这 19 组总线连接，重构 RRM 所占用的区域，使得系统的资源管理模块升级为性能更好的算法。此外，由于 RRM 采用嵌入式软核实现，指令放置在 BRAM 配置成的 ROM 中，所以升级算法的同时一般不会导致 RRM 模块占用门电路数量的过多增加。

2. 静态控制

静态控制部分在 FloorPlanner 阶段被布局到芯片中央，占用 10 个配置页。图 6.16 是静态控制部分的顶层视图，图 6.17 阐述了系统中各部分的布局情况。实验采用的芯片和开发板的容量有限，导致系统中静态控制部分功能占用的芯片面积过大。通常的可重构系统中硬件开发平台 FPGA 的门电路数量是 200～1000 万等效门电路，本实验采用的 FPGA 芯片仅为 100 万，因此实验平台的升级可以获得更高的系统性能。

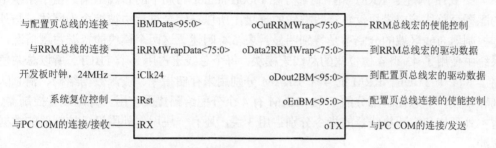

与配置页总线的连接 ——	iBMData<95:0>	oCutRRMWrap<75:0>	—— RRM总线宏的使能控制
与RRM总线的连接 ——	iRRMWrapData<75:0>	oData2RRMWrap<75:0>	—— 到RRM总线宏的驱动数据
开发板时钟，24MHz ——	iClk24	oDout2BM<95:0>	—— 到配置页总线宏的驱动数据
系统复位控制 ——	iRst	oEnBM<95:0>	—— 配置页总线连接的使能控制
与PC COM的连接/接收 ——	iRX	oTX	—— 与PC COM的连接/发送

图 6.16 静态控制部分的顶层综合视图（来自 XST ECS，ISE6.3i）

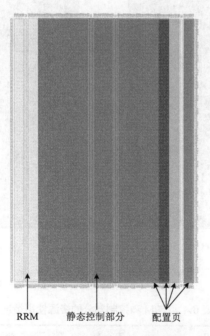

RRM　　　静态控制部分　　　配置页

图 6.17 FloorPlanner 规划结果

静态控制模块开始运行时，宿主处理器核先发出复位命令，使中断集线器、外围设备控制器、配置页总线接口和 RRM 复位，然后使能外围设备控制器侦听来自 PC 进程的消息。除交互使用的数据包外，消息大小统一为 4 字节。当接收到收/发数据包的消息时，外围设备控制器切换到"传输数据"状态，完成规定字节的数据交互，交互完成后自动跳转回"接收消息"状态。在这种状态机下，初始状态由宿主处理器核设定，所以系统不必处理数据和消息混合的情况。此外，由于实验环境处于比较稳定的状态，忽略了对数据纠错的控制。

3. 综合结果

图 6.18 阐述了 RRM 和控制部分在 FloorPlanner 布局下的布线结果。由于系统中的配置页总线接口模块仅负责数据线的连接，所以在综合过程中被综合为网线，与外围控制器布线区域的分割不是特别明显。表 6.4 阐述了这两个模块的资源占用情况，系统中使用了 43 组 4 位位宽的总线宏模块，每个总线宏占用 8 个 TBUF，所以总共使用了 344 个 TBUF。RRM 的 4 个 BRAM 分别用来存储指令、资源数据结构、消息队列和堆栈，静态控制部分的 8 个 BRAM 有 4 个分配给配置页使用，外围设备控制器、宿主处理核和中断集线器的指令分别占用 3 块，还有一块用作外围设备控制器的数据缓冲。

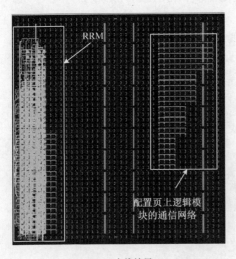
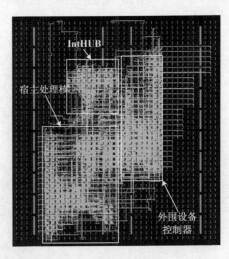

(a) RRM 布线结果　　　　　　　　　　　　　　(b) 控制部分布线结果

图 6.18　RRM 和控制部分布线结果

表 6.4　RRM 和控制部分的资源使用情况

	IOB	BRAM	Slice	TBUF
控制部分	4	8	765	—
RRM	—	4	503	—
总计	4	12	1268	344

6.4　本 章 小 结

　　本章给出了基于 FPGA 芯片 1D 布局下的段页式资源管理模型，分析了配置页尺寸确定的方法，然后在 Xilinx Virtex II 芯片上设计实现了该资源管理模型的原型系统。该系统提供了资源管理最基本的支持，将资源管理的核心部分用硬件方式实现，并放置到芯片的可重构区域，当系统运行时可以动态升级、替换资源管理算法模块。并且该模块采用嵌入式软核实现，在升级的同时保持硬件开销不会因算法复杂而使硬件代价过多增加。

第 7 章　资源管理与 2D 任务布局

7.1　系统模型

在可重构系统上执行应用问题时，在支持部分重构的可重构硬件上执行的动态模块是动态调度的，1D 模型很难达到可重构资源的高效利用。为此，基于 FPGA 的内在结构和发展趋势，本章提出一种 2D 模型下的任务布局，能够提高可重构硬件的资源利用率，对系统性能提升具有重要影响。基于动态重构系统结构抽象出如图 7.1 所示的系统结构模型，每个应用都分为在 CPU 上执行的软件任务和在可重构硬件上执行的硬件任务，软件任务、硬件任务之间可以并行执行。微处理器除了完成软件任务之外，运行在微处理器上的操作系统还负责管理可重构资源和应用的执行控制，其中调度器从任务队列中选择就绪任务加以执行，布局器根据可重构硬件上的资源状态为其选择相应的布局位置，与微处理器协同完成应用的处理。

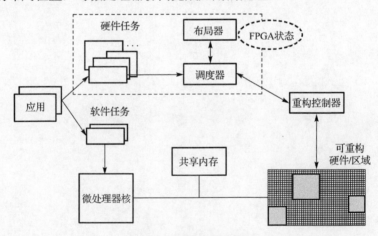

图 7.1　系统结构模型

与传统的微处理器方式不同，动态部分重构使得可重构硬件能够根据任务需求动态地分配相应大小的逻辑资源，而不是顺序执行的处理单元。在可重构硬件上执行硬件任务分为两个阶段，首先根据任务的尺寸在可重构硬件上找到一块可以容纳它的空闲逻辑资源，然后使用重构控制器对该区域进行功能重构，并启动该任务的执行。由于硬件资源是有限的，当任务运行完成之后或者在分配任务时发现资源不足的情况下，需要回收逻辑资源并进行适当的空闲资源合并操作。在此，关于可重构资源作如下假设。

（1）表面均一，资源同构。在细粒度情况下假设可重构硬件由 CLB 构成，在粗粒度情况下假设由 RPU 构成，不考虑 BRAM 等之类的特殊资源。因此，原则上一个任务可以放置在任何位置。

（2）布线和 I/O 资源足够。为任务分配足够的空闲资源后，假设有足够的布线资源能够满足任务的布局需要，并且不考虑 I/O 及其布线和时序约束问题。

硬件任务是一个可以在可重构硬件上执行的动态模块，这里不包括静态模块。二维任务模型已经被很多研究人员采用，每个硬件任务 t_i 都表示为一个高 h_i、宽 w_i 的矩形，它所占用的硬件面积为 $h_i \times w_i$。在可重构硬件上的执行时间为 e_i，由于任务之间通信的存在，假设两个连续任务之间的延迟为 l_i。虽然操作系统并不清楚每个任务的功能，但它需要知道其结构和时序等信息，以便用于任务的布局和调度。因此，任务模型的属性设置如下。

（1）尺寸：每个硬件任务执行时都需要占用一定面积的资源，以 CLB 或 RPU 的数目表示。

（2）形状：一个硬件任务的形状由设计工具指定，本章假设所有的任务都是矩形的。利用现在的设计工具，首先约束模块的布局，然后定义最小的外围矩形就可以获得矩形的任务。虽然矩形形状简化了任务定位，但它带来了内部碎片的浪费。

（3）重定位能力：为了访问特殊资源，不可重定位任务必须被布局在预定义的位置上，在假设可重构硬件表面是同构资源的前提下，利用上文所述的动态模块重定位可以将硬件任务布局在运行时为其分配的相应区域。但是，不允许模块的翻转、切分等操作。

（4）执行时间：任务的执行需要花费一定数量的时钟周期，任务的执行时间定义为执行任务的时钟周期数与任务执行时的时钟频率的乘积，大小与其是否采用流水、并行等实现方式有关。本章以时间单位的方式表示，任务执行完成之后释放它所占用的资源。

随着可重构硬件规模和集成度的不断提高，能够同时承载的任务越来越多，而且任务的到达和结束都是随机的，采用扫描方式查找空闲资源非常耗时，因此需要对可重构资源进行管理，以提高分配效率。正如处理器对内存资源的使用一样，任务在可重构硬件上的不断添加和删除操作也会形成资源碎片。因此，任务在可重构硬件上的布局非常重要，一个良好的布局能够有效地减少系统在运行过程中产生的资源碎片。

可重构硬件上的任务布局与空闲可重构资源的管理是相辅相成的，布局的目标是实现速度快，布局质量高，便于可重构资源的管理。在合理、高效的可重构资源管理基础上，根据不同应用的具体特征选择不同的布局策略，有利于提高可重构系统的性能。目前已经开发了许多空闲资源的管理算法，并根据一定的策略能够为任务合理地分配一个布局位置。因此，在可重构硬件上执行任务时，必须首先解决两个问题。

（1）为了更好地利用有限的硬件资源，可重构硬件上的空闲资源管理是非常重要的，即使用什么数据结构管理那些空闲资源。

（2）根据空闲资源的分布状况采用一定的选择策略，尽可能地为任务选择一个最优的布局区域。其中，对于布局问题作如下假设。

①在线布局：任务的信息在编译时不可知，且其到达等都是随机的。

②非抢占：现在的技术水平使得抢占开销非常大，因此假设任务不能被抢占，一旦开始执行直到结束才能被换出。

③任务相互独立：假设已经就绪可以执行的任务之间没有时间约束关系，且任务在空间上是不能交叠的。

④任务重定位：任务在 2D 平面上能够进行重定位操作。

在可重构硬件上执行的动态模块是动态调度的，其尺寸和形状在编译时是不可知的，模块的执行序列在编译时也是不确定的。设任务的到达时间为 a_i，开始执行和结束时间分别为 s_i 和 f_i，则任务的等待时间为 $w_i=s_i-a_i$，系统目标如下。

（1）如果任务属于同一个应用，则应最小化任务的总执行时间 $T_{tot} = \max(f_i)-\min(a_i)$

（2）对 n 个来自不同应用的相互独立的一组任务，应该最小化其平均等待时间，或者使资源利用率最高：$W_{avg} = \mathrm{sum}(w_i)/n$。

7.2 资源管理方法与 2D 任务布局策略

虽然 1D 硬件模型比较简单，但由于资源的分配是按照芯片的整个高度进行的，其资源利用率比较低。目前的很多研究都基于 2D 模型，虽然从实际的 FPGA 技术水平来讲并不实用，但由于其内在结构是 2D 的，而且 JRTR 等工具已经可以重构 FPGA 的任意二维区域。另外，从某些最新的技术特征来看，未来 FPGA 结构很可能成为真正 2D 的，因此该研究是很有必要的。

7.2.1 相关研究

固定尺寸的 2D 模型与 1D 时的处理类似，任务的布局简单，任务调度类似于多处理机上的调度问题，其缺点是当任务小于固定划分的大小时会造成很大的资源浪费。因此，本章考虑变尺寸 2D 区域模型的情况。

可以使用四叉树结构来存储可用 FPGA 区域的信息，并利用它为硬件任务分配资源。它以分级方式组织 FPGA 中的空闲资源，在每级上都将其划分为大小相等的四个矩形，矩形的状态为完全占用、完全空闲和部分占用三种。遍历和更新这种结构的速度很快，但不一定能够找出足够的空闲资源，即使有足够的空间容纳新来的任务，因为它们可能分散在不同的树枝上。另外，通过重定位可以进行碎片整理。

面积分配问题可以使用装箱方法来解决，已经提出的几种在线 2D 装箱策略的不同点主要在于对空闲区域的管理方式上。它使用非交叠的空闲矩形（empty rectangle）来管理空闲资源，同时给出了管理最大空闲矩形（maximal empty rectangle，MER）只提高了 8% 的性能，但没有给出管理和查找 MER 的有效算法，KAMER（keep all maximal empty rectangle）的更新代价非常高。它还实现了几个 3D 离线算法，将任务看作 3D 模块，其高度对应任务的执行时间，使用分支限界、遗传或者模拟退火方法为整个任务集合寻找最优布局方案。这些算法的复杂度非常高，并且需要预先知道所有任务的执行特征，实用性差。

推迟空闲资源划分和哈希矩阵数据结构查找空间资源的方法可以提高布局的质量。虽然其空闲资源的划分不是最优的，但由于它保持了 MER，产生了较好的布局结果。在 BF 算法中采用碎片公式来评价每一个可以容纳新来任务的空间，在产生碎片量最小的空间布局该任务，这个过程比较耗时。对于非矩形形状的任务，在定位过程中可以修改任务的相对位置，但没有明确给出这种变换的优点。

通过管理已有任务占用的区域和水平线也可以管理空闲资源，大多数情况下能够减少矩形的数量，但其复杂度与保持空闲矩形方法的仍然相同。它试图最小化相互通信的任务之间的距离，但没有考虑碎片和调度过程中的时间和数据约束。

在 2D 区域模型中，使用 Staircase（楼梯）数据结构是一种查找空闲资源的有效算法。使用这种数据结构可以管理 MER，查找 MER 的时间复杂度为 $O(mn)$，m 和 n 分别为列数和行数，但没有详细给出 MER 的选择标准，没有考虑任务布局算法的复杂度。

使用 Vertex list 数据结构管理空闲资源减少了定位矩形的顶点数量。一般的装箱算法不考虑任务执行结束时的矩形更新问题，基于学者 Martello 的信封定义的 Vertex list 结构将其考虑在内了。通过 VL 边和任务边相交与否来判断该候选顶点是否可以容纳该任务。

算法的时间复杂度应该包括任务的添加/删除以及 FPGA 表面数据结构更新等操作时间。作为一个通用规则，任务添加方法越简单，数据结构更新越复杂。将这些考虑进去，基于 Vertex list 的方法的时间复杂度为 $O(N^2)$，其中 N 为 FPGA 上运行的任务数。Bazargan 或 Diessel 给出的算法时间复杂度为 $O(N \log N)$，但他们只考虑了任务的添加情况。另外，使用 Diessel 的算法整理资源碎片，其复杂度将大幅上升至 $O(N^3)$ 或者更高。由于这些算法都使用启发式方法来减小搜索范围，所以不能保证一定会找到现有的空闲位置。虽然 FF＋BL 或者 MER 方法能够保证找出这种位置，但其复杂度分别为 $O(W×H×N^2)$ 和 $O(N^3)$，基于 Vertex list 的方法可以更低的时间复杂度达到这种效果。虽然通过管理被占用区域降低了空间管理的时间复杂度，但其后续操作变得更加复杂。

7.2.2　资源管理

从问题的分析和前面的研究可以看出，空闲资源的有效管理是非常重要的。在系统运行过程中，使用最大空闲矩形来管理可重构资源是非常有效的，通过对最大空闲矩形的管理和查找能够提高资源分配的成功率。本章提出基于任务上边界计算最大空闲矩形的算法（TT-KAMER），即根据可重构硬件上已有任务的上边界来管理所有最大空闲矩形，并根据任务的动态添加和删除，动态地更新最大空闲矩形，以管理空闲的可重构资源。

定义 7.1　最大空闲矩形是指不能被其他任何空闲矩形所完全覆盖的空闲矩形。

根据可重构硬件基本处理单元的粒度不同，可以将其看作包含 m 行 n 列 CLB 或者 RPU 的二维阵列。设平面的左上角为原点，向下为+x 方向，向右为+y 方向，则硬件表面的左上角单元坐标（x, y）为（$0, 0$），沿右下角方向各单元的坐标依次递增，直到（$m-1, n-1$）。为硬件上的每个单元进行编号（H, W），H 和 W 称为该单元的权值，其中 H 表示当前位置上方连续的空闲单元数，$1 \leqslant H \leqslant m$；$W$ 表示当前位置左边连续的空闲单元数，$1 \leqslant j \leqslant n$。在系统不运行或芯片处于空闲状态时，各单元编号如图 7.2(a) 所示。同时，为了便于 MER 的查找和判断，还为每个被任务占用了的 CLB 进行标号，设所有被任务占用的单元的权值为（$-m-p, -n-q$），其中 p 从任务的高度减 1 变化到 0，q 从任务的宽度减 1 变化到 0。在系统运行的某一时刻，假设有三个硬件任务 A、B、C 布局到可编程逻辑设备上，则各元素的编号如图 7.2(b)所示。可以看出，这种编号方式与系统的运行与否是无关的。

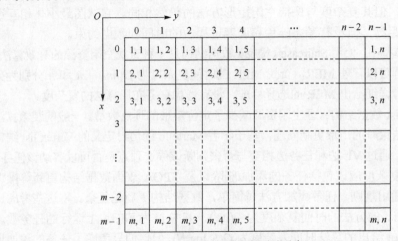

(a) 设备表面权值分布

(b) 实例：$m = 8, n = 10$

图 7.2　区域模型

定义 7.2　右下递增。在图 7.2 所示的区域模型上，对于空闲区域中的任意两个单元 (x_1, y_1)、(x_2, y_2)，$0 \leqslant x_i \leqslant m$，$0 \leqslant y_i \leqslant n$，其权值分别为 $(H_{(x1, y1)}, W_{(x1, y1)})$、$(H_{(x2, y2)}, W_{(x2, y2)})$，若满足下列条件则称该区域是右下递增的。

当 $x_1 \leqslant x_2, y_1 \leqslant y_2$ 时，若 $H(x_2, y_1) - H(x_1, y_1) = H(x_2, y_2) - H(x_1, y_2)$，$W(x_2, y_2) - W(x_2, y_1) = W(x_1, y_2) - W(x_1, y_1)$，且值都不小于零；

当 $x_1 \geqslant x_2, y_1 \geqslant y_2$ 时，若 $H(x_2, y_1) - H(x_1, y_1) = H(x_2, y_2) - H(x_1, y_2)$，$W(x_2, y_2) - W(x_2, y_1) = W(x_1, y_2) - W(x_1, y_1)$，且值都不大于零；

当 $x_1 \leqslant x_2, y_1 \geqslant y_2$ 时，若 $H(x_2, y_1) - H(x_1, y_1) = H(x_2, y_2) - H(x_1, y_2)$，且值不小于零，$W(x_2, y_2) - W(x_2, y_1) = W(x_1, y_2) - W(x_1, y_1)$，且值不大于零；

当 $x_1 \geqslant x_2, y_1 \leqslant y_2$ 时，若 $H(x_2, y_1) - H(x_1, y_1) = H(x_2, y_2) - H(x_1, y_2)$，且值不大于零，$W(x_2, y_2) - W(x_2, y_1) = W(x_1, y_2) - W(x_1, y_1)$，且值不小于零。

由此可以得出如下性质。

（1）编号中的 H 表示该单元所在列中连续的空闲 CLB 的行数，W 表示该单元所在行中连续的空闲 CLB 的列数。

（2）初始状态下，硬件上各单元的编号是向右下方向递增的。

（3）在可重构硬件上添加任务或者删除任务释放资源时，都不会影响该任务所在位置左侧和上方单元的权值。

（4）不管硬件上是否存在运行的任务，每个空闲矩形区域的编号都是右下递增的。

对可重构硬件上逻辑资源的管理分为对整个硬件的管理和空闲资源的管理两部分，根据上面给出的可重构硬件的表面划分模型以及编号方法，使用如下数据结构可以实现对硬件表面的定义和空闲资源的管理。

对于二维阵列形式的硬件表面划分，使用二维数组表示，数组中的每个元素包含两个编号 H 和 W，当 H 和 W 都大于零时，表示该单元处于空闲状态，其数值分别表示该单元所在行上方连续的空闲单元数和所在列左方连续的空闲单元数；当 H、W 为负数时，表示该单元已被硬件任务占用，这种编号方法有利于后续实现的 MER 计算。

```
struct clb {int H, W; //处理单元的两个权值 }; clb matrix[m][n];
```

对于空闲资源的管理一般有两种方法：扫描法和保持法。一般来说，扫描法的运行时间要比基于空闲矩形链表的方法高两个数量级。由于在线任务布局对算法的运行时间要求比较高，对任务的布局成功率也要求比较高，需要准确地管理可重构硬件上的空闲逻辑资源，以便更好地为新来的任务查找布局位置，所以本章使用保持 MER 的方法来管理空闲逻辑资源。

定理 7.1　每个 MER 都位于可重构硬件上已有任务的上边界或者可重构硬件底边上，且 MER 与任务在可重构硬件底边上的投影存在交集。

证明： 如图 7.3 所示，阴影部分表示可重构硬件上现有的任务，假设空闲矩形 A

不能在水平方向上扩展，并且该空闲矩形没有坐落在任一已存在任务的上边界或者设备底边上。

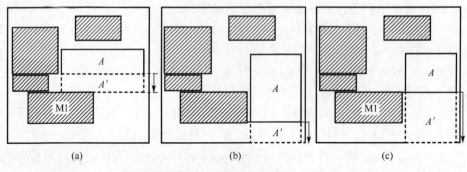

图 7.3　MER 的下边界

假设任务 M1 在空闲矩形 A 的下方，在设备底边上与空闲矩形 A 的投影存在交集，且其上边界与空闲矩形 A 的下边界距离最近，则空闲矩形 A 仍然可以扩展出空闲矩形 A'，得到的新空闲矩形坐落在任务 M1 的上边界，而且不能继续向下扩展。如果上边界不能继续向外扩展，则为最大空闲矩形。同理，当空闲矩形 A 与已布局在空闲矩形 A 下方的任务在设备底边上投影不存在交集时，则空闲矩形 A 仍然可以继续向设备底边方向扩展，如果上边界不能继续向外扩展，则为最大矩形。如图 7.3(c) 所示，虽然空闲矩形 A 位于 M1 的上边界上，但由于两者在可重构硬件底边上的投影不相交，所以 M1 不能限制 A 继续向下扩展。

根据定理 7.1 可以得到如下推论。

推论 7.1　设具有相同上边界的一个或多个任务的最大 y 坐标为 y_m，则其上方 MER 的左下角单元的最大 y 坐标为 y_m；对于硬件的底边而言，MER 的左下角单元的最大 y 坐标为底边上最右空闲单元的 y 坐标。

综上可知，每个最大空闲矩形都坐落于已布局任务的上边界或者硬件的底边上，因此通过管理任务及硬件的底边即可实现对 MER 的管理。由于任务在设备表面上的布局位置不是固定不变的，不同上边界的任务的个数也不是固定不变的，每个任务上边界的最大空闲矩形的数目也可能是不同的，所以定义管理 MER 的数据结构如下：

```
struct MER_info {
    int x, y;                 //MER 的左下角元素的坐标
    int rows, cols;           //MER 的行、列数
    struct MER_info *next;
};
struct task_top_info {
    int row_no;               //任务的上边界 y 坐标-1
    struct task_top_info *next;
    struct MER_info *next;
```

```
};
task_top_info * MER_list;    //MER 链表
```

其中，MER_list 中的 row_no 按照 x 轴方向递减的顺序排列，MER 的左下角单元的坐标以递减的顺序排列，便于链表的创建和遍历操作。图 7.4 给出了对应于图 7.3 的最大空闲矩形的数据结构示意图。

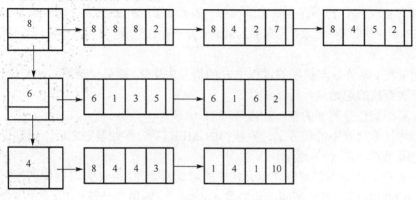

图 7.4　MER 数据结构示意图

7.2.3　MER 查找操作

MER 能够有效地管理可重构硬件上的空闲资源，与非交叠的 ER 相比，管理 MER 能够有效地提高任务的布局成功率，良好的空闲资源管理能够提高资源查找的效率，从而提高系统性能。在系统运行过程中，布局管理器需要从 MER 的管理列表中查找一个合适的布局空间，因此首要任务就是管理系统在运行过程中的 MER。

根据定理 7.1，每个 MER 都坐落于已布局任务的上边界或者硬件的底边上，因此在查找 MER 时只处理任务上边界或者硬件的底边的空闲单元，大大节省了 MER 的查找时间。为此，对于布局到设备上的硬件任务，本章按照其上边界的 x 值增加的次序管理，对于 x 值相同的按照 y 值增加的次序排列，在存储 MER_list 时则以 y 的降序进行，以便于 MER 的查找操作。

由性质（2）和（4）可知，不管可重构硬件上是否布局了硬件任务，空闲矩形中的编号都是右下递增的，因此可以得到如下推论。

推论 7.2　每个 MER 中空闲单元的编号是右下递增的。

推论 7.3　根据定义 7.2，可以由空闲矩形计算得出 MER。

因此，根据上述内容可以得出如下查找算法。

算法 7.1　MER 查找算法。

（1）获取已布局的任务列表，并跳过上边界为设备顶端的任务。

（2）根据任务上边界找出最大空闲矩形的下边界，并计算出具有相同上边界的任务在设备底边上的投影所得到的线段的集合 A。

（3）在下边界所在行，从任务投影的最大 y 值处开始查找 MER：

①将该空闲元素的 H 值设定为 MER 的高度，得到空闲矩形；

②根据定义同时向 y 轴的两个方向判断，如果满足右下方向递增的特点，则向相应的方向扩展该空闲矩形；

③如果两个方向都不能扩展，则判断找到的该空闲矩形在设备底边上的投影与集合 A 是否存在交集，若不存在则记录该值，在添加到 MER 链表上时判断是否存在相同的 MER，若存在则不记录，否则插入列表；若不存在交集，则该空闲矩形不是 MER，不予记录；

④如果在 y 轴负方向扩展的过程中 H 的值发生变化，则只记录第一次变化后的值，该值为下次查找的起始点，转②继续。

（4）移动到任务列表的下一项，转（2）继续。

（5）将任务列表中的任务上边界获得的 MER 下边界处理完之后，找到设备底边的最右空闲元素，转（3）继续。

对于 m 行 n 列基本配置逻辑单元构成的可重构硬件，设 R 为可重构硬件上运行的任务数，r 为任务所具有的不同上边界数（$r \leqslant R$），则需要计算 MER 的行数为 $r+1$。假设可在常数时间内得到一个 MER，则计算一行上所有 MER 的时间复杂度为 $O(n)$。因此，该算法的时间复杂度为 $O(mn)$。

定理 7.2　算法 7.1 能够找出所有的 MER。

证明：由定理 7.1 可知，最大空闲矩形一定位于每个任务的上边界或者设备底边上，算法按照已布局任务的上边界的 x 值增加的顺序进行管理，这就保证了可以找到所有可能的最大空闲矩形的下边界。由推论 7.1 可知，算法每次从任务在设备底边上投影的最大 y 值处或设备底边最右空闲元素处开始，按照右下方向递增的定义查找最大空闲矩形，直到设备左边界为止。算法在所有可能成为最大空闲矩形的左下角元素处测试其是否构成最大空闲矩形，从而找出所有的 MER。

7.2.4　MER 更新操作

在使用最大空闲矩形的方式管理空闲资源的情况下，添加一个任务可能同时影响到多个最大空闲矩形，系统运行到某时刻的状态如图 7.5(a)所示，此时空闲资源由两个最大空闲矩形 ABCD 和 GEFD 表示，当任务 M2 添加到设备上时，两个最大空闲矩形都受到影响，需要重新计算，如图 7.5(b)所示。反之，从设备上删除一个任务也会引起最大空闲矩形的变化，因此也需要进行 MER 列表的更新操作。当被删除的任务四周都是被占用空间时，则会新添一个最大空闲矩形。当被删除的任务周围存在空闲空间时，会对空闲空间所在的最大空闲矩形产生影响，删除任务 M2 会对当前的最大空闲矩形 ABCD、GEFD 和 FHIJ 都产生影响，因此需要重新计算 MER。

根据 2D 区域模型的编号规则，即每个空闲单元上标记该单元上方和左侧连续的空闲单元的个数，当新的任务布局到设备的某个位置 (i, j) 之后，由于其上方和左侧的连续空闲单元不会受到影响，所以其编号不会发生变化，而新添加任务所占用的区域与其下方、右侧的区域都需要重新编号。同理，当一个任务被删除之后，受影响的编号区域为该任务所占用的区域及其下方、右侧的区域。如图 7.6 中虚线内区域所示，图 7.6(a)到图 7.6(b)表示了任务 C 添加到设备上的编号变化，图 7.6(b)到图 7.6(a)表示了任务 C 被删除时的编号变化。因此，当添加一个任务时，需要重新计算新来任务及上边界低于其上边界的任务上方的最大空闲矩形，当删除一个任务时，需要重新计算上边界不高于被删除任务的上边界的所有任务上方的最大空闲矩形。

图 7.5　任务改变对 MER 的影响

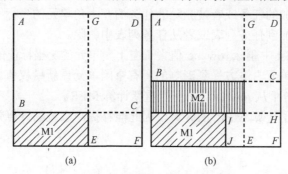

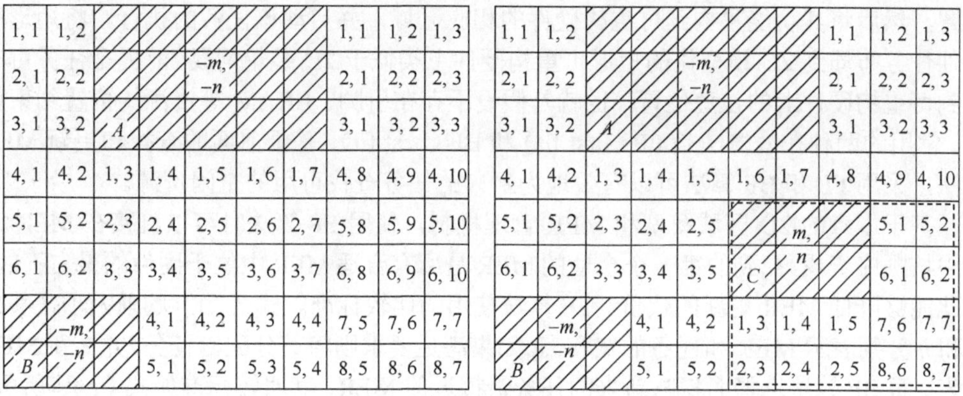

图 7.6　任务改变后受影响区域示意

定理 7.3　在添加或删除任务操作后，受影响的区域为以下区域的并集。

（1）被新加任务占用的或者删除任务后释放的区域。

（2）任务到设备底边上和/或其下方任务之间的区域。

（3）任务到设备右侧边上和/或其右侧任务之间的区域。

证明：（1）很明显；对于（2），任务的添加或删除使得其下方的空闲单元与上方空闲单元的连续性得到改变，因此该区域的权值 H 应该进行相应的改变；对于（3），任务的添加或删除使得其右侧的空闲单元与左侧单元的连续性得到改变，因此该区域的权值 W 应该进行相应的改变；最后，对于新添加的或者被删除的任务的右下角元素的右下方向的空闲单元，其每个空闲单元的上方和左侧连续空闲单元数都不受影响，其权值不会改变。

在任务的添加或删除操作之后，使用算法 7.1 仍然可以计算出所有的最大空闲矩形，而根据上述内容，可以给出如下 MER 更新算法。

算法 7.2 MER 更新算法。

（1）获取被添加的任务或者被删除的任务的左上角单元的坐标 (x, y)。

（2）将任务添加到任务列表或者从任务列表中删除。

（3）从 MER_list 中删除 row_no 值大于左上角单元的 x 坐标值的所有 MER。

（4）为左上角单元右下方受到影响的所有空闲单元重新赋权值。

（5）应用算法 7.1 从 row_no = x 开始重新计算 MER。

这种方法减小了计算 MER 的区域，因此能够提高系统的计算效率，最差情况下与算法 7.1 相同。

7.2.5　布局算法

如果一个任务被分配到可重构硬件上执行，则首先需要为其选择一个恰当的空闲位置，然后将其功能重构到可重构硬件的相应区域，并启动该任务的执行，将矩形的硬件任务布局到 2D 模型化的矩形可重构硬件上类似于 2D 装箱问题，前提是任务可布局到可重构硬件上的任意位置，也就是假设不存在引脚、BRAM 等资源的位置约束问题。常用的两种在线算法是 FF（first fit）和 BF（best fit），基于前面的查找和更新 MER 方法，采用 FF 和 BF 算法可以有效地为新来的任务查找可用的空闲资源。

基于本章的 2D 区域模型和 MER 管理机制，使用 FF 算法时可以直接在 MER 链表中按顺序查找，找到的第一个合适的 MER 是所有合适 MER 中位于硬件的最右下的，因此能够降低 MER 更新的代价。FF 算法使用的比较标准如式（7.1）的前两项，其中 w 和 h 分别表示 MER 和任务的宽和高。如果满足要求则将其分配给任务，并更新 MER 链表。而 BF 算法选择面积与新来的任务最接近的 MER，其比较标准如式（7.1）所示，目标之一是最小化被浪费的空闲资源，因此比 FF 算法要慢一些。对于任务数较小的情况，BF 算法总是为未来的任务预留空间，因此会造成较多的空间浪费

$$\text{MER.w} \geqslant \text{Task.w} \quad \&\& \quad \text{MER.h} \geqslant \text{Task.h} \quad \&\&$$
$$\text{MIN(MER.w} \times \text{MER.h} - \text{Task.w} \times \text{Task.h}) \tag{7.1}$$

如果所有的 MER 都不能满足要求，在不进行任务抢占或迁移的情况下只能等待某任务运行结束后释放资源后再次查找。在系统运行过程中，随着硬件任务不断地进入和退出可重构硬件的操作，正如内存和磁盘的使用会产生无法使用的碎片一样，在可重构硬件上也会出现资源碎片，虽然其总量可能大于一个任务所需要的资源数，但

由于其分散性会导致布局失败。因此，在进行任务布局时需要考虑如何减少系统产生的碎片，考虑如下启发式原则。

原则 7.1　在分配给任务的 MER 中，任务优先在右下角放置，降低修改 MER 链表的计算量。

如图 7.7 所示，任务 M1 和 M2 为正在运行的任务，T 为新来的任务，通过查找可为其找到最大空闲矩形 *ABCD* 容纳任务 T，与将 T 放置在 *ABCD* 的左上角 *A* 相比，放置在 *ABCD* 的右下角 *C* 可能会产生更多的碎片。

原则 7.2　在每个最大空闲矩形中，如果右下角出现如图 7.7(a)所示的情形，则按照图 7.7(b)的位置布局。

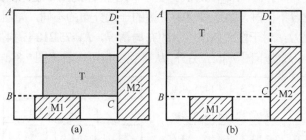

图 7.7　BR 与 TL 布局位置比较

原则 7.3　在布局过程中考虑任务与 MER 形状的匹配程度，尽量选取产生碎片可能性小的 MER 使用。除了要判断任务与 MER 的面积最接近以外，还要判断在 MER 中置入一个任务后形成的两个小 MER 的面积之和，和越大越好。

原则 7.4　尤其是在 1D 模型的布局中，完成时间接近的任务尽量挨着放，便于回收为更大的空闲资源空间。执行结束时间接近的定义如下：两个任务分别在 t_1 和 t_2 时刻结束任务的执行，如果 t_1 和 t_2 满足如下条件，则称这两个任务的执行结束时间接近，其中 ε 为一个小时间片

$$t_1 \in [t_2 - \varepsilon,\ t_2 + \varepsilon],\quad \varepsilon \geqslant 0$$

原则 7.5　为新来的任务找到位置后即进行布局，然后在任务运行的同时更新 MER，可进一步提高系统的计算效率。

7.2.6　碎片评价

在使用硬件描述语言或原理图进行综合的过程中，由于其形状的设置可能会产生一定的内部碎片，此处不予评价。在布局时产生的任务间的不能被利用的不连续逻辑资源称为外部碎片，虽然其总量可能大于任务所需要的面积，但仍然会导致布局失败，因此可用于评价布局算法的好坏。在设计好的布局算法的同时应该保证较高的可重构硬件利用率，避免产生较多的外部碎片。采用本章的 2D 区域模型，除了便于管理 MER 之外，对于利用碎片评价布局算法的优劣也非常方便。为了评价布局算法，定义如下外部碎片评价标准 F

$$F = \frac{\sum\limits_{(x,y)\in \text{EA}} (W_{x,y} + H_{x,y})}{\sum\limits_{x=1,y=1}^{m,n} (W_{x,y} + H_{x,y})} \tag{7.2}$$

其中，EA 表示某一时刻设备上的空闲区域；F 为空闲区域中的权值之和与设备空闲状态下的权值之和的比值，F 的值越小，说明碎片量越大，当设备上没有布局任何任务时，此时 F 达到最大值 1。对于图 7.8 所示的 5 行 6 列的可重构硬件，$W_{\text{Device}}=210$，图 7.8(a) 给出了评价函数的极大值，即 $F_{\text{max}}=210/210=1$；图 7.8(b) 给出了一种较差的布局情况，即所有的编号都变为（1,1），$F_{\text{min}}=30/210=1/7$。对于同样的三个硬件任务，当它们在可重构硬件上的布局位置不同时，会造成空闲资源的连续分布的不同，如图 7.8(c) 所示的布局情况，$F_c=60/210=2/7$；对于图 7.8(d) 所示的布局情况，$F_d=75/210=5/14$，$F_d > F_c$，由此可以得出图 7.8(d) 的布局优于图 7.8(c)。另外，从直观上也可以看出图 7.8(d) 的布局方式更好。

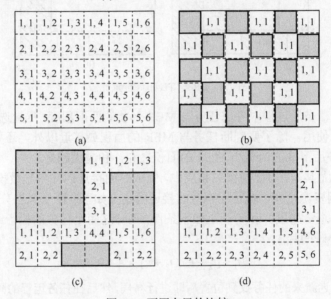

图 7.8　不同布局的比较

7.3　实验结果及分析

可重构系统充分发挥了微处理器和可重构硬件各自的优势，为某些应用提供了快速高效的计算方式，分配到可重构硬件上执行的任务的延迟主要由两部分组成：为任务分配相应逻辑资源的时间以及逻辑功能重构的时间，其中，分配时间和成功率受硬件设备上的已有任务布局的影响。因此，空闲资源管理和任务布局的好坏对整个系统的性能有重要的影响。

一个应用划分成很多任务在可重构硬件上执行，而划分方法的多样性导致了任务的粒度不等，因此会对程序的执行结果产生一定的影响。可重构系统上的调度与多处理器系统有很大不同，当可重构设备上的逻辑资源有足够大的连续空间可以容纳下任务时才能进行调度，由于硬件面积的限制，新到达任务可能不会立即布局到硬件设备上，而是暂存在任务就绪队列中直到被布局到设备上。图 7.9 所示的仿真框架主要由任务产生器、布局器、调度器、资源管理器、仿真模块、数据收集和统计分析等模块组成，可用于评价上述空闲资源管理和任务布局算法。

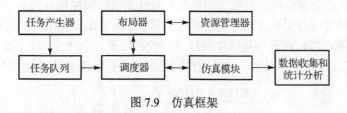

图 7.9　仿真框架

任务产生器按照一定的参数设置产生相应的硬件任务并加入任务队列，调度器根据就绪任务的参数通知布局器为其查找相应的逻辑资源，布局器根据逻辑资源的分布情况返回查找结果。为简化实验，调度器仅根据任务到达或者完成的顺序进行，根据布局器对逻辑资源的分配结果执行任务调度，如果不能满足新来任务的资源要求，则等待资源释放后再次检查，否则在相应区域重构并执行任务，同时进行必要的资源更新。根据仿真执行的结果信息分析算法的性能，并利用性能分析结果指导应用问题的任务粒度划分，更好地利用可重构硬件资源来加速应用的执行。

7.3.1　参数设置

在本章的实验中假设可重构硬件由 H 行 W 列同构可重构处理单元构成，并假设任务可在可重构硬件上的任意位置执行。使用高 h、宽 w 的矩形表示一个硬件任务，其乘积 A 表示该任务所占用的可重构处理单元的面积，设其最大尺寸为 h_{max} 和 w_{max}，且不大于可重构硬件。本章在 $[1, h_{max}]$ 和 $[1, w_{max}]$ 范围内随机地产生任务的高和宽，每个任务的形状都是矩形的，并且在分配位置后只能进行上下或左右方向的平移，不能进行旋转等操作。

在硬件尺寸一定的前提下，与动态任务紧密相关的三个参数是：任务面积、到达频率和占用资源时间，其中占用资源时间是任务的执行时间及重构时间之和。重构时间与重构接口模式、位流大小和基本配置逻辑单元粒度有关，非压缩位流的大小与其所占面积成正比。在重构接口和粒度已知的情况下，定义重构因子 ρ 为硬件任务的重构时间除以面积，即

$$\rho = \frac{T_{recfg}}{\text{Task.w} \times \text{Task.h}} \tag{7.3}$$

每个任务在硬件逻辑上都具有一定的执行时间 TE，执行结束后便释放它所占用的逻辑资源供其他任务使用，假设它在[TE_{min}, TE_{max}]范围内线性分布。在给出任务的布局位置后，需要对可重构硬件逻辑进行重构然后执行该任务，只有当任务在设备上的运行时间大于其重构时间时才是有意义的，否则其硬件加速所带来的性能被重构开销所抵消。由于设备的重构接口往往只有一个，所以两个任务之间的最小时间间隔应大于任务对应的位流下载时间。

到达频率描述了任务就绪的快慢程度，它与任务的执行时间以及设备同时容纳的任务数有关，其大小对系统性能有较大的影响。调度器根据就绪任务为其分配相应的逻辑资源，到达频率过高会使调度器不断地检查资源状态，过低则会造成可重构资源的利用率低。实验表明，当前可重构系统中硬件面积的利用率为 70%左右。因此，到达频率 f 的取值由式（7.4）产生，表示单位时间内到达的任务数，其中 N 为所有任务的数量

$$
\begin{aligned}
f &= \frac{RH.w \times RH.h \times v}{\sum\limits_{i=1}^{N}(Task_i.w \times Task_i.h)/N} \div \left(\sum_{i=1}^{N} T_i / N\right) \\
&= \frac{RH.w \times RH.h \times 70\%}{\sum\limits_{i=1}^{N}(Task_i.w \times Task_i.h \times T_i)}
\end{aligned}
\tag{7.4}
$$

以 40 行 32 列 CLB 构成的 XC2V1000 FPGA 为目标结构，随机产生 1000 个面积不等的矩形硬件任务集合，任务宽度和高度分别在 1～8 范围内均匀选择，执行时间为 200～500ms，其中包含该任务的重构时间。对于每个就绪任务，若存在足够的逻辑资源，则立即在给定的布局位置上重构并启动该任务，否则需要等待资源分配，一旦执行完毕即释放它所占用的资源。根据任务的变化进行资源的分配与回收时，布局器要进行 FPGA 资源状态的动态更新。

由于布局算法分配给任务的位置与任务的原综合位置可能不同，所以需要进行相应的位置变换操作，实验中忽略该变换时间及相应的重布线时间等。对于共享内存通信方式，任务之间的通信可以归结为对共享内存的读/写，因此将通信时间分配到两个任务上，在实验中忽略其通信时间，也忽略了任务的 I/O 时间。而且实验中没有考虑硬件任务在设备上缓存的情况，任务运行完成后即释放它所占用的资源。

7.3.2 实验结果

任务参数值不同会影响不同的性能测试结果，因此每次仿真都运行多个任务，并且通过多次运行求平均值来获得相应的实验结果。

1. TT-KAMER 算法分析

在 FPGA 上能够同时容纳的任务数与其粒度和形状有关，在本实验参数设置下最

多同时容纳 74 个任务,图 7.10 给出了 FPGA 上正在运行的任务数与该时刻 MER 数之间的关系。在任务数相同时,由于任务的相对位置不同,导致构成的任务上边界数有所不同,使用 TT-KAMER 算法时所查找的 CLB 数和得到的 MER 数也不一样,如任务数为 40 时,MER 的数量从 30 变化到 65 不等。

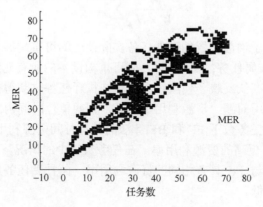

图 7.10　MER 数与任务数的关系

定义 7.3　某时刻可重构硬件上的空闲基本配置逻辑单元占总单元数的百分比为资源空闲率。利用资源空闲率可以更好地分析 MER 的计算开销。从图 7.11 可知,资源空闲率越低,说明任务占用的资源越多,则产生的上边界数相对也就越多。即使在相同的资源空闲率下,由于任务粒度及其相对位置不同导致不同的任务上边界数,因此得到的 MER 不同,查找的 CLB 数也不同。

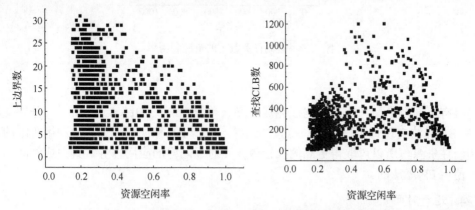

图 7.11　上边界数、查找 CLB 数与资源空闲率的关系

由图 7.11 可知,当资源空闲率为 50%左右时,查找的 CLB 数最多。同时,图 7.11 也说明了 FPGA 资源没有被完全使用,该实验获得的最大资源利用率为 85%左右。因此,在可重构硬件规模和任务粒度等条件相同的情况下,任务在可重构硬件上的布局对性能具有重要影响,一个好的布局能够提高资源利用率,降低系统的计算开销。

2. 资源利用率

定义 7.4　设 Mcur 表示当前配置到设备上的硬件任务集合，$c(m)$是任务 m 使用的处理单元面积，则在 H 行 W 列可重构处理单元构成的设备上的资源利用率定义为

$$v = \frac{1}{W \times H} \sum_{m \in \text{Mcur}} c(m) \tag{7.5}$$

资源利用率描述了当前配置的硬件任务实际使用的可重构硬件面积的比例，如果 $v=0$，则设备上没有布局任务；如果 $v=1$，则可重构设备的所有元素都被使用了。单位时间内资源利用率的高低反映了使用该布局算法执行任务时获得的可重构硬件利用率的高低。对于同一应用问题，资源利用率越高，说明单位时间内的计算量越大，系统的性能就越高。不同任务数下 FF 和 BF 算法的单位时间资源利用率如图 7.12 所示，BF 比 FF 算法获得了更高的资源利用率。在任务数较少的情况下，由于 BF 总是为后来的任务预留空间，与 FF 具有相同的资源利用率，而且受任务启动和结束的影响较大，资源利用率比较低。

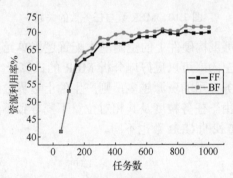

图 7.12　不同任务数下的资源利用率

3. 应用完成时间

具有不同数量任务的应用问题完成时间（单位：ms）如图 7.13 所示，分别使用 FF 和 BF 算法实现每个任务布局位置的选择。由于 BF 算法更能充分地利用有限的可重构硬件资源，所以可取得更高的执行效率，对于同样的应用任务，其完成时间总是小于使用 FF 算法的。

4. 运行时间

BF 算法总是查找与任务面积最接近的 MER，因此比 FF 算法需要更多的计算开销。算法运行受处理器活动的影响较大，因此利用算法为任务选择布局位置时查找的 MER 数来评价其运行速度更准确，图 7.14 给出了 FF 和 BF 算法在两种任务粒度下，实现不同数量的任务布局时的查找开销。虽然 BF 算法的运行时间较长，但它获得了更高的资源利用率、更快的应用处理速度。随着任务粒度的增大，BF 算法的查找开销

明显降低,即当任务粒度变大时,产生的 MER 数明显减少,因此使用 TT-KAMER 算法管理 MER 时的开销也就更小。

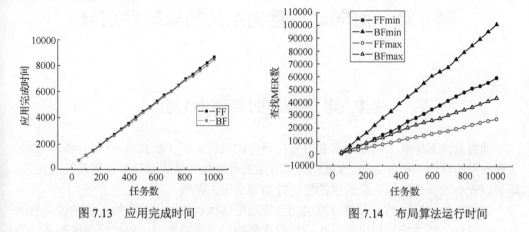

图 7.13 应用完成时间　　　　　　图 7.14 布局算法运行时间

在系统运行过程中,为就绪任务找到合适的布局位置后即进行任务的重构与执行,该过程可以与 MER 的更新过程并发进行,可进一步提高系统的计算性能。

另外,由于硬件面积的限制,有些任务可能需要多次调度才能获得相应的资源执行,这与任务的到达频率、任务的执行时间、设备同时能容纳的任务数有关。极端情况下,任务到达的间隔大于任务的执行时间,所有任务都可以一次调度成功。因为所有的硬件任务都是在 FPGA 上执行的,在 FPGA 面积一定的情况下,并不影响任务的完成时间。

7.4　本章小结

可重构硬件上的资源管理和任务布局对可重构系统性能的影响至关重要,基于 MER 管理可重构资源是非常有效的,TT-KAMER 算法能够动态地计算和管理系统在运行过程中的所有 MER,所用的 MER 数据结构便于 FF 和 BF 算法在线查找任务的布局位置,取得了较高的资源利用率和系统性能。而且 MER 结构的更新和任务的运行过程并发进行,进一步降低了资源管理对系统性能的影响。未来将进一步研究布局算法的启发式规则,使系统在运行过程中尽量减少资源碎片的产生,提高可重构系统的性能。

第8章 面向动态重构系统的软硬件划分

8.1 考虑布局的软硬件划分

动态重构系统是由微处理器和可重构硬件构成的，在实现具体应用问题时，如何实现应用的软硬件任务划分、有效地利用有限的可重构硬件资源充分发挥系统的优势，如何以较小的代价增加获得最优的性能提高等是很关键的。

软硬件协同设计的任务是以特定的系统功能和代价约束描述为输入，通过对软硬件的任务划分和系统架构设计，在满足约束和功能需求的同时，以代价最优的系统架构为输出。其实质是给出一个算法，使之能够自动寻找面向约束条件的软件/硬件最佳折中点，并由此产生实际的系统架构。软件和硬件两种实现在性能和成本上有显著差别，软硬件划分是协同设计的关键问题之一，其目标是最大化资源利用率，并在满足先后约束和共享资源冲突约束的条件下最小化系统的执行时间。

在传统方法中，微处理器和 ASIC 单元都可以看成顺序执行的处理单元，任务的划分和调度就是决定在处理单元上的任务分配和执行顺序，同时保证其性能和资源约束。在动态重构系统中，可重构硬件的动态重构能力使得电路功能可根据程序的执行来选择，这种灵活性打开了硬件电路的新应用，提高了系统的使用能力和灵活性。在使用动态重构系统处理应用问题时，主要涉及以下三个问题。

(1) 将应用划分为在可重构硬件和微处理器上执行的两部分。

(2) 调度软硬件任务及任务间的通信操作，降低/隐藏在可重构硬件上执行的任务的重构延时，最大化可重构硬件上任务间的并发执行能力。

(3) 最优化任务在可重构硬件上的资源分配和布局，这里使用第 5 章给出的 2D 区域模型下的任务布局方法。

8.1.1 系统模型

在保持系统代价增加很少的情况下，尽量提高系统的性能，可以使用各种类型的、不同数量的可编程计算资源，而不仅限于一个特殊的目标系统结构。动态重构系统是由微处理器和可重构硬件构成的，除自身的局部内存外，两者都可以访问全局内存，如图 8.1 所示的动态重构系统模型（DRSM）定义为

$$DRSM = H \bigcup \{P\}$$

(8.1)

其中，P 为微处理器，H 为硬件任务集合 $\{(H_1, T_1), \cdots, (H_k, T_k)\}$，$k$ 为硬件任务的数目，H_i 是具有不同功能的硬件任务，其大小随功能的复杂程度而定，T_i 是每个硬件任务对应的重构时间，其大小与该硬件任务占用的相应面积成正比，$1 \leqslant i \leqslant k$。同软件实现一样，相同的硬件任务也可以被多次使用。输入系统的应用为分解好的任务，微处理器用于实现控制密集的任务；可重构硬件用于加速计算密集的任务，根据在可重构硬件上运行的硬件任务的尺寸，在 2D 区域模型化的可重构硬件上进行逻辑资源的分配与功能配置。由于内存实现占用的逻辑资源量比较大，片内的内存资源一般都比较少。微处理器、内存和可重构硬件（或可重构硬件的动态重构区域）之间的连接采用总线方式，微处理器和可重构硬件通过共享内存通信，系统内存访问带宽由总线的带宽模型化。另外，该系统结构及其算法能够比较容易地扩展到松耦合系统上。

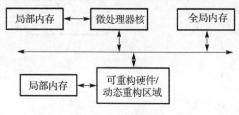

图 8.1　系统模型

　　动态重构系统中的算法一般都有两种实现体：基于可重构硬件的硬件实现和基于微处理器（核）的软件实现。操作系统负责管理所有软件、硬件实现的任务，可重构硬件上执行的任务根据应用的执行流程动态确定。当任务被调度到可重构硬件上执行时，首先需要为之分配相应的逻辑资源，并下载配置信息进行相应逻辑功能的配置，然后实现该算法在可重构硬件上的执行，并且多个任务可以并发执行。对于调度到微处理器上的任务，则以软件方式串行执行。此外，该系统模型对应用还作如下假设。

　　（1）每个硬件任务的实现是粗粒度的，每个任务都能被可重构硬件容纳，且可以在 2D 区域模型上动态（部分）重构。

　　（2）在目前的可重构硬件和系统结构中，与操作的执行时间相比，重构时间是不能忽略的，而且假设任务之间的通信总能满足其要求。

　　（3）重构时间依赖于执该任务所需的逻辑资源量，其中某区域上的资源重构可以与其他区域上的任务执行重叠。

　　该系统优化的目标是将对可重构硬件的应用有影响的计算分解为不同的任务，并确定它们的相继执行顺序，最大限度地利用有限的可重构硬件资源，更好地利用微处理器和可重构硬件协同工作，最小化应用问题的处理时间。

8.1.2　任务模型

　　任务前驱图是系统的行为级描述，主要描述系统中任务间的控制、数据关系以及每个任务的成本信息，包括限制任务执行顺序的数据依赖关系信息等，而与系统实现时采用的体现结构无关。在动态重构系统中，应用也可被描述为一个考虑重构延时和部分重构的任务前驱图，它是一个有向无环图，定义为三元组 $G = <V, R, E>$，节点表示任务，包含其软件、硬件成本信息，边表示任务间的通信，其权重代表两个任务之间的通信开销，如图 8.2(a)所示。

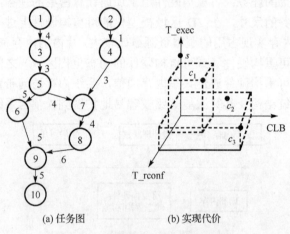

(a) 任务图　　　　　　　　(b) 实现代价

图 8.2　任务图及任务的实现代价

其中，$V = \{v_i, i = 1, \cdots, N\}$ 表示任务集合，任务 v_i 是粗粒度的，$1 \leq i \leq N$，$N = |V|$ 为图中节点的个数。v_i 被定义为一个二元组 $v_i = \{F(v_i), H(v_i)\}$，$F(v_i)$ 表示功能函数的软件实现，微处理器上执行时间的估计值为 v_i^{sw}。$H(v_i)$ 表示功能函数的硬件实现，v_i^{clb} 表示硬件任务配置在 2D 模型化的可重构硬件上所占用的逻辑资源量。假设每个硬件任务都是矩形形状的，其属性仍采用第 5 章中的设置；执行该硬件任务所需要的配置时间设为 v_i^{rc}；任务在可重构硬件上执行时间的估计值为 v_i^{hw}。因此，一个具体的任务 v_i 可表示为 $v_i = (v_i^{sw}, v_i^{rc}, v_i^{hw}, v_i^{clb}, v_i^{m})$，参数分别为软件任务的执行时间、硬件任务的配置时间、执行时间和占用的逻辑资源量，以及该任务所需的存储空间。

每个任务除了软件实现之外，根据任务的具体实现技术，如采用流水线级数不一样等，还可能有多种不同的硬件实现方式。因此，将任务 v_i 的实现方式集合定义为 $R = \{r_1, \cdots, r_N\}$，$r_i \in \text{DRSM} = H \bigcup \{P\}$，$1 \leq i \leq N$。每个任务根据实现方式不同，其实现代价也有所区别，即占用的逻辑资源量有所不同，图 8.2(b)显示了任务的四种不同实现代价。

由于软件和硬件两种实现的执行方式不同，无法比较其运行的绝对时间。例如，在软件环境下，特别是在多进程、有 I/O 操作的场合下，软件实现的算法的执行时间是不好估计的。采用 FPGA 等硬件实现的算法，它在被映射到芯片上的过程中可能会发生资源不足的情况，因此无法单纯从时间角度比较两种方式的优劣。忽略数据存取方面的时间差异，可重构系统只有在满足式（8.2）时才具有时间优势，其中 T_{penalty} 是

指确定该算法实现方式和重构过程的不相关开销，包括资源分配、等待、替换等操作时间

$$v_i^{sw} > v_i^{hw} + v_i^{rc} + T_{penalty} \qquad (8.2)$$

$E = \{e_{ij}; i, j = 1, \cdots, N\}$ 表示任务间的通信集合，N 为图中任务节点的个数。通信 e_{ij} 是节点 v_i 和 v_j 之间的一条有向边，意味着任务 v_i 之后是 v_j，节点 v_i 和 v_j 之间的边由依赖于通信链路的传输时间标识。设 ρ_i 为边 e_{ij} 上的字节数，λ_B 为总线支持的每个数据包中的字节数，τ_B 为一个数据包在总线上的通信时间，Ω_B 为访问总线上的数据包的时间，则在边 e_{ij} 上传送数据的时间为

$$t_i = \left\lceil \frac{\rho_i}{\lambda_B} \right\rceil (\tau_B + \Omega_B) \qquad (8.3)$$

从任务前驱图出发，软硬件划分的目标是选择哪些任务使用硬件执行，哪些任务使用软件执行，以使整个应用的执行时间最小化。但是，对于在可重构硬件上执行的任务，首先要根据其尺寸在 2D 区域模型上查找相应的空闲资源并进行功能重构，然后启动任务的执行，因此在进行任务调度时应该尽量隐藏不可忽略的重构开销，更好地提高系统的性能。

8.1.3　软硬件划分描述

软硬件划分对系统能够获得的性能有重要影响，例如，数据重用量、要装载的硬件任务数量、计算和数据通信的重叠等方面都严重依赖于划分结果。一旦创建了一个划分，就有可能详细地进行调度，调度的结果依赖于划分的结果。反之，调度结果可以进一步为划分操作提供依据，即说明了系统功能各个子部分各自在何时、何地实现。

软硬件划分问题就是发现由任务前驱图描述的应用到动态重构系统的时空映射，每个节点表示可以映射到微处理器或者可重构硬件上的一个任务。任务的软件和在不同面积下的硬件的执行时间关系如图 8.2 所示，面积使用 CLB 数量进行估计，其值为 0 时代表任务由软件实现（s 点），这里假设硬件的执行速度比软件快。例如，使用流水线或者并行方式实现的硬件可能占用的面积比较大，其重构时间也就会比较长，当然任务的执行时间会相应地减少，因此，根据流水线级数或并行程度不同，同一个任务可能会有多种不同代价的硬件实现（c_1、c_2 和 c_3 点）。但是，如果占用的面积过大，执行时间过短，则重构时间占用的比例增大，不利于性能提高，并且可能会导致任务频繁地换入/换出。如果占用的面积过小，执行时间过长，则对应用的加速能力比较弱，即使能够容纳下多个任务，但由于重构和数据通信等带来的开销会大大影响系统的性能。因此，本章在实验中采用如 c_2 所示的中间代价实现。

在该系统模型上，微处理器和可重构硬件通过共享内存进行通信，假设两者都通过一个固定速率的总线连接到共享内存上。由一条边相连的位于微处理器和可重构硬

件上的两个任务，除数据传送时间之外，其通信时间还包括数据的读写时间。对于分配到同一处理器上的任务之间的通信是瞬间完成的，该时间忽略不计。

（1）应用到微处理器和可重构硬件上的任务划分：决定任务是在微处理器上以软件执行还是在可重构硬件上以硬件执行。

（2）任务到微处理器的调度：给每个分配到微处理器上执行的任务指定一个开始时间。

（3）任务到可重构硬件的调度：给每个分配到可重构硬件上执行的任务指定一个开始时间、在 2D 区域模型中的布局位置和一个指明执行前是否需要重构的标志，并考虑重构延时对任务执行的影响。

（4）处理器间通信事务的调度：给每个可重构硬件和微处理器之间的通信分配一个开始时间，其执行顺序必须与任务的执行顺序一致。

其约束条件如下。

（1）可重构硬件资源是有限的，必须在满足其面积约束的条件下实现应用问题的处理。

（2）对于分配到不同处理器上的任务，当一个任务的所有前驱任务和所有入边（通信）都执行完后才可以开始执行；对于分配到同一处理器上的任务，其开始时间不能早于所有前驱任务的完成时间。

（3）微处理器上的任务串行执行，可重构硬件上的多个任务可并发执行。

8.2　软硬件划分与调度

在给定的系统结构模型上，系统功能描述的划分结果是标识出硬件或软件实现形式的任务，即使是最简单的情况，这样一个划分问题也是 NP 难解的。而且硬件和软件并行的程度、处理器数量的选择、软硬件接口的定义等系统结构的变化都会影响到划分的表示。处理软硬件划分问题的方法主要有两类：一类是构造方法，一层一层地比较解的优劣程度，再从各层中将最佳解抽出比较，获得问题的一组最佳解，如聚簇技术；另一类是迭代方法，一层一层地寻找最佳解，即使可以找到比构造方法还好的解，但其时间复杂度也比构造方法的要大，如网络流、动态规划等技术。遗传算法和模拟退火等基于深度可变搜索方法是目前最常用的方法。

8.2.1　基于遗传算法的软硬件划分

划分就是在一定系统模型的基础上，在解空间中寻找最优解的问题，其本质是一类组合优化问题。遗传算法作为一种全局优化搜索算法，简单通用，鲁棒性强，应用范围广，已成为处理传统搜索方法难于解决的复杂和非线性问题的关键技术之一。如传统软硬件划分的目标一样，在满足可重构硬件资源约束的条件下，使系统的性能达到最大。不同的是需要考虑如下问题。

（1）由于可重构硬件的动态部分重构能力，可根据硬件任务的需要动态分配逻辑资源。

（2）在应用运行过程中，硬件任务的配置带来了重构开销，由于重构端口往往只有一个，需要考虑多个任务的重构顺序问题。

（3）硬件任务在 2D 模型化可重构硬件上布局，以获得尽可能高的资源利用率，提高系统的性能。

基于遗传算法实现的动态重构系统软硬件划分算法描述如下。

1. 染色体编码

遗传算法不直接作用在问题的解空间上，而是利用染色体来编码一个解，编码的选择是遗传算法的一个主要特征，它将影响解的质量，制约遗传操作的选择。针对单微处理器（核）和单可重构硬件构成的系统结构，染色体的编码比较直接且容易扩展。每个任务被表示为一个二进制基因，为 0 表示分配到微处理器上，为 1 表示分配到可重构硬件上，如图 8.3 所示，染色体是一个长度为任务数 N 的向量。这种编码策略使得像交叉和变异等遗传操作容易使用，并且不会产生无效染色体，也很容易扩展到松散耦合系统结构上。这里针对任务进行编码，而不是针对任务实例，以免需要为任务准备软件和硬件多种实现代码，占用过多的存储空间。即对于周期性的任务来说，不管该任务对应的多个任务实例执行多少次，都是在相对固定的处理器上执行。

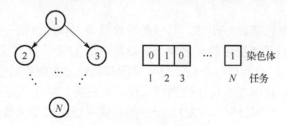

图 8.3　染色体编码示意图

由于在可重构硬件上的逻辑资源是运行时能够动态部分重构的，对于每一个不同的染色体，根据分配到可重构硬件上的任务即基因不同，可重构硬件上的任务个数、重构时间、重构过程与计算的重叠情况等都会发生变化，调度算法包含了硬件任务的重构延时、并发执行以及部分重构等特征。

2. 代价函数

由于遗传算法是一个优化方法，必须为其定义一个代价函数。不像 ASIC 实现，经常需要最小化硬件的面积代价。可重构硬件可以进行动态部分重构，可以突破硬件容量的限制，使用小硬件实现大任务，其面积的最小化问题基本不再考虑。当然，如果面积是一个优化目标，处理任务的布局问题必须要先知道可重构硬件的物理尺寸，这是比较困难的。

对于实时系统，使用基于累计推后量的代价函数，对于已划分和调度的系统，任

务 v_i 的推后量可由式（8.4）计算，其中 $ft(v_i)$ 表示任务 v_i 的完成时间，$dt(v_i)$ 表示任务 v_i 的截止时间

$$d(v_i) = \begin{cases} 0, & ft(v_i) < dt(v_i) \\ ft(v_i) - dt(v_i), & ft(v_i) > dt(v_i) \end{cases} \tag{8.4}$$

那么，所有任务的推后量可由式（8.5a）计算，式中 G 表示应用的任务流图。对于周期性的任务，其总推后量公式如式（8.5b）所示，其中 G_j 表示 G 中的第 j 个子任务图，v_{ji} 表示第 j 个子任务图中的第 i 个任务。以这种方式，通过最小化该函数，目标是找到一个具有零推后量的调度，也就是满足时序约束的解

$$D(G) = \sum_{i=1}^{N} d(v_i) \tag{8.5a}$$

$$D(G) = \sum_{j=1}^{M} D(G_j) = \sum_{j=1}^{M} \sum_{i=1}^{N} d(v_{ji}) \tag{8.5b}$$

动态重构系统的目标是通过对可重构硬件资源的时分复用最小化应用的执行时间，其代价函数定义为

$$D(G) = \text{MIN} \left(\sum_{i=1}^{N} f(v_i) \right) \tag{8.6}$$

3. 算法流程

本章的算法主要包括以下步骤，其中参数设置是由多次试验分析确定的。

（1）初始化：为了使初始种群多样化，随机产生 M 个个体（染色体），M 为种群数目，$N \leq M \leq 2N$，N 为任务个数，每个基因都以相同的概率被设置为 0 或者 1。

（2）个体评价：使用动态优先级调度算法调度任务，并用其结果来衡量划分的良好程度。个体的适应度通过对式（8.7）给出的线性等级适应度函数的评估得出，其中 $rank(p)$ 为个体 p 在以评估函数值的降序排列的列表中的位置索引，Max 和 Min 分别为最大值 X 和最小值 x

$$\begin{cases} X = \text{MAX} \left\{ \text{Min} + (\text{Max} - \text{Min}) \dfrac{rank(p) - 1}{M - 1} \right\} \\ x = \text{MIN} \left\{ \text{Min} + (\text{Max} - \text{Min}) \dfrac{rank(p) - 1}{M - 1} \right\} \end{cases} \tag{8.7}$$

（3）差分进化：它是遗传算法的一个变种，用于子代个体的生成，与其他方法相比，它在解空间连续的问题上更加快速和稳定。为了保证每一代的优良个体不被破坏，子代生成前将父代中最好的解直接复制到下一代，目前选择前 1/5 直接复制到下一代。对于剩余的个体，利用随机选择的两个个体 p_1、p_2 的差作为扰动与第三个个体 p_i 相加产生新的个体 p_i'，公式如式（8.8）所示，其中 F 为常数，算法中定为 0.6。然后，p_i 和 p_i' 进行均一交叉操作产生新的个体 p_i''，则适应度高的进入子代

$$p_i' = p_i + F \times (p_1 - p_2) \tag{8.8}$$

（4）变异操作：为了克服进化过程中出现的早熟和停滞现象，克服有可能陷入局部解的弊病，算法中将变异概率设置为 0.01 进行变异操作。然后，重新计算新个体的评估值和适应度，并根据适应度丢弃失败者，加入新个体形成新的一代。

（5）如果满足停止标准中的一个（找到满足要求的解或者达到最大代数），停止并输出结果，否则转（2）。

爬山算法善于进行局部搜索，能够使用更好的相邻解代替当前解，很好地弥补了遗传算法不能很好地进行局部搜索的缺点。利用遗传算法与爬山算法的互补性，将两者相结合实现软硬件的划分，能够取得更好的划分效果。爬山算法与遗传算法相结合的方法（HCGA）之一是在遗传算法运行完成后，使用爬山算法对遗传算法得到的全局最优解或种群进行局部优化，从而得到划分的整体最优解，虽然这种方式节省了算法的运行时间，但执行效果和算法的收敛速度都不是很好。在每次遗传找到的解空间中使用爬山算法进行局部搜索，能够更好地加快算法的收敛速度，更快地找到问题的最优解，即（1）~（4）同遗传算法的流程；应用爬山算法对得到的新种群进行局部搜索，如果当前解的邻居比它更优，则用邻居替换当前解；如果满足停止标准中的一个（找到满足要求的解或者达到最大代数），停止并输出结果，否则转（2）。

8.2.2 动态优先级调度算法

应用模型可抽象为一组操作及其依赖关系的集合，调度定义为给集合中的每个任务分配一个执行开始时间，任务之间通过某种关系相连，任务执行时需要使用资源，资源数量的有限导致了某些任务执行需要串行化。调度的结果是由一组整数表示的一组操作的起始时间，目标是最小化整个执行延迟，也就是最小化执行所有操作所需的时间。

在动态重构系统中，微处理器和总线上的调度如同传统的调度一样，也是获得任务的一个线性执行序列，也就是决定在串行设备上的执行顺序和启动时间，使整个应用具有最小的执行时间。在可重构硬件上执行的任务包括重构和执行两个阶段，除非该任务已经在可重构硬件上，否则在执行前需要进行重构。可重构硬件上的调度还是一个受约束的布局问题，不仅要找出其开始时间，还要在满足先后关系和资源约束的条件下，找出任务在可重构硬件上的布局位置。

调度算法的目标是针对一个划分结果，找到整个任务流图的最短时间的指派和任务执行顺序。如上所述，调度算法作为划分算法的子例程，在遗传算法的个体评价阶段调用以评价划分的结果。在应用执行过程中，由于可重构硬件的动态部分重构能力、并发执行和重构延时的存在，对调度算法的评价方式也发生了变化，静态优先级不能有效地动态表示应用的实际执行状况。由于软硬件划分依赖于具体的应用和设计目标，所以需要符合动态重构系统的软硬件划分的运行时调度器。

　　动态优先级调度算法维持两个就绪任务队列，分别存放微处理器和可重构硬件上就绪的任务，任务的前驱节点和通信都执行完之后才可进入执行状态。对于有数据依赖关系的两个任务来说，不论是否分配到同一处理单元上，通信时间由通信数据量和总线速率决定，并且通信是独占总线的，因此可将通信看作调度到总线上的任务进行统一处理。也就是说，两个任务之间的通信操作分为对共享内存的存取操作，即把通信时间分成写结果、读结果的时间，因此将其通信时间分别包含在通信源任务和目的任务中。微处理器和可重构硬件根据资源使用情况选取就绪队列中的任务加以执行，并更新任务就绪队列，直到完成任务流图中的所有任务，计算出任务流图的完成时间。

　　1. 算法输入

　　算法的输入为应用的任务流图，它是使用逆邻接表表示的单源单终点的有向无环图（AOV 网）。如果有多个并发任务流图，可以通过增加虚拟源节点、终节点的方式扩展为一个单源单终点的任务流图，如图 8.4 的虚节点 S、E 所示。对于存在时间约束的任务流图，可以通过给虚任务设定相应的处理时间来满足其时间约束的要求，例如，增加的虚节点 X 的执行时间为 d1–d2，其中 d1>d2。第二个输入参数是一个染色体，表示任务流图中每个任务的实现方式，程序中是从遗传算法的上一步接收表示一次划分结果的个体。

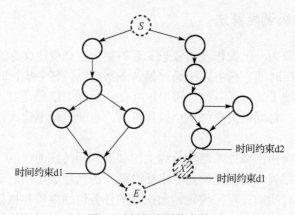

图 8.4　任务流图的合并

　　2. 计算优先级

　　表调度是可以在线性时间内产生较好调度结果的启发式方法，在表调度中有一个未被调度的任务列表，它们是按照优先级排序的。当多个任务准备好时，调度算法选择具有最高优先级的来运行，如何计算优先级是不同的表调度算法的关键特征。常用的标准包括尽早调度（ASAP）、尽可能晚调度（ALAP）、移动性（mobility）等，这些优先级对于解决某些问题是有效的，但经常受制于它们的静态性质，即值在调度前计算。在调度期间，静态计算的优先级不能准确地描述任务的动态性质。

调度算法在计算过程中使用式（8.9）给出的动态优先级，其中 dyna_ASAP 表示动态 ASAP 启动时间，ALAP 的值保持不变，通过静态计算获得。在以逆邻接表表示的 AOV 网上，首先计算出其关键路径，然后给出每个任务节点的 ASAP 和 ALAP 值，其中每个节点的 ASAP 值取多条路径所获得的最大值，每个节点的 ALAP 值取多条路径所获得的最小值，任务之间的通信时间已被分配到进行通信的源、目的任务上。大 ASAP 值意味着任务必须后调度，因此优先级较低，同样，大 ALAP 值意味着任务可以晚执行，也是优先级较低

$$priority(v_i) = -(dyna\_ASAP(v_i) + ALAP(v_i)) \qquad (8.9)$$

不像静态标准，一旦任务被调度后，所有的 dyna_ASAP 值将被重新计算以反映当前的状态。计算动态优先级的算法描述如下，对于每个就绪任务，从其所有的前驱任务中得出最近完成时间，然后沿时间维搜索可重构硬件直到找到容纳该任务的空闲区域，将这个时间赋给 dyna_ASAP，并根据它来计算动态优先级。下一步，调度算法选择具有最高优先级的任务放到可重构硬件上。其中，compute_ft 函数用于计算执行队列 TaskOnExecuteQue 中的所有前驱任务的最晚完成时间；search_RH_time 函数用于搜索该任务所有的前驱任务完成之后，能够布局该任务的位置所需要的时间；如果没有足够的空间容纳该任务，则使用函数 remove_this_task 将该任务从就绪队列删除，并将其优先级置为最小，再次进入就绪队列时重新计算其优先级。

```
for (each_ready_task_onRH)
{
    finish_time = compute_ft (TaskOnExecuteQue, predecessors);
    dyna_ASAP = search_RH_time (finish_time);
    if (no_enough_RH)
    {
        dyna_ASAP = MAX ; //系统最大值
        remove_this_task (TaskOnReadyQue);
    }
    dyna_priority = -(dyna_ASAP + ALAP);
}
```

3. 2D 任务布局

在计算和选择出最高优先级的任务之后，需要根据可重构硬件的资源状态为其选择相应的空闲区域，然后进行功能重构后启动任务的执行，并更新相应的资源状态表。在本书第 4 章的原型系统中采用的 1D 线性硬件模型不能有效地利用可重构资源，本实验采用了第 5 章提出的 2D 任务布局方法。在可重构硬件的 2D 区域模型中，没有明确地将动态区域分为固定大小的逻辑块，而是在运行时根据应用执行的需要动态分配和管理。

在应用的执行过程中，硬件任务在可重构区域的不断添加和删除会使得资源变得不连续，造成多个相互独立的空闲区域的存在。对于运行时调度到可重构硬件上的任务，

就可能有多个位置可以容纳该任务，因此应该确定将任务布局到可重构硬件上的哪个位置，以便于更好地管理和利用可重构资源。我们给出了在 TT-KAMER 资源管理算法下实现的 FF 和启发式 BF 算法，本实验将其作为一个子例程，用于实现硬件任务在可重构硬件上的仿真实现。在 2D 模型化的可重构硬件上，在已有具体功能配置的区域上重构时，首先需要刷空该区域的当前配置，否则会造成不必要的连接而导致布局失败，虽然在程序仿真时忽略了该操作的时间，但这并不会影响仿真结果的准确性。

4. 重构开销优化

ASIC 能够最大化电路资源的并行性，但其面积开销、造价等都很大，而可重构硬件通过在运行时对逻辑资源的动态部分重构，使得面积、造价等相比 ASIC 都有很大程度的降低，同时它付出的是对逻辑资源进行重构的控制和时间等开销。在现有技术水平下，重构开销是可重构计算实用化的主要障碍之一。

随着可重构硬件和动态部分重构技术的快速发展，重构时间已经显著缩短。然而，与持续增长的芯片速度相比，重构延时的开销仍然是需要考虑的。尽管这个延时主要是由可重构硬件的特征决定的，通过使用正确的划分和调度算法，仍然能够减小些许重构代价。使用重构延时调整动态优先级的算法如下，其基本思想是根据任务可重用的可能性动态地调整任务的优先级，如果可以重用已有的硬件任务，执行该任务不需要再重构相应的逻辑资源，则该任务将被分配更高的优先级。

任务缓存由驻留在可重构硬件上的已完成的任务和正在运行的任务两部分组成，check_task_on_TaskOnRH 函数用于查找任务缓存中是否存在相同的任务。如果命中则提高任务的优先级，并记录该位置和任务的启动时间。因此，实验对 2D 任务布局进行了改进，当一个硬件任务执行完成之后，并不是立刻将其从可重构区域中删除，而是在为下一任务分配资源发生不足的情况下，统一调度进行可重构资源的更新操作。但是，资源更新的开销增加了应用的执行时间，因此缓存策略的好坏对系统性能具有较大的影响。

```
for(each_ready_task_toRH)
{
    compute_dyna_priority_of_each_task ( );
    find_max_priority_task ( );
    if (task_onRH_not_empty)
    {
        check_task_on_TaskOnRH ( ) ;
        if (hit_cache)
        {
            dyna_priority = - (dyna_priority - conf_time);
            save_time&position ( );
        }
    }
    else break ;
}     //根据调整后的优先级调度任务
```

5. 算法流程

调度算法的输入是任务流图及其一个划分结果，对于给定的这个划分，也就是为每个任务指派了一个处理单元，调度算法的功能就是为指派到同一处理单元上的任务确定执行的先后顺序，并负责不同处理单元上任务之间的同步工作，并计算出该任务流图在给定划分下的完成时间。

算法执行时首先创建两个就绪队列，分别存放将要调度到微处理上和可重构硬件上的就绪任务，并创建相应的任务执行队列和可重构硬件上的任务缓存队列，在使用硬件任务缓存的情况下，任务结束后便加入缓存队列，在发生资源不够时才根据相应的算法进行替换。然后计算出所有任务节点的 ASAP、ALAP 值和优先级，并根据任务的优先级进行调度，可重构硬件上的任务调度流程如图 8.5 所示。首先将没有前驱

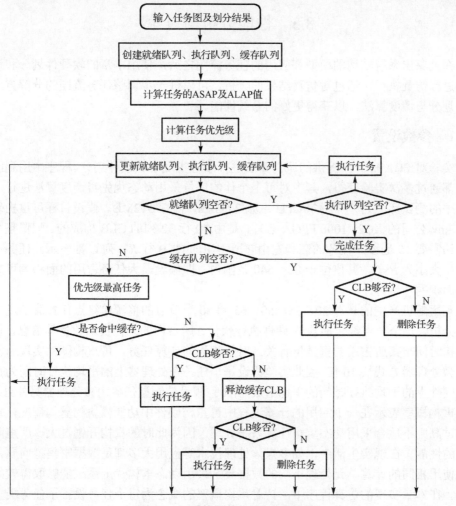

图 8.5　可重构硬件执行任务流程图

和没有入边的任务放入相应的就绪队列；根据优先级调度就绪队列中的任务，微处理器串行执行任务，可重构硬件在资源数量允许的情况下，可以同时调度多个任务并发执行，微处理器与可重构硬件并发执行；一旦有任务调度之后，更新就绪任务队列和未被调度任务队列，重新计算所有剩余任务的 ASAP 值，对于在可重构硬件上执行的任务优先级根据任务缓存的情况进行调整，并更新就绪任务的优先级；直到所有的任务被调度完成，最后根据得出的每个任务的结束时间等信息计算任务图的完成时间。

此外，对于在可重构硬件上执行的多个任务，还可以重新按照顺序关系生成对应的位流流图，因为都是在可重构硬件上执行，所以不用划分可以直接进行调度。依据可重构硬件的配置状况和任务执行情况，调度算法决定哪个任务被新来的替换掉，进一步减小了重构开销，从而能够缩短总的应用执行时间。

8.3　性能分析与讨论

在抽象出系统结构的模型和应用的任务流图之后，使用本章的软硬件划分和调度算法进行仿真执行，通过对仿真结果的分析，可以进一步调整任务流图的分解方法和任务划分与调度算法，以获得更好的系统性能。

8.3.1　参数设置

实验对 PGAPack 库提供的遗传算法进行改进实现了软硬件划分，程序中用到的参数大都通过多次实验获得，其中对每个个体的评价采用动态优先级调度算法进行。仿真程序的测试环境为：英特尔 CPU 主频 2.8GHz，内存 512MB。假设目标可重构硬件是 Xilinx 公司的 XC2V1000 FPGA 芯片，是由 40 行 32 列的 CLB 构成的，配置整个芯片大约需要 15 毫秒。任务的高和宽由它所占用的 CLB 行 R、列 C 数表示，任务占用的面积大小为 $R×C$，其值位于 80～640 范围内，即假设最大任务占用的面积为可重构硬件面积的一半。

利用随机产生的具有 20、35、50、65 和 80 个节点的单源单终点任务流图进行测试与分析，每个节点都包括软件/硬件执行代价、所占用的硬件资源数量等信息，任务的重构时间与其所占用的资源量有关。对于相同的计算任务，可重构硬件实现通常比使用微处理器方式快 10 倍，因此实验假设每个任务在处理器上的平均执行时间为在可重构硬件上的平均执行时间的平均倍数为 10。假设控制型任务由微处理器另外处理。

重构概率表示在一个应用的计算过程中可重构硬件中功能模块的重构情况，重构概率过高则不适合采用动态重构计算系统处理，因为此时的重构开销过大，严重降低系统的性能。在现实生活中，如多媒体处理技术等应用大多都是数据密集型问题，即重复使用相同的计算单元处理不同的数据集，采用动态重构片上系统能够取得较好的性能。在本章实现的仿真程序中，针对重构概率的概念为每个任务设置了任务类型标识，不同类型的任务，其相应参数的设置有所不同。若对应用问题分解后所获得的任务类型比较少，则硬件模块重用的可能性升高，此时重构概率低，从而重构开销也会降低，有利于发挥动态重构片上系统的性能。

与微处理中应用代码缓存缩短指令的访问时间一样，为了进一步减小系统的重构开销，在程序中使用了可重构模块缓存的方法，即当某个硬件任务完成时，并不立即回收它所占用的逻辑资源，而是继续让其驻留在可重构硬件上，当新来的任务与其相同时可以直接启动执行，而当新来的任务没有资源可用时，才使用最近最少使用算法进行替换。

另外，可重构硬件上的逻辑资源管理和硬件模块的布局仍然使用第 5 章给出的相关约定。

8.3.2　实验结果及分析

由于以往大多针对嵌入式系统进行软硬件划分的研究，且对于可重构系统来讲，目前还没有统一的固定结构模型，其研究和仿真方法差别比较大，本实验依赖于本章的系统模型和参数设置进行，主要是对算法性能和可重构资源利用率方法的分析。

根据应用问题的具体特征，使用不同的分解方法，可将应用分解为粒度不同的任务集合，实验中首先考虑粒度较小的情况，即可重构硬件上能够同时容纳的任务数比较多。由于重构概率的取值不同会对逻辑缓存具有较大的影响，实验将任务类型数目设置为 6，每个类型的任务所占用的 CLB 数量从 80 到 320 个不等。任务的高 R、宽 C 之比过大或者过小都不利于综合后对逻辑资源的利用，因此实验假设 R/C 的值接近于 1。

在遗传算法中，基因的长度为任务图中的节点数，对应的种群数目为 1～2 倍的节点数，其余相关参数设置如表 8.1 所示。

表8.1　相关参数设置

参数名	值
初始化概率	0.5
适应度等级	1.1
交叉类型	均一交叉
交叉概率	0.6
变异概率	0.01
爬山步长	4～9

1. 划分算法扩展性分析

通过对具有不同数目节点的任务图的划分操作，可以分析划分算法本身的可扩展性能。图 8.6(a)和图 8.6(b)分别显示了 GA 与 HCGA 在处理不同大小的任务图时，找到相同最优解时所花费的遗传代数和算法运行时间之间的关系图，其中可重构硬件上任务布局采用了 FF 算法，并且未考虑硬件模块缓存的情况。由此可知，对于规模更大的任务以及分解为更细粒度的子任务，即随着任务图节点数的增加，两种算法的运行时间都在增加，尤其是 HCGA 算法在取得更好的性能的同时，其运行时间的增长也相对较快。但软硬件划分算法的运行时间对系统性能的影响相对较小，能够实现软硬件任务的在线划分。

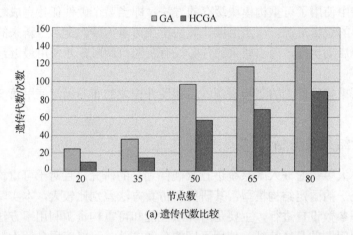

(a) 遗传代数比较

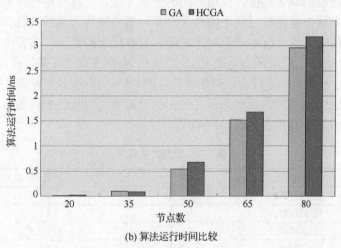

(b) 算法运行时间比较

图 8.6　遗传代数及算法运行时间比较

　　由于算法运行时间的测量受到 CPU 活动的影响较大，在实际测试过程中，算法运行时间是多次测量求平均值得到的结果，有时结果差异相对较大。因此，采用系统时钟的测量结果不十分准确，更宜于采用划分算法的遗传代数来表示。

2. 划分算法有效性分析

　　对于节点数为 50 的任务图，使用 GA 和 HCGA 执行软硬件划分时，获得的最优解和平均解随遗传代数的变化趋势如图 8.7 所示，其中任务在 40×32 的动态重构矩形区域上的布局使用 FF 算法，且未考虑硬件模块缓存的情况。

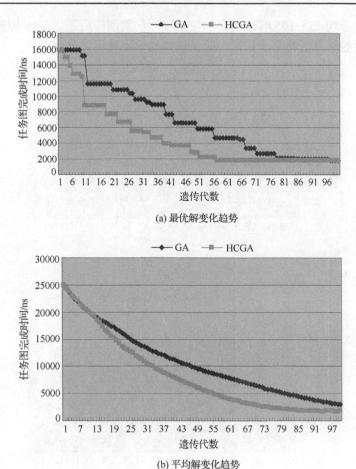

(a) 最优解变化趋势

(b) 平均解变化趋势

图 8.7　最优解及平均解随遗传代数变化趋势

可以看出，两种算法都取得了较好的性能，并且 HCGA 取得了比遗传算法更好的性能，HCGA 找到最优解时的遗传代数比 GA 算法平均少 20 左右，在相同遗传代数下的平均解也优于 GA 的，因此这两种算法都是行之有效的。

3. **硬件任务缓存的影响**

在当前的硬件水平下，可重构硬件的重构开销是不能忽略的，为了降低/隐藏重构开销对系统性能的影响，更好地利用硬件任务的缓存是一种有效的方法，即任务运行结束后并不立即被换出，而是继续驻留在 FPGA 上。如同现代计算机系统中采用的指令和数据缓存一样，良好的缓存机制可以有效地减少系统的访问时间，提高系统的性能。

对于具有 80 个节点规模的任务图，使用 GA 实现的软硬件划分获得的最优解和平均解之间的关系如图 8.8(a) 和图 8.8(b) 所示，其中硬件任务的布局使用 FF 算法。实验中取 ρ 为 0.01，因此可计算任务的重构时间。由于当程序的局部性原理比较差时，如当搜索过程执行到 75～105 时，缓存的使用反而起到副作用了。总体上来说，由于任务缓存的使用能够降低其重构开销，其性能要好于不使用任务缓存的。

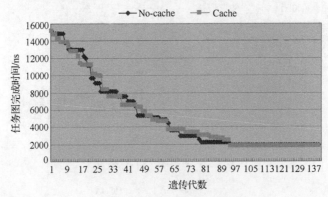

(a) 硬件模块缓存对最优解的影响

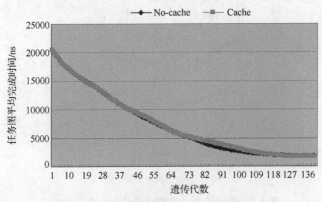

(b) 硬件模块缓存对平均解的影响

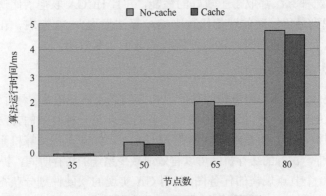

(c) 硬件模块缓存对算法运行时间的影响

图 8.8　硬件模块缓存对最优解、平均解及算法运行时间的影响

但任务缓存的使用增加了运行过程中的匹配操作，使得算法的运行时间有所增加，图 8.8(c)给出了在不同规模任务图上的运行时间关系。在此，任务缓存的替换采用先进先出的顺序进行。

4. 布局算法的影响

在硬件规模一定的情况下，BF 算法能比 FF 获得更高的资源利用率，因此对任务图完成时间和划分算法运行时间都会产生一定的影响。对于具有 80 个节点的任务图，在 GA 执行软硬件划分的过程中，任务布局使用 FF 和 BF 算法时的最优解和平均解之间的关系如图 8.9(a)和图 8.9(b)所示。由于资源利用率高，能够为更多的任务提供执行空间，所以使用 BF 算法时获得了较快的处理速度。

图 8.9(c)显示了 GA 在使用 FF 和 BF 算法情况下的算法执行时间的比较，随着遗传代数的增加，算法运行时间越来越长。使用 BF 算法对任务和 MER 尺寸的最佳匹配等操作比 FF 需要花费更长的时间，因此导致 GA 在使用 BF 算法时的执行时间长一些。

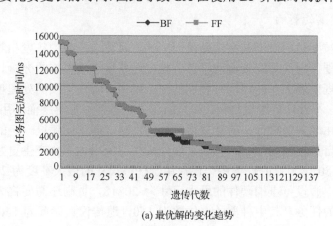

(a) 最优解的变化趋势

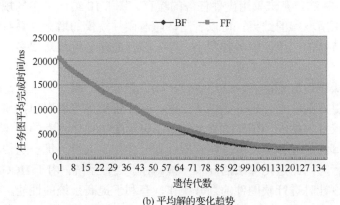

(b) 平均解的变化趋势

图 8.9　最优解、平均解随遗传代数变化趋势及算法运行时间比较

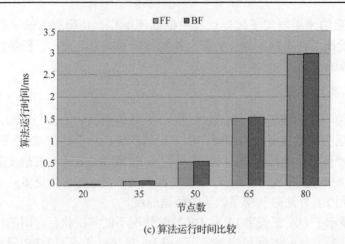

(c) 算法运行时间比较

图 8.9 最优解、平均解随遗传代数变化趋势及算法运行时间比较（续）

5. 任务粒度的影响

由于任务粒度是相对于其宿主硬件而言的，且更改任务的粒度相对复杂，在此通过改变可重构硬件的尺寸间接实现了任务粒度对系统性能影响的分析。任务粒度越小，可重构硬件的规模越大，能够同时容纳的任务越多，对任务图的处理也就越快。当然在极端情况下，不管任务粒度如何，如果所有的任务都能被容纳而不用重构，如 ASIC 方式一样最大化地并发执行，能够取得最好的性能。即说明超过一定的硬件量之后，受到应用问题自身特征的限制，再增大硬件规模对应用也不会产生更好的执行结果。

对于具有 80 个节点的任务图来说，由于任务尺寸的最大高度为 20，最大宽度为 18，所以实验中假设可重构硬件的最小尺寸为 20×18，否则还需要将大任务进一步分解为多个更小的任务，其中种群的个体数为 160，遗传代数设置为 150 代，硬件任务的布局采用 FF 算法，且未采用硬件任务的缓存。图 8.10 给出了不同规模下的可重构硬件完成该应用所取得的结果，可以看出，随着硬件规模的增大，系统性能呈现增长的趋势。对于特定的应用，任务粒度小，并发执行的任务就相对增多，系统的性能就会提高。

动态优先级调度算法能够较好地评价软硬件划分的结果，为采用遗传算法等优化搜索操作取得更好的软硬件划分提供了依据。从实验结果可以看出，遗传算法和混合算法都取得了较好的性能，由于 HCGA 结合了善于全局优化搜索的遗传算法和局部优化搜索的爬山算法的互补性，所以在软硬件划分操作上取得了优于遗传算法的性能，但其代价是运行时间比遗传算法的要长一些。对于实时系统，由于 HCGA 的执行时间较长，适合在设计时进行软硬件的划分操作，有利于提高系统的性能。在动态重构片上系统上进行高速处理时，由于任务粒度相对较小，问题的解空间不会过大，软硬件划分算法能够在适当的时间内得出最优解，满足系统的执行要求，具有较好的性能。

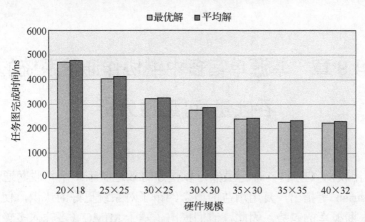

图 8.10　任务图完成时间的变化趋势

8.4　本 章 小 结

本章对动态重构系统的软硬件划分与调度算法进行了软件仿真，利用遗传算法的全局优化搜索能力和爬山算法的局部优化搜索能力，并采用动态优先级调度算法进行划分结果的评价，有效地解决了基于 2D 区域模型的可重构硬件的动态部分重构能力和重构延时等特征下的软硬件划分问题。

第 9 章　单源单宿多中继协作通信系统的
吞吐量-可靠性分析

分集-复用权衡（DMT）理论虽然可以快速有效地验证一个物联网通信系统的性能，但是 Azarian 等指出，复用增益的概念约束了对系统更好的认识，使其无法更好地预测系统中断概率的趋势。因此，他们提出了基于 MIMO（多输入多输出）系统的吞吐量-可靠性权衡（TRT）的概念。有关 DMT 和 TRT 在 MIMO 中的应用，我们已经在绪论中作了说明。Azarian 等提出了一个开放问题，即 TRT 能否在除 MIMO 系统以外的更一般的信道模型中成立。本章将对此作深入研究，试图找到 TRT 在单源单宿协作物联网通信系统中的表达式。

9.1　系　统　模　型

我们建立一个单源单宿多中继的 1-N-1 协作物联网通信系统。假设所有的信道是均值为 0，方差为 1 的平坦瑞利分布，并且在一帧内保持不变。接收机观测到的噪声为均值为 0 的高斯分布，并假定每个中继均为半双工的通信模式。本章中 g_i 表示信源和第 i 个中继之间的信道系数，h_i 表示第 i 个中继和信宿之间的信道系数，h 代表信源和信宿之间的信道系数，中继之间不存在通信和干扰。我们采用相关参考文献中的分时复用的空时调度策略来安排 N 个中继的使用顺序。在传输过程中，中继节点按照预先安排好的顺序轮流接收和发射数据。假定一帧长为 l。第 i 个中继 r_i 在第 i 个时隙接收一个符号，并在下一个时隙发送。当 $l > N + 1$ 时，将从第一个中继开始新一轮的循环。然而此模型需要每个中继只能接收到来自信源的信号，而不受其他中继发射信号的干扰。有文献给出了一个实际的物理应用场景，即假设传输顺序相邻的节点相距较远，以至于下一个中继节点超出了上一个中继节点的传输范围。在此模型上，我们将深入分析基于 AF 和 DF 协议的 TRT 表达式。本章的数学符号说明如下：$(x)^+$ 代表 $\max\{0, x\}$，$\mathbf{R}^N$ 和 $\mathbf{C}^N$ 表示 N 元的实数域和复数域向量集合，$\mathbf{R}^{N+}$ 代表 N 元的正实数向量集合。若集合 $O \subseteq \mathbf{R}^N$，则用 O^c 表示 O 的补集，用 O^+ 表示 $O \cap \mathbf{R}^{N+}$。当 ρ 趋于无穷大时，$\lim_{\rho \to \infty} \log_2 f(\rho) / \log_2 \rho = a$（$a$ 为常数），则我们将其表示为 $f(\rho) = \rho^a$。

9.2 基于 AF 协议的吞吐量-可靠性权衡分析

9.2.1 数学模型及引理

在基于 AF 协议的分时复用策略（slotted AF，SAF）中，接收端在一帧内的接收信号可以表示为

$$y = Hx + \begin{bmatrix} 0 & O \\ O & \Xi \end{bmatrix} \begin{bmatrix} 0 \\ w \end{bmatrix} + v \tag{9.1}$$

其中，$y \in C^l$ 表示信宿接收的信号向量；$x = [x_0, \cdots, x_{l-1}]^T \in C^l$ 表示信源的发射信号向量，方差为 P；$w \in C^{l-1}$ 中的元素表示每个在其接收时隙内所观测到的方差为 σ_w^2 的噪声；$v \in C^l$ 表示信宿观测到的方差为 σ_w^2 的噪声；$\Xi \in C^{(l-1)\times(l-1)}, H \in C^{l\times l}$ 且

$$\Xi = \begin{bmatrix} h_0 b_0 & \cdots & 0 & \cdots & 0 \\ \vdots & & \vdots & & \vdots \\ 0 & \cdots & h_{i_N} b_i & \cdots & 0 \\ \vdots & & \vdots & & \vdots \\ 0 & \cdots & 0 & \cdots & h_{(l-2)_N} b_{l-2} \end{bmatrix}$$

$$H = \begin{bmatrix} \hbar & 0 & \cdots & 0 & 0 & \cdots & 0 & 0 \\ g_0 h_0 b_0 & \hbar & \cdots & 0 & 0 & \cdots & 0 & 0 \\ \vdots & \vdots & & \vdots & \vdots & & \vdots & \vdots \\ 0 & 0 & \cdots & \hbar & 0 & \cdots & 0 & 0 \\ 0 & 0 & \cdots & g_{i_N} h_{i_N} b_i & \hbar & \cdots & 0 & 0 \\ \vdots & \vdots & & \vdots & \vdots & & \vdots & \vdots \\ 0 & 0 & \cdots & 0 & 0 & \cdots & \hbar & 0 \\ 0 & 0 & \cdots & 0 & 0 & \cdots & g_{(l-2)_N} h_{(l-2)_N} b_{l-2} & \hbar \end{bmatrix}$$

其中，下标 i_N 表示 $(i \bmod N)$；$b_i \left(b_i \leqslant \sqrt{P/(|g_{i_N}|^2 P + \sigma_w^2)} \right)$ 为中继放大系数，在以后的讨论中，取其平均值，即 $b = \sqrt{P/(P + \sigma_w^2)}$。下面介绍三个在后续 TRT 分析中用到的引理。

引理 9.1 定义变量 $\eta = \dfrac{\log_2(1 + \rho|m|^2)}{R}$，其中 R 为传输速率，m 服从均值为 0、方差为 1 的瑞利分布变量，则 η 的概率密度分布函数（probability density function，PDF）为

$$p(\eta) = \frac{R \ln 2}{\rho} \exp\left(-\frac{2^{\eta R} - 1}{\rho} \right) 2^{\eta R} \tag{9.2}$$

证明：由 m 的分布得出 $|m|^2$ 的概率密度函数为 $p(|m|^2) = \exp(-|m|^2)$。而 $p(\eta) = p(|m|^2)\dfrac{\mathrm{d}|m|^2}{\mathrm{d}\eta}$，将 $|m|^2$ 的 PDF 代入，即得证。

引理 9.2　对于一个传输速率为 R 的 N 跳通信系统，当 ρ 趋向于无穷大时，信源和信宿之间的互信息

$$\log_2\left(1 + \rho\prod_{i=0}^{N-1}|m_i|^2\right) = \sum_{i=0}^{N-1}\alpha_i - (N-1)\frac{\log_2\rho}{R} \tag{9.3}$$

其中，m_i 为第 $i+1$ 跳的信道系数，$\alpha_i = \log_2(1 + |m_i|^2\rho)$。

证明：从式（9.3）右式可得

$$\sum_{i=0}^{N-1}\alpha_i = \log_2\left(\prod_{i=0}^{N-1}(1 + |m_i|^2\rho)\right) \approx \log_2\left(\rho^N\prod_{i=0}^{N-1}|m_i|^2\right)$$

$$\approx \log_2\left(1 + \rho\prod_{i=0}^{N-1}|m_i|^2\right) + (N-1)\log_2\rho \tag{9.4}$$

命题得证。

引理 9.3　定义一个 $l \times l$ 的矩阵

$$M_l = \begin{bmatrix} |\hbar|^2 & h_0^*\hbar & \cdots & 0 & 0 \\ h_0\hbar^* & |\hbar|^2 + |h_0|^2 & \cdots & 0 & 0 \\ \vdots & \vdots & & \vdots & \vdots \\ 0 & 0 & \cdots & |\hbar|^2 + |h_{t-3}|^2 & h_{l-2}^*\hbar \\ 0 & 0 & \cdots & h_{l-2}\hbar^* & |\hbar|^2 + |h_{l-2}|^2 \end{bmatrix}$$

则存在以下不等式

$$\det(I_l + M_l) \leqslant (1 + |\hbar|^2)\prod_{i=0}^{l-2}(1 + |\hbar|^2 + |h_i|^2) - |\hbar|^2\prod_{i=0}^{l-2}|h_i|^2 \tag{9.5}$$

其中，I_l 为 $l \times l$ 单位矩阵。

证明：定义向量 $h \in C^{l-1}$ 且 $h = [0, \cdots, 0, h_{l-2}h^*]$，则

$$I_l + M_l = \begin{bmatrix} I_{l-1} + M_{l-1} & h_{l-1}^+ \\ h_{l-1} & 1 + |\hbar|^2 + |h_{l-2}|^2 \end{bmatrix}$$

根据 Fischer 不等式可得

$$\det(I_l + M_l) \leqslant (1 + |\hbar|^2 + |h_{l-2}|^2)\det(I_{l-1} + M_{l-1})$$

重复使用 Fischer 不等式，则

$$\det(I_{l-1} + M_{l-1}) \leqslant (1+ |\hbar|^2 + |h_{l-3}|^2) \det(I_{l-2} + M_{l-1})$$

$$\vdots$$

$$\det(I_3 + M_3) \leqslant (1+ |\hbar|^2 + |h_1|^2) \det(I_2 + M_2)$$

$$\det(I_2 + M_2) = (1+ |\hbar|^2 + |h_0|^2)(1+ |\hbar|^2) - |\hbar|^2 |h_0|^2$$

$$\det(I_l + M_l) \leqslant (1+ |\hbar|^2) \prod_{i=0}^{l-2} (1+ |\hbar|^2 + |h_i|^2) - |\hbar|^2 |h_0|^2 \prod_{i=1}^{l-2} (1+ |\hbar|^2 + |h_i|^2)$$

因此

$$\leqslant (1+ |\hbar|^2) \prod_{i=0}^{l-2} (1+ |\hbar|^2 + |h_i|^2) - |\hbar|^2 \prod_{i=0}^{l-2} |h_i|^2$$

经过一系列不等式迭代，即可得证。

9.2.2　吞吐量-可靠性权衡分析

在非遍历信道中，常用中断概率衡量系统性能，即当数据传输速率小于瞬时信道容量时的概率。定义中断事件如下

$$O_p \triangleq \{ H \mid I(x; y \mid H = H) < R \} \tag{9.6}$$

其中，H 为一个瞬时信道实现。中断事件发生概率的下界为中断概率，即

$$P_o(R, \rho) = \inf_{A_x} \Pr\{O_p\}$$
$$= \Pr\{\max_{A_x} I(x; y \mid H) < R\} \tag{9.7}$$

Azarian 等已经成功地推导了基于 MIMO 系统的吞吐量-可靠性关系式。同样，在 SAF 协议中我们得出以下定理。

定理 9.1　对于一个单源单宿 N 中继的 SAF 协作通信系统，假定帧长 $l \geqslant N+1$，信道在一帧内保持不变，则存在 $k(N \geqslant k \geqslant 0, k \in Z)$ 个操作区域，在每个操作区域内有以下吞吐量-可靠性关系式成立

$$\lim_{\substack{\rho \to \infty \\ (R, \rho) \in R(k)}} \frac{\log_2 P_o(R, \rho) - c(k)R}{\log_2 \rho} = -g(k) \tag{9.8}$$

其中，$R(k)$ 是第 k 个操作区域；$g(k)$ 为系统在相应操作区域内的可靠性增益；$c(k)$ 为系统在相应操作区域内的吞吐量增益。

考虑两种情况，即 $(l-1)_N = 0$ 和 $(l-1)_N \neq 0$。第一种情况为 $(l-1)_N = 0$，则 k 个操作区域退化为两个区域，即

$$R(k) \triangleq \begin{cases} \left\{ (R, \rho) \mid \dfrac{(l-1)(k+1)}{lN} > \dfrac{R}{\log_2 \rho} > \dfrac{(l-1)/k}{lN} \right\}, & N > k \geqslant 0 \\[4mm] \left\{ (R, \rho) \mid 1 > \dfrac{R}{\log_2 \rho} > \dfrac{l-1}{l} \right\}, & k = N \end{cases} \tag{9.9}$$

相应的 $\{c_1(k), g_1(k)\}$ 如下

$$\{c_1(k), g_1(k)\} \triangleq \begin{cases} \left\{1 + \dfrac{lN}{l-1}, 1+N\right\}, & m > k \geqslant 0 \\ \{1,1\}, & k = N \end{cases} \tag{9.10}$$

第二种情况为 $(l-1)_N = m(0 < m < N)$。即 $l-1$ 不能被 N 整除，此时我们可以给出操作区域的上下界，分别对应两种假设：①最后 m 个符号被信道状况最好的 m 个中继所转发；②最后 m 个符号被信道状况最差的 m 个中继所转发。对于第一种假设，k 个操作区域退化为三个区域，对于第二种假设，k 个操作区域同样退化为三个区域

$$R_1(k) = \begin{cases} \left\{(R,\rho) \mid \dfrac{(l-1+N-m)(k+1)}{lN} > \dfrac{R}{\log_2 \rho} > \dfrac{(l-1+N-m)k}{lN}\right\}, & m > k \geqslant 0 \\ \left\{(R,\rho) \mid \dfrac{(l-1-m)(k+1)+mN}{lN} > \dfrac{R}{\log_2 \rho} > \dfrac{(l-1-m)k+mN}{lN}\right\}, & N > k \geqslant m \\ \left\{(R,\rho) \mid 1 > \dfrac{R}{\log_2 \rho} > \dfrac{l-1}{l}\right\}, & k = N \end{cases} \tag{9.11}$$

相应的 $\{c_1(k), g_1(k)\}$ 为

$$\{c_1(k), g_1(k)\} \triangleq \begin{cases} \left\{1 + \dfrac{lN}{l-1+N-m}, 1+N\right\}, & m > k \geqslant 0 \\ \left\{1 + \dfrac{lN}{l-1-m}, 1 + \dfrac{(l-1)N}{l-1-m}\right\}, & N > k \geqslant m \\ \{1,1\}, & k = N \end{cases} \tag{9.12}$$

对于第二种假设，k 个操作区域同样退化为三个区域

$$R_2(k) \triangleq \begin{cases} \left\{(R,\rho) \mid \dfrac{(l-1-m)(k+1)}{lR} \dfrac{R}{\log_2 \rho} > \dfrac{(l-1-m)k}{lN}\right\}, & N-m > k \geqslant 0, \\ \left\{(R,\rho) \mid \dfrac{(l-1+N-m)(k+1)+mN-N^2}{lN} > \dfrac{R}{\log_2 \rho} > \dfrac{(l-1+N-m)k+mN-N^2}{lN}\right\}, & N > k \geqslant N-m \\ \left\{(R,\rho) \mid 1 > \dfrac{R}{\log_2 \rho} > \dfrac{l-1}{l}\right\}, & k = N \end{cases} \tag{9.13}$$

相应的 $\{c_2(k), g_2(k)\}$ 为

$$\{c_2(k),g_2(k)\} \triangleq \begin{cases} \left\{1+\dfrac{lN}{l-1-m},1+N\right\}, & N-m>k\geqslant 0 \\[4mm] \left\{1+\dfrac{lN}{l-1+N-m},1+\dfrac{(l-1)N}{l-1+N-m}\right\}, & N>k\geqslant N-m \\[3mm] \{1,1\}, & k=N \end{cases} \tag{9.14}$$

证明： 见附录 A.1。

我们深入分析 TRT 和 DMT 之间的联系，SAF 协议的 DMT 表达式在 Yang 的文章中给出

$$d(r)=(1-r)^{+}+N\left(1-\frac{l}{l-1}r\right)^{+} \tag{9.15}$$

显然，帧长 l 越大，获得的分集增益就越大。另一方面，在 Yang 的文章中只考虑了 $(l-1)_N=0$ 的情况，而当 $(l-1)_N\neq 0$ 的情况，DMT 无法给出确切的上下界。从 SAF 协议的 DMT 表达式可以看出，DMT 曲线上存在导数不连续的拐点，拐点之间的区域与 TRT 的操作区域对应，这意味 MIMO 系统中的关系

$$g(k)=d(k)-kd'(k), \quad c(k)=-d'(k) \tag{9.16}$$

在 SAF 协议中同样存在。

9.2.3 基于吞吐量-可靠性权衡的误帧率分析

Zheng 等指出，中断概率是误帧率的下界，同时在信噪比和帧长足够大的情况下，误帧率将无限逼近中断概率，因此，我们得出如下定理。

定理 9.2 对于一个单源单宿 N 中继的 SAF 协作通信系统，假定帧长 $l\geqslant N+1$，信道在一帧内保持不变，则存在 $k(N\geqslant k\geqslant 0,k\in Z)$ 个操作区域，在每个操作区域内有以下公式成立

$$\lim_{\substack{\rho\to\infty \\ (R,\rho)\in R(k)}} \frac{\log_2 P_e(R,\rho)-c(k)R}{\log_2 \rho}=-g(k) \tag{9.17}$$

其中，$P_e(R,\rho)$ 为系统误帧率；$R(k)$、$c(k)$ 和 $g(k)$ 与定理 9.1 中定义相同。

证明： 见附录 A.2。

9.2.4 仿真结果与分析

我们采用蒙特卡罗（Monte-Carlo）仿真来验证系统性能。假设接收端观测到的噪声均服从均值为 0、方差为 1 的高斯分布。传输速率 R 意味着每个信道（或符号）传输 R 比特（bit per-channel use，BPCU），帧长 l 意味着每帧包含有 l 个符号（symbols per-frame，SPF）。下面的仿真考虑中继个数 $N=2$ 的情况。

1. 帧长对系统性能的影响

考虑 4、8 和 12 BPCU 三种信息传输速率下的误符号率（symbol error probability，SEP）、误帧率（frame error probability，FEP）和中断概率。为了突出帧长对系统性能的影响，我们选择 3、7、11 和 15 SPF 的情况。通过对 SAF 协议的分析得知，帧长 l 越大，被中继转发的符号越多，意味着被中继保护的符号就越多，因此误符号率就越低。图 9.1 说明了这一点。但是 l 和误帧率的关系却不像误符号率那么明朗。通过图 9.2 我们可以看出，在每个传输速率下，均存在一个临界点 $(\log_2 \rho_{\mathrm{cri}}, R)$，当小于 $\log_2 \rho_{\mathrm{cri}}/R$ 时，大的帧长将导致高的误帧率；而当大于 $\dfrac{\log_2 \rho_{\mathrm{cri}}}{R}$ 时，恰恰相反，大的帧有助于降低误帧率。定理 9.2 的证明有助于解释这种奇怪的现象。我们首先回顾证明中的误帧率表达式，即

$$
\begin{aligned}
P_e(R, \rho) &\leqslant \iiint\limits_{\bar{O}} 2^{\left(1-\max\left\{\tilde{\bar{\beta}}, \frac{1}{l}\sum\limits_{i=0}^{l-2} \tilde{\gamma}_{i_N}\right\}\right) lR} p(\tilde{\bar{\beta}}, \tilde{\alpha}, \tilde{\beta}) \mathrm{d}\tilde{\bar{\beta}} \mathrm{d}\tilde{\alpha} \mathrm{d}\tilde{\beta} \\
&\leqslant \iiint\limits_{\bar{O}^c} 2^{\left(1-\max\left\{\tilde{\bar{\beta}}, \frac{1}{l}\sum\limits_{i=0}^{l-2} \tilde{\gamma}_{i_N}\right\}\right) lR} p(\tilde{\bar{\beta}}, \tilde{\alpha}, \tilde{\beta}) \mathrm{d}\tilde{\bar{\beta}} \mathrm{d}\tilde{\alpha} \mathrm{d}\tilde{\beta}
\end{aligned} \tag{9.18}
$$

临界点 $(\log_2 \rho_{\mathrm{cri}}, R)$ 满足

$$
\max\left\{\frac{\log_2\left(1 + \frac{\rho_{\mathrm{cri}}}{2} \mid \hbar \mid^2\right)}{R}, \frac{\sum\limits_{i=0}^{l-2} \log_2\left(1 + \frac{\rho_{\mathrm{cri}}}{2} \mid g_{i_N} h_{i_N} \mid^2\right)}{lR}\right\} = 1 \tag{9.19}
$$

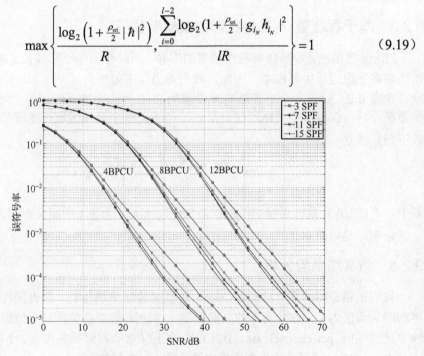

图 9.1　不同帧长下的误符号率

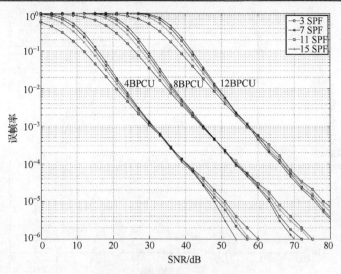

图 9.2　不同帧长下的误帧率

显然，当小于 $\dfrac{\log_2 \rho_{\text{cri}}}{R}$ 时，落在子集 $\tilde{O}$ 中，l 越大，误帧率越大；反之，当大于 $\dfrac{\log_2 \rho_{\text{cri}}}{R}$ 时，落在子集 $\tilde{O}^c$ 中，l 越大，误帧率越小。

　　图 9.3 揭示了中断概率随帧长变化的曲线图，即帧长越大，中断概率越低。另一方面，我们基于 TRT 的误帧率分析也总结出，随着帧长的增加，误帧率将不断逼近中断概率曲线，图 9.4 则给出了这种趋势，误帧率在帧长 $l = 31$ 时将比 $l = 3,7,11,15$ 时更加接近中断概率。

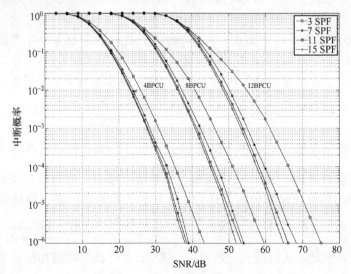

图 9.3　不同帧长下的中断概率

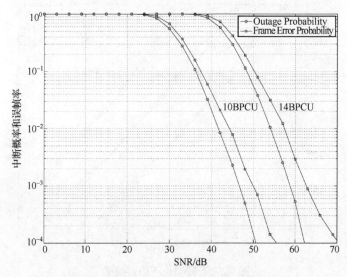

图 9.4　帧长为 31 的中断概率和误帧率比较

2. 吞吐量–可靠性权衡与中断概率

TRT 表达式在 R 和 ρ 足够大时给出了中断概率 $P_o(R,\rho)$ 随着 R 和 ρ 变化的预测

$$\log_2 P_o(R,\rho) = c(k)R - g(k)\log_2 \rho, \quad (R,\rho) \in R(k) \tag{9.20}$$

我们考察三种传输速率，即 $R = 18, 28, 38$ BPCU 时的 TRT 分析。图 9.5 是 TRT 在 $(l-1)_N = 0$ $(l = 3,7,11,15\,\mathrm{SPF})$ 时预测的中断概率曲线图。由图可见随着帧长的增大，中断概率越来越小，这和图 9.5 中的中断概率仿真曲线相一致。这种现象可以通过 TRT 分析得到解释，在定理 9.1 中，$-g(k)$ 表示在操作区域 k 中中断概率曲线的斜率。在操作区域 $k = N$ 时，斜率仅为 -1。而一旦进入操作区域 $k < N$，中断概率将以 $-N$ 的斜率急剧下降。因此穿越操作区域 $k = N$ 而进入操作区域 $k < N$ 所需信噪比的大小极大地影响了系统性能。定理 9.1 告诉我们，当 $1 > \dfrac{R}{\log_2 \rho} > \dfrac{l-1}{l}$ 时，处于 $k = N$ 的操作区域，即所需的信噪比大小由 $\dfrac{1}{l}$ 和 R 决定。帧长越大，传输速率越小，则所需信噪比越小，越容易进入 $k < N$ 操作区域，中断概率越小。同时我们也观察到，在 R 一定的情况下，当帧长足够大时，这种由增加帧长所带来的系统性能的提升将不再明显，这是由于决定 $k = N$ 操作区域的 $\dfrac{1}{l}$ 在帧长趋于无穷大时，$\lim\limits_{l \to \infty} \dfrac{l}{l + \Delta l} = \dfrac{1}{l}$，其中 Δl 为增加的帧长。因此，我们假设，当帧长 $l > RN$ 时，可以忽略增加帧长所带来的中断概率的减小。

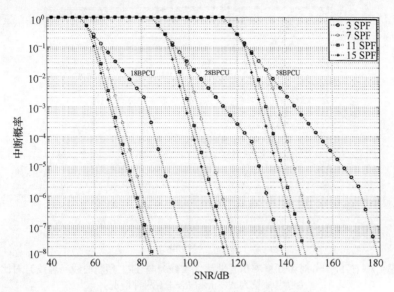

图 9.5　TRT 预测下不同帧长的中断概率曲线

从图 9.6 可以看出，对应于两种极端情况的中断概率的差别主要体现在 $k < N$ 的操作区域内。图 9.7 和图 9.8 分别是帧长 $(l-1)_N = 0$ 和 $(l-1)_N \neq 0$ 两种情况下的 TRT 预测曲线与实际仿真的中断概率曲线，可以看出，当 R 和 ρ 足够大时，TRT 预测曲线分段线性地逼近中断概率曲线。

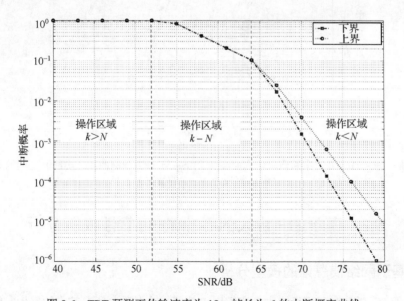

图 9.6　TRT 预测下传输速率为 18、帧长为 6 的中断概率曲线

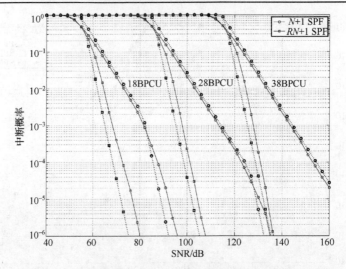

图 9.7　$(l-1)_N = 0$ 时中断概率仿真曲线（实线）与 TRT 预测曲线（虚线）对比
（考虑帧长为 $N+1$ 和 $RN+1$ 两种情况）

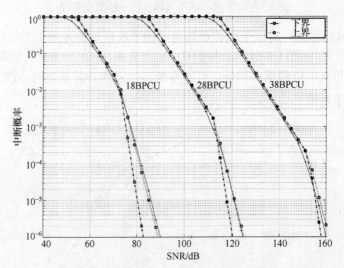

图 9.8　$(l-1)_N = 0$ 时中断概率仿真曲线（实线）与 TRT 预测曲线（虚线）之间的对比
（考虑帧长为 $N+2$ 的情况）

9.3　基于 DF 协议的吞吐量-可靠性权衡分析

9.3.1　基于网络信息论的模型分析

在基于 DF 的分时复用策略中，我们用 P 表示一个时隙内所有节点的平均发射功率，其中信源 s 的平均发射功率为 κP，第 j 个中继的平均发射功率为 $T_j P(j = 0, \cdots, N-1)$，则

$$\kappa + \sum_{j=0}^{N-1} T_j = 1, \quad \kappa, T_0, \cdots, T_{N-1} \geqslant 0 \tag{9.21}$$

定义系统信噪比为 $\rho \triangleq \dfrac{P}{\sigma^2}$，其中 σ^2 为每个接收机所观测到的噪声方差。我们将利用 Gupta 的文章中中继网络系统容量的分析结论，深入探讨 SDF 协议的容量边界。由于 Gupta 的文章在对中继系统进行网络信息论的分析中只从信息流的角度研究系统，未考虑系统延迟并假设所有中继节点均工作在全双工（full duplex）状态。同时，采用了马尔可夫迭代编码证明了系统容量可达性，即一帧中第 i 个符号的编码和译码依赖于前 $i-1$ 个符号的信息。因此，在对 SDF 协议分析之前，我们对系统模型作以下假设。

（1）不考虑系统的延迟，只基于信息流的考虑。

（2）中继联合检测，即第 i 个中继在译码时已经知道前 $i-1$ 个中继的译码结果。在这两种假设下，N 个中继 $r_1, \cdots, r_N$ 可以看成一个虚拟中继 r。在一帧 l 个时隙内，r 在第一个时隙处于休眠状态，从第二个时隙到第 l 个时隙则工作在全双工模式。$s \to r$ 信道和 $r \to d$ 信道在每个时隙按照瑞利分布进行变化，即把 N 个中继在空间上的分集等价成虚拟中继在时间上的分集。根据 Gupta 的文章中基于单中继系统的容量分析，这种等价模型的系统容量上界为

$$I_{\max} \leqslant \max\left\{ \sup_{p(X_s, X_r)} \min\{I(X_s; Y_r \mid X_r), I(X_s, X_r; Y_d)\}, \max_{x_r \in \mathcal{X}_r} \sup_{p(X_s \mid X_r = x_r)} I(X_s; Y_d \mid X_r = x_r) \right\} \tag{9.22}$$

其中，X 代表发射端，Y 代表节点的接收端，发射信号 x 从符号集 X 中任意选择。在一个信道实现 H 下，定义三个中断事件

$$O_{s;r} \triangleq \left\{ H \mid I(X_s; Y_r \mid X_r, H) = \sum_{i=0}^{l-2} \log_2(1 + \kappa\rho \mid g_{i_N} \mid^2) < lR \right\}$$

$$O_{s,r;d} \triangleq \left\{ H \mid I(X_s, X_r; Y_d \mid H) = \log_2(1 + \kappa\rho \mid \hbar \mid^2) + \sum_{i=0}^{l-2} \log_2\left(1 + k\rho \mid \hbar \mid^2 + \frac{lT_{i_N}}{M_{i_N}} \rho \mid h_{i_N} \mid^2 \right) < lR \right\}$$

$$O_{s;d} \triangleq \left\{ H \mid I(X_s; Y_d \mid X_r, H) = \log_2(1 + \kappa\rho \mid \hbar \mid^2) < R \right\} \tag{9.23}$$

其中，M_{i_N} 是一帧的周期内第 i_N 个中继的传输次数，则有 $\sum_{i=0}^{l-2} M_{i_N} = l - 1$。根据式（9.22）界定的系统容量，可得出 SDF 协议的系统中断区域，即

$$O_p = \{H \mid \max\{\min\{I(X_s; Y_r \mid X_r, H), I(X_s, X_r; Y_d \mid H)\}, I(X_s; Y_d \mid X_r, H)\} < lR\} \tag{9.24}$$

即 $O_p = (O_{s;r} \bigcup O_{s,r;d}) \bigcap O_{s;d}$。注意到区域 $O_{s;r}$ 和 $O_{s,r;d}$ 不相交，且 $O_{s,r;d} \subseteq O_{s;d}$，则系统的中断概率为

$$P_o = P(O_p) = P((O_{s;r} \bigcup O_{s,r;d}) \bigcap O_{s;d}) = P((O_{s;r} \bigcap O_{s;d}) \bigcup O_{s,r;d})$$
$$= P(O_{s;r})P(O_{s;d}) + P(O_{s,r;d}) - P(O_{s;r})P(O_{s,r;d})$$
$$= P(O_{s;r})(P(O_{s;d}) - P(O_{s,r;d})) + P(O_{s,r;d}) \qquad (9.25)$$

式（9.25）表明 P_o 是中断概率 $P(O_{s;r})$、$P(O_{s;r;d})$ 和 $P(O_{s;d})$ 的增函数。因此，确定了后三者的上下界便确定了系统中断概率的上下界。

9.3.2 吞吐量-可靠性分析

下面的定理给出了基于 SDF 的 TRT，以及相应的操作区域划分。在附录 A.3 的证明中，系统中断概率的上下界首先确定。在推导了系统中断概率边界的基础上，进一步研究 SDF 协议的 TRT 表达式。证明过程和 SAF 协议类似。

定理 9.3　对于一个单源单宿 N 中继的 SDF 协作通信系统，假定帧长 $l \geqslant N+1$，信道在一帧内保持不变，则存在 $\kappa(N \geqslant \kappa \geqslant 0, \kappa \in Z)$ 个操作区域，在每个操作区域内有以下吞吐量-可靠性关系式成立

$$\lim_{\substack{\rho \to \infty \\ (R,\rho) \in R(k)}} \frac{\log_2 P_o(R,\rho) - c(k)R}{\log_2 \rho} = -g(k) \qquad (9.26)$$

其中，$R(k)$ 是第 k 个操作区域，$g(k)$ 为系统在相应操作区域内的可靠性增益，$\dfrac{g(k)}{c(k)}$ 为系统在相应操作区域内的吞吐量增益。

考虑两种情况，即 $(l-1)_N = 0$ 和 $(l-1)_N \neq 0$。第一种情况为 $(l-1)_N = 0$，则 k 个操作区域退化为两个区域，即

$$R(k) \triangleq \begin{cases} \left\{ (R,\rho) \middle| \dfrac{(l-1)(k+1)}{lN} > \dfrac{R}{\log_2 \rho} > \dfrac{(l-1)k}{lN} \right\}, & N > k \geqslant 0 \\[3mm] \left\{ (R,\rho) \middle| 1 > \dfrac{R}{\log_2 \rho} > \dfrac{l-1}{l} \right\}, & k = N \end{cases} \qquad (9.27)$$

相应的 $\{c(k), g(k)\}$ 为

$$\{c(k), g(k)\} \triangleq \begin{cases} \left\{ 1 + \dfrac{lN}{l-1}, 1+N \right\}, & N > k \geqslant 0 \\[3mm] \{1,1\}, & k = N \end{cases} \qquad (9.28)$$

第二种情况为 $(l-1)_N = m (0 < m < N)$。即 $l-1$ 不能被 N 整除，此时我们可以给出操作区域的上下界，分别对应两种假设：①最后 m 个符号被 $s \to r$ 信道状况最好的 m 个中继所转发；②最后 m 个符号被 $s \to r$ 信道状况最差的 m 个中继所转发。对第一种假设，k 个操作区域退化为三个区域

$$R_1(k) \triangleq \begin{cases} \left\{ (R,\rho) \,\Big|\, \dfrac{(l-1+N-m)(k+1)}{lN} > \dfrac{R}{\log_2 \rho} > \dfrac{(l-1+N-m)k}{lN} \right\}, & m > k \geqslant 0 \\[3mm] \left\{ (R,\rho) \,\Big|\, \dfrac{(l-1-m)(k+1)+mN}{lN} > \dfrac{R}{\log_2 \rho} > \dfrac{(l-1-m)k+mN}{lN} \right\}, & N > k \geqslant m \\[3mm] \left\{ (R,\rho) \,\Big|\, 1 > \dfrac{R}{\log_2 \rho} > \dfrac{l-1}{l} \right\} & k = N \end{cases} \quad (9.29)$$

相应的 $\{c_1(k), g_1(k)\}$ 为

$$\{c_1(k), g_1(k)\} \triangleq \begin{cases} \left\{ 1 + \dfrac{lN}{l-1+N-m}, 1+N \right\}, & m > k \geqslant 0 \\[3mm] \left\{ 1 + \dfrac{lN}{l-1-m}, 1+\dfrac{(l-1)N}{l-1-m} \right\}, & N > k \geqslant m \\[3mm] \{1,1\}, & k = N \end{cases} \quad (9.30)$$

对于第二种假设，k 个操作区域同样退化为三个区域

$$R_1(k) \triangleq \begin{cases} \left\{ (R,\rho) \,\Big|\, \dfrac{(l-1+N-m)(k+1)}{lN} > \dfrac{R}{\log_2 \rho} > \dfrac{(l-1+N-m)k}{lN} \right\}, & m > k \geqslant 0 \\[3mm] \left\{ (R,\rho) \,\Big|\, \dfrac{(l-1-m)(k+1)+mN}{lN} > \dfrac{R}{\log_2 \rho} > \dfrac{(l-1-m)k+mN}{lN} \right\}, & N > k \geqslant m \\[3mm] \left\{ (R,\rho) \,\Big|\, 1 > \dfrac{R}{\log_2 \rho} > \dfrac{l-1}{l} \right\}, & k = N \end{cases} \quad (9.31)$$

相应的 $\{c_2(k), g_2(k)\}$ 为

$$\{c_2(k), g_2(k)\} \triangleq \begin{cases} \left\{ 1 + \dfrac{lN}{l-1-m}, 1+N \right\}, & N-m > k \geqslant 0 \\[3mm] \left\{ 1 + \dfrac{lN}{l-1+N-m}, 1+\dfrac{(l-1)N}{l-1+N-m} \right\}, & N > k \geqslant N-m \\[3mm] \{1,1\}, & k = N \end{cases} \quad (9.32)$$

证明：见附录 A.3。

综合比较定理 9.1 和定理 9.3 中的 TRT 表达式，可见，在不考虑系统延迟以及假设中继联合检测的情况下，SDF 具有和 SAF 相同的系统性能。然而，在中继独立的实际情况下，由于无法使用迭代的马尔可夫编码，每个中继需要独立地对接收信号进行译码，因此，SDF 将无法达到式（9.22）中系统容量的上界，即 SDF 的性能比 SAF 差。

9.3.3　仿真结果与分析

我们采用蒙特卡罗仿真来验证系统性能。假设接收端观测到的噪声均服从均值为 0、方差为 1 的高斯分布。传输速率 R 意味着每个信道（或符号）传输 R 比特，帧长 l 意味着每帧包含 l 个符号。下面的仿真考虑中继个数 $N = 2$ 的情况。

　　由于 SDF 和 SAF 具有相同的 TRT 表达式，所以对于 TRT 的预测曲线以及解释可以参照 9.2 节的仿真。我们首先研究帧长对系统中断概率的影响。如图 9.9 所示，分别对帧长 $l = 3, 7, 11, 15$ SPF 进行了蒙特卡罗仿真，可见，当帧长增加时，中断概率将减小，但是正如 9.2 节的分析，当帧长超过一定值时，这种由增加帧长所带来的中断概率的下降将越来越不明显。当 $l = RN + 1$ SPF 时，可以忽略增加帧长所带来的系统性能的提升。另一方面，考虑 $R = 18, 28, 38$ BPCU 时，TRT 预测曲线与仿真曲线之间的关系。图 9.10 和图 9.11 分别是帧长 $(l-1)_N = 0$ 和 $(l-1)_N \neq 0$ 两种情况下的 TRT 预测曲线与实际仿真的中断概率曲线，可以看出，当 R 和 ρ 足够大时，TRT 预测曲线分段线性地逼近中断概率曲线。

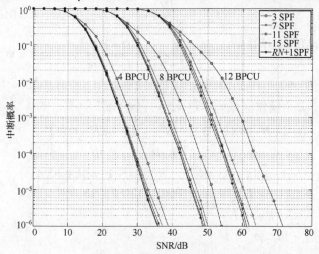

图 9.9　不同帧长下的中断概率

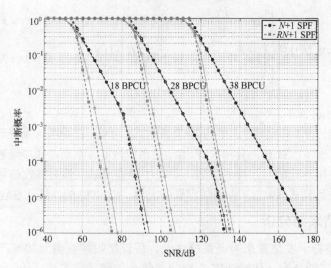

图 9.10　$(l-1)_N = 0$ 时中断概率仿真曲线（实线）与 TRT 预测曲线（虚线）对比
（考虑帧长为 $N+1$ 和 $RN+1$ 两种情况）

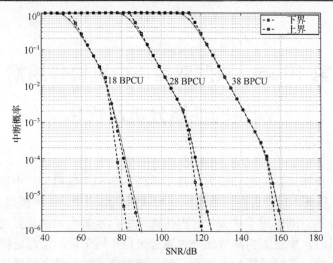

图 9.11　$(l-1)_N=0$ 时中断概率仿真曲线（实线）与 TRT 预测曲线（虚线）对比
（考虑帧长为 $N+2$ 的情况）

9.4　本 章 小 结

　　本章研究了基于单源单宿多中继协作通信系统的吞吐量-可靠性权衡分析，主要讨论了基于分时复用的空时调度策略下 SAF 和 SDF 两种协议。

　　在 SAF 协议中，由于中继对接收信号只作线性放大处理而不进行译码，因此可以看作一个点到点的虚拟 MIMO 系统。在该系统中，$s \to r_i \to d$ 被当成一个点到点信道进行处理，其中 r_i 是第 i 个中继。我们在引理中给出了 $s \to r_i \to d$ 这种多跳信道在信噪比趋于无穷大时概率密度函数的近似表达式。在此基础上，求得系统的中断概率上下界，并据此进一步获得了 SAF 系统的吞吐量-可靠性权衡表达式。另一方面，我们基于吞吐量-可靠性权衡，详细分析了系统误帧率性能。我们的分析指出，在帧长足够大的情况下，系统误帧率和中断概率具有相同的 TRT 表达式。对 SDF 协议的吞吐量-可靠性权衡分析，我们直接利用已有网络信息论中关于单中继通信系统容量上界的分析结果求得系统的中断概率。由于系统容量上界的可达性证明基于单中继的马尔可夫叠加编码，即本时刻的编译码依赖于以前各个时刻的编译码结果，因此，我们假设 SDF 系统的中继可以联合译码以保证系统容量上界的可达性。分析结果表明在此假设下，SDF 具有和 SAF 一样的吞吐量-可靠性权衡表达式。但在中继节点独立译码的情况下，SDF 显然无法达到该容量上界，因此，若中继节点独立译码时，SDF 协议的性能明显劣于 SAF 协议。仿真结果验证了吞吐量-可靠性权衡表达式的正确性，很好地揭示了协作通信系统在 ρ 足够大时，P_o、ρ 和 R 三者之间的关系。同时吞吐量-可靠性权衡表达式还准确地预测了帧长对系统性能的影响，并从理论上阐释了 SAF 协议中不同帧长下的误帧率曲线在某个临界点出现交叉的奇怪现象。

第 10 章 双源双宿单中继协作组播
网络的性能分析及优化

目前物联网协作通信的部分研究仍基于单源单宿的传统模型，中继节点的主要作用是协作分集。然而，对于日益复杂的无线物联网网络来说，这种模型显然不再适用。中继不仅用于分集，同时用于扩大信号的传输范围。当多个信源需要通过相同的中继转发各自的信息时，中继如何高效地处理这些来自不同信源的信息是提高整个物联网网络吞吐量的关键。在绪论中我们提到，基于转发节点的线性有线网络编码已被证明可以达到最大流-最小割的容量上界。在无线物联网通信领域，网络编码的思想已经被广泛应用，更多的研究倾向于将物理层的无线物联网网络编码和协作通信物联网系统结合起来。这些研究主要基于双向信息流模型和多接入模型。为了更好地研究复杂的无线物联网网络模型，我们关注于双源双宿的组播模型单元。目前，尚没有基于这种模型的物理层研究。本章将研究双源双宿单中继模型性能分析和优化，首先提出基于该模型的三种无线物联网网络编码协议，通过对协议的分集-复用权衡分析和误帧率的分析，我们将对系统有深入了解。在此基础上，我们进一步提出有效的功率分配方案。

10.1 系 统 模 型

双源双宿的组播模型不仅具有理论研究价值，而且在实际网络环境中很常见。考虑一个双源双宿单中继的无线物联网通信系统，假设信源 s_0 和 s_1 都要将各自的信息广播到两个信宿 d_0 和 d_1。由于发射功率的限制，$d_0(d_1)$ 将超出 $s_1(s_0)$ 的传输范围。s_0 和 s_1 将通过共享的中继 r 来扩大传输范围。由于中继节点的半双工物理限制，我们比较以下两种传输方案，第一种方案保证了信号在正交的信道上传输，需要 4 个时隙，即

①s_0 将信号 x_{s0} 广播到 r 和 d_0；

②r 将处理后的信号转发到 d_1；

③s_1 将信号 x_{s1} 广播到 r 和 d_1；

④r 将处理后的信号转发到 d_0。

第二种方案采用无线网络编码的方法，需要 2 个时隙，即

①s_0 和 s_1 同时发射信号。s_0 将信号 x_{s0} 广播到 r 和 d_0，同时 s_1 将信号 x_{s1} 广播到 r 和 d_1；

②r 对混合信号进行处理，然后将处理后的信号 $f(x_{s0} + x_{s1})$ 广播到 d_0 和 d_1。

由于 $d_0(d_1)$ 在第一个时隙已经接收到 $s_0(s_1)$ 的信息 $x_{s0}(x_{s1})$，因此，在第二个时隙结束的时候，$d_0(d_1)$ 可以从 $f(x_{s0} + x_{s1})$ 中提取到 $s_1(s_0)$ 的信息。显然，采用网络编码的传输方案需要更少的传输时隙，从而获得了较高的网络吞吐量。

注意到无线网络编码中，根据中继节点的处理函数 f，我们可以定义不同的网络编码协议。类似于协作通信系统的 AF 和 DF 协议，我们定义两类网络编码协议，一种是非再生网络编码（non-regenerative network coding，NRNC），即中继节点对接收到的混合信号不作译码处理，而是像 AF 一样将信息放大重传，因此 f 是一个线性函数；另一种是再生网络编码（regenerative network coding，RNC），即中继节点对两个信源的混叠信号进行译码处理（联合译码或者迭代译码），并将译码后的信号进行叠加并转发。根据合并方式的不同，RNC 可以再分成两种：复数域 RNC（complex field RNC，RCNC）和伽罗华域 RNC（Galois field RNC，RGNC）。前者将译码后的两个符号在复数域叠加，而后者首先分别将每个符号映射为比特流，映射后的比特流在有限域内叠加（按位异或）。最终，叠加后产生的比特流将被反映射为一个新的符号作为中继的发射信号。

不失一般性，我们假设所有的信道是均值为 0、方差为 1 的平坦瑞利分布，并且在一帧内保持不变。接机观测到的噪声为均值为 0 的高斯分布。由于节点的物理限制，我们假定每个中继均为半双工的通信模式，即不能同时接收和发射数据。对于 $k \in \{0,1\}$，$\hbar_k$ 是 s_k 和 d_k 之间的信道系数，g_k 表示信源 s_k 和中继 r 之间的信道系数，h_k 表示中继 r 和信宿 d_k 之间的信道系数。s_0 和 d_1 及 s_1 和 d_0 之间不存在信道连接。

10.2　分集-复用权衡分析

分集-复用权衡是一个快速有效验证通信系统性能的信息论工具。最初产生于 MIMO 系统，并已广泛用于协作通信系统。然而，目前还没有针对基于网络编码的协作组播网络的类似分析。本节的主要工作是把分集-复用权衡的分析应用到协作组播网络之中。推导并比较三种无线网络编码协议以及没有网络编码协议的分集-复用权衡公式，从而得出各种传输机制的性能优劣。

10.2.1　数学模型及引理

我们用 P 表示网络中所有发射节点在一个时隙内的平均发射功率，并假设所有接收机观测到的噪声为均值为 0、方差为 σ^2 的高斯分布。因此，定义系统信噪比 $\rho = \dfrac{P}{\sigma^2}$。定义一个长为 $2l$ 的系统帧 $X_s \triangleq [x_{s_0}, 0, \cdots, x_{s_1}, l-1, x_{s_1}, 0, \cdots, x_{s_1}, l-1]^T$。系统帧由两个信源的发射信号向量组成，即对第 k 个信源，$X_{s_k} = [x_{s_k}, 0, x_{s_k}, 1, \cdots, x_{s_k}, l-1]^T$。所有符号都是从 QAM 调制星座图上等概率随机选择，符号的平均功率为 $2P$。在一帧的时间内，

第 k 个信宿接收到的信号为 $y_{d_k} = [y_{d_k}, 0, y_{d_k}, 1, \cdots, y_{d_k}, 2l-1]^{\mathrm{T}}$。信宿需要从其接收到的信号中恢复出系统帧。我们用 κ_0、κ_1 和 τ 表示 s_0、s_1 和 r 的归一化功率分配因子，即 $\kappa_0 + \kappa_1 + \tau = 1$。

由于中继节点的半双工物理限制，我们采用 Nabar 的文章中的第二种空时调度策略。传输过程将一个系统帧的 $2l$ 个时隙分成两个阶段，第一阶段中，两个信源 s_0 和 s_1 分别同时发射各自的信号向量 x_{s0} 和 x_{s1}。信源 d_k 只能接收到信源 s_k 的发射信号，而中继节点接收到的信号 $y_r = [y_r, 0, \cdots, y_r, l-1]$ 则是两个信源的混合信号。对于每个网络编码协议均有

$$y_{r,i} = g_0 \sqrt{\kappa_0} x_{s_0,i} + g_1 \sqrt{\kappa_1} x_{s_1,i} + v_{r,i}$$

$$y_{d_{k,i}} = \hbar_k \sqrt{\kappa_k} x_{s_{k,i}} + v_{d_{k,i}}, \quad i = 0, \cdots, l-1; \quad k = 0,1 \tag{10.1}$$

其中，$v_{r,i}$ 是中继节点在第 i 个时隙内观测到的噪声；$v_{d_{k,i}}$ 为第 k 个信宿在第 i 个时隙观测到的噪声。

在第二阶段，中继根据所采用的网络编码协议，将处理后的信号广播到两个信宿。这一阶段，由于网络编码协议不同，中继节点处理接收信号的方式也不同。对于这三种协议，我们分别有

$$y_{d_k,l+i} = bh_k y_{r,i} + v_{d_k,l+i}, \qquad \text{NRNC协议}$$

$$y_{d_k,l+i} = h_k (\sqrt{T_0} x_{r_0,i} + \alpha \sqrt{T_1} x_{r_1,i}) + v_{d_k,l+i}, \qquad \text{NRNC协议} \tag{10.2}$$

$$y_{d_k,l+i} = h_k \sqrt{T} x_{r,i} + v_{d_k,l+i},$$

$$i = 0, \cdots, l-1; \quad k = 0,1$$

其中，$\alpha = \mathrm{e}^{\frac{3\mathrm{j}\pi}{4}}$ 用于消除两个符号直接叠加所带来的译码二义性，Wang 等在文章中说明了如何通过相位偏差作为分离复数域叠加符号的方法，称为 Wang's 码；$v_{d_k,l+i}$ 为第 k 个信宿第二阶段内的第 i 个时隙所观测到的噪声；对于 NRNC 协议，放大系数 $b = \sqrt{2TP / (2\kappa_0 |g_0|^2 P + 2\kappa_1 |g_1|^2 P + \sigma^2)}$；对于 NRNC 协议，$x_{r_i,i}$ 为中继节点对第 κ 个信源的第 i 个符号的译码符号 $\hat{x}_{s_{k,i}}$；T_k 为中继节点分配给 $x_{r_k,i}$ 的能量，由于中继节点的功率限制，则有 $\sum_{k=0}^{1} T_k = T$。对于 NRNC 协议，由于译码符号 $\hat{x}_{s_{k,i}}$ 对应的比特流在有限域叠加，故 $x_{r,i}$ 为叠加后比特流所对应的星座图上的符号。为了方便推导网络编码协议下的分集-复用权衡公式，我们借助于协作通信系统中有关分集-复用权衡分析的一些已有结论。特别的，我们将用到如下两个引理，表述如下（我们细化了证明过程，有助于更好地理解）。

引理 10.1　假设 m 是服从均值为 0、方差为 1 的瑞利分布变量。η 是以 $\dfrac{1}{|m|^2}$ 为指数的变量，即 $\eta = -\lim\limits_{\rho \to \infty} \dfrac{\log|m|^2}{\log\rho}$，则变量 η 的概率密度分布函数为

$$p(\eta) = \lim_{\rho \to \infty} \ln(\rho)\rho^{-\eta} \exp(-\rho^{-\eta}) \tag{10.3}$$

证明：由 m 的分布得出 $|m|^2$ 的概率密度分布函数为 $p(|m|^2) = \exp(-|m|^2)$，$p(\eta) = p(|m|^2)\dfrac{\mathrm{d}|m|^2}{\mathrm{d}\eta}$，将 $|m|^2$ 的 PDF 代入，即得证明。

引理 10.2　对于独立同分布的向量 $\eta = [\eta_0,\cdots,\eta_{N-1}]^{\mathrm{T}}$，$\eta$ 中元素属于集合 O 的概率 $P(O)$ 可以表示为

$$P(O) \doteq \rho^{-d_o}, \quad \text{其中} d_o \triangleq \inf_{(\eta_0,\cdots,\eta_{N-1}) \in O^+} \sum_{i=0}^{N-1} \eta_i \tag{10.4}$$

这表明，概率 $P(O)$ 仅依赖于子集 O^+，即集合 O 中为正值的区域。

证明：考虑到

$$\begin{aligned}
P(O) &= \int_O p(\eta_0,\cdots,\eta_{N-1})\mathrm{d}\eta \\
&= \int_{O^+} p(\eta_0,\cdots,\eta_{N-1})\mathrm{d}\eta + \int_{O^{+,c}} p(\eta_0,\cdots,\eta_{N-1})\mathrm{d}\eta
\end{aligned} \tag{10.5}$$

其中，O^+ 表示 $O \cap \mathbf{R}^{N+}$，则 $O^{+,c}$ 意味着 η 中至少有一个非正的元素。由引理 10.1 可得

$$p_\eta \doteq \begin{cases} \rho^{-\infty} = 0, & \eta < 0 \\ \rho^{-\eta}, & \eta \geqslant 0 \end{cases} \tag{10.6}$$

因此，当 ρ 足够大时，$\displaystyle\int_{O^{+,c}} p(\eta_0,\cdots,\eta_{N-1})\mathrm{d}\eta = 0$。另一方面，由 Zheng 的文章中的结论可知

$$\begin{aligned}
P(O) &= \int_{O^+} p(\eta_0,\cdots,\eta_{N-1})\mathrm{d}\eta \\
&= \int_{O^+} p(\eta_0),\cdots,p(\eta_{N-1})\mathrm{d}\eta \\
&= \int_{O^+} \rho^{\eta_0+\cdots+\eta_{N-1}}\mathrm{d}\eta \\
&= \rho^{\inf\limits_{(\eta_0,\cdots,\eta_{N-1}) \in O^+} \sum\limits_{i=0}^{N-1} \eta_i}
\end{aligned} \tag{10.7}$$

命题得证。

分集-复用权衡的分析建立在系统中断概率和误帧率的基础上。在单源单宿的点

到点通信系统中，中断概率和误帧率的定义很明确。然而在双源双宿的协作组播网络中，中断概率和误帧率的定义要复杂很多。考虑到系统的对称性，我们假定两个信源具有相同的信息传输速率 R。模型中的信宿之间相互独立，因此我们有以下定义。

定义 10.1　系统中断事件（system outage event，SOE）：对于信源集合 $S = \{s_0; s_1\}$ 和信宿集合 $D = \{d_0; d_1\}$，当 S 的任意子集与 D 的任意子集之间出现中断时，则认为发生系统中断事件。

定义 10.2　系统无误帧事件（system non-frame error event，SNFEE）：系统无误帧事件当且仅当任意一个信宿成功地接收并译出一个系统帧时发生。

定义 10.3　系统分集增益（system diversity gain，SDG）：定义系统分集增益 $d^*(r)$ 为信噪比趋向于无穷大时，系统误帧率（system frame error probability，SFEP）倒数的对数与信噪比的对数之比值，即

$$d^*(r) \triangleq -\lim_{\rho \to \infty} \frac{\log_2 P_{e,\mathrm{sys}}}{\log_2 \rho} \tag{10.8}$$

其中，$P_{e,\mathrm{sys}}$ 为系统误帧率。

以上三个定义为分集-复用权衡分析中的中断概率和误帧率的计算提供了依据。接下来，我们将针对三种网络编码协议分别讨论。

10.2.2　基于 NRNC 协议的分集-复用权衡分析

用 O_{dk} 表示集合 S 的任一子集与第 k 个信宿 d_k 之间的中断事件。根据系统中断事件的定义可得

$$O_{\mathrm{sys}}^{\mathrm{NRNC}} = O_{d_0} \bigcup O_{d_1} \tag{10.9}$$

其中，$O_{\mathrm{sys}}^{\mathrm{NRNC}}$ 为基于 NRNC 协议的系统中断概率，则系统中断概率为

$$O_{O,\mathrm{sys}}^{\mathrm{NRNC}} = P(O_{\mathrm{sys}}^{\mathrm{NRNC}}) = P(O_{d_0}) + P(O_{d_1}) - P(O_{d_0})P(O_{d_1}) = P_{o,d_0} + P_{o,d_1} \tag{10.10}$$

其中，P_{o,d_k} 为事件 O_{d_k} 的发生概率。由于 $S \to d_k$ 是一个多接入信道，则 O_{d_k} 可以用公式表示为

$$O_{d_k} = \{H \mid I(x_s; y_{d_k} \mid H) < 2lR, I(x_{s_0}; y_{d_k} \mid H) < lR, I(x_{s_1}; y_{d_k} \mid H) < lR\} \tag{10.11}$$

当中断区域 O_{d_k} 确定后，在 ρ 足够大时，我们可以用式（10.10）求出中断概率 P_{o,d_k}。

另一方面，系统误帧率可以表示如下

$$O_{e,\mathrm{sys}}^{\mathrm{NRNC}} = P_{e,d_0} + P_{e,d_1} - P_{e,d_0}P_{e,d_1} \doteq P_{e,d_0} + P_{e,d_1} \tag{10.12}$$

其中，P_{e,d_k} 为第 k 个信宿的误帧率，且它的下界为 P_{o,d_k}。对于 NRNC 协议的分集-复用权衡分析，我们有以下定理。

定理 10.1 NRNC 协议的分集-复用权衡表达式为

$$d^*(r) = (1-r)^+ \tag{10.13}$$

这意味着 NRNC 协议的分集增益和复用增益的最大值为 1。

证明：见附录 A.4。

10.2.3 基于 RCNC 协议的分集-复用权衡分析

用 O_{d_k} 表示集合 S 的任一子集与第 k 个信宿 d_k 之间的中断事件，同时用 O_r 表示集合 S 的任一子集与中继节点 r 之间的中断事件。由于在双源双宿系统中，中继节点起着扩大信号传输范围的作用，所以一旦 S 的任一子集与中继节点 r 之间出现中断，则整个系统出现中断。因此我们定义 RCNC 协议下的系统中断事件为

$$O_{\text{sys}}^{\text{RCNC}} = O_r \bigcup O_{d_0} \bigcup O_{d_1} \tag{10.14}$$

则系统的中断概率为

$$
\begin{aligned}
O_{\text{O,sys}}^{\text{RCNC}} = P(O_{\text{sys}}^{\text{RCNC}}) &= P(O_r \bigcup O_{d_0} \bigcup O_{d_1}) \\
&= P(O_r) + P(O_{d_0}) + P(O_{d_1}) - P(O_r)P(O_{d_0}) - \\
&\quad P(O_r)P(O_{d_1}) - P(O_{d_0})P(O_{d_1}) + P(O_r)P(O_{d_0})P(O_{d_1}) \\
&\doteq P_{o,r} + P_{o,d_0} + P_{o,d_1}
\end{aligned} \tag{10.15}
$$

其中，其中 $P_{o,r}$ 为事件 O_r 的发生概率；P_{o,d_k} 为中继不发生中断时事件 O_{d_k} 的发生概率。$\{s_0; s_1\} \to r$ 可以看作一个多接入信道，因此 O_r 可公式化为

$$O_r = \{H \mid I(x_s; y_r \mid H) < 2lR, I(x_{s_0}; y_r \mid H) < lR, I(x_{s_1}; y_r \mid H) < lR\} \tag{10.16}$$

其中，$y_r = [y_{r,0}, \cdots, y_r, l-1]^{\text{T}}$ 为第一阶段中继接收的信号向量（见式（10.1））。同时，在第二阶段通信过程中，$\{s_k, r\} \to d_k$ 也是一个多接入信道。不失一般性，我们关注 d_0，则有

$$O_{d_0} = \{H \mid I(x_{s_0}, x_r; y_{d_0} \mid H) < 2lR, I(x_{s_0}, x_{r_0}; y_{d_0} \mid H) < lR, I(x_{r_1}; y_{d_0} \mid H) < lR\} \tag{10.17}$$

其中，$x_{r_0} = [x_{r_0}, 0, \cdots, x_{r_0}, l-1]^{\text{T}}$ 和 $x_{r_1} = [x_{r_1}, 0, \cdots, x_{r_1}, l-1]^{\text{T}}$ 分别是对 x_{s_0} 和 x_{s_1} 的译码向量，$x_r = x_{r_0} + x_{r_1}$ 为向量 x_{r_0} 和 x_{r_1} 中对应的符号在复数域相加后所得向量。相应的，RCNC 协议的系统误帧率表示为

$$P_{e,\text{sys}}^{\text{RCNC}} \doteq P_{e,r} + P_{e,d_0} + P_{e,d_1} \tag{10.18}$$

其中，$P_{e,r}$ 为中继节点的译码错误概率；P_{e,d_k} 为中继译码正确时，第 k 个信宿的译码错误概率。对于 RCNC 协议的分集-复用权衡分析，我们有以下定理。

定理 10.2　RCNC 协议的分集-复用权衡表达式为

$$d^*(r) = \begin{cases} (1-r)^+, & r \leqslant \dfrac{1}{3} \\ (2-4r)^+ & r \leqslant \dfrac{1}{2} \end{cases} \tag{10.19}$$

这意味着 RCNC 协议的分集增益在复用增益不超过 $\dfrac{1}{3}$ 时可以达到 $1-r$，这时和 NRNC 的性能一样。但是随着复用增益的增加，RCNC 的分集增益将以更快的速度减小，即当复用增益大于 $\dfrac{1}{3}$ 时，RCNC 的性能将劣于 NRNC。

证明：见附录 A.5。

10.2.4　基于 RGNC 协议的分集-复用权衡分析

RGNC 协议和 RCNC 协议的基本区别在于中继节点对译码符号的处理方式，因此，RCNC 协议的中断事件式（10.14）和中断概率表达式（10.15）适用于 RGNC 协议，同时两个协议在中继节点的中断区域和中断概率相同。但是在 RGNC 中，由于中继节点的发射信号不同，相应的，信宿节点的中断区域与 RCNC 不同，对于第 k 个信宿

$$O_{d_k} = \{H \mid I(x_{s_k}; y_{d_k} \mid H) < lR, (x_r; y_{d_k} \mid H) < lR\} \tag{10.20}$$

其中，$X_{r_0} = [x_{r_0}, 0, \cdots, x_{r_0}, l-1]^T$ 为式（10.17）中向量 $x_{r,0}$ 和向量 $x_{r,1}$ 中的对应符号在有限域相加后所得的符号向量。因此，RGNC 中的中断概率和系统误帧率分别为

$$\begin{aligned} P_{o,\text{sys}}^{\text{RGNC}} &\doteq P_{o,r} + P_{o,d_0} + P_{o,d_1} \\ P_{e,\text{sys}}^{\text{RGNC}} &\doteq P_{e,r} + P_{e,d_0} + P_{e,d_1} \end{aligned} \tag{10.21}$$

对于 RGNC 的分集-复用权衡分析，我们有以下定理。

定理 10.3　RGNC 协议的分集-复用权衡表达式为

$$d^*(r) = \begin{cases} (1-r)^+, & r \leqslant \dfrac{1}{3} \\ (2-4r)^+, & r \leqslant \dfrac{1}{2} \end{cases} \tag{10.22}$$

可见，RGNC 和 RCNC 在 ρ 足够大时具有相同的系统性能。

证明：见附录 A.6。

10.2.5　仿真结果与分析

定理 10.1、定理 10.2 和定理 10.3 分别给出了三种网络编码协议的分集-复用权衡表达式，同时，我们也能很容易推导出传统传输方案（traditional transmission scheme without network coding, TTS-NNC），即没有网络编码时的分集-复用权衡表达式。我

们已经介绍了这种传统的传输方案需要用 $4l$ 个时隙传输一个长为 $2l$ 的系统帧。显然，其最大的复用增益为 1/2。

对于任意 $k \in \{0,1\}$，$s_k \to d_k$ 没有分集保护，因此这种传输方案的最大分集增益不超过 1。在此分析基础上，图 10.1 给出了 4 种传输方案下的分集-复用权衡曲线，即三种网络编码协议和一个传统的传输方案。我们可以看到，当复用增益 r 不超过 1/3 时，三种网络编码协议具有相同的分集增益。但是当复用增益超过 1/3 时，随着复用增益的增加，RCNC协议和 RGNC 协议的分集增益将明显下降。这意味着，在低传输速率下，三种网络编码协议具有相同的性能，然而在高传输速率下，RCNC 协议和 RGNC 协议的性能将劣于 NRNC 协议。同时我们观察到，三种网络编码协议在相同的复用增益下比传统的传输方案具有更好的性能，或者换个角度，在相同的网络性能下，网络编码协议具有比传统传输方案更高的复用增益。这也是网络编码可以提高网络吞吐量的一个体现。

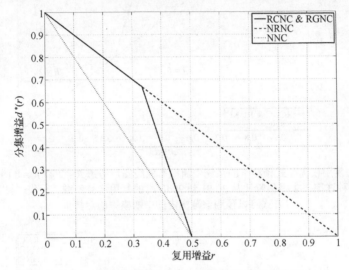

图 10.1　4 种传输机制下的分集-复用权衡曲线图

另一方面，采用吞吐量-可靠性权衡表达式可以更好地理解通信系统中传输速率和中断概率之间的关系，然而，在网络编码里分析吞吐量-可靠性权衡表达式将会非常烦琐。但是由吞吐量-可靠性权衡表达式和分集复用权衡表达式之间的内在联系，我们也可以在一定程度上利用分集-复用权衡曲线预测系统的中断概率。我们按照横、纵坐标递减的顺序重新绘制图 10.1，于是得到了图 10.2。该图较为粗略地给出了不同网络编码协议的中断概率走势。我们考虑 30～90dB 这样一个较大的信噪比范围，同时采用了 $R = 2$ 和 $R = 8$ 这两种传输速率。图 10.2 给出了这两种传输速率在设定的信噪比范围内所能覆盖的复用增益值以及对应的分集增益。在 $R = 2$ 时，三种网络编码协议具有相同的分集增益，这意味着具有相同的系统性能。而在 $R = 8$ 时，由于 RCNC 协议和 RGNC 协议具有较小的复用增益，所以性能要劣于 NRNC 协议。图 10.3 是 $R = 2$

时不同网络编码协议中断概率的蒙特卡罗仿真，通过中断概率曲线的斜率可见三种协议具有相同的分集增益。注意到，RCNC 和 RGNC 协议下的曲线相当于 NRNC 曲线的左平移，这是由于前者具有更好的编码增益（coding gain），但这种增益在 ρ 趋向于无穷大时可以被忽略。图 10.4 是 $R=8$ 时不同网络编码协议中断概率的蒙特卡罗仿真。正如分集-复用曲线预测的那样，在较高的复用增益下，RCNC 和 RGNC 协议由于有更低的分集增益，所以其性能要比 NRNC 协议差。

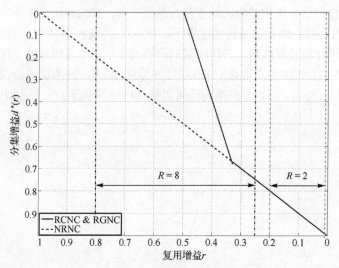

图 10.2　分集-复用权衡公式预测下的系统中断概率曲线图。考虑 $R=2$ 和 $R=8$ 两种传输速率，在这两种速率下求得信噪比从 30dB 到 90dB 时的复用增益范围。分集-复用权衡公式可以预测该范围内的中断概率的走势

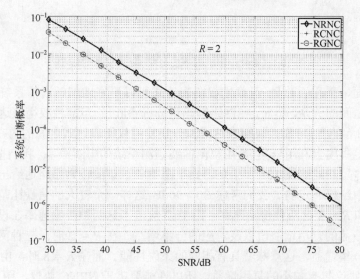

图 10.3　$R=2$ 时三种网络编码协议的中断概率曲线图

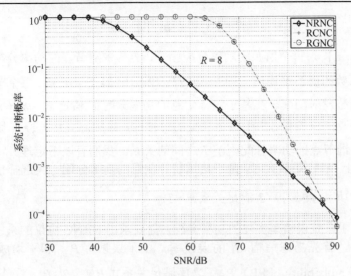

图 10.4　$R=8$ 时三种网络编码协议的中断概率曲线图

10.3　节点功率分配优化

为了优化组播网络的系统性能,我们以系统误帧率为标准,寻求不同网络编码协议下的节点功率分配方案。由于符号的独立同分布特性,本节我们只考虑 $l=1$ 的情况,即 $x_s=[x_{s0},x_{s1}]^T$ 以及第 k 个信宿的接收信号 $y_{dk}=[y_{dk,0},y_{dk,1}]^T$。所有的符号(包括信源和中继的发射符号)在未进行功率分配之前均从 QAM 调制星座图上选择,符号的平均功率为 $2P$。功率分配将按照发射端已知统计信道信息(statistic channel state information,SCSI)和瞬时信道信息(instant channel state information,ICSI)两种情况分别进行讨论。

10.3.1　基于发射端统计信道信息的功率分配

考虑三种网络编码协议中的每个发射机已知信道统计信息时的功率分配方案。按照本章开始部分的系统模型假设,我们认为所有信道均服从均值为 0、方差为 1 的瑞利分布。功率分配方案以降低系统的误帧率为目标,因此,首先推导出各种协议的系统误帧率,在此基础上进一步采用优化方法优化节点的功率分配。

1. NRNC 协议的统计信道信息功率分配

式(10.12)给出了 NRNC 协议在 1/2 足够大时的系统误帧率,即 $P_{e,\mathrm{sys}}^{\mathrm{NRNC}}=P_{e,d_0}+P_{e,d_1}$,其中 P_{d_k} 为信宿 d_k 的误帧率。由于系统具有对称性,有 $P_{e,d_0}=P_{e,d_1}$。节点在一个系统帧的周期内将满足以下功率约束

$$\varepsilon\left\{k^T \mid x_s \mid^2 + \mid by_r \mid^2\right\} = 2P \tag{10.23}$$

其中，$k = [\kappa_0, \kappa_1]^T$ 为每个信源的功率分配因子，T 为中继节点的功率分配因子。我们取中继放大系数的信道平均值，即 $b = \sqrt{2TP / (2\kappa_0 P + 2\kappa_1 P + \sigma^2)}$，每个节点将按照功率分配因子调整发射功率。在基于统计信息的功率分配下，假定 $\kappa_0 + \kappa_1 = \kappa$，其中 κ 是分配给信源节点的总能量。由于信道模型的对称性，显然 $\kappa_0 = \kappa_1 = \frac{1}{2}\kappa$。因此只需进一步找到 κ 和中继节点的功率分配因子 T 之间的关系。我们有以下定理。

定理 10.4　当 ρ 足够大时，基于信道统计信息的功率分配方案选择信源功率分配因子 κ 和中继功率分配因子 T 满足关系 $\kappa = T = \dfrac{1}{2}$。

证明：基于系统误帧率优化的功率分配，需要求出 NRNC 协议的系统误帧率。根据式（10.12），首先考虑信宿 d_k 的误帧率。由于误帧率 P_{e,d_k} 和平均成对差错概率（pairwise error probability，PEP）P_{PE,d_k} 之间满足关系式 $P_{e,d_k} = 2^{lR} P_{\text{PE},d_k}$，其中 R 为信息传输速率，l 为帧长，假定系统帧长为 2。我们将 d_k 的接收信号用矩阵表示，即

$$y_{d_k} = \sqrt{\frac{\kappa}{2}} X_s T g + v_{d_k} \tag{10.24}$$

其中

$$X_s = \begin{pmatrix} x_{s_k} & 0 & 0 \\ 0 & x_{s_k} & x_{s_k} \end{pmatrix}, T = \text{diag}(1, bh_k, bh_k), \tag{10.25}$$

$$g = [\hbar_k, g_k, g_{\bar{k}}]^T, v_{d_k} = [v_{d_k,0}, bh_k v_r + v_{d_k,1}]^T$$

由此可得

$$P_{\text{PE},d_k} = \frac{1}{\pi} \int_0^{\frac{\pi}{2}} \varepsilon_{Tg}\left\{\exp\left(-\rho \frac{g^H T^H U^H \Lambda_v^{-1} U T g}{8 \sin^2 \theta}\right)\right\} d\theta \tag{10.26}$$

其中，$\Lambda_v = \text{diag}(1, 1 + b^2 \mid h_k \mid^2), U = \sqrt{\kappa / 2P}(X_s - \hat{X}_s)$，且 $\hat{X}_s$ 为译码矩阵。对于一个随机列向量 $z \sim N(0, \Lambda_z)$ 以及一个厄米特矩阵（Hermitian matrix）H，存在 $\varepsilon[\exp(-z^H Hz)] = 1 / \det(I + \Lambda_z H)$。我们对 g 求平均，并令 $\mu_h = \mid h_k \mid^2$，其中 μ_h 的概率函数为 $e^{-\mu_h}$，那么

$$P_{\text{PE},d_k} = \frac{1}{\pi} \int_0^{\frac{\pi}{2}} \int_0^{\infty} \frac{e^{-\mu_h}}{\det A} d\mu_h d\theta \tag{10.27}$$

其中，$A = I_2 + \dfrac{\rho}{8 \sin^2 \theta} T^H U^H \Lambda_v^{-1} U T$ 以及

$$\det A = \left(1 + \frac{\rho}{8 \sin^2 \theta} \mid u_{s_k} \mid^2\right)\left(1 + \lambda \mid u_{s_k} \mid^2 + \lambda \mid u_{s_{\bar{k}}} \mid^2\right), \quad \lambda \triangleq \frac{b^2 \rho u_h^2}{8 \sin^2 \theta (1 + b^2 u_h^2)} \tag{10.28}$$

其中，$u_{s_k} = \sqrt{\kappa / 2P}(x_{s_k} - \hat{x}_{s_k})$ 为矩阵 U 中对应的元素，且 u_{s_k} 被定义为 x_{s_k} 能量归一化的译码误差值，则

$$\int_0^\infty \frac{e^{-u_h}}{1 + \lambda |u_{s_k}|^2 + \lambda |u_{s_{\underline{k}}}|^2} du_h = \frac{b^2}{\gamma}\left(1 + \left(\frac{1}{b^2} - \frac{1}{\gamma}\right)J\left(\frac{1}{\gamma}\right)\right) \tag{10.29}$$

其中，$\gamma = b^2\left(1 + \frac{\rho |u_{s_k}|^2}{8\sin^2\theta} + \frac{\rho |u_{s_{\underline{k}}}|^2}{8\sin^2\theta}\right)$，且 $J\left(\frac{1}{\gamma}\right) = \int_0^\infty \frac{e^{-u}}{u + \frac{1}{\gamma}} du$。当 ρ 足够大时

$$\int_0^\infty \frac{e^{-u_h}}{1 + \lambda |u_{s_k}|^2 + \lambda |u_{s_{\underline{k}}}|^2} du_h = \frac{8\sin^2\theta \rho^{-1}\ln\rho}{|u_{s_k}|^2 + |u_{s_{\underline{k}}}|^2} \tag{10.30}$$

则我们可得

$$P_{\text{PE},d_k} = \frac{12 b^{-2} \rho^{-2} \ln\rho}{|u_{s_k}|^2 (|u_{s_k}|^2 + |u_{s_{\underline{k}}}|^2)} \tag{10.31}$$

当 ρ 足够大时，$P_{\text{sys}} \approx P_{d_k} + P_{d_{\overline{k}}}$，且 $b^2 \approx T / \kappa$。由于 $\varepsilon(|x_{s_k} - \hat{x}_{s_k}|^2) = 4P$，故译码误差值的方差 $\varepsilon(|u_{s_k}|^2) = 2\kappa$，则有

$$P_{e,\text{sys}}^{\text{NRNC}} = 2^{2R} 3 \rho^{-2} \ln\rho \frac{1}{\kappa T} \tag{10.32}$$

其中，$u = [u_{s_0}, u_{s_1}]^{\text{T}}$。则我们推导出 NRNC 协议的平均系数误帧率公式，由该公式，欲最小化系统误帧率，我们需要

$$\text{Minimize}\ \frac{1}{\kappa T},\quad \text{subject to}\quad \kappa + T = 1 \tag{10.33}$$

采用拉格朗日最优化方法建立目标函数

$$F(\kappa, T) = \frac{1}{\kappa T} + \lambda(\kappa + T - 1) \tag{10.34}$$

分别对 κ 和 T 求偏导，易求得最优解 $\kappa = T = \dfrac{1}{2}$，定理得证。

2. RCNC 协议的统计信道信息功率分配

按照式（10.18），在 ρ 足够大时，RCNC 协议的系统误帧率可以表示为 $P_{e,\text{sys}}^{\text{RCNC}} = P_{e,r} + P_{e,d_0} + P_{e,d_1}$，其中 $P_{e,r}$ 为中继节点的误帧率，$P_{e,dk}$ 为中继成功译码后 d_k 的

误帧率。在 RCNC 中，中继节点对接收的混合信号 y_r 进行联合译码，获得 x_{s_0} 和 x_{s_1} 的译码符号。用 x_{r_0} 和 x_{r_1} 分别表示 x_{s_0} 和 x_{s_1} 的译码符号，则所有发射节点在一帧的周期内将满足以下功率约束

$$\varepsilon\left\{k^T\,|\,x_s\,|^2 + t^T\,|\,x_r\,|^2\right\} = 2P \tag{10.35}$$

其中，k 具有和 NRNC 协议中相同的意义，即信源节点的功率分配，x_r 为中继符号向量且 $x_r = [x_{r_0}, x_{r_1}]^T$，$t = [T_0; T_1]^T$ 为对应译码符号的功率分配因子。注意到中继的功率约束，有 $T_0 + T_1 = T$。根据节点功率约束有 $\kappa_0 + \kappa_1 + T_0 + T_1 = 1$，同时在基于统计信道信息的功率分配下，由于系统的对称性，有 $\kappa_0 = \kappa_1 = \frac{1}{2}\kappa$ 以及 $T_0 = T_1 = \frac{1}{2}T$。因此需要进一步找到 κ 和 T 之间的关系。我们有以下定理。

定理 10.5　当 ρ 足够大时，基于信道统计信息的功率分配方案选择信源功率分配因子 κ 和中继功率分配因子 T 满足

$$\kappa = \frac{\sqrt{2^{R-2}}}{\sqrt{2^{R-2}} + 1}, \quad T = \frac{1}{\sqrt{2^{R-2}} + 1} \tag{10.36}$$

证明： 根据 RCNC 协议的系统误帧率，首先关注 $P_{e,r}$。显然，$s \to r$ 的链路是一个多接入信道，则有

$$y_r = \sqrt{\frac{\kappa}{2}} x_s^T g + v_r \tag{10.37}$$

其中，$g = [g_0, g_1]^T$。因此 x_s 在 r 处的成对差错概率为

$$P_{\mathrm{PE},r} = \frac{1}{\pi}\int_0^{\frac{\pi}{2}}\varepsilon_g\left\{\exp\left(-\rho\frac{g^H U_s^H U_s g}{8\sin^2\theta}\right)\right\}\mathrm{d}\theta \tag{10.38}$$

其中，$U = [u_{s_0}, u_{s_1}]^T$，且 $u_{s_k} = \sqrt{\kappa/2P}(x_{s_k} - \hat{x}_{s_k})$ 为符号 x_{s_k} 的能量归一化的译码误差错误值，通过和定理 10.4 类似的方法，我们可求得

$$P_{\mathrm{PE},r} = \frac{\rho^{-1}}{|u_{s_0}|^2 + |u_{s_1}|^2} \cdot \frac{8}{\pi}\int_0^{\frac{\pi}{2}}\sin^2\theta\mathrm{d}\theta = \frac{\rho^{-2}}{|u_{s_0}|^2 + |u_{s_1}|^2} \tag{10.39}$$

因此，我们可以得到中继节点的误帧率

$$P_{e,r} = 2^{2R}\frac{2\rho^{-1}}{(|u_{s_0}|^2 + |u_{s_1}|^2)} \tag{10.40}$$

另一方面，当中继节点正确译码后，有 $x_r = x_s$。显然在信宿 d_k 译码系统帧 x_s 时，

符号 $x_{s_{\bar{k}}}$ 将比符号 x_{s_k} 少一阶分集增益, 故译错概率最大。因此在 ρ 足够大时, 我们用 $x_{s_{\bar{k}}}$ 的译码错误概率代替 d_k 的系统误帧率, 则

$$P_{e,d_k} = 2^R \frac{2\rho^{-1}}{|u_{r_{\bar{k}}}|^2} + O(\rho^{-2}) \approx 2^R \frac{2\rho^{-1}}{|u_{r_{\bar{k}}}|^2} \tag{10.41}$$

其中, $u_{r_{\bar{k}}} = \sqrt{T/2P}(x_{s_{\bar{k}}} - \hat{x}_{s_{\bar{k}}})$ 为 $x_{s_{\bar{k}}}$ 能量归一化的译码错误值。根据 $P_{e,r}$ 和 P_{e,d_k} 便可确定系统误帧率。由于 $\varepsilon(|x_{s_k} - \hat{x}_{s_k}|^2) = 4P$, 则能量归一化的译码错误值 $\varepsilon(|u_{s_k}|^2) = 2\kappa$ 及 $\varepsilon(|u_{r_k}|^2) = 2T$。将误码平均值代入, 则有 RCNC 协议的平均系统误帧率公式

$$P_{e,\text{sys}}^{\text{NRNC}} = 2^{2R} \frac{2\rho^{-1}}{4\kappa} + 2 \cdot 2^R \frac{2\rho^{-1}}{4T} = 2^R \rho^{-1} \left(\frac{2^{R-1}}{\kappa} + \frac{2}{T} \right) \tag{10.42}$$

其中, $u = [u_{s_0}, u_{s_1}, u_{r_0}, u_{r_1}]^T$。则最小化公式, 我们需要

$$\text{Minimize} \quad \frac{2^{R-2}}{\kappa} + \frac{2}{T}, \quad \text{subject to} \quad \kappa + T = 1 \tag{10.43}$$

采用拉格朗日最优化方法建立目标函数

$$F(\kappa, T) = \frac{2^{R-2}}{\kappa} + \frac{2}{T} + \lambda(\kappa + T - 1) \tag{10.44}$$

分别对 κ 和 T 求偏导, 再求解联立方程, 定理得证。

3. RGNC 协议的统计信道信息功率分配

RGNC 具有和 RCNC 相同的系统误帧率表达式, 且中继节点的误帧率 $P_{e,r}$ 也相同, 两者的区别在于信宿的误帧率不同。我们用 x_r 表示译码符号 x_{r_0} 和 x_{r_1} 在有限域合并后产生的新符号。则所有发射节点在一帧的周期内将满足以下功率约束

$$\varepsilon \left\{ k^T |x_s|^2 + T |x_r|^2 \right\} = 2P \tag{10.45}$$

和 RCNC 协议相同, 功率分配方案需要找到 κ 和 T 之间的关系。我们有以下定理。

定理 10.6 当 ρ 足够大时, 基于信道统计信息的功率分配方案选择信源功率分配因子和中继功率分配因子 T 满足

$$\kappa = \frac{\sqrt{2^{R-1}+2}}{\sqrt{2^{R-1}+2}+1}, \quad T = \frac{1}{\sqrt{2^{R-1}+2}+1} \tag{10.46}$$

证明: 由于 RGNC 和 RCNC 具有相同的 $P_{e,r}$, 所以定理的证明只关注信宿 d_k 的译码错误概率。注意到 d_k 在第一个时隙接收到符号 x_{s_k}, 而在第二个时隙内收到 x_r。两个符号之间相互独立, 且在正交的信道上传输, 因此很容易写出 d_k 的误帧率为

$$P_{e,d_k} = 2^R \frac{2\rho^{-1}}{|u_{s_k}|^2} + 2^R \frac{2\rho^{-1}}{|u_r|^2} \tag{10.47}$$

其中，$u_r = \sqrt{T/2P}(x_r - \hat{x}_r)$，由于 $\varepsilon(|x_r - \hat{x}_r|^2) = 4P$，则能量归一化的译码错误值 $\varepsilon(|u_r|^2) = 4T$。将误码平均值代入，则有 RCNC 协议的平均系统误帧率公式

$$P_{e,sys}^{\text{NRNC}} = 2^{2R} \frac{2\rho^{-1}}{4\kappa} + 2 \cdot \left(2^R \frac{2\rho^{-1}}{2\kappa} + 2^R \frac{2\rho^{-1}}{4T} \right) = 2^R \rho^{-1} \left(\frac{2^{R-1}+2}{\kappa} + \frac{1}{T} \right) \tag{10.48}$$

其中，$u = [u_{s_0}, u_{s_1}, u_{r_0}, u_{r_1}]^{\text{T}}$。欲最小化公式，我们需要

$$\text{Minimize} \quad \frac{2^{R-1}+2}{\kappa} + \frac{1}{T}, \quad \text{subject to} \quad \kappa + T = 1 \tag{10.49}$$

采用拉格朗日最优化方法建立目标函数

$$F(\kappa, T) = \frac{2^{R-1}+2}{\kappa} + \frac{1}{T} + \lambda(\kappa + T - 1) \tag{10.50}$$

分别对 κ 和 T 求偏导，再求解联立方程，定理得证。

10.3.2　基于发射端瞬时信道信息的功率分配

在组播网络中，基于发射端瞬时信道信息的功率分配由于网络拓扑的原因，分析较为烦琐，本节只针对 RCNC 网络编码协议进行深入分析，其原因是 RCNC 的功率分配不仅需要根据瞬时信道信息选择信源和中继节点之间的主功率分配因子（κ 和 T 的关系），还需选择信源之间以及中继的译码符号之间的次功率分配因子（κ_0、κ_1、T_0 和 T_1 的关系），故需解决的问题比较全面。其他两个网络编码协议可以按照类似的方法推出，不再赘述。

在 RCNC 协议中，中继节点必须将两个信源的符号同时正确译出，否则必定导致错误译码。另外，由前面的分集-复用权衡分析可知，中继节点的联合译码较信宿节点的译码更容易出现错误。这也是导致 RCNC 和 RGNC 协议在复用增益比较大时性能比 NRNC 协议差的主要原因。因此，功率分配方案首先要保证中继的正确译码。对于 $s \rightarrow r$ 的多接入信道，在中继联合译码的情况下，为同时降低每个符号的译码错误概率，我们首先保证每个 $s \rightarrow r$ 信道具有相同的信道容量，基于发射端瞬时信道信息，我们有以下引理。

引理 10.3　在中继节点基于联合最大似然译码（joint ML decoding）时，为保证每个 $s \rightarrow r$ 信道具有相同的信道容量，每个信源的功率分配因子应满足以下关系

$$\kappa_0 = \frac{\kappa |g_1|^2}{|g_0|^2 + |g_1|^2}, \quad \kappa_1 = \frac{\kappa |g_0|^2}{|g_0|^2 + |g_1|^2} \tag{10.51}$$

证明：根据多接入信道的容量计算相关方法，我们假设每个信源将其发射功率分成 M 小块，即对于信源 s_k，有 $2\kappa_k\rho = M\Delta\rho_k$。在多接入信道中，两个信源同时向各自的信道注入能量以传输信号，我们可以将该过程看作每个信源轮流将分割好的一小块能量注入信道来获得传输速率的增加。假设在第 m 次能量注入中，获得传输速率的增加为 $\Delta R(S_k^m)$。令 $\Delta\rho_k \to 0$，则有

$$\Delta R(S_k^m) = \frac{1}{2}|g_k|^2 \Delta\rho_k \eta_m \tag{10.52}$$

其中

$$\eta_m = 1 / \left(1 + m\sum_{i=0}^{\infty}|g_i|^2 \Delta\rho_i\right) \tag{10.53}$$

当中继节点对接收信号采用联合最大似然译码时，意味着中继对已知信源的功率分配因子，故令

$$\Delta\rho_{\bar{k}} = \frac{\kappa_{\bar{k}}}{\kappa_k}\Delta\rho_k \tag{10.54}$$

则有

$$I(s_k;r\,|\,g) = \int_0^{2\kappa_k\rho} \frac{\frac{1}{2}|g_k|^2\,\mathrm{d}\rho_k}{1 + (|g_k|^2 + \frac{\kappa_{\bar{k}}}{\kappa_k}|g_{\bar{k}}|^2)\rho_k} \tag{10.55}$$

其中，$g = [g_0, g_1]^T$，求积分可得

$$I(s_k;r\,|\,g) = \frac{\kappa_k|g_k|^2}{\kappa_k|g_k|^2 + \kappa_{\bar{k}}|g_{\bar{k}}|^2}I(s_k, s_{\bar{k}};r\,|\,g) \tag{10.56}$$

令 $I(s_k;r\,|\,g) = I(s_{\bar{k}};r\,|\,g)$ 以同时确保每个信道的信道容量，则我们得到功率分配因子 $\kappa_k = \kappa|g_{\bar{k}}|^2 / (|g_k|^2 + |g_{\bar{k}}|^2)$。

但是这种功率分配方式不能确保混合信号在到达中继时的信噪比最大，为此，信源还需进行信道相位预均衡，以保证两个信源在中继端的相干叠加，从而获得更大的信噪比。在此基础上，我们可进一步获得整个系统的功率分配方案。

定理 10.7　当 ρ 足够大时，基于发射端瞬时信道信息的 RCNC 协议功率分配方案为选择功率分配因子

$$\kappa = \frac{\sqrt{u2^{R-1}}}{\sqrt{u2^{R-1}}+1}, \quad T = \frac{1}{\sqrt{u2^{R-1}}+1}, \quad T_\kappa = \frac{T|h_k|}{|h_k|+|h_{\bar{k}}|} \tag{10.57}$$

其中

$$u = \frac{|h_0 h_1|^2 (|g_0|^2 + |g_1|^2)}{|g_0 g_1|^2 (|h_0|^2 + |h_1|^2)}$$

证明： 由于求解基于瞬时信道信息的系统误帧率比较烦琐，所以我们用接收端的瞬时信噪比代替统计信噪比，代入式（10.42），同时根据引理 10.3 选择 κ_0 和 κ_1，则

$$P_{e,\text{sys}} \approx \frac{2^R \rho^{-1}}{2} \left(\frac{2^{R-1}}{\kappa |g|^2} + \frac{1}{T_0 |h_1|^2} + \frac{1}{T_1 |h_0|^2} \right) \tag{10.58}$$

其中，$|g|^2 = |g_1 g_1|^2 / (|g_1|^2 + |g_2|^2)$。欲最小化式（10.58）

$$\text{Minimize} \quad \frac{2^{R-1}}{\kappa |g|^2} + \frac{1}{T_0 |h_1|^2} + \frac{1}{T_1 |h_0|^2}, \quad \text{subject to} \quad \kappa + T_0 + T_1 = 1 \tag{10.59}$$

采用拉格朗日最优化方法建立目标函数

$$F(\kappa, T_0, T_1) = \frac{2^{R-1}}{\kappa |g|^2} + \frac{1}{T_0 |h_1|^2} + \frac{1}{T_1 |h_0|^2} + \lambda(\kappa + T_0 + T_1 - 1) \tag{10.60}$$

分别对 κ、T_0 和 T_1 求偏导，再求解联立方程，定理得证。

10.3.3　仿真结果与分析

我们采用蒙特卡罗仿真验证功率分配方案。注意到在我们的组播网络中，中继节点的主要作用不是提供分集，而是扩大信号的传输范围，因此，系统的分集增益不超过 1。为了更好地研究网络编码的系统性能，参考相关文献中的仿真方法，我们的仿真系统屏蔽了信道编码的辅助优化。首先考虑三种协议下基于统计信道信息的功率分配。定理 10.4、定理 10.5 和定理 10.6 分别给出了 NRNC 协议、RCNC 协议和 RGNC 协议在发射端信道统计信息已知的情况下最优的功率分配方案，其中的 RCNC 协议采用了 Wang's 码以提高性能，而不是符号的直接叠加。

图 10.5 为传输速率 $R = 2, 4$ 时 NRNC 协议基于发射端统计信道信息的功率分配。横坐标是功率分配因子的百分比值，其值按照横坐标从 0 到 100 变化。由定理 10.4 可知，当 $\kappa = \frac{1}{2}$ 时近似达到最优功率分配，同时最优功率分配策略和传输速率 R 无关，图 10.5 的仿真验证了这一点。另一方面，当 $R = 2$ 时，我们通过定理 10.5 和定理 10.6 计算出 RCNC 的最优功率分配为选择 $\kappa = \frac{1}{2}$，以及 RGNC 的最优功率分配为选择 $\kappa = \frac{2}{3}$。同理，$R = 4$ 时，RCNC 的最优功率分配为选择 $\kappa = \frac{2}{3}$，以及 RGNC 的最优功率分配为选择 $\kappa = \frac{\sqrt{10}}{\sqrt{10} + 1} \approx 0.76$。图 10.6 和图 10.7 准确地显示了我们的预测，证明了

定理的正确性。当发射端获得瞬时信道信息时，性能可以进一步提升。我们仅考虑 RCNC 协议下瞬时信道信息的功率分配。图 10.8 是 $R = 2, 4$ 时，相应的最优统计信道信息功率分配方案（optimal statistic power allocation scheme，OSPAS）与按照定理 10.7 计算的瞬时信道信息功率分配方案（instant power allocation scheme，IPAS），仿真结果说明了在瞬时信道信息下的功率分配可以获得更好的系统性能。

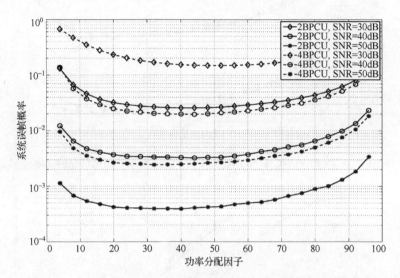

图 10.5　$R = 2, 4$ 时 NRNC 协议基于发射端统计信道信息的功率分配

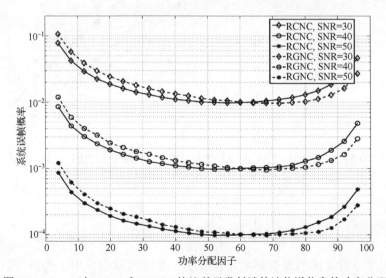

图 10.6　$R = 2$ 时 RCNC 和 RGNC 协议基于发射端统计信道信息的功率分配

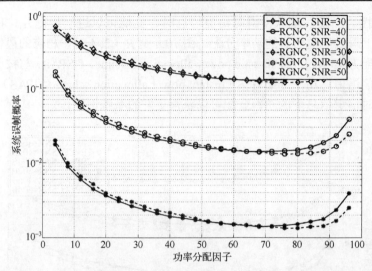

图 10.7　$R=4$ 时 RCNC 和 RGNC 协议基于发射端统计信道信息的功率分配

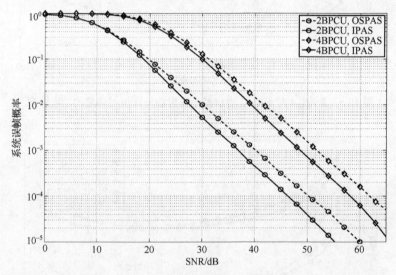

图 10.8　$R=2,4$ 时 RCNC 协议基于发射端 $s \to r$ 瞬时信道信息及最优统计
信道信息的功率分配方案比较

10.4　本 章 小 结

　　本章通过分析实际的通信环境，建立了一个双源双宿单中继的协作组播网络模型。基于此模型，我们提出了三种网络编码协议，即非再生网络编码（NRNC）、复数域再生网络编码（RCNC）和伽罗华域再生网络编码（RGNC）。首先给出了三种协议

的分集-复用权衡分析与证明。在 NRNC 协议中，由于中继只对接收信号作线性处理，所以我们直接由信宿的中断概率和误帧率便可求得系统中断概率及误帧率。由于系统模型的对称性，我们分析了任意一个信宿的中断概率和误帧率。基于此推导出对应的分集-复用权衡表达式。在两个 RNC 协议中，中继需要对接收信号进行联合译码，因此系统的中断概率等于中继中断概率和信宿中断概率的最大值，即最差的链路决定了整个系统的性能。通过综合分析中继和信宿的中断概率以及误帧率，我们发现两个 RNC 协议中，最差的链路均出现在信源至中继的多接入信道上，从而决定了两者具有相同的系统的分集-复用权衡表达式。最终的分析结果表明，在低复用增益下，三种网络编码协议具有相同的分集增益。但是随着复用增益的增加 $\left(r \geqslant \dfrac{1}{3} \right)$ 时，RCNC 协议和 RGNC 协议的分集增益将低于 NRNC 协议。同时，三种网络编码协议在任何情况下性能都优于没有网络编码的传统传输方案。蒙特卡罗仿真表明在复用增益较小时，三个网络编码协议的系统中断概率具有相同的斜率，但是两个 RNC 协议具有更好的编码增益。这种编码增益在 ρ 足够大时相对于分集增益可以被忽略。在较大的复用增益下，RCNC 和 RGNC 协议性能将明显劣于 NRNC 协议。

　　在分集-复用权衡分析的基础上，我们进一步研究了三种协议下节点的功率分配方案。首先推导每个接收节点的成对差错概率，通过误帧率和平均成对差错的关系求出整个系统的误帧率。以系统误帧率作为系统性能优劣的评定标准，我们深入探讨了节点的功率分配，即建立以最小化误帧率为目标函数的优化问题。基于此，我们推导出各种协议在发射端统计信道信息已知时的最优功率分配方案。最后我们详细介绍了 RCNC 协议下，基于发射端瞬时信道信息的功率分配。由于瞬时信道信息的系统误帧率很难有确切的表达式，我们采用最小化接收端的瞬时信噪比作为目标函数进行优化。在基于统计信道信息的蒙特卡罗仿真中，我们控制信源的功率分配因子从 0 到 1 变化，从而得出了不同功率分配因子下的系统误帧率。仿真结果表明，系统误帧率最小值处的功率分配因子符合定理的预测值。另一方面，基于瞬时信道信息的仿真表明，在 $R = 2, 4$ 的传输速率下，采用了瞬时信道信息优化的功率分配方案均具有比最优统计信道信息分配方案更小的系统误帧率。

第 11 章　双源双宿多中继协作组播网络的预编码设计

在第 10 章的基础上，本章将继续讨论更一般的双源双宿多中继模型。在单中继的模型中，中继不能同时为两个信源提供分集增益。我们采用系统误帧率来衡量系统性能，即在每个信宿均成功译出一个系统帧的情况下，才认为是一次成功的传输，故物联网系统性能直接受制于网络中最差的信道。由单中继模型可知，无论是否采用网络编码，整个网络在性能最好的情况下也不会超过一阶的分集增益。多中继的引入使得我们可以更好地研究网络中的空域分集技术。同时，在多中继的组播网络中，对于传统的 TTS-NNC 传输方案的研究类似于单源单宿多中继的协作通信系统。因此本章主要关注基于三种物联网网络编码协议的多中继分集技术的研究。预编码（precoding）技术作为本章的重点，产生于 MIMO 系统，用于有效地提高分集增益，并被我们成功地应用到基于物联网网络编码的组播网络中。

11.1　系　统　模　型

假设所有的信道是独立同分布的平坦瑞利衰落，并在一个系统帧内保持不变。h_k 表示第 k 个信源和第 k 个信宿之间的信道系数，均值为 0，方差为 $\sigma_{h_k}^2$；$g_{k,i}$ 表示第 k 个信源和第 i 个中继之间的信道系数，均值为 0，方差为 $\sigma_{g_{k,i}}^2$；$h_{i,k}$ 表示第 i 个中继和第 k 个信宿之间的信道系数，均值为 0，方差为 $\sigma_{h_{i,k}}^2$。在本章后面的分析中，假设 $\sigma_{g_{k,i}}^2 = \eta_g \sigma_{h_k}^2$，$\sigma_{h_{i,k}}^2 = \eta_h \sigma_{h_k}^2$ 及 $\sigma_{h_k}^2 = 1$。由于中继信道的质量一般优于信源信宿之间的直接信道，所以 $\eta_g, \eta_h \geq 1$。我们用 P 表示网络中所有发射节点在一个时隙内的平均发射功率，并假设所有接收机观测到的噪声为均值为 0、方差为 σ^2 的高斯分布。因此，我们定义系统信噪比 $\rho = \dfrac{P}{\sigma^2}$。

我们仍然沿用第 10 章的网络编码协议，并且假定一个系统帧的长度为 $2N$，即中继个数的 2 倍。在节点的使用顺序上采用了分时复用的调度策略，在第 $2i \sim 2i + 1$ 个时隙使用第 i 个中继接收并转发数据。系统的帧结构和节点调度策略中中继的处理函数 $f(.)$ 根据各种网络编码协议而不同。我们定义一个长 $2N$ 的系统帧 $X_s \triangleq [x_{s_0,0}, \cdots x_{s_0,N-1}, x_{s_1,0}, \cdots x_{s_1,N-1}]^{\mathrm{T}}$。系统帧由两个信源的发射信号向量组成，即对第 k 个信源，$X_s = [x_{s_k,0}, \cdots x_{s_k,2}, x_{s_1,N-1}]^{\mathrm{T}}$。所有符号都是从 QAM 调制星座图上等概率随机选择，符

号的平均功率为 $2P$。在一帧的周期内，$y_r = [y_{r_0}, \cdots, y_{r_{N-1}}]^{\mathrm{T}}$，其中的第 i 个元素是第 i 个中继在一帧接收到的信号，$y_{d_k} = [y_{d_k,0}, y_{d_k,1}, \cdots, y_{d_k,2N-1}]^{\mathrm{T}}$ 为第 k 个信宿接收到的信号。信宿需要从其接收到的信号中恢复出系统帧。我们用 $\kappa_{0,i}$、$\kappa_{1,i}$ 和 T_i 表示第 $2i \sim 2i + 1$ 个时隙 s_0、s_1 和 r_i 的归一化功率分配因子，则

$$\frac{1}{2N} \sum_{i=0}^{N-1} (\kappa_{0,i} + \kappa_{1,i} + T_i) = 1 \qquad (11.1)$$

我们将分别讨论三种网络编码协议在 2-N-2 组播模型中的数学模型及系统误帧率。通过性能分析可知，节点调度方式无法达到系统满分集。在此基础上，我们针对各种网络编码协议分别设计了相应的预编码以获得系统的满分集。

11.2　基于 NRNC 协议的性能分析及预编码设计

本节将研究 N 中继的 NRNC 网络编码协议，首先给出系统的数学模型，并深入探讨系统误帧率，在此基础上给出两种预编码设计方案。

11.2.1　数学模型

在 NRNC 协议中，中继节点的映射函数 $f(\cdot)$ 是一个线性函数，即对于第 i 个中继

$$f_i(x_{s_0,i}, x_{s_1,i}) = b_i \cdot (g_{0,i} x_{s_0,i} + g_{1,i} x_{s1,i}) \qquad (11.2)$$

其中，$b_i = \sqrt{2T_i P / (2 \mid g_{0,i} \mid^2 \kappa_{0,i} P + 2 \mid g_{1,i} \mid^2 \kappa_{1,i} P + \sigma^2)}$ 是第 i 个中继的功率放大因子。在后面的讨论中，我们取信道平均值，即 $b_i = \sqrt{2T_i P / (2\eta_g \kappa_{0,i} P + 2\eta_g \kappa_{1,i} P + \sigma^2)}$。则 NRNC 协议下的系统在一帧内的功率约束为

$$\varepsilon \left\{ k_0^{\mathrm{T}} \mid x_{s_0} \mid^2 + k_1^{\mathrm{T}} \mid x_{s_1} \mid^2 + \mid b^{\mathrm{T}} y_r \mid^2 \right\} = 2NP \qquad (11.3)$$

其中，$K_k = [\kappa_{k,0} \cdots \kappa_{k,N-1}]^{\mathrm{T}}$ 分别为第 κ 个信源的功率分配因子向量；$b = [b_0, \cdots, b_{N-1}]^{\mathrm{T}}$，其中第 i 个元素对应为第 i 个中继的功率放大因子。则信宿 d_k 在一帧内的接收信号为

$$y_{d_k,0} = \hbar_k \sqrt{\kappa_{k,0}} x_{s_k,0} + v_{d_k,0}$$

$$y_{d_k,1} = b_0 h_{0,k} (g_{0,0} \sqrt{\kappa_{0,0}} x_{s_0,0} + g_{1,0} \sqrt{\kappa_{1,0}} x_{s_1,0} + v_{r_0}) + v_{d_k,1}$$

$$\vdots$$

$$y_{d_k,2N-2} = \hbar_k \sqrt{\kappa_{k,N-1}} x_{s_k,N-1} + v_{d_k,2N-2}$$

$$y_{d_k,2N-1} = b_{N-1} h_{N-1,k} (g_{0,N-1} \sqrt{\kappa_{0,N-1}} x_{s_0,N-1} + g_{1,N-1} \sqrt{\kappa_{1,N-1}} x_{s_1,N-1} + v_{r_{N-1}}) + v_{d_k,2N-1}$$

我们用更为紧凑的矩阵形式来表示信宿 d_k 的接收信号向量，则

$$x_{d_k} = X_{2N} h_{2N} + v \qquad (11.4)$$

其中， X_{2N} 是一个 $2N \times (2N+1)$ 的发射信号矩阵； h_{2N} 是一个 $(2N+1) \times 1$ 的信道向量

$$X_{2N} = \begin{pmatrix} \sqrt{\kappa_{k,0}}\, x_{s_k,0} & 0 & 0 & \cdots & 0 & 0 \\ 0 & \sqrt{\kappa_{k,0}}\, x_{s_k,0} & \sqrt{\kappa_{\bar{k},0}}\, x_{s_{\bar{k}},0} & \cdots & 0 & 0 \\ \vdots & & & \ddots & & \vdots \\ \sqrt{\kappa_{k,N-1}}\, x_{s_k,N-1} & 0 & 0 & \cdots & 0 & 0 \\ 0 & 0 & 0 & \cdots & \sqrt{\kappa_{k,N-1}}\, x_{s_k,N-1} & \sqrt{\kappa_{\bar{k},N-1}}\, x_{s_{\bar{k}},N-1} \end{pmatrix}$$

$$h_{2N} = [\hbar_k, b_0 g_{k,0} h_{0,k}, b_0 g_{\bar{k},0} h_{0,k}, \cdots, b_{N-1} g_{k,N-1} h_{0N-1,k}, b_{N-1} g_{\bar{k},N-1} h_{N-1,k}]^{\mathrm{T}} \quad (11.5)$$

同时， v 是一个 $2N \times 1$ 的噪声向量且 $v \sim N(0, \sigma^2 \Lambda_v)$ 。其中的 v 和 Λ_v 为

$$v = [v_{d_k,0}, b_0 h_{0,k} v_{r_0} + v_{d_0,1}, \cdots, v_{d_k,2N-2}, b_{N-1} h_{N-1,k} v_{r_{N-1}} + v_{d_k,2N-1}]^{\mathrm{T}}$$

$$\Lambda_v = \begin{pmatrix} 1 & 0 & \cdots & 0 & 0 \\ 0 & 1 + b_0^2 \,|\, h_{0,k}\,|^2 & \cdots & 0 & 0 \\ \vdots & & \ddots & & \vdots \\ 0 & 0 & \cdots & 1 & 0 \\ 0 & 0 & \cdots & 0 & 1 + b_{N-1}^2 \,|\, h_{N-1,k}\,|^2 \end{pmatrix} \quad (11.6)$$

d_k 在每帧接收结束时进行立案和最大似然译码

$$\hat{x}_S = \arg\min \left\{ \sum_{i=0}^{N-1} |\, y_{d_k,2i} - \hbar_k \sqrt{\kappa_{k,i}}\, x_{s_k,i}\,|^2 \right.$$

$$\left. + \sum_{i=0}^{N-1} \frac{1}{1 + |\, b_i h_{i,k}\,|^2} |\, y_{d_k,2i+1} - b_i h_{i,k} (g_{k,i} \sqrt{\kappa_{k,i}}\, x_{s_k,i} + g_{k,i} \sqrt{\kappa_{\bar{k},i}}\, x_{s_{\bar{k}},i})\,|^2 \right\} \quad (11.7)$$

11.2.2 系统误帧率分析

第 10 章给出了 NRNC 协议的系统误帧率表达式，即 $P_{e,\mathrm{sys}}^{\mathrm{NRNC}} = P_{e,d_0} + P_{e,d_1}$ ，由于系统的对称性， $P_{e,d_0} = P_{e,d_1}$ 。不失一般性，我们用 P_{e,d_k} 表示。由于误帧率和成对差错概率的关系，我们将详细分析 N 中继下， d_k 的成对差错概率 P_{PE,d_k} 。根据相关文献可知

$$P_{\mathrm{PE},d_k} = \frac{1}{\pi} \int_0^{\frac{\pi}{2}} \varepsilon_{h_{2N}} \left\{ \exp\left(-\rho \frac{h_{2N}^H U_{2N}^H \Lambda_v^{-1} U_{2N} h_{2N}}{8 \sin^2 \theta} \right) \right\} \mathrm{d}\theta \quad (11.8)$$

其中， U_{2N} 为能量归一化错误译码矩阵

$$U_{2N} = \begin{pmatrix} u_{s_k,0} & 0 & 0 & \cdots & 0 & 0 \\ 0 & u_{s_k,0} & u_{s_{\bar{k}},0} & \cdots & 0 & 0 \\ \vdots & & & \ddots & & \vdots \\ u_{s_k,N-1} & 0 & 0 & \cdots & 0 & 0 \\ 0 & 0 & 0 & \cdots & u_{s_k,N-1} & u_{s_{\bar{k}},N-1} \end{pmatrix} \tag{11.9}$$

且 $u_{s_k,i} = \sqrt{\kappa_{k,i}/P}(x_{s_k,i} - \hat{x}_{s_k,i})$ 为能量归一化的译码错误值。

由式（11.8）可以通过求解积分获得 d_k 的成对差错概率，则系统误帧率

$$P_{e,\mathrm{sys}}^{\mathrm{NRNC}} = 2 \cdot 2^{2NR} P_{\mathrm{PE},d_k} \tag{11.10}$$

下述定理给出了 NRNC 中 d_k 的成对差错概率 $P_{\mathrm{PE};d_k}$。

定理 11.1　假定 $\sum_{i=0}^{N-1}|u_{s_k,i}|^2 \prod_{i=0}^{N-1}(|u_{s_k,i}|^2 + |u_{s_{\bar{k}},i}|^2) \neq 0$，则当 ρ 足够大时，基于 N 中继的 NRNC 协议中信宿 d_k 对系统帧进行联合最大似然译码的成对差错概率为

$$
P_{\mathrm{PE},d_k} = \frac{(2N+1)!!2^{(2N+1)}\prod_{i=0}^{N-1}b_i^{-2}(\eta_g\eta_h)^{-N}\rho^{-(N+1)}\ln^N\rho}{(N+1)!\sum_{i=0}^{N-1}|u_{s_k,i}|^2\prod_{i=0}^{N-1}(|u_{s_k,i}|^2 + |u_{s_{\underset{k}{-}},i}|^2)}
$$

$$
+ O\left(\frac{\left|\ln\left(\prod_{i=0}^{N-1}(|u_{s_k,i}|^2 + |u_{s_{\underset{k}{-}},i}|^2)\right)\right|\rho^{-(N+1)}\ln^{(N-1)}\rho}{\sum_{i=0}^{N-1}|u_{s_k,i}|^2\prod_{i=0}^{N-1}(|u_{s_k,i}|^2 + |u_{s_{\underset{k}{-}},i}|^2)}\right) \tag{11.11}
$$

证明：在式（11.8）中，我们将向量 h_{2N} 重写为矩阵 T_{2N} 与向量 g_{2N} 的乘积，其中

$$T_{2N} = \mathrm{diag}(1, b_0 h_{0,k}, b_0 h_{0,k}, b_1 h_{1,k}, b_1 h_{1,k}, \cdots, b_{N-1} h_{N-1,k}, b_{N-1} h_{N-1,k})$$

$$g_{2N} = [\hbar_k, g_{k,0}, g_{\bar{k},0}, g_{k,1}, g_{\bar{k},1}, g_{k,N-1}, g_{\bar{k},N-1}]^{\mathrm{T}}$$

则 $h_{2N} = T_{2N}g_{2N}$。注意到对于随机向量 $z \sim N(0, \Lambda_v)$ 以及一个厄米特矩阵 H，有 $\varepsilon[\exp(-z^H H z)] = 1/\det(I + \Lambda_z H)$ 成立。因此，我们对向量 g_{2N} 求平均值，并令 $u_h = [u_{h_0}, u_{h_1}, \cdots, u_{h_{N-1}}]^{\mathrm{T}}$，其中 $u_{h_i} = |h_{i,k}|^2$，且 u_{h_i} 的概率密度函数为 $\frac{1}{\eta_h}\mathrm{e}^{\frac{u_{h_i}}{\eta_h}}$，则

$$P_{\mathrm{PE},d_k} = \frac{1}{\pi}\int_0^{\frac{\pi}{2}}\int_0^\infty\cdots\int_0^\infty \frac{\exp\left(-\sum_{i=0}^{N-1}\frac{u_{h_i}}{\eta_h}\right)}{\eta_h^N \det A}\mathrm{d}u_h\mathrm{d}\theta \tag{11.12}$$

其中， $A = I_{2N+1} + \dfrac{\rho}{8\sin^2\theta} \Lambda_g T_{2N}^H U_{2N}^H \Lambda_v^{-1} U_{2N} T_{2N}$ ，且 $\Lambda_g = \mathrm{diag}(1, \eta_g, \cdots, \eta_g)$ 。注意到对于任意矩阵 C 和 D ，有 $\det(I + DC) = \det(1 + CD)$ ，我们将 A 写成对角形式

$$A = \begin{pmatrix} A_0 & & & \\ & A_1 & & \\ & & \ddots & \\ & & & A_N \end{pmatrix} \tag{11.13}$$

其中

$$A_0 = 1 + \frac{\rho}{8\sin^2\theta} \sum_{i=0}^{N-1} |u_{s_k,i}|^2, \qquad A_i = \begin{pmatrix} 1 + \lambda_i |u_{s_k,i}|^2 & \lambda_i u_{s_k,i}^* u_{s_{\bar{k}},i} \\ \lambda_i u_{s_k,i} u_{s_{\bar{k}},i}^* & 1 + \lambda_i |u_{s_{\bar{k}},i}|^2 \end{pmatrix}$$

$$\lambda_i = \frac{\eta_g b_i^2 |h_{i,k}|^2 \rho}{8\sin^2\theta (1 + b_i^2 |h_{i,k}|^2)}, \qquad \det A_i = 1 + \lambda_i |u_{s_k,i}|^2 + \lambda_i |u_{s_{\bar{k}},i}|^2 \tag{11.14}$$

将式（11.14）代入式（11.13），则可得到

$$\det\left(I_{2N+1} + \frac{\rho}{8\sin^2\theta} T_{2N}^H U_{2N}^H \Lambda_{2N}^{-1} U_{2N} T_{2N} \right)$$
$$= \det A_0 \det A_1 \cdots \det A_N \tag{11.15}$$
$$= \left(1 + \frac{\rho}{8\sin^2\theta} \sum_{i=0}^{N-1} |u_{s_k,i}|^2 \right) \prod_{i=0}^{N-1} (1 + \lambda_i |u_{s_k,i}|^2 + \lambda_i |u_{s_{\bar{k}},i}|^2)$$

另一方面，我们关注 u_{h_i} 的积分，即

$$\int_0^\infty \frac{e^{-\frac{u_{h_i}}{\eta_h}}}{1 + \dfrac{\eta_g b_i^2 u_{h_i} \rho |u_{s_k,i}|^2}{8\sin^2\theta (1 + b_i^2 u_{h_i})} + \dfrac{\eta_g b_i^2 u_{h_i} \rho |u_{s_{\bar{k}},i}|^2}{8\sin^2\theta (1 + b_i^2 u_{h_i})}} \, du_{h_i}$$

$$= \int_0^\infty \frac{(1 + b_i^2 u_{h_i}) e^{-\frac{u_{h_i}}{\eta_h}}}{1 + \gamma_i u_{h_i}} \, du_{h_i} \tag{11.16}$$

$$= \int_0^\infty \frac{b_i^2}{\gamma_i} \left(1 + \frac{\dfrac{1}{b_i^2} - \dfrac{1}{\gamma_i}}{u_{h_i} + \dfrac{1}{\gamma_i}} \right) e^{-\frac{u_{h_i}}{\eta_h}} \, du_{h_i}$$

$$= \frac{b_i^2}{\gamma_i} \left(\eta_h + \left(\frac{1}{b_i^2} - \frac{1}{\gamma_i} \right) J\left(\frac{1}{\eta_h \gamma_i} \right) \right)$$

其中，$\gamma_i = b_i^2 + \alpha_i + \beta_i$ 且

$$\frac{\rho\eta_g b_i^2 |u_{s_k,i}|^2}{8\sin^2\theta}, \quad \frac{\rho\eta_g b_i^2 |u_{s_{\bar{k}},i}|^2}{8\sin^2\theta}$$

同时函数 $J(v)$ 可以表示为

$$\begin{aligned}
J(v) &= \int_0^\infty \frac{e^{-u}}{u+v}\,\mathrm{d}u \\
&= e^v \int_0^\infty \frac{e^{-u}}{u}\,\mathrm{d}u \\
&= -e^v\left(\varphi + \ln v + \sum_{i=1}^\infty \left((-1)^i v^i/(i!i)\right)\right)
\end{aligned} \tag{11.17}$$

其中，φ 是欧拉常数。考虑到在 ρ 足够大时，若 $v = c_1\rho^{-1} + O(c_2\rho^{-2})(0 < c_1, c_2 < \infty)$，则

$$\lim_{\rho\to\infty} J(v) = \ln\rho + O(|\ln c_1|) \tag{11.18}$$

同时，我们有

$$\lim_{\rho\to\infty}\frac{1}{\gamma_i} = \frac{1}{b_i^2}\frac{8\sin^2\theta\,\eta_g^{-1}\rho^{-1}}{|u_{s_k,i}|^2 + |u_{s_{\bar{k}},i}|^2} + O\left(\frac{\rho^{-2}}{|u_{s_k,i}|^2 + |u_{s_{\bar{k}},i}|^2}\right) \tag{11.19}$$

将式（11.18）和式（11.19）代入式（11.16），则

$$\lim_{\rho\to\infty}\frac{b_i^2}{\gamma_i}\left(\eta_h + \left(\frac{1}{b_i^2} - \frac{1}{\gamma_i}\right)J\left(\frac{1}{\eta_h\gamma_i}\right)\right) = \frac{8\sin^2\theta\,b_i^{-2}\eta_g^{-1}\rho^{-1}}{|u_{s_k,i}|^2 + |u_{s_{\bar{k}},i}|^2}\left(\ln\rho + O\left(|\ln(|u_{s_k,i}|^2 + |u_{s_{\bar{k}},i}|^2)|\right)\right) \tag{11.20}$$

将积分结果代入，则可得成对差错概率为

$$\begin{aligned}
P_{\mathrm{PE},d_k} = &\int_0^{\frac{\pi}{2}} \frac{(8\sin^2\theta)^{(N+1)}\prod_{i=0}^{N-1}b_i^{-2}(\eta_g\eta_h)^{-N}\rho^{-(N+1)}\ln^N\rho}{\sum_{i=0}^{N-1}|u_{s_k,i}|^2 \prod_{i=0}^{N-1}(|u_{s_k,i}|^2 + |u_{s_{\bar{k}},i}|^2)} \\
&+ O\left(\frac{\left|\ln\left(\prod_{i=0}^{N-1}(|u_{s_k,i}|^2 + |u_{s_{\bar{k}},i}|^2)\right)\right|\rho^{-(N+1)}\ln^{(N-1)}\rho}{\sum_{i=0}^{N-1}|u_{s_k,i}|^2 \prod_{i=0}^{N-1}(|u_{s_k,i}|^2 + |u_{s_{\bar{k}},i}|^2)}\right)
\end{aligned} \tag{11.21}$$

另一方面

$$\int_0^{\frac{\pi}{2}} \sin^{2(N+1)}\theta\,\mathrm{d}\theta = \frac{1\cdot3\cdot5\cdots(2N+1)}{2\cdot4\cdot6\cdots2(N+1)}\frac{\pi}{2} \tag{11.22}$$

则可进一步得到

$$
\begin{aligned}
P_{\mathrm{PE},d_k} = & \int_0^{\frac{\pi}{2}} \frac{(2N+1)!!2^{(2N+1)} \prod\limits_{i=0}^{N-1} b_i^{-2} (\eta_g \eta_h)^{-N} \rho^{-(N+1)} \ln^N \rho}{(N+1)! \sum\limits_{i=0}^{N-1} |u_{s_k,i}|^2 \prod\limits_{i=0}^{N-1} (|u_{s_k,i}|^2 + |u_{s_{\bar{k}},i}|^2)} \\
& + O\left(\frac{\left| \ln \left(\prod\limits_{i=0}^{N-1} (|u_{s_k,i}|^2 + |u_{s_{\bar{k}},i}|^2) \right) \right| \rho^{-(N+1)} \ln^{(N-1)} \rho}{\sum\limits_{i=0}^{N-1} |u_{s_k,i}|^2 \prod\limits_{i=0}^{N-1} (|u_{s_k,i}|^2 + |u_{s_{\bar{k}},i}|^2)} \right)
\end{aligned} \tag{11.23}
$$

定理得证。

11.2.3 预编码设计

由定理 11.1 中的误帧率公式可知，NRNC 协议的分集增益不仅仅与 ρ 相关，还与 $\ln \rho$ 有关，但是当 $\rho \to \infty$ 时，$\ln \rho$ 对分集增益的影响可以忽略。另一方面，误帧率公式还说明基于 N 个中继分时复用的调度策略显然无法达到系统的满分集增益。特别的，考虑信源 s_0 发射的符号向量 x_{s_0} 中的第 i 个符号 $x_{s_0,i}$ 与 s_1 发射的第 i 个符号 $x_{s_1,i}$，若信宿将这两个符号同时正确译出，即 $|u_{s_0,i}|^2 + |u_{s_1,i}|^2 = 0$，因此式（11.11）的分母将出现 0 项，该 0 项是 $\dfrac{1}{\rho}$ 的近似，意味着分集增益阶数的降低。显然两个帧之间的距离越近，分集增益的阶数越低，译错的可能性就越大。

预编码的设计将从式（11.11）的分母入手，降低分母为零的概率以提高系统分集增益。我们主要考虑基于代数方法的预编码设计，其最初的设计思想是在 QAM 调制中引入符号间的相位偏差，使得星座图以某种角度旋转，导致每个符号都有不同的实部和虚部，从而抵抗信道的衰落干扰。在 MIMO 系统中，预编码将一帧内的符号序列进行相位递增偏移后叠加作为新的发射信号，因此加强了符号之间的相关性，这种相关性增大了新的发射信号之间的欧氏距离，从某种意义上增加了分集增益。同时，预编码中的相位采用分圆多项式（cyclotomic polynomials）设计思想，保证了叠加符号在接收端的正确分离，而这种信号之间的叠加与分离正好符合了无线网络编码的基本思想，因此很容易融入网络编码协议中。MIMO 中的代数预编码设计较为成熟，各种代数预编码均可以达到系统满分集增益，主要差异在于各种码所能获得的编码增益不同。出于系统复杂度的考虑，我们选择 LCP-A 码，并将其融合到组播网络模型中。在 NRNC 协议中，我们根据信道信息的反馈情况提出两种预编码设计方案：分离式预编码和分布式预编码。

1. 分离式预编码设计

在 $s \to r$ 瞬时信道的幅度和相位未知情况下，我们提出基于分离式预编码的设计，即两个信源采用相同的预编码矩阵。针对每个信源发射的符号向量长度，相应的预编码矩阵为

$$\Theta = \frac{1}{\sqrt{N}} \begin{pmatrix} 1 & \alpha_0 & \cdots & \alpha_0^{N-1} \\ \vdots & \vdots & & \vdots \\ 1 & \alpha_{N-1} & \cdots & \alpha_{N-1}^{N-1} \end{pmatrix}_{N \times N} \tag{11.24}$$

其中，$\{\alpha_i\}_{i=0}^{N-1}$ 具有单位幅度。若 $N = 2^m$，则 $\alpha_i = \mathrm{e}^{\mathrm{j}\pi(4i-1)/2N}$；若 $N = 3 \times 2^m$，则 $\alpha_i = \mathrm{e}^{\mathrm{j}\pi(6i-1)/3N}$。

对于第 k 个信源，在完成预编码和功率分配后，其发射信号向量为 $\left(\sqrt{\kappa_k}, \Theta_s X_{s_k}\right)$，其中的第 i 个元素为 $\sqrt{\kappa_{k,i}}, \theta_s^i X_{s_k}$ 且 θ_s^i 为预编码矩阵的第 i 行。由定理 11.1 可得出，经过预编码后，在信宿 d_k 的成对差错概率的分母中，与译码错误值相关的那部分变为

$$\sum_{i=0}^{N-1} \left| \sum_{n=0}^{N-1} \alpha_i^n u_{s_0,n} \right|^2 \prod_{i=0}^{N-1} \left(\left| \sum_{n=0}^{N-1} \alpha_i^n u_{s_0,n} \right|^2 + \left| \sum_{n=0}^{N-1} \alpha_i^n u_{s_1,n} \right|^2 \right) \tag{11.25}$$

由于 QAM 调制的符号 $x = a + \mathrm{j}b$，其实部和虚部均随机取自整数环，即 $a, b \in \mathbf{Z}$，同时代数预编码的设计原则，确保了预编码矩阵 Θ_s 中除 1 之外的每一项为各不相同的无理数。根据数论原理，当且仅当所有的 $u_{s_k,n}$ 为 0 时（正确解码一个系统帧时），式（11.25）才为 0。非零的分母确保了系统的满分集增益。

2. 基于信道预均衡的分布式预编码设计

第 10 章提到当 $s \to r$ 多接入信道的瞬时幅度和相位已知时，可以选择信源的功率分配因子提高系统的性能。在分时复用的多中继组播网络中，由于每个中继被轮流使用，且每次只用一个中继，所以在信源知道每个 $s \to r$ 信道的瞬时信息时，仍然可以按照第 10 章的方法设计信源的功率分配方案，即对于第 i 个中继，两个信源可以分别选择功率分配因子

$$\kappa_{k,i} = \frac{\kappa_i |g_{\bar{k},i}|^2}{|g_{k,i}|^2 + |g_{\bar{k},i}|^2}, \quad \kappa_{\bar{k},i} = \frac{\kappa_i |g_{k,i}|^2}{|g_{k,i}|^2 + |g_{\bar{k},i}|^2} \tag{11.26}$$

其中，κ_i 是第 $2i \sim 2i+1$ 个时隙分配给两个信源的总功率。由于信道幅度和相位的预均衡，式（11.25）将变成

$$\sum_{i=0}^{N-1} \left| \sum_{n=0}^{N-1} \alpha_i^n u_{s_0,n} \right|^2 \prod_{i=0}^{N-1} \left(\left| \sum_{n=0}^{N-1} \alpha_i^n (u_{s_0,n} + u_{s_1,n}) \right|^2 \right) \tag{11.27}$$

这意味着存在错误的译码 $\hat{x}_{s_0,n}$ 和 $\hat{x}_{s_1,n}$，只要其满足 $x_{s_0,n} + x_{s_1,n} = \hat{x}_{s_0,n} + \hat{x}_{s_1,n}$，即可使得 $u_{s_0,n} + u_{s_1,n} = 0$。这种情况导致存在错误的译码仍然可以使得式（11.27）为零的可能性，因此分离式预编码无法使得系统达到满分集增益。基于此，我们提出编码设计方案。首先，按照式（11.24）构造一个 $2N \times 2N$ 的预编码矩阵，然后从中任取 N 行组成 $N \times 2N$ 的矩阵 Θ。从 Θ 中抽取奇数列组成矩阵 Θ_{s_0} 作为 s_0 的预编码矩阵；从 Θ 中抽取偶数列作为组成矩阵 Θ_{s_1} 作为 s_1 的预编码矩阵，则对于信源 s_k，其对应的预编码矩阵为

$$
\Theta_{s_k} = \frac{1}{\sqrt{N}}\begin{pmatrix} \alpha_0^{k-1} & \cdots & \alpha_1^{2i+k-1} & \cdots & \alpha_1^{2N+k-3} \\ \vdots & & \vdots & & \vdots \\ \alpha_{N-1}^{k-1} & \cdots & \alpha_N^{2i+k-1} & \cdots & \alpha_{N-1}^{2N+k-3} \end{pmatrix}_{N \times N} \tag{11.28}
$$

其中，$i \in \{0, \cdots, N-1\}$。

在分布式预编码下，信宿 d_k 的成对差错概率表达式的分母中，与译码错误值相关的部分为

$$
\sum_{i=0}^{N-1}\left|\sum_{n=0}^{N-1} \alpha_i^{2n} u_{s_0,n}\right|^2 \prod_{i=0}^{N-1}\left(\left|\sum_{n=0}^{N-1} \alpha_i^{2n}(u_{s_0,n} + \alpha_i u_{s_1,n})\right|^2\right) \tag{11.29}
$$

显然，在对系统帧进行译码时，当且仅当所有的 $u_{s_k,n}$ 为 0，式（11.29）才为 0，因此，分布式预编码设计可以达到系统满分集增益。

11.3　基于 RCNC 协议的性能分析及预编码设计

首先讨论基于 N 中继的 RCNC 协议的数学模型，然后推导其在分时复用节点调度策略下的系统误帧率。同样，由于这种调度策略无法达到系统的满分集增益，我们提出联合信源中继预编码方案。新的中继节点调度策略也相应地被提出，以更好地配合预编码的实施。

11.3.1　数学模型

RCNC 协议中，第 i 个中继节点通过联合译码从接收信号 y_{r_i} 中恢复出信源的发射符号，即 $x_{r_i,0} = \hat{x}_{s_0,i}$ 和 $x_{r_i,1} = \hat{x}_{r_i,1}$，则中继 r_i 的发射信号为 $x_{r_i} = \frac{1}{\sqrt{2}}(x_{r_i,0} + \alpha x_{r_i,1})$。相位偏移 $\alpha = \mathrm{e}^{\frac{3j\pi}{4}}$ 为 Wang's 码，用于消除两个符号直接叠加所带来的译码二义性。组播网络在一帧内的功率约束为

$$
\varepsilon\left\{k_0^{\mathrm{T}} |x_{s_0}|^2 + k_1^{\mathrm{T}} |x_{s_1}|^2 + t^{\mathrm{T}} |x_r|^2\right\} = 2P \tag{11.30}
$$

其中，$k_k = [\kappa_{k,0}, \cdots, \kappa_{k,N-1}]^{\mathrm{T}}$ 为第 k 个信源的功率分配因子向量；$t = [T_0, \cdots, T_{N-1}]^{\mathrm{T}}$，其

中的第 i 个元素对应为第 i 个中继的功率放大因子；$x_r = [x_{r_0}, \cdots, x_{r_{N-1}}]^{\mathrm{T}}$，其中的第 i 个元素对应为第 i 个中继的发射信号。第 i 个中继在一帧内接收的信号为

$$y_{r_i} = g_{k,i}\sqrt{\kappa_{k,i}}\, x_{s_k,i} + g_{\bar{k},i}\sqrt{\kappa_{\bar{k},i}}\, x_{s_{\bar{k}},i} + v_{r_i}$$

我们采用矩阵表示 N 个中继的接收信号为

$$y_r = X_{r,N} g_{2N} + v_r \tag{11.31}$$

其中，$X_{r,N}$ 是一个 $N \times 2N$ 的发射信号矩阵；g_{2N} 是一个 $2N \times 1$ 的信道向量

$$X_{r,N} = \begin{pmatrix} \sqrt{\kappa_{k,0}}\, x_{s_k,0} & \sqrt{\kappa_{\bar{k},0}}\, x_{s_{\bar{k}},0} & 0 & 0 & \cdots & 0 & 0 \\ 0 & 0 & \sqrt{\kappa_{k,1}}\, x_{s_k,1} & \sqrt{\kappa_{\bar{k},1}}\, x_{s_{\bar{k}},1} & \cdots & 0 & 0 \\ \vdots & \vdots & & & \ddots & & \vdots \\ 0 & 0 & 0 & 0 & \cdots & \sqrt{\kappa_{k,N-1}}\, x_{s_k,N-1} & \sqrt{\kappa_{\bar{k},N-1}}\, x_{s_{\bar{k}},N-1} \end{pmatrix}$$

$$g_{2N} = [g_{k,0}, g_{\bar{k},0}, g_{k,1}, g_{\bar{k},1} \cdots, g_{k,N-1}, g_{\bar{k},N-1}]^{\mathrm{T}} \tag{11.32}$$

同时，$v_r = [v_{r,0}, \cdots, v_{r,N-1}]^{\mathrm{T}}$ 是一个 $N \times 1$ 的中继噪声向量且 $v_r \sim N(0; \sigma^2 I_N)$。另一方面，$d_k$ 在一帧内的接收信号为

$$y_{d_k,0} = \hbar_k \sqrt{\kappa_{k,0}}\, x_{s_k,0} + v_{d_k,0}$$
$$y_{d_k,1} = h_{0,k} \sqrt{T_0}\, x_{r_0} + v_{d_k,1}$$
$$\vdots$$
$$y_{d_k,2N-2} = \hbar_k \sqrt{\kappa_{k,N-1}}\, x_{s_k,N-1} + v_{d_k,2N-2}$$
$$y_{d_k,2N-1} = h_{N-1,k} \sqrt{T_{N-1}}\, x_{r_{N-1}} + v_{d_k,2N-1}$$

其矩阵表示形式为

$$y_{d_k} = X_{d_k,N} h_N + v_{d_k} \tag{11.33}$$

其中，X_{d_k} 是一个 $2N \times N+1$ 的发射信号矩阵；h_N 是一个 $(N+1) \times 1$ 的信道向量

$$X_{d_k,N} = \begin{pmatrix} \sqrt{\kappa_{k,0}}\, x_{s_k,0} & 0 & \cdots & 0 \\ 0 & \sqrt{T_0}\, x_{r_0} & \cdots & 0 \\ \vdots & & \ddots & \\ \sqrt{\kappa_{k,N-1}}\, x_{s_k,N-1} & 0 & \cdots & 0 \\ 0 & 0 & \cdots & \sqrt{T_{N-1}}\, x_{r_{N-1}} \end{pmatrix} \tag{11.34}$$

$$h_N = [\hbar_k, h_{0,k}, h_{1,k}, \cdots, h_{N-1,k}]^{\mathrm{T}}$$

同时，$v_{d_k} = [v_{d_k,0}, \cdots, v_{d_k,2N-1}]$ 是 d_k $2N \times 1$ 的噪声向量且 $v \sim N(0, \sigma^2 I_{2N})$。$d_k$ 在每帧结束时进行联合最大似然译码

$$\hat{x}_s = \arg\min\left\{\sum_{i=0}^{N-1}|y_{d_k,2i} - \hbar_k\sqrt{\kappa_{k,i}}x_{s_k,i}|^2 + \sum_{i=0}^{N-1}|y_{d_k,2i+1} - h_{l,k}\sqrt{T_i}x_{r_i}|^2\right\} \quad (11.35)$$

11.3.2 系统误帧率分析

在基于 N 中继的协作组播网络中，系统误帧率满足 $P_{e,\text{sys}}^{\text{RCNC}} = P_{e,r} + P_{e,d_0} + P_{e,d_1}$，其中 P_r 为中继节点的误帧概率，任何一个中继译码错误，则发生系统误帧事件，P_{e,d_k} 定义为当所有中继均正确译码时，信宿 d_k 的误帧概率。由于系统的对称性，$P_{e,d_0} = P_{e,d_1}$。我们首先关注 $P_{e,r}$，由于系统帧内的符号是独立同分布的，符号之间没有相关性，所以系统帧在中继处的成对差错概率可以表示为

$$P_{\text{PE},r} = \frac{1}{\pi}\int_0^{\frac{\pi}{2}}\varepsilon_{g_{2N}}\left\{\exp\left(-\rho\frac{g_{2N}^H U_{r,N}^H I_N^{-1} U_{r,N} g_{2N}}{8\sin^2\theta}\right)\right\}\mathrm{d}\theta \quad (11.36)$$

其中，$U_{r,N}$ 为能量归一化错误译码矩阵

$$U_{r,N} = \begin{pmatrix} u_{s_k,0} & u_{s_{\underline{k}},0} & 0 & 0 & \cdots & 0 & 0 \\ 0 & 0 & u_{s_k,1} & u_{s_{\underline{k}},1} & \cdots & 0 & 0 \\ \vdots & & & & \ddots & & \vdots \\ 0 & 0 & 0 & 0 & \cdots & u_{s_k,N-1} & u_{s_{\underline{k}},N-1} \end{pmatrix} \quad (11.37)$$

且 $u_{s_k,i} = \sqrt{\kappa_{k,i}/P}(x_{s_k,i} - \hat{x}_{s_k,i})$ 为能量归一化的译码错误值。

定理 11.2 假定 $\prod_{i=0}^{N-1}(|u_{s_k,i}|^2 + |u_{s_{\underline{k}},i}|^2) \neq 0$，则当 ρ 足够大时，基于 N 中继的 RCNC 协议中中继节点对系统帧进行最大似然译码的成对差错概率为

$$P_{\text{PE},r} = \frac{(2N-1)!!2^{(2N-1)}\eta_g^{-N}\rho^{-N}}{N!\prod_{i=0}^{N-1}(|u_{s_k,i}|^2 + |u_{s_{\underline{k}},i}|^2)} \quad (11.38)$$

证明： 根据式（11.36）可得

$$P_{\text{PE},r} = \frac{1}{\pi}\int_0^{\frac{\pi}{2}}\det\left(I_{2N} + \frac{\eta_g\rho}{8\sin^2\theta}U_{r,N}^H U_{r,N}\right)\mathrm{d}\theta$$

$$= \frac{1}{\pi}\int_0^{\frac{\pi}{2}}\det\frac{\mathrm{d}\theta}{\prod_{i=0}^{N-1}\left(1 + \frac{\eta_g\rho|u_{s_k,i}|^2}{8\sin^2\theta} + \frac{\eta_g\rho|u_{s_{\underline{k}},i}|^2}{8\sin^2\theta}\right)} \quad (11.39)$$

当 ρ 足够大时，有

$$P_{\mathrm{PE},r} = \frac{1}{\pi} \int_0^{\frac{\pi}{2}} \frac{(8\sin^2\theta)^N \eta_g^{-N} \rho^{-N}}{\prod_{i=0}^{N-1}\left(|u_{s_k,i}|^2 + |u_{s_{\bar{k}},i}|^2\right)} \mathrm{d}\theta = \frac{(2N-1)!!\,2^{(2N-1)} \eta_g^{-N} \rho^{-N}}{N! \prod_{i=0}^{N-1}\left(|u_{s_k,i}|^2 + |u_{s_{\bar{k}},i}|^2\right)} \tag{11.40}$$

定理得证。

注意到定理 11.2 仅在信源的发射符号之间独立同分布时才成立。而符号之间的独立性以及中继节点译码的独立性导致系统根本无法达到 N 阶分集。考虑到当 ρ 足够大时，下述事件将在中继误帧事件中占主导地位，即任意一个中继节点 r_i 将接收到的符号 $x_{s_1,i}$、$x_{s_2,i}$ 译错，而其他 $N-1$ 个中继节点没有译码错误的事件。则我们给出中继误帧概率的另一种近似表达式如下

$$P_{e,r} = 2^{2R} \sum_{i=1}^{N} \frac{2\eta_g^{-1}\rho^{-1}}{|u_{s_1,i}|^2 + |u_{s_2,i}|^2} + O(\rho^{-2}) + \cdots + O(\rho^{-N}) \approx 2^{2R} \sum_{i=1}^{N} \frac{2\eta_g^{-1}\rho^{-1}}{|u_{s_1,i}|^2 + |u_{s_2,i}|^2} \tag{11.41}$$

由此可见，系统帧在中继节点的译码实际只能达到一阶分集增益。类似的，在中继正确译码的情况下，信宿 d_k 的成对差错概率可以表示为

$$P_{\mathrm{PE},d_k} = \frac{1}{\pi} \int_0^{\frac{\pi}{2}} \varepsilon_{h_N} \left\{ \exp\left(-\rho \frac{h_N^H U_{d_k,N}^H I_{2N}^{-1} U_{d_k,N} h_N}{8\sin^2\theta} \right) \right\} \mathrm{d}\theta \tag{11.42}$$

其中，$u_{d_k,N}$ 为能量归一化错误译码矩阵，且

$$U_{d_k,N} = \begin{pmatrix} u_{s_k,0} & 0 & \cdots & 0 \\ 0 & u_{r_0} & \cdots & 0 \\ \vdots & & \ddots & \vdots \\ u_{s_k,N-1} & 0 & 0 & 0 \\ 0 & 0 & 0 & u_{r_{N-1}} \end{pmatrix} \tag{11.43}$$

且 $u_{s_k,i} = \sqrt{\kappa_{k,i}/P}(x_{s_k,i} - \hat{x}_{s_k,i})$ 以及 $u_{r_i} = \sqrt{T_i/2P}(x_{s_k,i} - \hat{x}_{s_k,i} + \alpha x_{s_{\bar{k}},i} - \alpha\hat{x}_{s_{\bar{k}},i})$。

定理 11.3 假定 $\prod_{i=0}^{N-1}(|u_{s_k,i}|^2 + |u_{s_{\bar{k}},i}|^2) \neq 0$，则当 ρ 足够大时，基于 N 中继的 RCNC 协议中信宿 d_k 节点对系统帧进行最大似然译码的成对差错概率为

$$P_{\mathrm{PE},d_k} = \frac{(2N+1)!!\,2^{2N+1} \eta_g^{-N} \rho^{-(N+1)}}{(N+1)! \prod_{i=0}^{N-1}|u_{s_k,i}|^2 \prod_{i=0}^{N-1}|u_{r_i}|^2} \tag{11.44}$$

证明： 我们重写式（11.42），则

$$P_{\mathrm{PE},d_k} = \frac{1}{\pi} \int_0^{\frac{\pi}{2}} \det\left(I_{N+1} + \frac{\rho}{8\sin^2\theta} \Lambda_{h_N} U_{d_k,N}^H U_{d_k,N} \right)^{-1} \mathrm{d}\theta \tag{11.45}$$

其中，$\Lambda_{h_N} = \mathrm{diag}(1, \eta_h, \cdots, \eta_h)$。式（11.45）中的矩阵可以改写为

$$
\begin{aligned}
& I_{N+1} + \frac{\rho}{8\sin^2\theta} \Lambda_{h_N} U_{d_k,N}^H U_{d_k,N} \\
& = \mathrm{diag}\left(1 + \lambda \sum_{i=0}^{N-1} |u_{s_k,i}|^2, 1 + \eta_h \lambda |u_{r_0}|^2, \cdots, 1 + \eta_h \lambda |u_{r_{N-1}}|^2\right)
\end{aligned}
\tag{11.46}
$$

其中，$\lambda = \dfrac{\rho}{8\sin^2\theta}$，则

$$
P_{\mathrm{PE},d_k} = \frac{1}{\pi} \int_0^{\frac{\pi}{2}} \frac{\mathrm{d}\theta}{\left(1 + \lambda \sum\limits_{i=0}^{N-1} |u_{s_k,i}|^2\right) \prod\limits_{i=0}^{N-1} (1 + \eta_h \lambda |u_{r_i}|^2)}
\tag{11.47}
$$

当 ρ 足够大时

$$
P_{\mathrm{PE},d_k} = \frac{1}{\pi} \int_0^{\frac{\pi}{2}} \frac{(8\sin^2\theta)^{N+1} \eta_h^{-N} \rho^{-(N+1)}}{\sum\limits_{i=0}^{N-1} |u_{s_k,i}|^2 \prod\limits_{i=0}^{N-1} |u_{r_i}|^2} \mathrm{d}\theta = \frac{(2N+1)!! 2^{2N+1} \eta_h^{-N} \rho^{-(N+1)}}{(N+1)! \sum\limits_{i=0}^{N-1} |u_{s_k,i}|^2 \prod\limits_{i=0}^{N-1} |u_{r_i}|^2}
\tag{11.48}
$$

定理得证。

注意到定理 11.2 仅在信源的发射符号之间独立同分布时才成立。而符号之间的独立性以及中继节点译码的独立性导致系统根本无法达到 N 阶分集。考虑到当 ρ 足够大时，下述事件将在中继误帧事件中占主导地位，即任意一个中继节点 r_i 将接收到的符号 $x_{s_1,i}$、$x_{s_2,i}$ 译码错误，而其他 $N-1$ 个中继节点没有译码错误的事件。则我们给出中继误帧概率的另一种近似表达式如下

$$
P_{e,\mathrm{sys}}^{\mathrm{RCNC}} \approx 2^{2R} \sum_{i=1}^N \frac{2\eta_g^{-1} \rho^{-1}}{|u_{s_1,i}|^2 + |u_{s_2,i}|^2} + 2 \cdot 2^R \sum_{i=1}^N \frac{2\eta_h^{-1} \rho^{-1}}{|u_{r_i,k}|^2}
\tag{11.49}
$$

11.3.3 预编码设计

预编码不仅可以提高系统分集增益，还可以在联合译码时恢复在复数域叠加的符号。这种可以分离叠加信号的特性使得无线网络编码在复数域的实施（有线网络编码通常在有限域实施）成为可能。实际上，在本节建立的 RCNC 数学模型中，中继发射符号 $x_{r_i} = \dfrac{1}{\sqrt{2}}(x_{r_i,0} + \alpha x_{r_i,1})$，其中的 Wang's 码 α 正式用于在信宿译码时混叠符号的分离。在本章中，我们采用误帧率作为性能指标，充分利用预编码的这两种特性，在获得系统满分集增益的同时，使得信宿端可以无误地恢复复数域叠加的符号。

通过中继和信宿节点的成对差错概率可知，当系统帧内的符号独立同分布时，分时复用的节点调度策略使得信号在中继和信宿的译码均无法达到系统的满分集增益。因此我们提出一种改进的节点调度策略，即把传输过程分为两大阶段：第一阶段，两

个信源在 N 个时隙中同时传输各自的 N 个符号，所有的中继节点都参与信号的侦听和译码；第二阶段，成功译出系统帧的中继节点将各自的译码信号通过剩余的 N 个时隙广播到信宿。对应于这种传输策略，我们设计了 RCNC 协议的预编码方案。

我们采用联合信源-中继的预编码设计方法，首先，信源采取式（11.24）所示的 $N \times N$ 的预编码矩阵 Θ_s，第 i 个中继节点将译码后的系统帧 $x_{s,i}$ 前面乘上 $2N \times 2N$ 预编码矩阵 Θ_r，即

$$\Theta_s = \frac{1}{\sqrt{N}}\begin{pmatrix} 1 & \alpha_0 & \cdots & \alpha_0^{N-1} \\ \vdots & \vdots & & \vdots \\ 1 & \alpha_{N-1} & \cdots & \alpha_{N-1}^{N-1} \end{pmatrix}_{N \times N}, \quad \Theta_r = \frac{1}{\sqrt{2N}}\begin{pmatrix} 1 & \alpha_0 & \cdots & \alpha_0^{2N-1} \\ \vdots & \vdots & & \vdots \\ 1 & \alpha_{2N-1} & \cdots & \alpha_{2N-1}^{2N-1} \end{pmatrix}_{2N \times 2N} \tag{11.50}$$

我们对改进的结合节点调度策略和预编码方案的 RCNC 协议进行深入分析。由于所有中继节点均参与了对系统帧的译码，假设 N 个中继中有 n 个可以成功地将一个系统帧译出，在这种情况下，d_k 的成对差错概率为

$$P_{\mathrm{PE},d_k} = \frac{(2n+1)!!2^{(2n+1)}\eta_h^{-n}\rho^{-(n+1)}}{(n+1)! \sum_{i=0}^{n}|u_{s_k,i}|^2 \prod_{i=0}^{n}|u_{s,i}|^2} \tag{11.51}$$

其中

$$|u_{s_k,i}|^2 = \frac{1}{N}\left|\sum_{j=0}^{N-1}\alpha_i^j u_{s_k,j}\right|^2, \quad |u_{s,i}|^2 = \frac{1}{2N}\left|\sum_{j=0}^{N-1}\alpha_i^{2j}u_{r_j,1} + \sum_{j=0}^{N-1}\alpha_i^{2j+1}u_{r_j,2}\right|^2$$

当 ρ 足够大时，我们仅考虑 x_{s_k} 在 d_k 处的译码错误事件，则 d_k 的误帧率为

$$P_{e,d_k} = 2^{RN}\frac{(2n-1)!!2^{(2n-1)}\eta_h^{-n}\rho^{-n}}{n! \sum_{i=0}^{n}\frac{1}{N}\left|\sum_{j=0}^{N-1}\alpha_i^{2j+1}u_{r_j,_k^-}\right|^2} + O(\rho^{-(n+1)}) \approx 2^{RN}\frac{(2n-1)!!2^{(2n-1)}\eta_h^{-n}\rho^{-n}}{n! \sum_{i=0}^{n}\frac{1}{N}\left|\sum_{j=0}^{N-1}\alpha_i^{2j+1}u_{r_j,_k^-}\right|^2} \tag{11.52}$$

由预编码的设计原则可知，当有 n 个中继可以正确译出系统帧时，d_k 可达到 n 阶分集。另一方面，考察 n 个中继可以成功译出系统帧的事件 $D(n)$，该事件的概率为

$$P_{D(n)} = \binom{N}{n}(1-P_{e,r})^n P_{e,r}^{N-n} \tag{11.53}$$

其中，$P_{e,r} = 2^{2RN}2\eta_g^{-1}\rho^{-1} / \sum_{i=1}^{N}\left(|u_{s_1,i}|^2 + |u_{s_2,i}|^2\right)$ 为任一中继的误帧率。则当 ρ 足够大时，系统误帧率可以表示为

$$P_{e,\mathrm{sys}}^{\mathrm{RCNC}} = \sum_{n=0}^{N}P_{D(n)}2P_{e,d_k} \approx \sum_{n=0}^{N}2\binom{N}{n}P_{e,r}^{N-n}P_{e,d_k} \tag{11.54}$$

可见 $P_{e,\mathrm{sys}}^{\mathrm{RCNC}} \sim \rho^{-N}$，这意味着结合新的调度策略以及预编码方案后，RCNC 协议可以达到 N 阶分集增益。

11.4 基于 RGNC 协议的性能分析及预编码设计

RGNC 和 RCNC 协议的主要差异体现在中继节点处理符号的方式不同。在单中继组播网络中，我们讨论过中继节点将译码后的符号在有限域叠加。然而，在 N 中继网络中，情况更为复杂。

11.4.1 数学模型及误帧率分析

RGNC 协议中，假定第 i 个中继译码后的符号为 $x_{r_i,0}$ 和 $x_{r_i,1}$，其对应的二进制比特流分别为 $p_{r_i,0}$ 和 $p_{r_i,1}$ 则中继 r_i 的发射符号 x_{r_i} 对应的二进制流为 $p_{r_i} = p_{r_i,0} \oplus p_{r_i,1}$。则一帧内的功率约束为

$$\varepsilon\left\{ k_0^{\mathrm{T}} \mid x_{s_0} \mid^2 + k_1^{\mathrm{T}} \mid x_{s_1} \mid^2 + t^{\mathrm{T}} \mid x_r \mid^2 \right\} = 2P \tag{11.55}$$

其中，$k_k = [\kappa_{k,0}, \cdots, \kappa_{k,N-1}]^{\mathrm{T}}$ 为第 k 个信源的功率分配因子向量；$t = [T_0, \cdots, T_{N-1}]^{\mathrm{T}}$，其中的第 i 个元素对应为第 i 个中继的功率放大因子；$x_r = [x_{r_0}, \cdots, x_{r_{N-1}}]^{\mathrm{T}}$，其中的第 i 个元素对应为第 i 个中继的发射符号。由于在 RGNC 协议和 RCNC 协议中，除了 x_{r_i} 的表达式不同，其余的接收信号模型均相同。当 ρ 足够大时，按照类似 RCNC 协议的分析方法可得 RGNC 中 d_k 的误帧率为

$$P_{e,d_k} \approx 2^R \sum_{i=1}^{N} \frac{2\rho^{-1}}{\mid u_{s_k,i} \mid^2} + 2^R \sum_{i=1}^{N} \frac{2\eta_h^{-1}\rho^{-1}}{\mid u_{r_i} \mid^2} \tag{11.56}$$

其中，$u_{r_i} = \sqrt{T_i / P}(x_{r_i} - \hat{x}_{r_i})$。显然 RGNC 协议在 d_k 端也只能获得一阶分集增益，因此需要结合预编码设计获得更好的性能。

11.4.2 预编码设计

根据误帧率表达式，系统无法达到满分集。我们按照改进发射节点的调度策略，由于所有发射节点均有 N 个符号要发射，我们采用联合信源-中继的预编码方案，即选择式（11.24）作为信源和中继共同的预编码矩阵。但是由于中继的发射信号是通过有限域计算后得到的，与信源的发射信号相互独立。因此在信宿端译码时，中继的转发信号无法为信宿信源提供分集增益。因此在预编码实施之后，虽然可以显著提高系统性能，但是无法获得系统的满分集增益，这是由 RGNC 协议的特点所决定的。

11.5 仿真结果与分析

采用蒙特卡罗仿真验证我们的优化方案，为了更好地研究网络编码的系统性能，参考在 Yang 的文章中、Ding 的文章等文献中的仿真方法，我们的仿真系统屏蔽了信

道编码的辅助优化。首先，我们考虑没有任何预编码，即没有预编码和 Wang's 码的情况下的功率分配。本节的所有仿真，我们设定传输速率 $R = 2$ 且中继个数 $N = 2$，如无特殊说明，所有的信道方差均为 1，即 $\eta_g = \eta_h = 1$。图 11.1～图 11.3 考虑了各种网络编码协议下的功率分配方案。图中的横坐标为功率分配因子 κ 的百分比。根据定理 11.1，最优的功率分配方案为选择 κ 和 T，使得 κT^N 最大。在 $N = 2$ 时，易得 $\kappa = \dfrac{1}{3}$。图 11.2 和图 11.3 分别给出了 $\eta_g = 1$ 和 $\eta_g \to \infty$ 两种情况下的系统误帧率曲线图。类似于前面的功率分配优化，我们很容易得到多中继下 RCNC 和 RGNC 协议的最优功率分配，这里不再赘述。由图 11.1～图 11.3 可见，NRNC 协议在任何功率分配下仅有一阶分集，没有达到 $N = 2$ 时应该有的分集增益。同时，在两个 RNC 协议中，$s \to r$ 及 $r \to d$ 链路也均只有一阶分集。为了使系统获得更多的分集和编码增益，我们引入预编码。在 NRNC 协议中，针对信源端能否获得 $s \to r$ 瞬时信道信息提出了分离式和分布式两种预编码方案。我们的仿真考虑了 NRNC 协议在五种传输方案下的系统误帧率，分别是：①统计信道信息的节点等功率分配下没有预编码的方案（statistical CSI based average power allocation scheme（SAPAS）without precoder（NP））；②统计信道信息的最优功率分配下没有预编码的方案（statistical CSI based optimal power allocation scheme（SOPAS）without precoder（NP））；③基于 $s \to r$ 瞬时信道信息的最优信源功率分配下分离式预编码方案（instaneous $s \to r$ CSI based optimal power allocation scheme（IOPAS）with isolated precoder（IP））；④SOPAS 下的 IP 方案；⑤IOPAS 下的分布式预编码（distributed precoder，DP）方案。

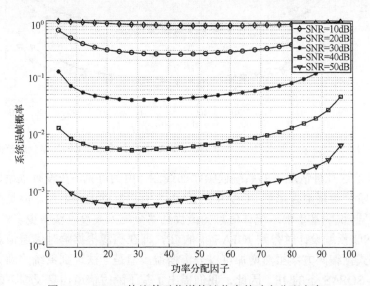

图 11.1　NRNC 协议基于信道统计信息的功率分配方案

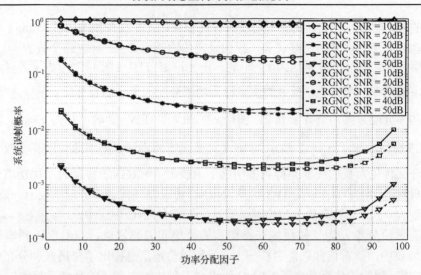

图 11.2　$\eta_g = 1$ 时 RCNC 和 RGNC 协议基于信道统计信息的功率分配方案

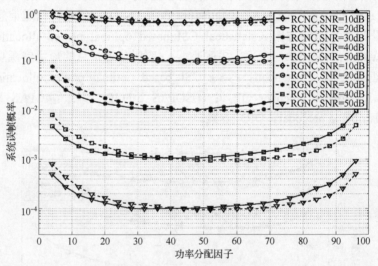

图 11.3　　$\eta_g \to \infty$ 时 RCNC 和 RGNC 协议基于信道统计信息的功率分配方案

图 11.4 是这几种情况下的系统误帧率曲线图。由图可见，在没有预编码时，系统只能达到一阶分集增益，虽然 SOPAS 比 SAPAS 有更好的编码增益，但是两者误帧率曲线斜率相同,说明基于信道统计信息的最优功率分配方案没有获得更多的分集增益。我们在 NRNC 预编设计时得到 IOPAS 下的 IP，即在信源根据瞬时信道信息分配功率时采用分离式预编码方案虽然增加可以分集增益，但是无法达到系统的满分集，其性能甚至劣于 SOPAS 下的 IP。因此，我们提出了基于瞬时信道信息反馈下的分布式预编码方案，以达到瞬时信道信息功率分配下的满分集增益，并获得最优系统性能。

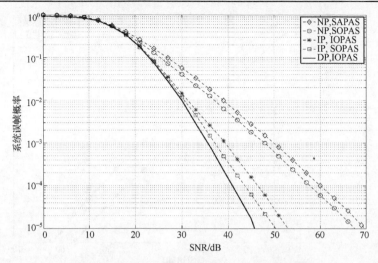

图 11.4 NRNC 协议中各种情况下的系统误帧率

对 RCNC 协议,我们考虑了 SOPAS 下的三种情况:①没有任何预编码(NP)的
SOPAS 方案;②基于 Wang's 码的 SOPAS 方案;③基于我们提出的联合信源-中继预
编码(JP)的 SOPAS 方案。图 11.5 为三种情况下的系统误帧率曲线图。图 11.6 是 RGNC
协议中各种情况下的系统误帧率。由图可见,在没有预编码的情况下,系统仅能达到
一阶分集增益。Wang's 码的引入仅提高了 $r \to d$ 链路的质量,由 DMT 分析可知,在
复用增益较大的情况下,系统的性能主要取决于 $s \to r$ 链路的质量。图中体现为,在
固定的传输速率下,信噪比较小时,由于 $s \to r$ 决定了系统的误帧率,所以 Wang's 码
的作用不大,而在信噪比增加时,其作用才逐渐显现出来。我们提出的联合信源-中继
预编码(JP)则明显地改善了系统的性能,达到了满分集增益。

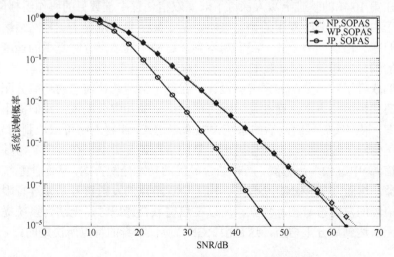

图 11.5 RCNC 协议中各种情况下的系统误帧率

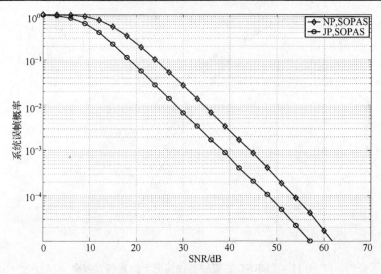

图 11.6　RGNC 协议中各种情况下的系统误帧率

　　同样，在 RGNC 协议中，没有预编码时的分集增益为 1。虽然预编码提高了系统性能，但是从图可知，预编码并没有使系统达到满分集增益，这是由于中继的发射信号是通过有限域计算后得到的，与信源的发射信号相互独立。因此在信宿联合译码时，中继节点无法为信源提供分集。但是预编码改善了 $s \rightarrow r$ 链路质量，因此整个系统性能仍然得到了较大的提高。

11.6　本章小结

　　本章在第 10 章的基础上深入探讨了双源双宿任意中继数目的协作组播网络模型，提出了基于中继节点分时复用的调度策略。基于此，我们推导了三种网络编码协议下的系统误帧率。由误帧率公式，我们观察到，这种中继节点分时复用的调度策略没有达到系统的满分集增益，因此我们引入了预编码以获得更多的系统分集。在 NRNC 协议中，我们联合了功率分配和预编码设计，在基于信道统计信息的功率分配下，我们提出了分离式预编码方案，而在基于瞬时信道信息的功率分配下，我们提出了分布式预编码方案。根据实施预编码后的系统误帧率表达式，组播网络可以达到满分集增益。对于两种再生网络编码协议，我们提出了新的节点调度策略，在调度策略基础上，提出了联合信源-中继预编码方案，同时结合最优的功率分配方案，从而使系统获得更多的分集增益。然而，在 RGNC 协议中，由于中继节点的发射符号是通过有限域计算产生的，与信源的发射符号相互独立，所以在信宿联合译码时，无法为系统提供分集，因此系统无法达到满分集增益，这是由 RGNC 协议本身的特点所决定的。

第 12 章 展　　望

12.1　数据采集与节能技术展望

大数据环境下压缩感知理论与无线传感器网络的结合，解决了无线传感器网络中的大量微型节点能量有限的问题，将节点接收数据的高能耗转移到了汇聚节点上，大大节省了网络的能量消耗。我们采用基于 SVD 优化的循环矩阵有效地提高了采样的精度与准确性，但是并没有给出相应的 RIP 准则的证明。同时，在分簇结构的网络中，簇头选取仅考虑了簇头离基站的跳数，并没有考虑节点的剩余能量，因而，需要考虑这两方面作进一步研究。

我们从节省 WSN 能耗的角度出发，设计各层协议，但思路想法不尽完善，仍有许多待改进或在 WSN 领域待研究的课题。

（1）我们对各层的节能策略作了分析，并设计提出了网络层以及 MAC 层的节能协议，但并未应用跨层节能设计，跨层节能设计可以实现不同层次间的交互，不仅可以使能耗降到最低，同时可以改善网络整体性能。如网络层与 MAC 层的结合、网络层与应用层的结合等。

（2）我们对网络层及 MAC 层节能协议的设计，引入了一些理想化的模型，且不是适用于所有网络形式，应该提高算法通用性。同时在计算模型上相对复杂了些，也并未考虑时延情况，下一步要设计简单高效的算法。对于异构节点，以及移动节点组成网络的算法设计也是需要考虑的工作。

在新型无线传感器网络的发展下，相较于传统 WSN 的信息量小，且无须连续传送数据的情况，已不适用于新型无线传感器网络。人们对其信息量和信息质量的要求越来越高，因此，在以后对 WSN 节能策略研究的同时，也要考虑数据传输速率、数据送达率以及网络拥塞控制等。

12.2　动态重构技术展望

我们对动态重构系统的一些关键技术进行了研究，但一个高效、实用化系统的设计和验证非常复杂，在此基础上还有很多工作需要深入进行，下一步研究的重点工作如下。

动态模块重定位的基础是硬件资源的同构性，如何进一步实现异构硬件资源上的重定位，提高动态重构系统的应用范围和硬件资源的利用率是非常重要的。

在基于配置页实现的原型系统中仍然存在需要改进的地方，如何利用可重构资源实现高效的通信网络以及降低非重构区域的资源开销等。另外，使用 PCB 技术设计和实现动态重构系统也是很重要的，目前已经开始了这方面的工作。

虽然 2D 区域模型能够提高可重构硬件的资源利用率，但限于现有的硬件技术水平还不能有效地实现，可重构硬件及其重构技术的发展仍然是微电子技术领域的重要研究内容。任务的形状限制于矩形的，而实际上为了高效利用可重构资源，IP 模块的形状并非是矩形的，因此还需进一步研究可重构资源管理和任意形状模块的布局方法。另外，可重构资源的碎片整理也是一项非常复杂而有意义的工作。

应用问题到动态重构系统的在线映射是 NP 完全问题，仍需结合应用问题的自身特征进一步优化，仍需进一步研究和设计可重定位编译器系统，为可重构计算的实用化奠定基础。

重构技术推动了可演化硬件的发展，即硬件能够动态地、自主地改变其系统结构和行为，在保持其速度优势的同时提高硬件的灵活性。如何更好地消除系统中发现的错误连线或故障配置逻辑块，实现系统良好的耐故障特性，也是重要的研究方向之一。

12.3　协作通信技术展望

协作通信领域的研究方兴未艾，通过将传统的点到点物理层通信技术融入到复杂的无线网络中，研究热点由物理层扩展到网络层使得研究视野大为拓宽，有很多尚未涉足的领域亟待我们探索。以下列出了若干将来需要解决的重要问题。

（1）将 TRT 分析引入多源多宿的协作组播网络。我们已经在单源单宿的协作通信系统中深入地研究了 TRT，但是尚不能确定其在更为复杂的网络中是否成立。如果成立，则需要确定相应的操作区域，以及可靠性增益和吞吐量增益的取值。基于复杂网络的 TRT 研究将使我们对网络的吞吐量和可靠性之间的权衡有一个更加全面的认识。

（2）我们对于多源多宿组播网络中基于统计和瞬时信道信息的功率控制已经作了详细的研究，结果表明，基于瞬时信道信息的功率分配显然能获得更好的系统性能。但是，在实际应用中，瞬时信道信息的反馈开销非常大，因此，基于有限信道信息反馈下的功率分配方案是一个迫切需要解决的实际问题。

（3）网络编码需要良好的通信环境作为保障，否则不仅无法达到预期效果，还会扩散错误，恶化网络性能，这如同将一座大厦建立在沙滩上，没有稳固的基石，大厦终将会倒塌。无线通信中的信道编码是提高链路性能的关键技术，通过增加冗余保证无线通信系统在恶劣的信道环境下的鲁棒性，这为网络编码的实施提供了良好的环境。然而网络编码和现有通信机制在不同的应用领域中产生，两者应用环境差别很大。因此如何在不增加系统复杂度的情况下将这两者无缝融合，各自发挥其优势而又不相互影响是又一个需要解决的问题。

（4）在跨层研究方面，我们可以通过数据链路层和网络层优化多用户（多源）协作组播网络，如队列控制和拥塞控制等。拥塞控制起源于因特网，如何将其研究成果用于无线网络仍然是通信界的难题，如寻找一种时间复杂度相对较低的算法进行拥塞控制，使得系统的稳定性和各用户之间的公平性都能得到保证是非常有意义的工作。

参 考 文 献

李成法, 陈贵海, 叶懋. 2007. 一种基于非均匀分簇的无线传感网络路由协议. 计算机学报, 30(1): 26-35.

刘明, 曹建农. 2005. EADEEG: 能量感知的无线传感网络数据收集协议. 软件学报, 16(12): 2106-2116.

李哲涛, 朱更明. 2013. 低占空比、低碰撞的异步无线传感器网络 MAC 协议. 通信学报, 20(1): 9-16.

李涛, 王华, 杨愚鲁. 2005. 集群高效通信机制分析. 计算机应用研究, 10(10): 257-260.

李涛, 陈宇明, 杨愚鲁. 2005. 集群高速互连网络分析. 计算机科学, 15(10): 20-23.

李涛, 刘培峰, 杨愚鲁. 2006. 动态部分重配置及其 FPGA 实现. 计算机工程, 9(7): 224-226.

李涛, 杨愚鲁. 2006. 基于长支集小波的可伸缩视频编码及其并行实现. 小型微型计算机系统, 13(10): 1952-1956.

刘宇, 朱仲英. 2003. 位置信息服务（LBS）体系结构及其关键技术. 微型电脑应用, 20(5): 16-23.

路纲, 周明天, 余堃. 2009. 无线传感网络路由协议的寿命分析. 软件学报, 20(2): 375-393.

潘松, 王国栋. 2000. VHDL 实用教程. 成都: 电子科技大学出版社: 10-100.

钱志鸿, 王义君. 2013. 面向物联网的无线传感器网络综述. 电子与信息学报, 35(1): 215-227.

石为人, 黄河. 2008. OMNET++与 NS2 在无线传感网络仿真中的比较研究. 计算机科学, 35(10): 53-57.

田建学, 张然. 2007. 无线电导航系统的发展前景与军事应用. 技术研发, 6(3): 62-69.

吴小兵, 陈贵海. 2008. 无线传感器网络中节点非均匀分布的能量空洞问题. 计算机学报, 31(2): 253-261.

袁海燕. 2005. 普适计算中基于语义的服务发现[硕士学位论文]. 西安: 电子科技大学.

曾志文, 陈志刚. 2010. 无线传感网络中基于可调发射功率的能量空洞避免. 计算机学报, 33(1): 12-22.

张德干. 2006a. 普适服务中基于模糊神经网络的信任测度方法. 控制与决策, 21(2): 32-41.

张德干. 2006b. 移动多媒体技术及其应用. 北京: 国防工业出版社: 20-220.

张德干. 2007. 针对主动服务的情境计算方法比较研究. 自动化学报, 8: 1562-1569.

张德干, 王晓晔. 2008. 规则挖掘技术. 北京: 科学出版社: 5-150.

张德干. 2009. 移动计算. 北京: 科学出版社: 10-230.

张德干. 2010a. 虚拟企业联盟构建技术. 北京: 科学出版社: 10-210.

张德干. 2010b. 移动服务计算支撑技术. 北京: 科学出版社: 15-200.

张德干. 2011. 物联网支撑技术. 北京: 科学出版社: 10-200.

张德干. 2013. 无线传感与路由技术. 北京: 科学出版社: 5-190.

张德干. 2015. 可信物联网技术. 北京: 科学出版社: 9-220.

张德干, 班晓娟, 曾广平. 2005. 普适计算中的任务迁移策略. 控制与决策, 20(1): 6-11.

张德干, 戴文博, 牛庆肖. 2012. 基于局域世界的 WSN 拓扑加权演化模型. 电子学报, 40(5): 1000-1004.

张德干, 徐光祐, 史元春. 2004. 面向普适计算的扩展的证据理论方法. 计算机学报, 27(7): 918-927.

张德干, 赵晨鹏. 2014. 一种基于前向感知因子的 WSN 能量均衡路由方法. 电子学报, 42(1): 113-118.

郑纬民, 汤志忠. 2001. 计算机系统结构. 2 版. 北京：清华大学出版社: 10-90.

邹谊, 庄镇泉, 杨俊安. 2004. 基于遗传算法的嵌入式系统软硬件划分算法. 中国科学技术大学学报, 34 (6): 724-731.

Abel N, Kessal L. 2004. Design flexibility using FPGA dynamical reconfiguration. IEEE International Conf. On Image Processing (ICIP), 1(1): 2821-2824.

Ahlswede R, Cai N, Li S Y, et al. 2000. Network information flow. IEEE Trans. Inf. Theory, 46(4): 1204-1216.

Ahmadinia A, Bobda C, Jürgen T. 2004. A new approach for on-line placement on reconfigurable devices. Proc. of the International Parallel and Distributed Processing Symposium (IPDPS'04), Reconfigurable Architectures Workshop (RAW'04), Santa F N M, 1(1): 40-49.

Ahmadinia A, Bobda C, Fekete S P. 2004. Optimal free-space management and routing-conscious dynamic placement for reconfigurable devices. Proc. of the 14th International Conference on Field-Programmable Logic and Application, 1(1): 21-29.

Ahmadinia A, Bobda C. 2004. A dynamic scheduling and placement algorithm for reconfigurable hardware. ARCS, 1(1): 125-139.

Ahmed N, Aazhang B. 2007. Throughput gains using rate and power control in cooperative relay networks. IEEE Trans. Wireless Commun, 55(4): 656-660.

Ahmed N, Khojastepour M A, Sabharwal A, et al. 2006. Outage minimization with limited feedback for the fading. Relay Channel IEEE Trans. Commun, 54(4): 659-669.

Altera. http: //www. altera. com.

Anghel P A, Kaveh M. 2004. Exact symbol error probability of a cooperative network in a Rayleigh-fading environment. IEEE Trans. Wireless Commun, 3: 1416-1421.

Ansari M A, Anand R S. 2009. Context based medical image compression for ultrasound images with contextual set partitioning in hierarchical trees algorithm. Advances in Engineering Software, 40(7): 487-496.

Annavajjlal R, Cosman P C, Milstein L B. 2007. Statistical channel knowledge-based optimum power allocation for relaying protocols in the high SNR regime. IEEE J. Sel. Areas Commun. 25(2): 292-305.

Atheneus P M, Silveman H F. 1993. Processor reconfiguration through instruction set metamorphosis. IEEE Computer, 26 (3): 11-18.

Azarian K, El-Gamal H. 2007. The throughput-reliability tradeoff in block fading MIMO channels. IEEE Trans. Inf. Theory, 2(53): 488-501.

Azarian K. 2006. Outage limited cooperative channels: Protocols and analysis. Ph. D. Dissertation, Ohio State Univ., Columbus, OH.

Azarian K, El-Gamal H, Schniter P. 2005. On the achievable diversity-multiplexing tradeoff in half-duplexing cooperative channels. IEEE Trans. Inf. Theory, 51(12): 4152-4172.

Azarian K, El-Gamal H, Schniter P. 2008. On the optimality of ARQ-DDF protocol. IEEE Trans. Inf. Theory, 54(4): 1718-1724.

Baccelli F. 2000. TCP is max-plus linear and what it tells us on its throughput. Computer Communication Review, 30(4): 219-230.

Baraniuk R G, Cevher V. 2010. Model-based compressive sensing. Information Theory IEEE Transactions on, 56(4): 1982-2001.

Baron D, Sarvotham S. 2010. Bayesian compressive sensing via belief propagation. IEEE Transactions on Signal Processing, 58(1): 269-280.

Bazargan K, Kastner R, Sarrafzadeh M. 1999. 3-D floor planning: Simulated annealing and greedy placement methods for reconfigurable computing systems. IEEE Symposium of Field Programmable Custom Computing Machine, 1(1): 30-39.

Bazargan K, Sarrafzadeh M. 1999. Fast online placement for reconfigurable computing systems. IEEE Symposium of Field Programmable Custom Computing Machine, 1(1): 300-302.

Bazargan K, Kastner R, Sarrafzadeh M. 2000. Fast template placement for reconfigurable computing systems. IEEE Design and Test of Computers, 17(1): 68-83.

Beaulieu N C, Hu J. 2006. A closed-form expression for the outage probability of decode-and-forward relaying in dissimilar Rayleigh fading channels. IEEE Commun. Lett., 10: 813-815.

Bhashyam S, Sabharwal A, Aazhang B. 2002. Feedback gain in multiple antenna systems. IEEE Trans. Commun., 50(5): 785-798.

Bilieri E, Caire G, Taricco G. 1999. Limiting performance of block fading channels with multiple antennas. IEEE Trans. Inf. Theory: 1273-1289.

Boutros J, Viterbo E. 1998. Signal space diversity: A power and bandwidth efficient diversity technique for the Rayleigh fading channel. IEEE Trans. Inf. Theory, 44: 1453-1467.

Borade S, Zheng L, Gallager R. 2007. Amplify-and-forward in wireless relay networks: rate, diversity and network size. IEEE Trans. Inf. Theory, 53(10): 3302-3318.

Blodege B, McMillan S. 2003. A lightweight approach for embedded reconfiguration of FPGAs. DATE, 1(1): 399-400.

Blodege B, Roxby P J, Keller E, et al. 2003. A self-reconfiguring platform. DATE, 1(1): 565-574.

Buettner M, Yee G V. 2006. X-MAC: A short preamble MAC protocol for duty-cycled wireless sensor networks. Proceedings of the 4th ACM SenSys Conference (SenSys'06), Boulder, CO, 21(1): 307-320.

Caire G, Taricco G, Biglieri E. 1999. Optimum power control over fading channels, IEEE Trans. Inf. Theory, 45(5): 1468-1489.

Calderbank R, Howard S. 2009. Construction of a large class of deterministic sensing matrices that satisfy a statistical isometry property. IEEE Journal of Selected Topics in Signal Processing, 4(2): 358-374.

Callahan T J, Hauser J R, Wawrzynek J. 2000. The GARP architecture and C compiler. Computer, 33(4): 62-69.

Candes E J, Tao T. 2006. Near optimal signal recovery from random projections: Universal encoding strategies? Information Theory IEEE Transactions on, 52(12): 5406-5425.

Cao J, Yeh E M. 2007. Asymptotically optimal multiple-access communication via distributed rate splitting. IEEE Trans. Inf. Theory, 53(1): 304-319.

Castillo J, Huerta P, Lopez V. 2005. A secure self-reconfiguring architecture based on open-source hardware. International Conf. on Reconfigurable Computing and FPGAs, 1(1): 56-67.

Caspi E, Chu M, Huang R, et al. 2000. Stream computations organized for reconfigurable execution (SCORE): Introduction and tutorial. Proc. of the 10th International on Field-Programmable Logic and Applications, Villach, 1(1): 90-100.

Chatha K S, Vemuri R. 2000. An iterative algorithm for hardware-software partitioning, hardware design space exploration and scheduling. Design Automation for Embedded Systems, 5(1): 281-293.

Chambolle A, DeVore R. 1998. Nonlinear wavelet image processing: variational problems, compression and noise removal through wavelet shrinkage. IEEE Transaction on Image Processing, 7(3): 319-335.

Chehida K B, Auguin M. 2005. A software/configware codesign methodology for control dominated applications. Proc. of the 16th International Conf. On Application-Specific Systems, Architecture and Processors, 1(1): 10-19.

Chen D, Laneman J N. 2006. The diversity-multiplexing tradeoff for the multi-access relay channel. Annual Conference on Information Sciences and Systems: 1324-1328.

Chen M, Serbetli S, Yener A. 2008. Distributed power allocation strategies for parallel relay networks. IEEE Trans. Wireless Commun, 7(2): 552-561.

Ng T C Y, Yu W. 2007. Joint optimization of relay strategies and resource allocations in cooperative cellular networks. IEEE J. Sel. Areas Commun, 25(2): 328-339.

Chow P, Seo S O, Rose J. 1999. The design of an SRAM-based field-programmable gate array-Part I: Architecture. IEEE Transaction on Very Large Scale Integration (VLSI) Systems, 7 (2): 191-197.

Chen Y, Kishore S, Li J. 2006. Wireless diversity through network coding. Proc. Wireless Communications and Networking Conference (WCNC 2006): 1681-1686.

Compton K, Jun H S. 2002. Reconfigurable computing: A survey of systems and software. ACM

Computing Surveys, 34 (2): 171-210.

Cover T M, El-Gamal A A. 1979. Capacity theorems for the relay channel. IEEE Trans. Inf. Theory, 25(5): 572-584.

Cover T M, Leung G S L. 1981. An achievable rate region for the multiple-access channel with feedback. IEEE Trans. Inf. Theory, 27(3): 292-298.

Cover T M. 1972. Broadcast channels. IEEE Trans. Inf. Theory, 18(1): 2-14.

Cover T M. 1975. An achievable rate region for the broadcast channels. IEEE Trans. Inf. Theory, 21(4): 399-404.

Cover T M. 1998. Comments on broadcast channels. IEEE Trans. Inf. Theory, 44(6): 2524-2530.

Cover T M, Thomas J A. 1991. Elements of Information Theory. New York: Wiley.

Dave B P. 1999. CRUSADE: Hardware/software cosynthesis of dynamically reconfigurable heterogeneous real-time distributed embedded systems. Proc. Design, Automation and Test in Europe Conference, 1(1): 97-104.

Dave B P, Lakshminarayana G, Jha N K. 1997. COSYN: Hardware-software cosynthesis of embedded systems. DAC'97, Anaheim, 1(1): 703-708.

DeHon A. 1998. Comparing computing machines. Configurable Computing: Technology and Applications of Proc. of SPIE, 3526: 124-133.

DeHon A. 1999. Balancing interconnect and computation in a reconfigurable computing array (or why you don't really want 100% LUT utilization). Proc. of ACM/IEEE Symposium on FPGAs (FPGA), 1(1): 69-77.

Dehon A, Wawrzynek H. 1999. Reconfigurable computing: What, why and implications for design automation. Proc. of Design Automation Conf. , New Orleans, 1(1): 610-615.

Deng X M, Haim A M. 2005. Power allocation for cooperative relaying in wireless networks. IEEE Commun. Lett., 9(11): 994-996.

Dhand H, Goel N, Agarwal M. 2005. Partial and dynamic reconfiguration in Xilinx FPGAs-A quantitative study. The 9th VLSI Design and Test Symposium, India, 1(1): 40-49.

Dick R P, Jha N K. 1998. CORDS: Hardware-software cosynthesis of reconfigurable real-time distributed embedded systems. Proc. International Conf. on Computer-Aided Design, 1(1): 62-68.

Dick R P, Jha N K. 1998. MOGAC: A multiobjective genetic algorithm for hardware-software cosynthesis of distributed embedded systems. IEEE Trans. on Computed-Aided Design of Integrated Circuits and Systems, 17(1): 920-935.

Ding Y, Zhang J, Wong K M. 2007. The amplify-and-forward half-duplex cooperative system: Pairwise error probability and precoder design. IEEE Trans. Signal Processing, 55(2): 605-617.

Ding Z, Ratnarajah T, Cowan C C F. 2007. On the diversity-multiplexing tradeoff for wireless cooperative multiple access system. IEEE Trans. Signal Processing, 55(9): 4627-4638.

Djenouri D, Balasingham I. 2011. Traffic-differentiation-based modular QoS localized routing for wireless sensor networks. IEEE Transactions on Mobile Computing, 10(6): 797-809.

Donoho D L. 2006. Compressed sensing. IEEE Trans. inform. theory, 52(4): 1289-1306.

Duarte M F, Baraniuk R G. 2012. Compressive sensing. IEEE Transactions on Image Processing, 21(2): 494-504.

Dyer M, Plessl C. 2002. Partially reconfigurable cores for Xilinx Virtex. Proc. of Field-Programmable Logic and Applications (FPL'02), 1(1): 292-301.

Edmonds J, Gryz J, Liang D, et al. 2003. Mining for empty spaces in large data sets. Theoretical comput. Sci. , 3(296): 435-452.

Eguro K, Hauck S. 2005. Resource allocation for coarse-grained FPGA development. IEEE Transaction on Computer-Aided Design of Integrated Circuits and Systems, 24(1): 1572-1581.

Ejnioui A, DeMara R F. 2005. Area reclamation metrics for SRAM-based reconfigurable device. Proc. of the International Conf. on Engineering of Reconfigurable Systems and Algorithms (ERSA'05), Nevada, 1(1): 10-20.

Eldredge J G, Hetchings B L. 1994. RRANN: The run-time reconfiguration artificial neural network. IEEE Custom Integrated Circuits Conference, San Diego, CA, 1(1): 77-80.

Elliot E O. 1963. Estimates of error rates for codes on burst-noise channels. Bell Systems Technical Journal, 42: 1977-1997.

Fan Y, Thompson J S, Adinoyi A. 2007. On the diversity-multiplexing trade-off for multi-antenna multi-relay channels. IEEE International Conference on Communications (ICC 2007): 5252-5257.

Floyd S. 2003. High speed TCP for large congestion windows, RFC 3649.

Foschini G J, Gans M J. 1998. On limits of wireless communications in a fading environment when using multiple antennas. Wireless Personal Commun: 311-335.

Foschini G J, Golden G D, Valenzuela R A. 1999. Simplified processing for high spectral efficiency wireless communication employing multi-element arrays. IEEE J. Sel. Areas Commun, 17: 1841-1851.

Foschini G J. 1996. Layered space-time architecture for wireless communication in a fading environment when using multi-element antennas. Bell Labs Technical Journal: 41-59.

Fukunage A, Hayworth K, Stoica A. 1998. Evolvable hardware for spacecraft autonomy. IEEE Aerospace Conference, 3(1): 135-143.

Fu S, Lu K, Qian Y. 2007. Cooperative network coding for wireless ad-hoc networks. Global Telecommunications Conference (GlobeComm 2007), New York, 1: 1120-1128.

Gallager R G. 1999. A perspective on multiaccess channels. IEEE Trans. Inf. Theory, 31(2): 124-142.

Ganesan S, Ghosh A, Vemuri R. 1999. High-level synthesis of designs for partially reconfigurable FPGAs. Proc. of 2nd annual Military and Aerospace Applications of Programmable Devices and Technologies Conference, MAPLD, 1(1): 10-22.

Gerla M, Sanadidi M Y. 2001. TCP westwood: Congestion window control using bandwidth estimation. Proceedings of IEEE Globecom, San Antonio, Texas, 3: 1698-1702.

Goldstein S C, Budiu M. 2001. NanoFabrics: Spatial computing using molecular electronics. Proc. of the 28th Annual International Symposium on Computer Architecture, Goteborg, 1(1): 30-39.

Goldsmith J A, Varaiya P P. 1997. Capacity of fading channels with channel side information, IEEE Trans. Inf. Theory, 43: 1986-1992.

Guccione S A, Levi D, Sundararajan P. 1999. JBits: A Java-based interface for reconfigurable computing. The 2nd Annual Military and Aerospace Applications of Programmable Devices and Technologies Conference (MAPLD), 1(1): 10-19.

Gunduz D, Erkip E. 2007. Opportunistic cooperation by dynamic resource allocation. IEEE Trans. Wireless Commun, 6(4): 1446-1454.

Gupta P, Kumar P R. 2003. Towards an information theory of large networks: An achievable rate region. IEEE Trans. Inf. Theory, 49(8): 1877-1894.

Gupta P, Kumar P R. 2000. The capacity of wireless networks. IEEE Trans. Inf. Theory, 46(2): 388-404.

Hadley J, Hutchings B. 1995. Design methodologies for partially reconfigured systems. IEEE Workshop on FPGAs for Custom Computing Machines, 1(1): 78-84.

Haggard R L, Donthi S. 2003. A survey of dynamically reconfigurable FPGA devices. Proc. of the 35th Southeastern Symposium on System Theory, 1(1): 422-426.

Hajek B, Pursley M B. 1979. Evaluation of an achievable rate region for the broadcast channel. IEEE Trans. Inf. Theory, 25(1): 36-46.

Handa M, Vemuri R. 2004. A fast algorithm for finding maximal empty rectangle for dynamic FPGA placement. Proc. of the Design, Automation and Test in Europe Conference and Exhibition (DATE'04), 1(1): 30-39.

Handa M, Jun V R. 2004. An Efficient Algorithm for Finding Empty Space for Online FPGA Placement. Proc. of the 41st Design Automation Conference, 1(1): 50-59.

Hanly S V, Tse D N C. 1998. Multiaccess fading channels-Part II: Delay-limited capacities. IEEE Trans. Inf. Theory, 44(7): 2816-2831.

Hartenstein R. 2001. Reconfigurable computing: a new business model and its impact on SoC design (invited embedded tutorial). IEEE, 1(1): 103-110.

Hartenstein R. 2001. A decade of research on reconfigurable computing: A visionary retrospective (embedded tutorial). DATE'01, Munich, 3(1): 81-90.

Harr R. 2000. The nimple complier for agile hardware: A research platform. Proc. 13th International Symposium on System Synthesis, 1(1): 10-19.

Hasna M O, Alouini M S. 2004. Optimal power allocation for relayed transmissions over Rayleigh fading channels. IEEE Trans. Wireless Commun., 3(6): 1999-2004.

Hassibi B, Hochwald B M. 2002. High-rate codes that are linear in space and time. IEEE Trans. Inf. Theory, 48: 1804-1824.

Hassibi B, Hochwald B M. 2001. Linear dispersion codes. IEEE International Symposium on Information

Theory, 325: 24-29.

Hauser J R, Wawrzynek J. 1997. Garp: A MIPS processor with a reconfigurable coprocessor. Proc. IEEE Symp. on FPGAs for Custom Computing Machines, California, 1(1): 12-21.

Hauck S, Li Z, Schwabe E. 1998. Configuration compression for the Xilinx XC6200 FPGA. Proc. of the IEEE Symposium on Field-Programmable Custom Computing Machines, 1(1): 138-146.

Hausl C, Dupraz P. 2006. Terative network and channel decoding for the two-way relay channel. Proc. IEEE International Conference on Communications (ICC 2006): 1568-1573.

Hausl C, Dupraz P. 2006. Joint network-channel coding for the multiple-access relay channel. Proc. 3rd Annual IEEE Communications Society on Sensor and Ad Hoc Communications and Networks (SECON 2006): 817-822.

Hauck S, Li Z, Compton K. 2000. Configuration caching management techniques for reconfigurable computing. Proc. of the IEEE Symposium on Field-Programmable Custom Computing Machines, 1(1): 22-36.

Health R, Jr W, Paulraj A J. 2002. Linear dispersion codes for MIMO systems based on frame theory. IEEE Trans. Signal Processing, 50(10): 2429-2441.

Henkel J, Benner T, Ernst R. 1994. COSYMA: A software-oriented approach to hardware/software codesign. Journal of Computer & Software Engineering, 2 (3): 293-314.

Himsoon T, Su W, Liu K J R. 2006. Differential modulation for multimode amplify-and-forward wireless relay networks. Proc. of WCNC, 2: 1195-1200.

Ho T, Médard M, Koetter R, et al. 2006. A random linear network coding approach to multicast. IEEE Trans. Inf. Theory, 52(10): 4413-4430.

Holland G, Vaidya N. 2002. Analysis of TCP performance over mobile Ad hoc networks. Wireless Networks, 8 (2): 275-288.

Horta E L, Lockwood K W, Kofuji S T. 2002. Using PARBIT to implement partial run-time reconfiguration system. Proc. of the 12nd Field-Programmable Logic and Applications (FPL'02), Montpellier, 1(1): 182-191.

Huebner M, Becker T, Becker J. 2004. Real-time LUT-based network topologies for dynamic and partial FPGA self-reconfiguration. SBCCI'04, Pernambuco, 1(1): 28-32.

Hutchings B L, Wirthlin M J. 1995. Implementation approaches for reconfigurable logic applications. International Workshop on Field-Programmable Logic and Applications, FPL, 1(1): 419-428.

Hunter T E, Nosratinia A. 2006. Diversity through coded cooperation. IEEE Trans. Wireless Commun. , 5(2): 283-289.

Hunter T E, Sanayei S, Nosratinia A. 2006. Outage analysis of coded cooperation. IEEE Trans. Inf. Theory, 52(2): 375-391.

Hunter T E. 2004. Coded cooperation: A new framework for user cooperation in wireless systems. Ph. D. Dissertation, University of Texas at Dallas, Richardson, Texas.

Ji S, Xue Y. 2008. Bayesian compressive sensing. IEEE Transactions on Signal Processing, 56(6): 2346-2356.

Jiang R, Pan L, Li J H. 2004. Further analysis of password authentication schemes based on authentication tests. Computer and Security, 23(6): 469-477.

Jiang J F, Han G J. 2015. An efficient distributed trust model for wireless sensor networks. IEEE Transactions on Parallel and Distributed Systems, 26(5): 1228-1237.

Jing Y, Hassibi B. 2006. Distributed space-time coding in wireless relay networks. IEEE Trans. Wireless Commun, 5: 3524-3536.

Jindal N, Vishwanath S, Goldsmith A. 2004. On the duality of Gaussian multiple-Access and broadcast channels. IEEE Trans. Inf. Theory, 50(5): 768-783.

Kalte H, Porrmann M, Ruckert U. 2004. System-on-programmable-chip approach enabling online fine-grained 1D-placement. Proc. of the 11st Reconfigurable Architectures Workshop (RAW 2004), Santa Fe, new Mexico, 1(1): 56-67.

Karner W, Nemethova O. 2007. Link error prediction based cross-layer scheduling for video streaming over UMTS. Proc. of the 15th IST Mobile & Wireless Communications Summit 2006, Greece, 29(5): 569-595.

Khajehnouri N, Sayed A H. 2007. Distributed MMSE relay strategies for wireless sensor networks. IEEE Trans. Signal Processing, 55(7): 3336-3348.

Kim K H, Zhu Y J, Sivakumar R. 2005. A receivercentric transport protocol for mobile hosts with heterogeneous wireless interfaces. Wireless Networks, 11: 363-382.

Koester M, Porrmann M, Kalte H. 2005. Task placement for heterogeneous reconfigurable architectures. ICFPT, 1(1): 43-50.

Kose C, Goeckel D L. 2000. On power adaptation in adaptive signaling systems, IEEE Trans. Commun. 48: 1769-1773.

Koetter R, Médard M. 2003. An algebraic approach to network coding. IEEE/ACM Trans. Netw. 11(5): 782-795.

Krasteva Y E, Jimeno A B, Torre E. 2005. Straight method for reallocation of complex cores by dynamic reconfiguration in Virtex II FPGAs. IEEE International Workshop on Rapid System Prototyping, 1(1): 77-83.

Krishnamoorthy B, Srikanthan T. 2004. A hardware operating system based approach for run-time reconfigurable platform of embedded devices. Singapore: Sixth Real-Time Linux Workshop, 1(1): 111-116.

Laneman J N, Wornell G W. 2003. Distributed space-time-coded protocols for exploiting cooper-ative diversity in wireless networks. IEEE Trans. Inf. Theory, 49(10): 2415-2425.

Laneman J N, Tse D N C, Wornell G W. 2004. Cooperative diversity in wireless networks: Efficient protocols and outage behavior. IEEE Trans. Inf. Theory, 51(12): 3062-3080.

Lee I, Kim D. 2007. BER analysis for decode-and-forward relaying in dissimilar Rayleigh fading channels. IEEE Commun. Lett. , 11: 52-54.

Li C, Yue G, Khojastepour M A. 2008. LDPC-coded cooperative relay systems: performance analysis and code design. IEEE Trans. Commun. , 56(3): 485-496.

Li J, Chen W. 2008. Joint power allocation and precoding for network coding based cooperative multicast systems. IEEE Signal Processing Letters, 15(1): 817-820.

Li J, Chen W. 2008. On the throughput-reliability tradeoff analysis in amplify-and-forward cooperative channels. IEEE ICC 2008, 1(1): 1034-1038.

Li J, Chen W. 2008. Throughput-reliability tradeoff in decode-and-forward cooperative relay channels. IEEE ICCSC 2008, 1(1): 162-166.

Li J, Chen W. 2007. An optimization technology for detecting and eliminat-ing basic blocks' overlapped redundancies in dynamic binary translations. IEEE ICCSE 2007, 1(1): 348-352.

Li J. 2006. The application of dynamic binary translation in distributed virtual execution environments. SDM-DS 2006, 1(1): 67-72.

Li S Y, Cai N. 2003. Linear network coding. IEEE Trans. Inf. Theory, 49(2): 371-381.

Li T, Yu Y. 2004. Practical routing and torus assignment for RDT. Proceedings of the 7th International Symposium on Parallel Architectures, Algorithms and Networks (I-SPAN'04), Hong Kong, 1(1): 30-35.

Li Y, Vucetic B, Zhou Z, et al. 2007. Distributed adaptive power allocation for wireless relay networks. IEEE Trans. Wireless Commun, 6(3): 948-958.

Li Y, Vucetic B, Wong T F. 2006. Distributed turbo coding with soft information relaying in multihop relay networks. IEEE J. Sel. Areas Commun. , 24(11): 2040-2050.

Li Z, Hauck S. 2002. Configuration prefetching techniques for partial reconfigurable coprocessor with relocation and defragmentation. FPGA'02, 1(1): 187-195.

Li Z, Li M, Liu J. 2011. Understanding the flooding in low-duty-cycle wireless sensor networks. 2011 International Conference on Parallel Processing, 1(1): 673-682. .

Liang X, Vetter J S, Smith M C. 2005. Balancing FPGA resource utilities. Proc. of International Conference on Engineering of Reconfigurable Systems and Algorithms, Las Vegas, 1(1): 156-162.

Liang Y, Veeravalli V V, Vincent P H. 2007. Resource allocation for wireless fading relay channels: Max-min solution. IEEE Trans. Inf. Theory, 53(11): 3432-3453.

Liang K, Wang X, Berenguer I. 2007. Minimum error-rate linear dispersion codes for cooperative relays. IEEE Trans. Vehicular. Tech. , 56(4): 2143-2157.

Liu H, Wong D F. 1999. Circuit partitioning for dynamically reconfigurable FPGAs. FPGA 99, Monterey, CA, 1(1): 187-194.

Liu J, Singh S. 2001. ATCP: TCP for mobile Ad hoc networks Selected Areas in Communications. IEEE Journal on Selected Areas in Communications, 19 (7): 1300-1315.

Lo C K, Heath R W, Vishwanath S. 2007. Opportunistic relay selection with limited feedback. Proc. of the IEEE VTC, Dublin.

Luo J, Blum R S, Cimini L J. 2007. Decode-and-forward cooperative diversity with power allocation in wireless networks. IEEE Trans. Wireless Commun. , 6(3): 793-799.

Madsen A H, Zhang J. 2005. Capacity bounds and power allocation for wireless relay channels. IEEE Trans. Inf. Theory, 51(6): 2020-2040.

Mahdavi J P, Floyd S, Adamson R B. 2001. TCP-friendly unicast rate-based flow control. IEEE Global Telecommunications Conference, 3: 1620-1625.

Malioutov D M, Sanghavi S R. 2010. Sequential compressed sensing. IEEE Journal of Selected Topics in Signal Processing, 4(2): 435-444.

Martello S, Pisinger D, Vigo D. 1997 The three-dimensional bin packing problem. Proc. of International Symposium on Mathematical Programming, ISMP 97, Lausanne, 1(1): 25-32.

Medard M. 2000. The effect upon channel capacity in wireness communication of perfect and imperfect knowledge of the channel. IEEE Trans. Inf. Theory, 46: 933-946.

Mei B, Vernalde S, Verkest D. 2002. DRESC: A retargetable compiler for coarse-grained reconfigurable architectures. International Conference on Field Programmable Technology, 1(1): 45-56.

Micheli G D, Gupta R K. 1997. Hardware/software co-design. Proc. of the IEEE, 85 (3): 349-365.

Miramond B, Delosme J M. 2005. Design space exploration for dynamically reconfigurable architectures. DATE, 1(1): 366-371.

Ming X, Aulin T M. 2006. A physical layer aspect of network coding with statistically independent noisy channels. IEEE International Conference on Communications (ICC 2006), Montreal: 1201-1210.

Ming X, Aulin T M. 2007. Maximum-likelihood decoding and performance analysis of a noisy channel network with network coding. IEEE International Conference on Communications (ICC 2007): 6103-6110.

McMillan S, Guccione S. 2000. Partial run-time reconfiguration using JRTR. Proc. of the 10th International Workshop on Field-Programmable Logic and Applications, FPL 2000, Berlin, 1(1): 352-360.

Monnier Y, Beauvais J P, Deplanche A M. 1998. A genetic algorithm for scheduling tasks in a real-time distributed system. Proc. of the 24th EUROMICRO Conf, 1(1): 708-714.

Nabar R U, Kneubuhler F W, BAolcskei H. 2004. Performance limits of amplify-and-forward based fading relay channels. Proc. IEEE Int. Conf. Acoustics, Speech and Signal Processing, Montreal, QC, 4, 565-568.

Nabar R U, BAolcskei H, Kneubuhler F W. 2004. Fading relay channels: Performance limits and space-time signal design. IEEE J. Sel. Areas Commun, 22(6): 1099-1109.

Narasimhan R. 2006. Finite-SNR diversity-multiplexing tradeoff for correlated rayleigh and rician MIMO channels. IEEE Trans. Inf. Theory, 52(9): 3965-3979.

Narula A, Trott M D, Wornell G W. 1999. Performance limits of coded diversity methods for transmitter antenna arrays. IEEE Trans. Inf. Theory, 45: 2418-2433.

Noguera J, Badia R M. 2000. Run-time HW/SW codesign for discrete event systems using dynamically reconfigurable architectures. ISSS'00. Madrid, 1(1): 20-29.

Noguera J, Badia R M. 2002. Dynamic run-time HW/SW scheduling techniques for reconfigurable architectures. CODES 02, 1(1): 205-210.

Nollet V, Mignolet J Y, Bartic T D. 2003 Hierarchical run-time reconfiguration managed by an operating system for reconfigurable systems. Proc. of the International Conference on Engineering of Reconfigurable Systems and Algorithms (ERSA), Las Vegas, 1(1): 81-87.

Noori M, Ardakani M. 2011. Lifetime Analysis of Random Event-Driven Clustered Wireless Sensor Networks. IEEE Transactions on Mobile Computing, 10(10): 1448-1458.

Ozarow L H. 1984. The capacity of the white Gaussian multiple access channel with feedback. IEEE Trans. Inf. Theory, 30(4): 623-629.

Padhya J, Firoiu V. 1998. Modeling TCP throughput: A simple model and its empirical validation. Computer Communication Review, 28(4): 303-314.

Popovski P, Yomo H. 2007. Wireless network coding by amplify-and-forward for bi-directional traffic flows. IEEE Communications Letters, 11(1): 16-18.

Popovski P, Yomo H. 2007. Physical network coding in two-way wireless relay channels. IEEE International Conference on Communications (ICC 2007): 707-712.

Pushpita C, Indranil S. 2014. A trust enhanced secure clustering framework for wireless ad hoc networks. Wireless Network, 20(1): 1669-1684.

Radunovic B. 1999. An overview of advances in reconfigurable computing systems. Proc. 32nd HICSS'99, Hawaii, 1(1): 60-70.

Raghavan A K, Sutton P. 2002. JPG-A partial bitstream generation tool to support partial reconfiguration in virtex FPGAs. Proc. of International Parallel and Distributed Processing Symposium, IPDPS, 1(1): 155-160.

Rimoldi B, Urbanke R. 1996. A rate-splitting approach to the gaussian multiple-access channel. IEEE Trans. Inf. Theory, 42(2): 364-375.

Ross D, Vellacott O, Turner M. 1993. An FPGA-based hardware accelerator for image processing. Proc. of the 1993 International Workshop on Field-Programmable Logic and Applications, Oxford, 1(1): 299-306.

Sankaranarayanan A C, Hegde C. 2011. Go with the flow: Optical flow-based transport operators for image manifolds. Conference on Communication. Control & Computing, 1(1): 1824-1831.

Scaglione A, Stoica P, Barbarossa S. 2007. Optimal designs for space-time linear precoders and decoders. IEEE Trans. Signal Processing, 50(5): 1051-1064.

Sendonaris A, Erkip E, Azhang B. 2003. User cooperation diversity-part I: System description. IEEE Trans. Commun, 51(11): 1927-1938.

Sezer S, Woods R, Heron J P. 1998. Fast partial reconfiguration for FCCMs. FCCM'98, 1(1): 318-319.

Sheikh M A, Sarvotham S. 2007. DNA array decoding from nonlinear measurements by belief propagation. IEEE/SP Workshop on Statistical Signal Processing, 1(1): 215-219.

Shi G, Lin J. 2008. UWB echo signal detection with ultra-low rate sampling based on compressed sensing. Circuits & Systems II Express Briefs IEEE Transactions on, 55(4): 379-383.

Sima M, Vassiliadis S, Cotofana S. 2000. A taxonomy of custom computing machines. Proc. of Progress Workshop on Embedded Systems (Progress 2000), Utrecht, 1(1): 87-93.

Stauffer E, Oyman O, Narasimhan R. 2007. Finite-SNR diversity-multiplexing trade-offs in fading relay channels. IEEE J. Sel. Areas Commun. 25(2): 245-257.

Stoica A, Zebulum R, Keymeulen D. 2001. Reconfigurable VLSI architectures for evolvable hardware: From experimental field programable transistor arrays to evolution-oriented chips. IEEE Trans. On Very Large Scale Integration (VLSI) Systems, 9(1): 10-20.

Sousa J T, Silva J M, Abramovici M. 2001. A configware/software approach to SAT solving. Proc. of the 9th Annual IEEE Symposium on Field-Programmable Custom Computing Machines (FCCM'01), 1(1): 20-29.

Smith M C, Drager S L, Pochet L. 2001. High performance reconfigurable computing systems. Proc. of the 44th IEEE 2001 Midwest Symposium on Circuits and Systems, 1(1): 562-565.

Storn R, Price K. 1995. Differential evolution-A simple and efficient adaptive scheme for global optimization over continuous spaces. Technical Report TR-95-012, International Computer Science Institute, 1(1): 10-30.

Sun D Z, Huai J P. 2009. Improvements of Juang et al. 's password-authenticated key agreement scheme using smart cards, IEEE Transactions on Industrial Electronics, 56(6): 2284-2291.

Tabero J, Steptien J, Mecha H. 2003. A vertex-list approach to 2D HW multitasking management in RTR FPGAs. DCIS 2003, Cludad Real, Spain, 1(1): 545-550.

Tan K, Zhu H. 1991. Remote password authentication scheme based on cross-product. Computer Communications, 22(4): 390-393.

Tan S S, Li X P. 2015. Trust based routing mechanism for securing OLSR-Based MANET. Ad Hoc Networks, 30(1): 84-98.

Tang J, Zhang X. 2007. Cross-layer resource allocation over wireless relay networks for quality of service provisioning. IEEE J. Sel. Areas Commun. 25(5): 645-656.

Tang L, Sun Y, Gurewitz O. 2011. PW-MAC: An energy-efficient predictive-wakeup MAC protocol for wireless sensor networks. Proceedings-IEEE INFOCOM, 34(17): 1305-1313.

Tarokh V, Seshadri N, Calderbank A R. 1998. Space-time codes for high data rate wireless communications: Performance criterion and code construction. IEEE Trans. Inf. Theory, 44: 744-765.

Tarokh V, Seshadri N, Calderbank R. 1999. Space-time block codes from orthogonal designs. IEEE Trans. Inf. Theory, 45(5): 1456-1467.

Tarokh V, Jafarkhani H, Calderbank A R. 1999. Space-time block coding for wireless communi-cations: Performance results. IEEE J. Sel. Areas Commun, 17: 20-22.

Tarokh V, Jafarkhani H. 2000. A differential detection scheme for transmit diversity. IEEE J. Sel. Areas Commun, 18(7): 1169-1174.

Tse D N C, Viswanath P, Zheng L. 2004. Diversity-multiplexing tradeoff in multiple-access channels. IEEE Trans. Inf. Theory, 50(9): 1859-1874.

Tse D N C, Hanly S V. 1998. Multiaccess fading channels - Part I: Polymatroid structure, optimal resource allocation and throughput capacities. IEEE Trans. Inf. Theory, 44(7): 2796-2815.

Upegui A, Sanchez E. 2005. Evolving hardware by dynamically reconfiguring Xilinx FPGAs. ICES, 1(1): 56-65.

Visotsky E, Madhow U. 2000. Space-time precoding with imperfect feedback. Proc. ISIT 2000, Sorrento.

Walder H, Steiger C, Platzner M. 2003. Fast online task placement on FPGAs: Free space partitioning and 2D hashing. International Parallel and Distributed Processing Symposium (IPDPS'03), 1(1): 178-185.

Wang F, Liu J. 2012. On reliable broadcast in low duty-cycle wireless sensor networks. IEEE Transactions on Mobile Computing, 11(5): 1-10.

Wang T, Giannakis G B. 2007. High-throughput cooperative communications with complex field network coding. Proc. 41st Annual Conference on Information Sciences and Systems (CISS 2007): 253-258.

Wei S. 2007. Diversity-multiplexing tradeoff of asynchronous cooperative diversity in wireless networks. IEEE Trans. Inf. Theory, 53(11): 4150-4172.

Wiangtong T, Cheung P Y K, Luk W. 2002. Comparing three heuristic search methods for functional partitioning in hardware-software codesign. Design Automation for Embedded Systems, 6(1): 425-449.

Wigley G, Kearney D. 2000, The first real operating system for reconfigurable computers. Australian Computer Systems Architecture Conference, Queensland, 1(1): 129-136.

Wirthlin M J, Hutchings B L. 1995. A dynamic instruction set computer. Proc. of IEEE Workshop on FPGAs for Custom Computing Machines, 1(1): 99-107.

Wolf W. 2003. A decade of hardware/software codesign. IEEE Computer, 36(1): 38-43.

Woo W, Yang L. 2007. Resource allocation for amplify-and-forward relay networks with differ-ential modulation. Proc. IEEE Globecom, New York: 1330-1336.

Wu T S, Lin H Y. 2004. Robust key authentication scheme resistant to public key substitution attacks. Applied Mathematics and Computation, 157(3): 825-833.

Wu Y, Chou P A, Kung S. 2005. Information exchange in wireless with network coding and physical-layer broadcast. Proc. 39th Annual Conf. Inform. Sci. and Systems (CISS 2005), Balti-more, MD.

Wu Y, Chou P A, Kung S. 2005. Information exchange in wireless with network coding and physical-layer broadcast. Proc. 39th Annual Conf. Inform. Sci. and Systems (CISS 2005), Balti-more.

Xiao L, Fuja T E, Costello D J. 2006. Nested codes with multiple interpretations. Proc. 40st Annual Conference on Information Sciences and Systems (CISS 2006): 851-856.

Xiao L, Fuja T E, Kliewer J. 2007. A network coding approach to cooperative diversity. IEEE Trans. Inf. Theory, 53(10): 3714-3722.

Xiao L, Fuja T E, Kliewer J. 2007. A network coding approach to cooperative diversity. IEEE Trans. Inf. Theory, 53(10): 3714-3722.

Xilinx. http: //www. xilinx. com

Xin Y, Wang Z, Giannakis G B. 2003. Space-time diversity systems based on linear constellation precoding. IEEE Transactions on Wireless Commun, 2(2): 294-309.

Xu G Q, Li W S, Xu R. 2013. An algorithm on fairness verification of mobile sink routing in wireless sensor network. ACM/Springer Personal and Ubiquitous Computing, 17(5): 851-864.

Yamashina M, Motomura M. 2000. Reconfigurable computing: Its concept and a practical embodiment using newly developed reconfigurable logic (DRL) LSI. Proc. ASP-DAC'00, Asia and South Pacific, 1(1): 50-59.

Yao X, Higuchi T. 1999. Promises and challenges of evolvable hardware. IEEE Trans. On Systems, Man and Cybernetics-Part C. Applications and Reviews, 29(1): 10-19.

Yang S, Belfiore J C. 2007. Optimal space-time codes for the MIMO amplify-and-forward cooper-ative channel. IEEE Trans. Inf. Theory, 53(2): 663-674.

Yang S, Belfiore J C. 2007. Towards the optimal amplify-and-forward cooperative diversity scheme. IEEE Trans. Inf. Theory, 53(9): 3114-3126.

Yang W H, Shieh S P. 1991. Password authentication schemes with smart cards. Computer and Security, 18(8): 727-733.

Yi Z, Il-Min Kim. 2007. Joint optimization of relay-precoders and decoders with partial channel side information in cooperative networks. IEEE J. Sel. Areas Commun, 25(2): 447-458.

Yoon E J, Ryu E K, Yoon K Y. 2005. Cryptanalysis and further improvement of Peinado's improved LHL-key authentication scheme. Applied Mathematics and Computation, 168(2): 788-794.

Younis O, Fahmy S. 2004. Heed: A hybrid, energy-efficient, distributed clustering approach for ad-hoc sensor networks. IEEE Transaction on Mobile Computing, 3(4): 660-669.

Yuksel M, Erkip E. 2007. Multiple-antenna cooperative wireless systems: A diversity-multiplexing tradeoff perspective. IEEE Trans. Inf. Theory, 53(9): 2105-2112.

Yuksel M, Erkip E. 2007. Diversity-multiplexing tradeoff in half-duplex relay systems. IEEE In-ternational Conference on Communications (ICC 2007): 689-694.

Yuksel M, Erkip E. 2006. Diversity-multiplexing tradeoff in cooperative wireless systems. Annual Conference on Information Sciences and Systems: 1062-1067.

Zhao B, Valenti M. 2003. Distributed turbo coded diversity for the relay channel. IEEE Electronics Letters, 39(10): 786-787.

Zhang J, Liu J, Wong K M. 2007. Trace-orthogonal full-diversity cyclotomic space-time codes. IEEE Trans. Signal Processing, 55(2): 618-630.

Zheng L, Tse D N C. 2003. Diversity and multiplexing: A fundamental tradeoff in multiple antenna channels. IEEE Trans. Inf. Theory, 49(5): 1073-1096.

Zhang S, Liew S, Lam P. 2006. Physical layer network coding. Proc. 12th Annual International Conference on Mobile Computing and Networking (ACM MobiCom 2006), LA.

Zhao Y, Adve R, Lim T J. 2007. Beamforming with limited feedback in amplify-and-forward co-operative networks. Global Telecommunications Conference (GlobeCom 2007): 3457-3461.

Zhang Z, Duman T M. 2005. Capacity-approaching turbo coding and iterative decoding for relay channels. IEEE Trans. Commun. , 53(11): 1895-1905.

Zhang D G, Zheng K. 2015. A novel multicast routing method with minimum transmission for WSN of cloud computing service. Soft Computing, 19(7): 1817-1827.

Zhang D G, Song X D. 2015. Extended AODV routing method based on distributed minimum transmission (DMT) for WSN. International Journal of Electronics and Communications, 69(1): 371-381.

Zhang D G, Wang X. 2015. New clustering routing method based on PECE for WSN. EURASIP Journal on Wireless Communications and Networking, 2015(162): 1-13.

Zhang D G, Zheng K. 2015. Novel quick start (QS) method for optimization of TCP. Wireless Networks, 21(5): 110-119.

Zhang D G, Li G. 2014. An energy-balanced routing method based on forward-aware factor for wireless sensor network. IEEE Transactions on Industrial Informatics, 10(1): 766-773.

Zhang D G, Wang X. 2014. A novel approach to mapped correlation of ID for RFID anticollision. IEEE Transactions on Services Computing, 7(4): 741-748.

Zhang D G, Li G. 2014. A new anti-collision algorithm for RFID tag. International Journal of Communication Systems, 27(11): 3312-3322.

Zhang D G, Liang Y P. 2013. A kind of novel method of service-aware computing for uncertain mobile applications. Mathematical and Computer Modelling, 57(3-4): 344-356.

Zhang D G. 2012. A new approach and system for attentive mobile learning based on seamless migration. Applied Intelligence, 36(1): 75-89.

Zhang D G. 2012. A new method of non-line wavelet shrinkage denoising based on spherical coordinates. Information -An International Interdisciplinary Journal, 15(1): 141-148.

Zhang D G. 2012. A new medium access control protocol based on perceived data reliability and spatial correlation in wireless sensor network. Computers & Electrical Engineering, 2012, 38(3): 694-702.

Zhang D G, Kang X J. 2012. A novel image de-noising method based on spherical coordinates system. EURASIP Journal on Advances in Signal Processing, 2012(110): 1-10.

Zhang D G, Dai W B, Kang X J. 2011. A kind of new web-based method of seamless migration. International Journal of Advancements in Computing Technology, 3(5): 32-40.

Zhang D G, Zhang X D. 2012. A new service-Aware computing approach for mobile application with uncertainty. Applied Mathematics and Information Science, 6(1): 9-21.

Zhang D G, Zhu Y N. 2012. A new method of constructing topology based on local-world weighted networks for WSN. Computers & Mathematics with Applications, 64(5): 1044-1055.

Zhang D G, Dai W B. 2011. A kind of new web-based method of media seamless migration for mobile service. Journal of Information and Computational Science, 8(10): 1825-1836.

Zhang D G, Wang D. 2011. Research on service matching method for LBS. International Journal of Advancements in Computing Technology, 3(6): 131-138.

Zhang D G. 2011. A new algorithm of self-adapting congestion control based on semi-normal distribution. Advances in Information Sciences and Service Science, 3(4): 40-47.

Zhang D G, Zeng G P. 2005. A kind of context-aware approach based on fuzzy-neural for proactive service of pervasive computing. The 2nd IEEE International Conference on Embedded Software and Systems (ESS2005), LNCS, Xi'an: 554-563.

Zhang D G. 2005. Approach of context-aware computing with uncertainty for ubiquitous active service. International Journal of Pervasive Computing and Communication, 1(3): 217-225.

Zhang D G. 2006. Web-based seamless migration for task-oriented nomadic service. International Journal of Distance E-Learning Technology (JDET), 4(3): 108-115.

Zhang D G, Zhang H. 2008. A kind of new approach of context-aware computing for active service. Journal of Information and Computational Science, 5(1): 179-187.

Zhang D G. 2008. A kind of new decision fusion method based on sensor evidence for active application. Journal of Information and Computational Science, 5(1): 171-178.

Zhang D G, Shi Y C, Xu G Y. 2004. Context-aware computing during seamless transfer based on random set theory for active space. The 2004 International Conference on Embedded and Ubiquitous Computing (EUC2004), LNCS, Aizu: 692-701.

Zhang D G. 2008. A kind of transferring computing strategy. International Conference of Nature Computing, 1(1): 333-337.

Zhang D G, Li W B. 2015. New service discovery algorithm based on dht for mobile application. IEEE SECON 2015, 1(1): 38-42.

Zhang D G. 2010. A new method for image fusion based on fuzzy neural network. ICMIC, 7: 574-578.

Zhang D G. 2010. A pervasive service discovery strategy based on peer to peer model. ICMIC, 7: 7-11.

附录 定理证明

A.1 定理 9.1 的证明

考虑到 TRT 表达式的上下界，即

$$\liminf_{\substack{\rho \to \infty \\ (R,\rho) \in R(k)}} \frac{\log_2 P_o(R,\rho) - c(k)R}{\log_2 \rho}, \quad \limsup_{\substack{\rho \to \infty \\ (R,\rho) \in R(k)}} \frac{\log_2 P_o(R,\rho) - c(k)R}{\log_2 \rho} \tag{A.1}$$

我们首先需要求出中断概率 $P_o(R,\rho)$ 的上下界。有式（9.1）可得互信息

$$I(x;y \mid H) = \log_2(\det(I_l + H\Lambda_x H^+ \Lambda_v^{-1})) \tag{A.2}$$

其中，Λ_v 为噪声自相关矩阵，且

$$\Lambda_v = \begin{bmatrix} \sigma_v^2 & 0 & \cdots & 0 \\ 0 & |h_0 b|^2 \sigma_w^2 + \sigma_v^2 & \cdots & 0 \\ \vdots & \vdots & & \vdots \\ 0 & 0 & \cdots & |h_{(l-2)_N} b|^2 \sigma_w^2 + \sigma_v^2 \end{bmatrix}$$

当 x 中的符号为独立同分布（independent identical distribution，IID）时，$I(x;y \mid H)$ 可达到最大。当 ρ 足够大时，忽略 b 的影响，我们得出这个最大值的上下界

$$\max_{\Lambda_x} I(x;y \mid H) \geq \log_2\left(\det(I_l + \frac{P}{\sigma^2}HH^+)\right)$$

$$\max_{\Lambda_x} I(x;y \mid H) \leq \log_2\left(\det(I_l + \frac{\lambda_{\max}}{\sigma_v^2}HH^+)\right) \tag{A.3}$$

其中，$\lambda_{\max}$ 是 Λ_x 矩阵的最大特征值。定义 $\sigma^2 \overset{\Delta}{=} \max_i\{|h_{i_N} b|^2\}\sigma_w^2 + \sigma_v^2$。由于 $\lambda_{\max}$ 和信号平均功率 P 阶数相同，则当 P 趋向于无穷时，式（A.3）给出的两个界将趋于相同，因此我们定义

$$\frac{P}{\sigma^2} = T\rho, \quad \frac{\lambda_{\max}}{\sigma_v^2} = \kappa\rho \tag{A.4}$$

其中，$0 < T < 1$ 且 $1 < \kappa < \infty$。根据在 Yang 的文章中的引理，我们得到

$$\max_{\Lambda_x} I(x;y \mid H) \geq \log_2\left((1 + T\rho |\hbar|^2)^l + \prod_{i=0}^{l-2}(1 + T\rho |g_{iN} h_{iN}|^2)\right) \tag{A.5}$$

另外，我们由引理 9.3 可得

$$\max_{A_x} I(\mathrm{x};y\,|\,H) \leqslant \log_2\left((1+\kappa\rho\,|\,\hbar\,|^2)\prod_{i=0}^{l-2}(1+\kappa\rho\,|\,\hbar\,|^2+\kappa\rho\,|\,g_{iN}h_{iN}\,|^2)-\kappa\rho\,|\,\hbar\,|^2\prod_{i=0}^{l-2}\kappa\rho\,|\,g_{iN}h_{iN}\,|^2\right)$$

(A.6)

根据 C_p 不等式，可得如下关系式

$$\prod_{i=0}^{l-2}(1+\kappa\rho\,|\,\hbar\,|^2+\kappa\rho\,|\,g_{iN}h_{iN}\,|^2) \leqslant (1+\kappa\rho\,|\,\hbar\,|^2+\kappa\rho\,|\,\max_i\{g_{iN}h_{iN}\}\,|^2)^{l-1}$$

$$\leqslant 2^{l-2}\left((1+\kappa\rho\,|\,\hbar\,|^2)^{l-1}+(\kappa\rho\,|\,\max_i\{g_{iN}h_{iN}\}\,|^2)^{l-1}\right)$$

$$\doteq (1+\kappa\rho\,|\,\hbar\,|^2)^{l-1}+(\kappa\rho\,|\,\max_i\{g_{iN}h_{iN}\}\,|^2)^{l-1}$$

$$\doteq (1+\kappa\rho\,|\,\hbar\,|^2)^{l-1}+\prod_{i=0}^{l-2}\kappa\rho\,|\,g_{iN}h_{iN}\,|^2$$

将上式代入式（A.6）可得

$$\max_{A_x} I(x;y\,|\,H) \leqslant \log_2\left((1+\kappa\rho\,|\,\hbar\,|^2)^l+(1+\kappa\rho\,|\,\hbar\,|^2)\right.$$

$$\left.\times\prod_{i=0}^{l-2}\kappa\rho\,|\,g_{iN}h_{iN}\,|^2-\kappa\rho\,|\,\hbar\,|^2\prod_{i=0}^{l-2}\kappa\rho\,|\,g_{iN}h_{iN}\,|^2\right)$$

化简后得

$$\max_{A_x} I(x;y\,|\,H) \leqslant \log_2\left((1+\kappa\rho\,|\,\hbar\,|^2)^l+\prod_{i=0}^{l-2}(1+\kappa\rho\,|\,g_{iN}h_{iN}\,|^2)\right)$$

(A.7)

综合式（A.5）和式（A.7），可得出 $P_o(R,\rho)$ 的上下界分别为

$$P_o(R,\rho) \geqslant \Pr\left\{\log_2\left((1+\kappa\rho\,|\,\hbar\,|^2)^l+\prod_{i=0}^{l-2}(1+\kappa\rho\,|\,g_{iN}h_{iN}\,|^2)\right)<lR\right\}$$

$$P_o(R,\rho) \leqslant \Pr\left\{\log_2\left((1+T\rho\,|\,\hbar\,|^2)^l+\prod_{i=0}^{l-2}(1+T\rho\,|\,g_{iN}h_{iN}\,|^2)\right)<lR\right\}$$

(A.8)

在中断概率 $P_o(R,\rho)$ 边界已知的基础上，我们将进一步详细讨论式（A.1）中的上下界。

A.1.1 TRT 表达式的下界

根据 SAF 协议的信道模型，我们定义下面的变量

$$\bar{\beta} \triangleq \frac{\log_2(1+\kappa\rho\,|\,\hbar\,|^2)}{R}, \quad r_{i_N} \triangleq \frac{\log_2(1+\kappa\rho\,|\,g_{i_N}h_{i_N}\,|^2)}{R}$$

(A.9)

考察式（A.8），我们将利用公式中的第一个不等式推导出 TRT 的下界。当 ρ 趋于无穷时，中断事件 $\log_2\left((1+\kappa\rho|\hbar|^2)^l + \prod_{i=0}^{l-2}(1+\kappa\rho|g_{iN}h_{iN}|^2)\right) < lR$ 等价于

$$\max\left\{\frac{l\log_2(1+\kappa\rho|\hbar|^2)}{R}, \frac{\sum_{i=0}^{l-2}\log_2(1+\kappa\rho|g_{iN}h_{iN}|^2)}{R}\right\} < l \qquad (A.10)$$

将式（A.9）中定义的变量代入，得到以下中断区域

$$O_k \triangleq \left\{\bar{\beta} \in R^+, \gamma \in R^{N_+} \mid \bar{\beta} < 1, \frac{1}{l}\sum_{i=0}^{l-2}\gamma_{i_N} < 1\right\} \qquad (A.11)$$

其中向量 $\gamma = [\gamma_0, \cdots, \gamma_{N-1}]$。当 ρ 足够大时，根据引理 9.2，对于 γ 中第 i 个元素 γ_i

$$\gamma_i \approx \left(\alpha_i + \beta_i - \frac{\log_2 \kappa\rho}{R}\right)^+ \qquad (A.12)$$

其中，$\alpha_i \triangleq \dfrac{\log_2\left(1+\kappa\rho|g_i|^2\right)}{R}$，$\beta_i \triangleq \dfrac{\log_2\left(1+\kappa\rho|h_i|^2\right)}{R}$。再由引理 9.1 得初期概率密度分布函数

$$p(\gamma_i) \doteq \frac{R\ln 2}{\rho}\exp\left\{-\frac{(2^{\alpha_i R}-1)+(2^{\beta_i R}-1)}{\rho}\right\}2^{\left(\alpha_i+\beta_i-\frac{\log_2\rho}{R}\right)^+ R} \qquad (A.13)$$

用向量 $\alpha = [\alpha_0, \cdots, \alpha_{N-1}]$ 和向量 $\beta = [\beta_0, \cdots, \beta_{N-1}]$ 替换 γ。不失一般性，向量中的元素根据信道连接质量排列，即 $\alpha_0 + \beta_0 \geq \alpha_1 + \beta_1 \geq \cdots \geq \alpha_{N-1} + \beta_{N-1} \geq 0$。

　　为了方便表示，我们定义 $K_k \triangleq R\ln 2/\kappa$ 和 $e_k \triangleq e^{\frac{1}{\kappa}}$，则整个系统信道向量的联合概率密度分布（joint PDF, FPDF）为

$$p(\bar{\beta}, \gamma) = p(\bar{\beta})p(\gamma_0)\cdots p(\gamma_{N-1})$$

$$= \left(\frac{K_k}{\rho}\right)^{N+1}2^{\bar{\beta}R}2^{\sum_{i=0}^{N-1}\left(\alpha_i+\beta_i-\frac{\log_2\rho}{R}\right)^+ R}\exp\left\{-\frac{2^{\bar{\beta}R}-1}{\kappa\rho} - \sum_{i=0}^{N-1}\frac{2^{\alpha_i R}-1+2^{\beta_i R}-1}{\kappa\rho}\right\}$$

定义函数

$$f(\bar{\beta}, \alpha, \beta) \triangleq \bar{\beta} + \sum_{i=0}^{N-1}\left(\alpha_i + \beta_i - \frac{\log_2 \kappa\rho}{R}\right)^+ \qquad (A.14)$$

我们得到一个更为紧凑形式的联合概率密度函数

$$p(\bar{\beta},\alpha,\beta) = K_k^{N+1} e_\kappa^{\frac{2N+1}{\rho}} \rho^{-(N+1)} 2^{f(\bar{\beta},\alpha,\beta)R} \exp\left\{ -\frac{2^{\bar{\beta}R}}{\kappa\rho} - \sum_{i=0}^{N-1} \frac{2^{\alpha_i R} + 2^{\beta_i R}}{\kappa\rho} \right\} \quad (A.15)$$

由式（A.8）中的第一个不等式得

$$P_o(R,\rho) 2^{-c(k)R} \geq 2^{-c(k)R} \iiint_{O_\kappa} p(\bar{\beta},\alpha,\beta) \mathrm{d}\bar{\beta}\mathrm{d}\alpha\mathrm{d}\beta \quad (A.16)$$

存在子集 $O_{\kappa,\epsilon_0} \subset O_\kappa$，即

$$O_{\kappa,\epsilon_0} \triangleq \left\{ (\bar{\beta},\alpha,\beta) \in O_\kappa \mid \exists \epsilon_0 > 0, \text{s.t.} \frac{\log_2 \rho}{R} - \epsilon_0 \geq \bar{\beta}, \frac{\log_2 \sqrt{\kappa}\rho}{R} - \frac{\epsilon_0}{2} \geq \max\{\alpha_{\max}, \beta_{\max}\} \right\} \quad (A.17)$$

其中，$\alpha_{\max} = \max\{\alpha_0, \cdots, \alpha_{N-1}\}$，$\beta_{\max} = \max\{\beta_0, \cdots, \beta_{N-1}\}$。则由式（A.16）可得

$$P_o(R,\rho) 2^{-c(k)R} \geq K_\kappa^{N+1} e_\kappa^{\frac{2N+1}{\rho} - \sqrt{\kappa}N \times 2^{1-\frac{\epsilon_0}{2}R} - 2^{-\epsilon_0 R}} \rho^{-(N+1)} 2^{-c(k)R} \iiint_{O_{\kappa,\epsilon_0}} 2^{f(\bar{\beta},\alpha,\beta)} \mathrm{d}\bar{\beta}\mathrm{d}\alpha\mathrm{d}\beta \quad (A.18)$$

定义向量 ζ_{ϵ_0} 为

$$\zeta_{\epsilon_0} \triangleq \arg \sup_{(\bar{\beta},\alpha,\beta) \in O_{\kappa,\epsilon_0}} f(\bar{\beta},\alpha,\beta) \quad (A.19)$$

由于 f 函数的连续性，对于某个 $\epsilon_1 > 0$，必定存在 ζ_{ϵ_0} 的一个邻域 $I_{\epsilon_1} \subset O_k$。在此邻域中存在不等式

$$f(\bar{\beta},\alpha,\beta) \geq f(\zeta_{\epsilon_0}) - \epsilon_1 \quad (A.20)$$

因此在交集 $O_{\kappa,\epsilon_0} \subset I_{\epsilon_1}$ 中

$$P_o(R,\rho) 2^{-c(k)R} \geq K_\kappa^{N+1} e_\kappa^{\frac{2N+1}{\rho} - \sqrt{\kappa}N \times 2^{1-\frac{\epsilon_0}{2}R} - 2^{-\epsilon_0 R}} \rho^{-(N+1)} 2^{(f(\zeta_{\epsilon_0}) - c(k)R - \epsilon_1)R} \mathrm{Vol}\left\{ O_{\kappa,\epsilon_0} \bigcap I_{\epsilon_1} \right\} \quad (A.21)$$

将其代入 TRT 表达式，则

$$\frac{\log_2 P_o(R,\rho) - c(k)R}{\log_2 \rho} \geq \frac{\log_2 \left(e_\kappa^{\frac{2N+1}{\rho} - \sqrt{\kappa}N \times 2^{1-\frac{\epsilon_0}{2}R} - 2^{-\epsilon_0 R}} 2^{-\epsilon_1 R} \mathrm{Vol}\left\{ O_{\kappa,\epsilon_0} \bigcap I_{\epsilon_1} \right\} \right)}{\log_2 \rho}$$
$$+ \frac{\log_2 K_\kappa^{N+1}}{\log_2 \rho} - (N+1) + (f(\zeta_{\epsilon_0}) - c(k)) \frac{R}{\log_2 \rho} \quad (A.22)$$

上式右边前两项在 ρ 足够大时趋近于 0。为了在 O_{κ,ϵ_0} 内找到 $f(\zeta_0)$，我们根据 $\frac{\log_2 \rho}{R}$ 的值划分区域。考虑 $(l-1)_N = 0$ 的情况，定义区域 $R_\delta(k)$ 如下，其中 $k \in \mathbf{Z}$

$$R_\delta(k) \overset{\Delta}{=} \begin{cases} \left\{ (R,\rho) \mid \dfrac{1}{\delta} > \dfrac{\log_2 \rho}{R} > \dfrac{lN}{l-1} + \delta \right\}, & k = 0 \\[2mm] \left\{ (R,\rho) \mid \dfrac{lN}{(l-1)k} - \delta > \dfrac{\log_2 \rho}{R} > \dfrac{lN}{(l-1)(k+1)} + \delta \right\}, & N > k > 0 \\[2mm] \left\{ (R,\rho) \mid \dfrac{l}{l-1} - \delta > \dfrac{\log_2 \rho}{R} > 1 + \delta \right\}, & k = N \\[2mm] \left\{ (R,\rho) \mid 1 - \delta > \dfrac{\log_2 \rho}{R} > \delta \right\}, & \text{其他} \end{cases} \quad (A.23)$$

其中，δ 是一个任意小的正数且 $\delta \geqslant \epsilon_0$。

在第一个区域 $R_\delta(k)$ 中，$\dfrac{\log_2 \rho}{R}$ 的值很大，以至于 $\bar{\beta}$、$\alpha_{\max}$ 和 $\beta_{\max}$ 在中继区域内无法达到，此时

$$f(\zeta_{\epsilon_0}) = 1 + \frac{lN}{l-1} \quad (A.24)$$

在区域 $R_\delta(N)$ 内，α 和 β 中所有元素都可以取值 $\left(\dfrac{\log_2 \sqrt{\kappa}\rho}{R} - \dfrac{\epsilon_0}{2} \right)$，但是 $\bar{\beta} = 1$。此时

$$f(\zeta_{\epsilon_0}) = 1 + \left(\frac{\log_2 \rho}{R} - \epsilon_0 \right) N \quad (A.25)$$

对于 $\kappa > N$ 的情况

$$f(\zeta_{\epsilon_0}) = \left(\frac{\log_2 \rho}{R} - \epsilon_0 \right)(N+1) \quad (A.26)$$

最后，对于 $N > k > 1$，$\bar{\beta} = 1$ 且

$$\alpha = \beta = \left(\underbrace{\frac{\log_2 \sqrt{\kappa}\rho}{R} - \frac{\epsilon_0}{2}, \cdots, \frac{\log_2 \sqrt{\kappa}\rho}{R} - \frac{\epsilon_0}{2}}_{\kappa \text{ times}}, \frac{Nl}{2(l-1)} + \frac{\log_2 \kappa\rho}{2R} - \frac{\kappa}{2}\left(\frac{\log_2 \rho}{R} - \epsilon_0 \right), 0, \cdots, 0 \right)$$

在此区域内

$$f(\zeta_0) = 1 + \frac{lN}{l-1} \quad (A.27)$$

综合式（A.24）～式（A.27），同时令 δ 和 ϵ_0 趋向于 0，我们得到退化的操作区域如下

$$\liminf_{\substack{\rho \to \infty \\ (R,\rho) \in R(N > k \geqslant 0)}} \frac{\log_2 P_o(R,\rho) - c(k)R}{\log_2 \rho} \geqslant -(N+1) + \left(1 + \frac{lN}{l-1} - c(k) \right) \liminf_{\substack{\rho \to \infty \\ (R,\rho) \in R(N > k \geqslant 0)}} \frac{R}{\log_2 \rho}$$

$$\liminf_{\substack{\rho \to \infty \\ (R,\rho) \in R(k = N)}} \frac{\log_2 P_o(R,\rho) - c(k)R}{\log_2 \rho} \geqslant -1 + (1 - c(k)) \liminf_{\substack{\rho \to \infty \\ (R,\rho) \in R(k = N)}} \frac{R}{\log_2 \rho} \quad (A.28)$$

A.1.2 TRT 表达式的上界

我们将利用式（A.8）中的第二个不等式推导 TRT 的上界。定义变量

$$\bar{\beta} \triangleq \frac{\log_2(1+T\rho|\hbar|^2)}{R}, \quad \kappa_{i_N} \triangleq \frac{\log_2(1+T\rho|g_{i_N}h_{i_N}|^2)}{R} \approx \left(\alpha_i + \beta_i - \frac{\log_2(T\rho)}{R}\right)^+ \quad (A.29)$$

定义 $K_T \triangleq R\ln(2/T)$，$e_T \triangleq e^{\frac{1}{T}}$ 以及相应的中断区域

$$O_T \triangleq \left\{ \bar{\beta} \in R^+, \gamma \in R^{N_+} \mid \bar{\beta} < 1, \frac{1}{l}\sum_{i=0}^{l-2}\gamma_{i_N} < 1 \right\} \quad (A.30)$$

将中断区域分成 4 个不相交的子集，即

$$O_{T,-\epsilon_0} \triangleq \left\{ (\bar{\beta},\alpha,\beta) \in O_T \mid \exists\,\epsilon_0 > 0, \text{s.t.} \frac{\log_2\rho}{R} + \epsilon_0 < \bar{\beta}, \frac{\log_2\sqrt{\kappa}\rho}{R} + \frac{\epsilon_0}{2} < \max\{\alpha_{\max},\beta_{\max}\} \right\},$$

$$O_{T,\pm\epsilon_0} \triangleq \left\{ (\bar{\beta},\alpha,\beta) \in O_T \mid \exists\,\epsilon_0 > 0, \text{s.t.} \frac{\log_2\rho}{R} + \epsilon_0 < \bar{\beta}, \frac{\log_2\sqrt{\kappa}\rho}{R} + \frac{\epsilon_0}{2} \geq \max\{\alpha_{\max},\beta_{\max}\} \right\},$$

$$O_{T,\mp\epsilon_0} \triangleq \left\{ (\bar{\beta},\alpha,\beta) \in O_T \mid \exists\,\epsilon_0 > 0, \text{s.t.} \frac{\log_2\rho}{R} + \epsilon_0 \geq \bar{\beta}, \frac{\log_2\sqrt{\kappa}\rho}{R} + \frac{\epsilon_0}{2} < \max\{\alpha_{\max},\beta_{\max}\} \right\},$$

$$O_{T,\epsilon_0} \triangleq \left\{ (\bar{\beta},\alpha,\beta) \in O_T \mid \exists\,\epsilon_0 > 0, \text{s.t.} \frac{\log_2\rho}{R} + \epsilon_0 \geq \bar{\beta}, \frac{\log_2\sqrt{\kappa}\rho}{R} + \frac{\epsilon_0}{2} \geq \max\{\alpha_{\max},\beta_{\max}\} \right\}$$

定义函数

$$f(\bar{\beta},\alpha,\beta) \triangleq \bar{\beta} + \sum_{i=0}^{N-1}\left(\alpha_i + \beta_i - \frac{\log_2 T\rho}{R}\right)^+ \quad (A.31)$$

用 $O_-(R,\rho)$、$O_\pm(R,\rho)$、$O_\mp(R,\rho)$、$O_+(R,\rho)$ 分别表示 $2^{-c(k)R}\iiint p(\bar{\beta},\alpha,\beta)\mathrm{d}\bar{\beta}\mathrm{d}\alpha\mathrm{d}\beta$ 在上述四个子集内的积分值，我们得到

$$\frac{\log_2 P_o(R,\rho) - c(k)R}{\log_2\rho} \leq \frac{\log_2 O_+(R,\rho)}{\log_2\rho} + \frac{\log_2\left(1 + \dfrac{O_-(R,\rho)}{O_+(R,\rho)} + \dfrac{O_\pm(R,\rho)}{O_+(R,\rho)} + \dfrac{O_\mp(R,\rho)}{O_+(R,\rho)}\right)}{\log_2\rho} \quad (A.32)$$

首先，在子集 $O_{T,-\epsilon_0}$ 内

$$O_-(R,\rho) \leq K_T^{N+1} e_T^{\frac{2N+1}{\rho} - \sqrt{T}2^{\frac{\epsilon_0}{2}R} - 2^{\epsilon_0 R}} \rho^{-(N+1)} 2^{-c(k)R}\iiint\limits_{O_{T,-\epsilon_0}} 2^{f(\bar{\beta},\alpha,\beta)R}\mathrm{d}\bar{\beta}\mathrm{d}\alpha\mathrm{d}\beta$$

$$\leq K_T^{N+1} e_T^{\frac{2N+1}{\rho} - \sqrt{T}2^{\frac{\epsilon_0}{2}R} - 2^{\epsilon_0 R}} \rho^{-(N+1)} 2^{(f(\zeta_{-\epsilon_0}) - c(k))R}\mathrm{Vol}\{O_T\} \quad (A.33)$$

其中，$\zeta_{-\epsilon_0}$ 定义为

$$\zeta_{-\epsilon_0} \triangleq \arg \sup_{(\bar{\beta},\alpha,\beta)\in O_{T,-\epsilon_0}} f(\bar{\beta},\alpha,\beta) \tag{A.34}$$

同样 $\zeta_{\pm\epsilon_0}$、$\zeta_{\mp\epsilon_0}$ 和 ζ_{ϵ_0} 也在相应的子集内类似定义。则在子集 $O_{T,\pm\epsilon_0}$ 和 $O_{T,\mp\epsilon_0}$ 内有

$$O_{\pm}(R,\rho) \leqslant K_T^{N+1} e_T^{\frac{1}{\rho}-2^{-\epsilon_0 R}} \rho^{-(N+1)} 2^{(f(\zeta_{\pm\epsilon_0})-c(k))R} \mathrm{Vol}\{O_T\}$$

$$O_{\mp}(R,\rho) \leqslant K_T^{N+1} e_T^{\frac{2N}{\rho}-\sqrt{T}2^{\frac{\epsilon_0}{2}R}} \rho^{-(N+1)} 2^{(f(\zeta_{\mp\epsilon_0})-c(k))R} \mathrm{Vol}\{O_T\} \tag{A.35}$$

下面考察另外两个子集，一个是

$$O_{T,\epsilon_1} \triangleq \left\{ (\bar{\beta},\alpha,\beta)\in O_T \,\middle|\, \exists\,\epsilon_1>0,\mathrm{s.t.}\frac{\log_2\rho}{R}-\epsilon_1\geqslant\bar{\beta}, \frac{\log_2\sqrt{T}\rho}{R}-\frac{\epsilon_1}{2}\geqslant\max\{\alpha_{\max},\beta_{\max}\} \right\}$$

另一个是 ζ_{ϵ_1} 的邻域 I_{ϵ_2}，其中 ζ_{ϵ_1} 是使得 f 函数在 O_{T,ϵ_1} 中取得最大值所对应的向量。应用 A.1.1 节的结论，

$$O_{+}(R,\rho) \geqslant K_T^{N+1} e_T^{\frac{2N+1}{\rho}-\sqrt{T}N\times2^{\frac{1-\epsilon_1}{2}R-2^{-\epsilon_1 R}}} \rho^{-(N+1)} 2^{(f(\zeta_{\epsilon_1})-c(k)R-\epsilon_1)R} \mathrm{Vol}\{O_{T,\epsilon_1}\cap I_{\epsilon_2}\} \tag{A.36}$$

我们得到

$$\frac{O_{-}(R,\rho)}{O_{+}(R,\rho)} \leqslant e_T^{\sqrt{T}N\times2^{\frac{1-\epsilon_1}{2}R}-\sqrt{T}\times2^{\frac{\epsilon_0}{2}R}+2^{-\epsilon_1 R}-2^{-\epsilon_0 R}} 2^{(f(\zeta_{-\epsilon_0})-f(\zeta_{\epsilon_1})+\epsilon_2)R} \frac{\mathrm{Vol}\{O_T\}}{\mathrm{Vol}\{O_{T,\epsilon_1}\cap I_{\epsilon_2}\}}$$

$$\frac{O_{\pm}(R,\rho)}{O_{+}(R,\rho)} \leqslant e_T^{\frac{-2N}{\rho}+\sqrt{T}N\times2^{\frac{1-\epsilon_1}{2}R}+2^{-\epsilon_1 R}-2^{-\epsilon_0 R}} 2^{(f(\zeta_{\pm\epsilon_0})-f(\zeta_{\epsilon_1})+\epsilon_2)R} \frac{\mathrm{Vol}\{O_T\}}{\mathrm{Vol}\{O_{T,\epsilon_1}\cap I_{\epsilon_2}\}}$$

$$\frac{O_{\mp}(R,\rho)}{O_{+}(R,\rho)} \leqslant e_T^{\frac{-1}{\rho}+\sqrt{T}N\times2^{\frac{1-\epsilon_1}{2}R}-\sqrt{T}2^{\frac{\epsilon_0}{2}R}+2^{-\epsilon_1 R}} 2^{(f(\zeta_{\mp\epsilon_0})-f(\zeta_{\epsilon_1})+\epsilon_2)R} \frac{\mathrm{Vol}\{O_T\}}{\mathrm{Vol}\{O_{T,\epsilon_1}\cap I_{\epsilon_2}\}} \tag{A.37}$$

注意到式（A.37）中，当 R 随着 ρ 趋向于无穷大时，存在 2^R 项可能会使得三个不等式的右侧表达式趋向于无穷大，但是，当给定一个 ϵ_0 时，三个表达式将最终随着 $\exp\{2^{-\epsilon_0 R}\}$ 趋于 0，因此

$$\lim_{\substack{\rho\to\infty\\(R,\rho)\in R(k)}} \frac{\log_2\left(1+\dfrac{O_{-}(R,\rho)}{O_{+}(R,\rho)}+\dfrac{O_{\pm}(R,\rho)}{O_{+}(R,\rho)}+\dfrac{O_{\mp}(R,\rho)}{O_{+}(R,\rho)}\right)}{\log_2\rho} = 0 \tag{A.38}$$

下一步，我们将找出 $\dfrac{\log_2 O_{+}(R,\rho)}{\log_2\rho}$ 的上界。在区域 O_{T,ϵ_0} 中，存在

$$O_{+}(R,\rho) \leqslant \left(\frac{K_T}{\rho}\right)^{N+1} 2^{(f(\zeta_{\epsilon_0})-c(k))R} \tag{A.39}$$

我们得到

$$\frac{\log_2 P_o(R,\rho) - c(k)R}{\log_2 \rho} \leq \frac{\log_2 K_T^{N+1}}{\log_2 \rho} - (N+1) + (f(\zeta_{\epsilon_0}) - c(k))\frac{R}{\log_2 \rho} \quad （A.40）$$

综合式（A.24）～式（A.27）的步骤，则

$$\limsup_{\substack{\rho\to\infty \\ (R,\rho)\in R(N>k\geq 0)}} \frac{\log_2 P_o(R,\rho) - c(k)R}{\log_2 \rho} \leq -(N+1) + \left(1 + \frac{lN}{l-1} - c(k)\right) \limsup_{\substack{\rho\to\infty \\ (R,\rho)\in R(N>k\geq 0)}} \frac{R}{\log_2 \rho}$$

$$\limsup_{\substack{\rho\to\infty \\ (R,\rho)\in R(k=N)}} \frac{\log_2 P_o(R,\rho) - c(k)R}{\log_2 \rho} \leq -1 + (1 - c(k)) \limsup_{\substack{\rho\to\infty \\ (R,\rho)\in R(k=N)}} \frac{R}{\log_2 \rho} \quad （A.41）$$

综合式（A.28）和式（A.41），可以得到 $(l-1)_N = 0$ 时在不同操作区域内的 TRT 表达式以及 $g(k)$ 和 $c(k)$。类似的，在 $(l-1)_N = m \neq 0$ 情况下，假设剩余的 m 个符号被信道状况最好以及最坏的 m 个中继所转发，则对应的操作区域为

$$R_{1,\delta}(k) \triangleq \begin{cases} \left\{(R,\rho) \mid \dfrac{1}{\delta} > \dfrac{\log_2 \rho}{R} > \dfrac{lN}{l-1+N-m} + \delta\right\}, & k = 0 \\[2mm] \left\{(R,\rho) \mid \dfrac{lN}{(l-1+N-m)k} - \delta > \dfrac{\log_2 \rho}{R} > \dfrac{lN}{(l-1+N-m)(k+1)} + \delta\right\}, & m > k > 0 \\[2mm] \left\{(R,\rho) \mid \dfrac{lN}{(l-1+N-m)k} - \delta > \dfrac{\log_2 \rho}{R} > \dfrac{lN}{(l-1+N-m)(k+1)} + \delta\right\}, & N > k \geq m \\[2mm] \left\{(R,\rho) \mid \dfrac{l}{l-1} - \delta > \dfrac{\log_2 \rho}{R} > 1 + \delta\right\}, & k = N \\[2mm] \left\{(R,\rho) \mid 1 - \delta > \dfrac{\log_2 \rho}{R} > \delta\right\}, & \text{其他} \end{cases} \quad （A.42）$$

以及

$$R_{2,\delta}(k) \triangleq \begin{cases} \left\{(R,\rho) \mid \dfrac{1}{\delta} > \dfrac{\log_2 \rho}{R} > \dfrac{lN}{l-1-m} + \delta\right\}, & k = 0 \\[2mm] \left\{(R,\rho) \mid \dfrac{lN}{(l-1-m)k} - \delta > \dfrac{\log_2 \rho}{R} > \dfrac{lN}{(l-1-m)(k+1)} + \delta\right\}, & N-m > k > 0 \\[2mm] \left\{(R,\rho) \mid \dfrac{lN}{(l-1+N-m)k} - \delta > \dfrac{\log_2 \rho}{R} > \dfrac{lN}{(l-1+N-m)(k+1)} + \delta\right\}, & N > k \geq N-m \\[2mm] \left\{(R,\rho) \mid \dfrac{l}{l-1} - \delta > \dfrac{\log_2 \rho}{R} > 1 + \delta\right\}, & k = N \\[2mm] \left\{(R,\rho) \mid 1 - \delta > \dfrac{\log_2 \rho}{R} > \delta\right\}, & \text{其他} \end{cases} \quad （A.43）$$

当 δ 趋向于 0 时，$R_{1,\delta}(k)$ 和 $R_{2,\delta}(k)$ 退化成 3 个操作区域，参考 $(l-1)_N = 0$ 的情况，对应的 $f(\zeta_{\epsilon_0})$ 为

$$f_1(\zeta_{\epsilon_0}) \triangleq \begin{cases} 1 + \dfrac{lN}{l-1+N-m}, & m > k > 0 \\ 1 + \dfrac{lN}{l-1-m} - \dfrac{mN}{l-1-m}\left(\dfrac{\log_2 \rho}{R} \pm \epsilon_0\right), & N > k \geqslant m \\ 1 + \left(\dfrac{\log_2 \rho}{R} \pm \epsilon_0\right)N, & k = N \\ \left(\dfrac{\log_2 \rho}{R} \pm \epsilon_0\right)(N+1), & \text{其他} \end{cases} \tag{A.44}$$

以

$$f_2(\zeta_{\epsilon_0}) \triangleq \begin{cases} 1 + \dfrac{lN}{l-1-m}, & N-m > k > 0 \\ 1 + \dfrac{lN}{l-1+N-m} - \dfrac{mN-N^2}{l-1+N-m}\left(\dfrac{\log_2 \rho}{R} \pm \epsilon_0\right), & N > k \geqslant N-m \\ 1 + \left(\dfrac{\log_2 \rho}{R} \pm \epsilon_0\right)N, & k = N \\ \left(\dfrac{\log_2 \rho}{R} \pm \epsilon_0\right)(N+1), & \text{其他} \end{cases} \tag{A.45}$$

$c(k)$ 和 $g(k)$ 按照 $f(\zeta_{\epsilon_0})$ 推出，至此完成定理 9.1 的证明。

A.2　定理 9.2 的证明

我们采用 Zheng 文章中的类似方法进行证明。

A.2.1　逆定理证明

我们先证明逆定理，即

$$\lim_{\substack{\rho \to \infty \\ (R,\rho) \in R(k)}} \frac{\log_2 P_e(R,\rho) - c(k)R}{\log_2 \rho} \geqslant -g(k) \tag{A.46}$$

利用 Fano 不等式，我们可以得到，在任何通信模式下均有 $P_e(R;\rho)$，$P_o(R;\rho)$ 成立，即中断概率是误帧率的下界，因此

$$\lim_{\substack{\rho \to \infty \\ (R,\rho) \in R(k)}} \frac{\log_2 P_e(R,\rho) - c(k)R}{\log_2 \rho} \geqslant \lim_{\substack{\rho \to \infty \\ (R,\rho) \in R(k)}} \frac{\log_2 P_o(R,\rho) - c(k)R}{\log_2 \rho} \tag{A.47}$$

显然式（A.46）成立。

A.2.2 可达性证明

另一方面，我们将要证明

$$\lim_{\substack{\rho \to \infty \\ (R,\rho) \in R(k)}} \frac{\log_2 P_e(R,\rho) - c(k)R}{\log_2 \rho} \leqslant -g(k) \tag{A.48}$$

由概率知识可得

$$P_e(R,\rho) = P_o(R,\rho)P_{\varepsilon|O} + P_{\varepsilon,O^c} \leqslant P_o(R,\rho) + P_{\varepsilon,O^c} \tag{A.49}$$

其中，ε 为误帧率区域，O 为系统中断区域，定义如下

$$O \triangleq \left\{ \bar{\beta} \in R^+, \gamma \in R^{N+} \mid \bar{\beta} < 1, \frac{1}{l} \sum_{i=0}^{l-2} \gamma_{i_N} < 1 \right\} \tag{A.50}$$

相应的

$$\bar{\beta} \triangleq \frac{\log_2(1 + \rho |\hbar|^2)}{R}, \quad \gamma_{i_N} \triangleq \frac{\log_2(1 + \rho |g_{i_N} h_{i_N}|^2)}{R} \tag{A.51}$$

在 MIMO 系统中，对于一个信道实现，最大似然译码下的成对差错概率为

$$P(x \to x' \mid H = H) \leqslant \det\left(I + \frac{\rho}{2t_x} HH^+ \right)^{-l} \tag{A.52}$$

其中，t_x 为发射天线数目。类似的，我们可以推出在 SAF 协议下，帧长为 $l(l \geqslant N+1)$ 的协作通信系统的误帧率为

$$
\begin{aligned}
P_{\varepsilon|H}(R,\rho) &\leqslant 2^{lR} \det(I_l + H\Lambda_x H^+ \Lambda_v^{-1})^{-1} \\
&\leqslant 2^{lR} \left(\left(1 + \frac{\rho}{2} |\hbar|^2 \right)^l + \prod_{i=0}^{l-2} \left(1 + \frac{\rho}{2} |g_{i_N} h_{i_N}|^2 \right) \right)^{-1}
\end{aligned}
\tag{A.53}
$$

对应于误帧率公式，我们定义一个集合 $\tilde{O}$ 如下

$$\tilde{O} \triangleq \left\{ \tilde{\bar{\beta}} \in R^+, \tilde{\gamma} \in R^{N+} \mid \tilde{\bar{\beta}} < 1, \frac{1}{l} \sum_{i=0}^{l-2} \tilde{\gamma}_{i_N} < 1 \right\} \tag{A.54}$$

其中，$\gamma = [\gamma_0, \cdots, \gamma_{N-1}]$，且

$$\tilde{\bar{\beta}} \triangleq \frac{\log_2\left(1 + \frac{\rho}{2} |\hbar|^2\right)}{R}, \quad \tilde{\gamma}_{i_N} \triangleq \frac{\log_2\left(1 + \frac{\rho}{2} |g_{i_N} h_{i_N}|^2\right)}{R} \approx \left(\alpha_i + \beta_i - \frac{\log_2 \frac{1}{2}\rho}{R} \right)^+ \tag{A.55}$$

定义向量 $\alpha = [\alpha_0, \cdots, \alpha_{N-1}]$ 和 $\beta = [\beta_0, \cdots, \beta_{N-1}]$。根据式（A.53），对于式（A.49）中的 P_{ε,O^c} 有

$$P_{\varepsilon,O^c} = \iiint\limits_{O^c} P_{\varepsilon|\bar{\beta},\alpha,\beta}(R,\rho)\,p(\bar{\beta},\alpha,\beta)\,\mathrm{d}\bar{\beta}\mathrm{d}\alpha\mathrm{d}\beta$$

$$\leqslant 2^{lR} \iiint\limits_{O^c}\left(2^{\bar{\bar{\beta}}lR} + 2^{\sum\limits_{i=0}^{l-2}\tilde{\gamma}_{i_N}R}\right)^{-1} p(\bar{\beta},\alpha,\beta)\,\mathrm{d}\bar{\beta}\mathrm{d}\alpha\mathrm{d}\beta \quad (\text{A}.56)$$

对于不同的变量积分，有下式成立

$$p(\bar{\beta},\alpha,\beta)\,\mathrm{d}\bar{\beta}\mathrm{d}\alpha\mathrm{d}\beta = p(\bar{\bar{\beta}},\tilde{\alpha},\tilde{\beta})\,\mathrm{d}\bar{\bar{\beta}}\mathrm{d}\tilde{\alpha}\mathrm{d}\tilde{\beta}$$

另一方面，当 ρ 足够大时，忽略式（A.55）中的 $\dfrac{1}{2}$ 项，则式（A.56）可以改写为

$$P_{\varepsilon,O^c} \leqslant \iiint\limits_{\tilde{O}^c} 2^{\left(1-\max\left\{\bar{\bar{\beta}},\frac{1}{l}\sum\limits_{i=0}^{l-2}\tilde{\gamma}_{i_N}\right\}\right)lR} p(\bar{\bar{\beta}},\tilde{\alpha},\tilde{\beta})\,\mathrm{d}\bar{\bar{\beta}}\mathrm{d}\tilde{\alpha}\mathrm{d}\tilde{\beta} \quad (\text{A}.57)$$

其中的 $\tilde{O}^c$ 可以划分成两个子集，即

$$\tilde{O}_0^c \triangleq \left\{\bar{\bar{\beta}}\in R^+, \tilde{\gamma}\in R^{N+} \,\Big|\, \max\left\{\bar{\bar{\beta}},\frac{1}{l}\sum_{i=0}^{l-2}\tilde{\gamma}_{i_N}\right\} > 1\right\}$$

$$\tilde{O}_1^c = \left\{\bar{\bar{\beta}}\in R^+, \tilde{\gamma}\in R^{N+} \,\Big|\, \max\left\{\bar{\bar{\beta}},\frac{1}{l}\sum_{i=0}^{l-2}\tilde{\gamma}_{i_N}\right\} = 1\right\} \quad (\text{A}.58)$$

选择合适长度的帧长 l，可以使得式（A.57）的积分值在第一个子集中任意小，即

$$\lim_{\substack{\rho\to\infty \\ (R,\rho)\in R(k)}} \frac{\log_2 P_{\varepsilon,\tilde{O}_0^c} - c(k)R}{\log_2\rho} = 0 \quad (\text{A}.59)$$

对于 $\tilde{O}_1^c$，我们将其划分成 4 个不相交的子集 $\tilde{O}_{1,-\epsilon_0}^c$、$\tilde{O}_{1,\pm\epsilon_0}^c$、$\tilde{O}_{1,\mp\epsilon_0}^c$ 以及 $\tilde{O}_{1,\epsilon_0}^c$，即

$$\tilde{O}_{1,-\epsilon_0}^c \triangleq \left\{(\bar{\bar{\beta}},\tilde{\alpha},\tilde{\beta})\in\tilde{O}_1^c \,\Big|\, \exists\,\epsilon_0>0, \text{s.t.}\, \frac{\log_2\rho}{R}+\epsilon_0 < \bar{\bar{\beta}}, \frac{\log_2\rho}{R}+\frac{\epsilon_0}{2} < \max\left\{\tilde{\alpha}_{\max},\tilde{\beta}_{\max}\right\}\right\}$$

$$\tilde{O}_{1,\pm\epsilon_0}^c \triangleq \left\{(\bar{\bar{\beta}},\tilde{\alpha},\tilde{\beta})\in\tilde{O}_1^c \,\Big|\, \exists\,\epsilon_0>0, \text{s.t.}\, \frac{\log_2\rho}{R}+\epsilon_0 < \bar{\bar{\beta}}, \frac{\log_2\rho}{R}+\frac{\epsilon_0}{2} \geqslant \max\left\{\tilde{\alpha}_{\max},\tilde{\beta}_{\max}\right\}\right\}$$

$$\tilde{O}_{1,\mp\epsilon_0}^c \triangleq \left\{(\bar{\bar{\beta}},\tilde{\alpha},\tilde{\beta})\in\tilde{O}_1^c \,\Big|\, \exists\,\epsilon_0>0, \text{s.t.}\, \frac{\log_2\rho}{R}+\epsilon_0 \geqslant \bar{\bar{\beta}}, \frac{\log_2\rho}{R}+\frac{\epsilon_0}{2} < \max\left\{\tilde{\alpha}_{\max},\tilde{\beta}_{\max}\right\}\right\}$$

$$\tilde{O}_{1,\epsilon_0}^c \triangleq \left\{(\bar{\bar{\beta}},\tilde{\alpha},\tilde{\beta})\in\tilde{O}_1^c \,\Big|\, \exists\,\epsilon_0>0, \text{s.t.}\, \frac{\log_2\rho}{R}+\epsilon_0 \geqslant \bar{\bar{\beta}}, \frac{\log_2\rho}{R}+\frac{\epsilon_0}{2} \geqslant \max\left\{\tilde{\alpha}_{\max},\tilde{\beta}_{\max}\right\}\right\} \quad (\text{A}.60)$$

定义 $\tilde{O}_-(R,\rho)$、$\tilde{O}_\pm(R,\rho)$、$\tilde{O}_\mp(R,\rho)$ 和 $\tilde{O}_+(R,\rho)$ 分别是 $\iiint p(\bar{\bar{\beta}},\tilde{\alpha},\tilde{\beta})\,\mathrm{d}\bar{\bar{\beta}}\mathrm{d}\tilde{\alpha}\mathrm{d}\tilde{\beta}$ 在上述子集内的积分。根据附录 A.1 节中的理论结果，可得

$$\limsup_{\substack{\rho \to \infty \\ (R,\rho) \in R(k)}} \frac{\log_2 \left(1 + \dfrac{\tilde{O}_-(R,\rho)}{\tilde{O}_+(R,\rho)} + \dfrac{\tilde{O}_\pm(R,\rho)}{\tilde{O}_+(R,\rho)} + \dfrac{\tilde{O}_\mp(R,\rho)}{\tilde{O}_+(R,\rho)} \right)}{\log_2 \rho} = 0 \tag{A.61}$$

另外

$$\tilde{O}_+(R,\rho) \leqslant \left(\frac{R \ln 2}{\rho} \right)^{N+1} 2^{\left(f(\tilde{\zeta}_{\epsilon_0}) - c(k) \right) R} \tag{A.62}$$

其中

$$\tilde{\zeta}_{\epsilon_0} \triangleq \arg \sup_{(\tilde{\bar{\beta}}, \tilde{\alpha}, \tilde{\beta}) \in \tilde{O}} f(\tilde{\bar{\beta}}, \tilde{\alpha}, \tilde{\beta}) \tag{A.63}$$

则我们得出结论

$$\lim_{\substack{\rho \to \infty \\ (R,\rho) \in R(k)}} \frac{\log_2 P_{\varepsilon, \tilde{O}_1^c} - c(k) R}{\log_2 \rho} \leqslant -g(k) \tag{A.64}$$

综合上式与式（A.59），我们完成可达性证明。进一步综合可逆性证明和可达性证明，定理 9.2 得证。

A.3　定理 9.3 的证明

考虑到 TRT 表达式的上下界，即

$$\lim_{\substack{\rho \to \infty \\ (R,\rho) \in R(k)}} \inf \frac{\log_2 P_o(R,\rho) - c(k) R}{\log_2 \rho}, \quad \lim_{\substack{\rho \to \infty \\ (R,\rho) \in R(k)}} \sup \frac{\log_2 P_o(R,\rho) - c(k) R}{\log_2 \rho} \tag{A.65}$$

我们需要确定系统中断概率 $P_o(R,\rho)$。由式（9.25）可知 P_o 是中断概率 $P(O_{s;r})$、$P(O_{s;r,d})$ 和 $P(O_{s;d})$ 的增函数。因此，确定了后三者的上下界便确定了系统中断概率的上下界。

首先关注互信息 $I(X_s, X_r; Y_d \mid H)$ 在 ρ 趋向于无穷大时的上下界。由于系统的功率限制，一帧内平均功率为 lP。当能量平均分配到每个节点的任意一个发射时隙时，我们得到最大互信息的一个下界，即 $\kappa = \dfrac{l}{2l-1}$ 和 $T_{i_N} = \dfrac{M_{i_N}}{(2l-1)}$，则

$$I_l(X_s, X_r; Y_d \mid H) = \log_2 \left(1 + \frac{l\rho}{2l-1} |\hbar|^2 \right) + \sum_{i=0}^{l-2} \log_2 \left(1 + \frac{l\rho}{2l-1} |\hbar|^2 + \frac{l\rho}{2l-1} |h_{i_N}|^2 \right) \tag{A.66}$$

由凸分析理论可知

$$\prod_{i=0}^{l-2}\left(1+\frac{l\rho}{2l-1}|\hbar|^2+\frac{l\rho}{2l-1}|h_{i_N}|^2\right)\geq\left(1+\frac{l\rho}{2l-1}|\hbar|^2+\left(\prod_{i=0}^{l-2}\frac{l\rho}{2l-1}|h_{i_N}|^2\right)^{\frac{1}{l-1}}\right)^{l-1}$$

$$\geq\left(1+\frac{l\rho}{2l-1}|\hbar|^2\right)^{l-1}+\prod_{i=0}^{l-2}\left(1+\frac{l\rho}{2l-1}|h_{i_N}|^2\right)\quad(A.67)$$

因此

$$I_l(X_s,X_r;Y_d\,|\,H)\geq\log_2\left(1+\frac{l\rho}{2l-1}|\hbar|^2\right)$$

$$+\log_2\left(\left(1+\frac{l\rho}{2l-1}|\hbar|^2\right)^{l-1}+\prod_{i=0}^{l-2}\left(1+\frac{l\rho}{2l-1}|h_{i_N}|^2\right)\right)\quad(A.68)$$

另外，选择 $\kappa=1$ 和 $T_{i_N}=\dfrac{l-1}{Nl}$，可以得到一个 $I(X_s,X_r;Y_d\,|\,H)$ 的一个上界，即

$$I_u(X_s,X_r;Y_d\,|\,H)=\log_2(1+\rho|\hbar|^2)+\sum_{i=0}^{l-2}\log_2(1+\rho|\hbar|^2+\rho|h_{i_N}|^2)\quad(A.69)$$

根据 C_p 不等式

$$\prod_{i=0}^{l-2}(1+\rho|\hbar|^2+\rho|h_{i_N}|^2)\leq 2^{l-2}\left((1+\rho|\hbar|^2)^{l-1}+\left(\rho|\max_i\{h_{i_N}\}|^2\right)^{l-1}\right)$$

$$\doteq(1+\rho|\hbar|^2)^{l-1}+\left(1+\rho\left|\max_i\{h_{i_N}\}\right|^2\right)^{l-1}$$

$$\doteq(1+\rho|\hbar|^2)^{l-1}+\prod_{i=0}^{l-2}(1+\rho|h_{i_N}|^2)\quad(A.70)$$

当 ρ 趋向于无穷大时，式（9.23）定义的三个中断事件的概率的下界分别为

$$P(O_{s;r})\geq\Pr\left\{\sum_{i=0}^{l-2}\log_2\left(1+\rho|g_{i_N}|^2\right)<lR\right\}$$

$$P(O_{s,r;d})\geq\Pr\left\{\max\left\{\log_2(1+\rho|\hbar|^2)^l,\log_2(1+\rho|\hbar|^2)+\sum_{i=0}^{l-2}\log_2(1+\rho|h_{i_N}|^2)\right\}<lR\right\}$$

$$P(O_{s;d})\geq\Pr\left\{\log_2(1+\rho|\hbar|^2)<R\right\}\quad(A.71)$$

同时，三个中断事件的概率上界为

$$P(O_{s;r})\leq\Pr\left\{\sum_{i=0}^{l-2}\log_2\left(1+\frac{l\rho}{2l-1}|g_{i_N}|^2\right)<lR\right\}$$

$$P(O_{s,r;d}) \geqslant \Pr\left\{ \max\left\{ \log_2\left(1+\frac{l\rho}{2l-1}|\hbar|^2\right)^l \right. \right.$$

$$\left. \left. \log_2\left(1+\frac{l\rho}{2l-1}|\hbar|^2\right)+\sum_{i=0}^{l-2}\log_2\left(1+\frac{l\rho}{2l-1}|h_{i_N}|^2\right) \right\} < lR \right\}$$

$$P(O_{s;d}) \leqslant \Pr\left\{ \log_2\left(1+\frac{l\rho}{2l-1}|\hbar|^2\right) < R \right\} \tag{A.72}$$

为了简化式（9.25），我们定义事件 $O_{r;d}$，满足 $O_{s,r;d}=O_{s;d}\bigcap O_{r;d}$。其下界为

$$P(O_{r;d}) \geqslant \Pr\left\{ \log_2(1+\rho|\hbar|^2)+\sum_{i=0}^{l-2}(1+\rho|h_{i_N}|^2) < lR \right\} \tag{A.73}$$

且上界为

$$P(O_{r;d}) \leqslant \Pr\left\{ \log_2\left(1+\frac{l\rho}{2l-1}|\hbar|^2\right)+\sum_{i=0}^{l-2}\left(1+\frac{l\rho}{2l-1}|h_{i_N}|^2\right) < lR \right\} \tag{A.74}$$

则式（9.25）所表示的系统中断概率可以重新简化为

$$P_o(R,\rho)=P\left((O_{s;r}\bigcup O_{r;d})\bigcap O_{s;d}\right) \tag{A.75}$$

A.3.1　TRT 表达式的下界

根据 SDF 的信道模型，我们对 $s\to d$、$s\to r$ 和 $r\to d$ 信道分别定义以下变量

$$\bar{\beta} \triangleq \frac{\log_2(1+\rho|\hbar|^2)}{R}, \quad \alpha_{i_N} \triangleq \frac{\log_2(1+\rho|g_{i_N}|^2)}{R}, \quad \beta_{i_N} \triangleq \frac{\log_2(1+\rho|h_{i_N}|^2)}{R} \tag{A.76}$$

其中，$i=0,\cdots,N-1$。由式（A.71）得出系统中断概率下界所对应的中断区域为

$$O_l \triangleq \left\{ \bar{\beta}\in R^+, \alpha\in R^{N+}, \beta\in R^{N+} \mid \bar{\beta}<1, \min\left\{ \frac{1}{l}\sum_{i=0}^{l-2}\alpha_{i_N}, \frac{1}{l}\left(\bar{\beta}+\sum_{i=0}^{l-2}\beta_{i_N}\right) \right\}<1 \right\} \tag{A.77}$$

其中，$\alpha=[\alpha_0,\alpha_1,\cdots,\alpha_{N-1}]$，$\beta=[\beta_0,\beta_1,\cdots,\beta_{N-1}]$。向量 $(\bar{\beta},\alpha,\beta)$ 的联合概率密度函数为

$$p(\bar{\beta},\alpha,\beta)=p(\bar{\beta})p(\alpha_0)\cdots p(\alpha_{N-1})p(\beta_0)\cdots p(\beta_{N-1})$$

$$=\left(\frac{K}{\rho}\right)^{2N+1} 2^{\bar{\beta}R} 2^{\sum_{i=0}^{N-1}(\alpha_i+\beta_i)R} \exp\left\{ -\frac{2^{\bar{\beta}R}-1}{\rho}-\sum_{i=0}^{N-1}\frac{2^{\alpha_i R}-1+2^{\beta_i R}-1}{\rho} \right\}$$

定义函数

$$f(\bar{\beta},\alpha,\beta) \triangleq \bar{\beta}+\sum_{i=0}^{N-1}(\alpha_i+\beta_i) \tag{A.78}$$

我们得到一个更为紧凑形式的联合概率密度函数

$$p(\overline{\beta},\alpha,\beta)=K^{2N+1}e_\kappa^{\frac{2N+1}{\rho}}\rho^{-(2N+1)}2^{f(\overline{\beta},\alpha,\beta)R}\exp\left\{-\frac{2^{\overline{\beta}R}}{\rho}-\sum_{i=0}^{N-1}\frac{2^{\alpha_iR}+2^{\beta_iR}}{\rho}\right\} \quad (A.79)$$

其中，$K=R\ln 2$。由中断概率的下界，有

$$P_o(R,\rho)2^{-c(k)R}\geqslant 2^{-c(k)R}\iiint_{O_l}p(\overline{\beta},\alpha,\beta)\mathrm{d}\overline{\beta}\mathrm{d}\alpha\mathrm{d}\beta \quad (A.80)$$

存在子集 $O_{l,\in_0}\subset O_l$，即

$$O_{l,\in_0}\triangleq\left\{(\overline{\beta},\alpha,\beta)\in O_l\mid\exists\in_0>0,\mathrm{s.t.}\frac{\log\rho}{R}-\in_0\geqslant\max\left\{\overline{\beta},\alpha_{\max},\beta_{\max}\right\}\right\} \quad (A.81)$$

其中，$\alpha_{\max}=\max\{\alpha_0,\cdots,\alpha_{N-1}\}$，$\beta_{\max}=\max\{\beta_0,\cdots,\beta_{N-1}\}$。则由式（A.80）得

$$P_o(R,\rho)2^{-c(k)R}\geqslant K^{2N+1}e^{\frac{2N+1}{\rho}-(2N+1)2^{-\in_0R}}\rho^{-(2N+1)}2^{-c(k)R}\iiint_{O_{l,\in_0}}2^{f(\overline{\beta},\alpha,\beta)}\mathrm{d}\overline{\beta}\mathrm{d}\alpha\mathrm{d}\beta \quad (A.82)$$

定义向量

$$\zeta_{\in_0}\triangleq\arg\sup_{(\overline{\beta},\alpha,\beta)\in O_{l,\in_0}}f(\overline{\beta},\alpha,\beta) \quad (A.83)$$

由于 f 函数的连续性，对于某个 $\in_1>0$，必定存在 $\zeta_{\in_0}$ 的一个邻域 $I_{\in_1}\subset O_l$。在此邻域中存在不等式

$$f(\overline{\beta},\alpha,\beta)\geqslant f(\zeta_{\in_0})-\in_1 \quad (A.84)$$

因此在交集 $O_{l,\in_0}\subset I_{\in_1}$ 中

$$P_o(R,\rho)2^{-c(k)R}\geqslant K^{2N+1}e^{\frac{2N+1}{\rho}-(2N+1)2^{-\in_0R}}\rho^{-(2N+1)}2^{(f(\zeta_{\in_0})-c(k)R-\in_1)R}\mathrm{Vol}\left\{O_{l,\in_0}\bigcap I_{\in_1}\right\} \quad (A.85)$$

将其代入 TRT 表达式，则

$$\frac{\log P_o(R,\rho)-c(k)R}{\log\rho}\geqslant\frac{\log\left(e^{\frac{2N+1}{\rho}-(2N+1)2^{-\in_0R}}2^{-\in_1R}\mathrm{Vol}\left\{O_{l,\in_0}\bigcap I_{\in_1}\right\}\right)}{\log\rho}$$

$$+\frac{\log K^{2N+1}}{\log\rho}-(2N+1)+(f(\zeta_{\in_0})-c(k))\frac{R}{\log\rho} \quad (A.86)$$

为了在区域 $O_{l,\in_0}$ 中求出 $f(\zeta_{\in_0})$，我们将式（A.77）中定义的 O_l 分割成两个不相交的区域

$$O_{l,\alpha<\beta}\triangleq\left\{\overline{\beta}\in R^+,\alpha\in R^{N+},\beta\in R^{N+}\mid\overline{\beta}<1,\sum_{i=0}^{l-2}\alpha_{i_N}<\overline{\beta}+\sum_{i=0}^{l-2}\beta_{i_N},\frac{1}{l}\sum_{i=0}^{l-2}\alpha_{i_N}<1\right.$$

$$O_{l,\alpha\geqslant\beta} \triangleq \left\{ \overline{\beta} \in R^+, \alpha \in R^{N+}, \beta \in R^{N+} \mid \overline{\beta} < 1, \sum_{i=0}^{l-2} \alpha_{i_N} \geqslant \overline{\beta} + \sum_{i=0}^{l-2} \beta_{i_N}, \frac{1}{l}\left(\overline{\beta} + \sum_{i=0}^{l-2} \beta_{i_N} \right) < 1 \right\}$$

相应的，两个区域与子集 $O_{l,\in_0}$ 的交集分别为

$$O_{l,\alpha<\beta,\in_0} \triangleq \left\{ (\overline{\beta},\alpha,\beta) \in O_{l,\alpha<\beta} \mid \exists \in_0 > 0, \text{s.t.} \frac{\log_2\rho}{R} - \in_0 \geqslant \max\left\{ \overline{\beta}, \alpha_{\max}, \beta_{\max} \right\} \right\}$$

$$O_{l,\alpha\geqslant\beta,\in_0} \triangleq \left\{ (\overline{\beta},\alpha,\beta) \in O_{l,\alpha\geqslant\beta} \mid \exists \in_0 > 0, \text{s.t.} \frac{\log_2\rho}{R} - \in_0 \geqslant \max\left\{ \overline{\beta}, \alpha_{\max}, \beta_{\max} \right\} \right\} \quad (\text{A.87})$$

则 $f(\zeta_0)$ 应为两个区域内的最大值中较大的一个，即

$$f(\zeta_{\in_0}) = \max\left\{ \sup_{(\overline{\beta},\alpha,\beta)\in O_{l,\alpha<\beta,\in_0}} f(\overline{\beta},\alpha,\beta) \quad \sup_{(\overline{\beta},\alpha,\beta)\in O_{l,\alpha\geqslant\beta,\in_0}} f(\overline{\beta},\alpha,\beta) \right\} \quad (\text{A.88})$$

我们根据 $\dfrac{\log_2\rho}{R}$ 的值划分区域。考虑 $(l-1)_N = 0$ 的情况，定义区域 $R_\delta(k)$ 如下

$$R_\delta(k) \triangleq \begin{cases} \left\{ (R,\rho) \mid \dfrac{1}{\delta} > \dfrac{\log_2\rho}{R} > \dfrac{lN}{l-1} + \delta \right\}, & k = 0 \\[2mm] \left\{ (R,\rho) \mid \dfrac{lN}{(l-1)k} - \delta > \dfrac{\log_2\rho}{R} > \dfrac{lN}{(l-1)(k+1)} + \delta \right\}, & N > k > 0 \\[2mm] \left\{ (R,\rho) \mid \dfrac{l}{l-1} - \delta > \dfrac{\log_2\rho}{R} > 1 + \delta \right\}, & k = N \\[2mm] \left\{ (R,\rho) \mid 1 - \delta > \dfrac{\log_2\rho}{R} > \delta \right\}, & \text{其他} \end{cases} \quad (\text{A.89})$$

当 $\dfrac{\log_2\rho}{R}$ 在第一个操作区域 $R_\delta(0)$ 中，我们分别考察子集 $O_{l,\alpha<\beta,\in_0}$ 和 $O_{l,\alpha\geqslant\beta,\in_0}$。在 $O_{l,\alpha<\beta,\in_0}$ 中，令 $\alpha_{\max} = \dfrac{lN}{l-1}$，而 α 中的其他元素取值为 0，β 中的所有元素取 $\dfrac{\log_2\rho}{R} - \in_0$，$\overline{\beta}$ 取最大值 1，则可得到 $f(\overline{\beta},\alpha,\beta)$ 在子集 $O_{l,\alpha<\beta,\in_0}$ 中的最大值，即

$$\sup_{(\overline{\beta},\alpha,\beta)\in O_{l,\alpha<\beta,\in_0}} f(\overline{\beta},\alpha,\beta) = 1 + \frac{lN}{l-1} + \left(\frac{\log_2\rho}{R} - \in_0 \right) N \quad (\text{A.90})$$

另一方面，在子集 $O_{l,\alpha\geqslant\beta,\in_0}$ 中，令 $\beta_{\max} = N$，而 β 中的其他元素取值为 0，α 中的所有元素取 $\dfrac{\log_2\rho}{R} - \in_0$，$\overline{\beta}$ 取最大值 1，则可得到 $f(\overline{\beta},\alpha,\beta)$ 在子集 $O_{l,\alpha\geqslant\beta,\in_0}$ 中的最大值，即

$$\sup_{(\overline{\beta},\alpha,\beta)\in O_{l,\alpha\geqslant\beta,\in_0}} f(\overline{\beta},\alpha,\beta) = 1 + N + \left(\frac{\log_2\rho}{R} - \in_0 \right) N \quad (\text{A.91})$$

根据式（A.88），选择两者之间的较大值，则式（A.90）右侧即为 $f(\bar{\beta}, \alpha, \beta)$ 在操作区域 $R_\delta(0)$ 中的最大值。在操作区域 $R_\delta(N)$ 内，子集 $O_{l,\alpha \geqslant \beta, \epsilon_0}$ 为空集，而在子集 $O_{l,\alpha < \beta, \epsilon_0}$ 中，我们取 α 和 β 中所有元素为 $\dfrac{\log_2 \rho}{R} - \epsilon_0$，同时取 $\bar{\beta} = 1$，则

$$f(\zeta_{\epsilon_0}) = 1 + 2\left(\frac{\log_2 \rho}{R} - \epsilon_0\right)N \tag{A.92}$$

对于 $\kappa > N$ 的情况

$$f(\zeta_{\epsilon_0}) = \left(\frac{\log_2 \rho}{R} - \epsilon_0\right)(2N+1) \tag{A.93}$$

最后，对于 $N > k > 1$ 的情况，为了方便表示，我们对 α 和 β 中的元素分别按降序排列，即 $\alpha_0 \geqslant \alpha_1 \geqslant \alpha_2 \geqslant \alpha_{N-1}$ 以及 $\beta_0 \geqslant \beta_1 \geqslant \beta_2 \geqslant \beta_{N-1}$，则在子集 $O_{l,\alpha < \beta, \epsilon_0}$ 中令

$$\alpha = \left(\underbrace{\frac{\log_2 \rho}{R} - \epsilon_0, \cdots, \frac{\log_2 \rho}{R} - \epsilon_0}_{\kappa \ \text{times}}, \frac{lN}{(l-1)} - \kappa\left(\frac{\log_2 \rho}{R} - \epsilon_0\right), 0, \cdots, 0\right) \tag{A.94}$$

且 β 中所有元素取 $\left(\dfrac{\log_2 \rho}{R} - \epsilon_0\right)$ 以及 $\bar{\beta} = 1$，则

$$\sup_{(\bar{\beta}, \alpha, \beta) \in O_{l,\alpha < \beta, \epsilon_0}} f(\bar{\beta}, \alpha, \beta) = 1 + \frac{lN}{l-1} + \left(\frac{\log_2 \rho}{R} - \epsilon_0\right)N \tag{A.95}$$

同样的，在子集 $O_{l,\alpha \geqslant \beta, \epsilon_0}$ 中，我们可得

$$\sup_{(\bar{\beta}, \alpha, \beta) \in O_{l,\alpha \geqslant \beta, \epsilon_0}} f(\bar{\beta}, \alpha, \beta) = 1 + N + \left(\frac{\log_2 \rho}{R} - \epsilon_0\right)N \tag{A.96}$$

综合式（A.95）和式（A.96），我们得到 $f(\zeta_{\epsilon_0})$ 在操作区域 $N > k > 1$ 中的值。考察上述公式，同时令 δ 和 ϵ_0 趋向于 0，我们得到两个退化的操作区域及相应的 TRT 下界

$$\liminf_{\substack{\rho \to \infty \\ (R,\rho) \in R(N > k \geqslant 0)}} \frac{\log_2 P_o(R,\rho) - c(k)R}{\log_2 \rho} \geqslant -(N+1) + \left(1 + \frac{lN}{l-1} - c(k)\right) \liminf_{\substack{\rho \to \infty \\ (R,\rho) \in R(N > k \geqslant 0)}} \frac{R}{\log_2 \rho}$$

$$\liminf_{\substack{\rho \to \infty \\ (R,\rho) \in R(k = N)}} \frac{\log_2 P_o(R,\rho) - c(k)R}{\log_2 \rho} \geqslant -1 + (1 - c(k)) \liminf_{\substack{\rho \to \infty \\ (R,\rho) \in R(k = N)}} \frac{R}{\log_2 \rho} \tag{A.97}$$

A.3.2　TRT 表达式的上界

对于式（A.65）的上界，我们从 $P_o(R,\rho)$ 的上界入手。定义变量

$$\bar{\beta} \triangleq \frac{\log_2\left(1+\dfrac{l}{2l-1}\rho|\hbar|^2\right)}{R}, \quad \alpha_{i_N} \triangleq \frac{\log_2\left(1+\dfrac{l}{2l-1}\rho|g_{i_N}|^2\right)}{R}, \quad \beta_{i_N} \triangleq \frac{\log_2\left(1+\dfrac{l}{2l-1}\rho|h_{i_N}|^2\right)}{R}$$

(A.98)

由式（A.72）得出系统中继概率上界所对应的中断区域为

$$O_u \triangleq \left\{ \bar{\beta} \in R^+, \alpha \in R^{N_+}, \beta \in R^{N_+} \mid \bar{\beta} < 1, \min\left\{ \frac{1}{l}\sum_{i=0}^{l-2}\alpha_{i_N}, \frac{1}{l}\left(\bar{\beta}+\sum_{i=0}^{l-2}\beta_{i_N}\right) \right\} < 1 \right\}$$

(A.99)

将此中断区域分割成两个不相交的子集，即

$$O_{u,-\epsilon_0} \triangleq \left\{ (\bar{\beta},\alpha,\beta) \in O_u \mid \exists\, \epsilon_0 > 0, \text{s.t.} \frac{\log_2\rho}{R}+\epsilon_0 < \max\left\{\bar{\beta},\alpha_{\max},\beta_{\max}\right\} \right\}$$

$$O_{u,\epsilon_0} \triangleq \left\{ (\bar{\beta},\alpha,\beta) \in O_u \mid \exists\, \epsilon_0 > 0, \text{s.t.} \frac{\log_2\rho}{R}+\epsilon_0 \geqslant \max\left\{\bar{\beta},\alpha_{\max},\beta_{\max}\right\} \right\}$$

(A.100)

定义函数

$$f(\bar{\beta},\alpha,\beta) \triangleq \bar{\beta}+\sum_{i=0}^{N-1}(\alpha_i+\beta_i)$$

(A.101)

同时用 $O_-(R,\rho)$ 和 $O_+(R,\rho)$ 分别表示函数 $2^{-c(k)R}\iiint p(\bar{\beta},\alpha,\beta)\mathrm{d}\bar{\beta}\mathrm{d}\alpha\mathrm{d}\beta$ 在子集 $O_{u,-\epsilon_0}$ 和 O_{u,ϵ_0} 中的积分值，则有

$$\frac{\log_2 P_o(R,\rho)-c(k)R}{\log_2\rho} \leqslant \frac{\log_2 O_+(R,\rho)}{\log_2\rho} + \frac{\log_2\left(1+\dfrac{O_-(R,\rho)}{O_+(R,\rho)}\right)}{\log_2\rho}$$

(A.102)

为了方便表示，定义 $K_u \triangleq \dfrac{2l-1}{l}R\ln 2$ 和 $e_u \triangleq e^{\frac{2l-1}{l}}$ 。

$$O_-(R,\rho) \leqslant K_u^{2N+1}e_u^{\frac{2N+1}{\rho}-2^{\epsilon_0 R}}\rho^{-(2N+1)}2^{-c(k)R}\iiint_{O_{u,-\epsilon_0}}2^{f(\bar{\beta},\alpha,\beta)R}\mathrm{d}\bar{\beta}\mathrm{d}\alpha\mathrm{d}\beta$$

$$\leqslant K_u^{2N+1}e_u^{\frac{2N+1}{\rho}-2^{\epsilon_0 R}}\rho^{-(2N+1)}2^{(f(\zeta_{-\epsilon_0})-c(k))R}\text{Vol}\left\{O_{u,-\epsilon_0}\right\}$$

(A.103)

其中，$\zeta_{-\epsilon_0}$ 的定义为

$$\zeta_{-\epsilon_0} \triangleq \arg \sup_{(\bar{\beta},\alpha,\beta)\in O_{u,-\epsilon_0}} f(\bar{\beta},\alpha,\beta)$$

(A.104)

考察另外两个子集，一个是

$$O_{u,\epsilon_1} \triangleq \left\{ (\bar{\beta},\alpha,\beta) \in O_u \mid \exists\, \epsilon_1 > 0, \text{s.t.} \frac{\log_2\rho}{R}-\epsilon_1 \geqslant \max\left\{\bar{\beta},\alpha_{\max},\beta_{\max}\right\} \right\}$$

(A.105)

另一个是 $\zeta_{\in_1}$ 的邻域 $I_{\in_2}$，其中 $\zeta_{\in_1}$ 是使得 f 函数在 $O_{u,\in_1}$ 中取得最大值的向量。由于 f 函数的连续性，对于一个给定的 $\in_2 > 0$，必然存在 $\zeta_{\in_1}$ 的一个邻域 $I_{\in_2}$，使得 $f(\bar{\beta}, \alpha, \beta) \geqslant f(\zeta_{\in_1}) - \in_2$。应用附录 A.31 节的结论得

$$O_+(R,\rho) \geqslant K_u^{2N+1} e_u^{\frac{2N+1}{\rho}-(2N+1)2^{-\in_1 R}} \rho^{-(2N+1)} 2^{(f(\zeta_{\in_1})-c(k)R-\in_2)R} \mathrm{Vol}\left\{O_{u,\in_1} \bigcap I_{\in_2}\right\} \quad （A.106）$$

则有

$$\frac{O_-(R,\rho)}{O_+(R,\rho)} \leqslant e_u^{(2N+1)2^{-\in_1 R}-2^{\in_0 R}} 2^{(f(\zeta_{-\in_0})-f(\zeta_{\in_1})+\in_2)R} \frac{\mathrm{Vol}\left\{O_{u,-\in_0}\right\}}{\mathrm{Vol}\left\{O_{u,\in_1} \bigcap I_{\in_2}\right\}} \quad （A.107）$$

注意到式（A.37）中，当 R 随着 ρ 趋向与无穷大时，存在 2^R 项可能会使得不等式的右侧表达式趋向于无穷大，但是，当给定一个 $\in_0$ 时，三个表达式将最终随着 $\exp\{2^{-\in_0 R}\}$ 趋于 0，因此

$$\lim_{\substack{\rho \to \infty \\ (R,\rho) \in R(k)}} \frac{\log_2\left(1 + \dfrac{O_-(R,\rho)}{O_+(R,\rho)}\right)}{\log \rho} = 0 \quad （A.108）$$

另一方面，在子集 $O_{u,\in_0}$ 内有

$$O_+(R,\rho) \leqslant \left(\frac{K_u}{\rho}\right)^{2N+1} 2^{(f(\zeta_{\in_0})-c(k))R} \quad （A.109）$$

其中，$\zeta_{\in_0}$ 是 f 函数在 $O_{u,\in_0}$ 中取得最大值所对应的项。因此

$$\frac{\log_2 P_o(R,\rho) - c(k)R}{\log_2 \rho} \leqslant \frac{\log_2 K_u^{2N+1}}{\log_2 \rho} - (2N+1) + (f(\zeta_{\in_0})-c(k))\frac{R}{\log_2 \rho} \quad （A.110）$$

按照类似于式（A.90）～（A.96）的步骤，我们可得

$$\limsup_{\substack{\rho \to \infty \\ (R,\rho) \in \tilde{R}(N>k \geqslant 0)}} \frac{\log_2 P_o(R,\rho) - c(k)R}{\log_2 \rho} \leqslant -(N+1) + \left(1 + \frac{lN}{l-1} - c(k)\right) \limsup_{\substack{\rho \to \infty \\ (R,\rho) \in \tilde{R}(N>k \geqslant 0)}} \frac{R}{\log_2 \rho}$$

$$\limsup_{\substack{\rho \to \infty \\ (R,\rho) \in R(k=N)}} \frac{\log_2 P_o(R,\rho) - c(k)R}{\log_2 \rho} \leqslant -1 + (1 - c(k)) \limsup_{\substack{\rho \to \infty \\ (R,\rho) \in R(k=N)}} \frac{R}{\log_2 \rho} \quad （A.111）$$

综合式（A.97）和式（A.111），可以得到 $(l-1)_N = 0$ 时在不同操作区域内的 TRT 表达式以及 $g(k)$ 和 $c(k)$。类似的，在 $(l-1)_N = m \neq 0$ 情况下，假设剩余的 m 个符号被信道状况最好以及最坏的 m 个 $s \to r$ 信道传输，则对应的操作区域为

$$R_{1,\delta}(k) \triangleq \begin{cases} \left\{ (R,\rho) \mid \dfrac{1}{\delta} > \dfrac{\log_2 \rho}{R} > \dfrac{lN}{l-1+N-m} + \delta \right\}, & k=0 \\[4mm] \left\{ (R,\rho) \mid \dfrac{lN}{(l-1+N-m)k} - \delta > \dfrac{\log_2 \rho}{R} > \dfrac{lN}{(l-1+N-m)(k+1)} + \delta \right\}, & m>k>0 \\[4mm] \left\{ (R,\rho) \mid \dfrac{lN}{(l-1-m)k} - \delta > \dfrac{\log_2 \rho}{R} > \dfrac{lN}{(l-1-m)(k+1)} + \delta \right\}, & N>k \geqslant m \\[4mm] \left\{ (R,\rho) \mid \dfrac{l}{l-1} - \delta > \dfrac{\log_2 \rho}{R} > 1 + \delta \right\}, & k=N \\[4mm] \left\{ (R,\rho) \mid 1-\delta > \dfrac{\log_2 \rho}{R} > \delta \right\}, & 其他 \end{cases}$$

$$\text{(A.112)}$$

以及

$$R_{2,\delta}(k) \triangleq \begin{cases} \left\{ (R,\rho) \mid \dfrac{1}{\delta} > \dfrac{\log_2 \rho}{R} > \dfrac{lN}{l-1-m} + \delta \right\}, & k=0 \\[4mm] \left\{ (R,\rho) \mid \dfrac{lN}{(l-1-m)k} - \delta > \dfrac{\log_2 \rho}{R} > \dfrac{lN}{(l-1-m)(k+1)} + \delta \right\}, & N-m>k>0 \\[4mm] \left\{ (R,\rho) \mid \dfrac{lN}{(l-1+N-m)k} - \delta > \dfrac{\log_2 \rho}{R} > \dfrac{lN}{(l-1+N-m)(k+1)} + \delta \right\}, & N>k \geqslant N-m \\[4mm] \left\{ (R,\rho) \mid \dfrac{l}{l-1} - \delta > \dfrac{\log_2 \rho}{R} > 1 + \delta \right\}, & k=N \\[4mm] \left\{ (R,\rho) \mid 1-\delta > \dfrac{\log_2 \rho}{R} > \delta \right\}, & 其他 \end{cases}$$

$$\text{(A.113)}$$

当 δ 趋向于 0 时，$R_{1,\delta}(k)$ 和 $R_{2,\delta}(k)$ 退化成 3 个操作区域，参考 $(l-1)_N = 0$ 的情况，对应的 $f(\zeta_{\epsilon_0})$ 为

$$f_1(\zeta_{\epsilon_0}) \triangleq \begin{cases} 1 + \dfrac{lN}{l-1+N-m} + N\left(\dfrac{\log_2 \rho}{R} \pm \epsilon_0 \right), & m>k>0 \\[4mm] 1 + \dfrac{lN}{l-1-m} - \dfrac{lN-N-2mN}{l-1-m}\left(\dfrac{\log_2 \rho}{R} \pm \epsilon_0 \right), & N>k \geqslant m \\[4mm] 1 + 2\left(\dfrac{\log_2 \rho}{R} \pm \epsilon_0 \right)N, & k=N \\[4mm] \left(\dfrac{\log_2 \rho}{R} \pm \epsilon_0 \right)(2N+1), & 其他 \end{cases}$$

$$\text{(A.114)}$$

以及

$$
f_2(\zeta_{\epsilon_0}) \triangleq
\begin{cases}
1 + \dfrac{lN}{l-1-m} + N\left(\dfrac{\log_2 \rho}{R} \pm \epsilon_0\right), & N-m>k>0 \\[3mm]
1 + \dfrac{lN}{l-1+N-m} - \dfrac{mN-N^2}{l-1+N-m}\left(\dfrac{\log_2 \rho}{R} \pm \epsilon_0\right) + N\left(\dfrac{\log_2 \rho}{R} \pm \epsilon_0\right), & N>k\geqslant N-m \\[3mm]
1 + 2\left(\dfrac{\log_2 \rho}{R} \pm \epsilon_0\right)N, & k=N \\[3mm]
\left(\dfrac{\log_2 \rho}{R} \pm \epsilon_0\right)(2N+1), & \text{其他}
\end{cases}
$$

$$（A.115）$$

$c(k)$ 和 $g(k)$ 按照 $f(\zeta_{\epsilon_0})$ 推出，至此完成定理 9.3 的证明。

A.4　定理 10.1 的证明

证明分为两部分，由于系统中断概率是系统误帧率的下界，所以我们在第一部分将推导出 NRNC 协议下的系统中断概率，并以此找到系统分集增益 $d^*(r)$ 的上界。在第二部分中，我们将给出系统分集增益的上界可达性证明。综合两部分，我们可以获得定理的证明。

A.4.1　分集增益的上界

不失一般性，我们先考虑 d_0，并用更为紧凑的矩阵形式重写式（10.1）和式（10.2）中有关 NRNC 协议的部分

$$
y_{d_0} = \begin{bmatrix} \hbar_0 I_l & O_l \\ g_0 b h_0 I_l & g_1 b h_0 I_l \end{bmatrix} K_{2l} x_s + \begin{bmatrix} O_l \\ & b h_0 I_l \end{bmatrix} v_r + v_{d_0} \tag{A.116}
$$

其中，O_l 和 I_l 分别是 l 阶的零矩阵和单位矩阵；K_{2l} 为 $2l$ 阶的功率分配矩阵，且

$$
K_{2l} = \mathrm{diag}\left(\sqrt{\kappa_0}, \cdots, \sqrt{\kappa_0}, \sqrt{\kappa_1}, \cdots, \sqrt{\kappa_1}\right)
$$

$v_r = [0,\cdots,0,v_{r,0},\cdots,v_{r_{l-1}}]^{\mathrm{T}}$ 是中继观测到的噪声向量，$v_{d_0} = [v_{d_0,0},\cdots,v_{d_0,2l-1}]^{\mathrm{T}}$ 则是信宿 d_0 观测到的噪声向量。

由于 x_s 中符号独立同分布时，信道容量可达最大，另外考虑到信道在一帧内保持不变，则在一个信道实现 H 下

$$
I(x_s; y_{d_0} \mid H) = \sum_{i=0}^{l-1} I(x_s^i; y_{d_0}^i \mid H_i) = l I(x_s^i; y_{d_0}^i \mid H_i) \tag{A.117}
$$

其中，$x_s^i = [\sqrt{\kappa_0} x_{s_0,i}, \sqrt{\kappa_1} x_{s_1,i}]^T$，$y_{d_0}^i = H_i x_s^i + v_i$，以及

$$H_i = \begin{bmatrix} \hbar_0 & 0 \\ g_0 b h_0 & g_1 b h_0 \end{bmatrix}, \quad v_i = \begin{bmatrix} v_{d_0,i} \\ b h_0 v_{r,i} + v_{d_0,l+i} \end{bmatrix} \tag{A.118}$$

则 x_s^i 和 $y_{d_0}^i$ 互信息为

$$I(x_s^i; y_{d_0}^i \mid H_i) = \log_2 \left(\det(I_2 + \Lambda_{v_i}^{-\frac{1}{2}} H_i \Lambda_{x_s^i} H_i^+ \Lambda_{v_i}^{-\frac{1}{2}}) \right) \tag{A.119}$$

考虑到 $\max \Lambda_{x_s^i} I(x_s^i; y_{d_0}^i \mid H_i)$ 的一个下界为功率平均分配到各个发射节点，即

$$\max_{\Lambda_{x_s^i}} I(x_s^i; y_{d_0}^i \mid H_i) \geq \log_2 \left(\det(I_2 + \frac{2P}{3} H_i H_i^+ \Lambda_{v_i}^{-1}) \right) \tag{A.120}$$

另外

$$\max_{\Lambda_{x_s^i}} I(x_s^i; y_{d_0}^i \mid H_i) < \log_2 \left(\det(I_2 + 2P H_i H_i^+ \Lambda_{v_i}^{-1}) \right) \tag{A.121}$$

当 ρ 趋向于无穷大时，两个界趋于相同，因此

$$\lim_{\rho \to \infty} \frac{\max \Lambda_{x_s^i} I(x_s^i; y_{d_0}^i)}{\log_2 \rho} \doteq \lim_{\rho \to \infty} \frac{\log_2 \left(\det(I_2 + P H_i H_i^+ \Lambda_{v_i}^{-1}) \right)}{\log_2 \rho} \tag{A.122}$$

将和代入，则有

$$\lim_{\rho \to \infty} \frac{\max \Lambda_{x_s^i} I(x_s^i; y_{d_0}^i \mid \hbar_0, g_0, g_1, h_0)}{\log_2 \rho}$$
$$= \lim_{\rho \to \infty} \frac{1}{\log_2 \rho} \log_2 \left(1 + |\hbar_0|^2 \rho + \frac{(|g_0|^2 + |g_1|^2)|h_0|^2 b^2 \rho}{1 + |h_0|^2 b^2} + \frac{|g_1|^2 |\hbar_0|^2 |h_0|^2 b^2 \rho^2}{1 + |h_0|^2 b^2} \right) \tag{A.123}$$

同理可得

$$\lim_{\rho \to \infty} \frac{\max I(x_{s_0,i}; y_{d_0}^i \mid \hbar_0, g_0, h_0)}{\log_2 \rho} = \lim_{\rho \to \infty} \frac{1}{\log_2 \rho} \log_2 \left(1 + |\hbar_0|^2 \rho + \frac{|g_0|^2 |h_0|^2 b^2 \rho}{1 + |h_0|^2 b^2} \right)$$

$$\lim_{\rho \to \infty} \frac{\max I(x_{s_1,i}; y_{d_0}^i \mid g_1, h_0)}{\log_2 \rho} = \lim_{\rho \to \infty} \frac{1}{\log_2 \rho} \log_2 \left(1 + \frac{|g_1|^2 |h_0|^2 b^2 \rho}{1 + |h_0|^2 b^2} \right) \tag{A.124}$$

进一步，我们得到

$$\lim_{\rho \to \infty} \frac{\max I(x_{s_0,i}; y_{d_0}^i \mid \eta_{\hbar_0}, \eta_{g_0}, \eta_{h_0})}{\log_2 \rho} = (\max\{1 - \eta_{\hbar_0}, 1 - (\eta_{g_0} + \eta_{h_0})\})^+$$

$$\lim_{\rho \to \infty} \frac{\max I(x_{s_1,i}; y_{d_0}^i \mid \eta_{g_1}, \eta_{h_0})}{\log_2 \rho} = \left(1 - (\eta_{g_0} + \eta_{h_0})\right)^+$$

$$\lim_{\rho \to \infty} \frac{\max \Lambda_{x_s^i} I(x_s^i; y_{d_0}^i \mid \eta_{\hbar_0}, \eta_{g_0}, \eta_{g_1}, \eta_{h_0})}{\log_2 \rho} = (\max\{1 - \eta_{\hbar_0}, 1 - (\eta_{g_0} + \eta_{h_0}),$$

$$1 - (\eta_{g_1} + \eta_{h_0}), 2 - (\eta_{g_1} + \eta_{h_0} + \eta_{\hbar_0})\})^+ \quad \text{(A.125)}$$

其中，带有不同下标的 η 与引理 10.1 中的 η 具有相同的意义。根据式（A.117），我们可以将式（10.11）中的中断区域重写为

$$O_{d_0} = \left\{ H_i \mid I(x_s^i; y_{d_0}^i \mid H_i < 2R, I(x_{s_0}; y_{d_0}^i \mid H < R, I(x_{s_1}; y_{d_0}^i \mid H_i < R \right\} \quad \text{(A.126)}$$

由式（A.126）可得

$$O_{d_0} = O_{d_0}^{x_{s_0}} \bigcup O_{d_0}^{x_{s_1}} \bigcup O_{d_0}^{x_s} \quad \text{(A.127)}$$

其中，$O_{d_0}^{x_{s_0}} \left(O_{d_0}^{x_{s_1}} \right)$ 代表 $s_0(s_1)$ 和 d_0 之间的中断事件；$O_{d_0}^{x_s}$ 代表信源集合 S 和 d_0 之间的中断事件。则有

$$P_{o,d_0} = P\left(O_{d_0}^{x_{s_0}} \bigcup O_{d_0}^{x_{s_1}} \bigcup O_{d_0}^{x_s} \right)$$

$$\doteq P\left(O_{d_0}^{x_{s_0}} \right) + P\left(O_{d_0}^{x_{s_1}} \right) + P\left(O_{d_0}^{x_s} \right) \quad \text{(A.128)}$$

$$\doteq \max\left\{ P\left(O_{d_0}^{x_{s_0}} \right), P\left(O_{d_0}^{x_{s_1}} \right), P\left(O_{d_0}^{x_s} \right) \right\}$$

综合式（A.125）和式（A.126），中断区域 $O_{d_0}^{x_{s_0}}$、$O_{d_0}^{x_{s_1}}$ 和 $O_{d_0}^{x_s}$ 分别为

$$O_{d_0}^{x_{s_0}} = \left\{ \left(\eta_{\hbar_0}, \ \eta_{g_0}, \eta_{h_0} \right) \in R^{3+} \mid \max\{1 - \eta_{\hbar_0}, 1 - (\eta_{g_0} + \eta_{h_0})\} < r \right\}$$

$$O_{d_0}^{x_{s_1}} = \left\{ \left(\eta_{g_1}, \eta_{h_0} \right) \in R^{2+} \mid 1 - (\eta_{g_1} + \eta_{h_0}) < r \right\}$$

$$O_{d_0}^{x_s} = \left\{ \left(\eta_{\hbar_0}, \ \eta_{g_0}, \eta_{g_1}, \eta_{h_0} \right) \in R^{4+} \mid \max\{1 - \eta_{\hbar_0}, 1 - (\eta_{g_0} + \eta_{h_0}), \quad \text{(A.129)}$$

$$1 - (\eta_{g_1} + \eta_{h_0}), 2 - (\eta_{g_1} + \eta_{h_0} + \eta_{\hbar_0})\} < 2r \right\}$$

由中断区域 $O_{d_0}^{x_{s_0}}$ 可得

$$\eta_{\hbar_0} + \eta_{g_0} + \eta_{h_0} > 2 - 2r \quad \text{(A.130)}$$

由中断区域 $O_{d_0}^{x_{s_1}}$ 可得

$$\eta_{g_1} + \eta_{h_0} > 1 - r \quad \text{(A.131)}$$

由中断区域 $O_{d_0}^{x_s}$ 可得

$$\eta_{h_0} + \eta_{g_0} + \eta_{g_1} + \eta_{h_0} > 2 - 2r \tag{A.132}$$

这表明，在 ρ 趋向于无穷大时，中断区域 $O_{d_0}^{x_n}$ 占有主导地位，即中断概率最大。因此 $P_{o,d_0} \doteq P(O_{d_0}^{x_n})$。根据引理 10.2 知

$$P_{o,d_0} \doteq P^{-d_{o,d_0}}, \quad d_{o,d_0} = (1-r)^+ \tag{A.133}$$

由系统的对称性知

$$P_{o,d_1} \doteq \rho^{-(1-r)^+} \tag{A.134}$$

则当 ρ 趋向于无穷大时，NRNC 协议的中断概率为

$$P_{o,\text{sys}}^{\text{NRNC}} = 2\rho^{-d_{o,d_0}} \doteq \rho^{-d_{o,d_0}} \tag{A.135}$$

其中，d_{o,d_0} 为系统分集增益 $d^*(r)$ 提供了上界。

A.4.2　可达性证明

可达性证明将从系统误帧率入手，式（10.12）给出了 ρ 趋向于无穷大时的系统误帧率，即 $P_{e,\text{sys}}^{\text{NRNC}} = P_{e,d_0} + P_{e,d_1}$。不失一般性，我们关注 P_{e,d_0}，并定义 d_0 的误帧事件

$$\varepsilon_{d_0} = \varepsilon_{d_0}^{x_{s_0}} \bigcup \varepsilon_{d_0}^{x_{s_1}} \bigcup \varepsilon_{d_0}^{x_s} \tag{A.136}$$

其中，$\varepsilon_{d_0}^{x_{s_0}}(\varepsilon_{d_0}^{x_{s_1}})$ 表示 d_0 仅将 $s_0(s_1)$ 的发射信号向量 $x_{s_0}(x_{s_1})$ 译错的事件，而 $\varepsilon_{d_0}^{x_s}$ 表示 d_0 将两个向量均译错的事件。在 ρ 趋向于无穷大时

$$
\begin{aligned}
P_{e,d_0} &\doteq P(\varepsilon_{d_0}^{x_{s_0}}) + P(\varepsilon_{d_0}^{x_{s_1}}) + P(\varepsilon_{d_0}^{x_s}) \\
&\doteq \max\left\{ P(\varepsilon_{d_0}^{x_{s_0}}), P(\varepsilon_{d_0}^{x_{s_1}}), P(\varepsilon_{d_0}^{x_s}) \right\}
\end{aligned} \tag{A.137}
$$

由贝叶斯公式可知，译码错误概率等于出现中断时的译码错误概率加上未出现中断时的译码错误概率，即

$$
\begin{aligned}
P_e &= P_{e,O} + P_{e,O^c} \\
&= P(O)P_{e|O} + P_{e,O^c} \\
&\leqslant P(O) + P_{e,O^c}
\end{aligned} \tag{A.138}
$$

在 MIMO 系统中，对于一个信道实现，最大似然译码下的成对差错概率如式（A.52）所示。由成对差错概率和误帧率之间的关系可得，在 NRNC 协议中

$$P(\varepsilon_{d_0}^{x_{s_0}} \mid \hbar_0, g_0, h_0) \leqslant \left(1 + \frac{1}{2}|\hbar_0|^2 \rho + \frac{1}{2}\frac{|g_0|^2 |h_0|^2 b^2 \rho}{1 + |h_0|^2 b^2}\right)^{-l} \rho^{rl}$$

$$P(\varepsilon_{d_0}^{x_{s_1}} \mid g_1, h_0) \leqslant \left(1 + \frac{1}{2}\frac{|g_1|^2 |h_0|^2 b^2 \rho}{1 + |h_0|^2 b^2}\right)^{-l} \rho^{rl}$$

$$P(\varepsilon_{d_0}^{x_s} \mid \hbar_0, g_0, g_1, h_0) \leqslant \left(1 + \frac{1}{2}|\hbar_0|^2 \rho \right.$$
$$\left. + \frac{1}{2}\frac{(|g_0|^2 + |g_1|^2)|h_0|^2 b^2 \rho}{1 + |h_0|^2 b^2} + \frac{1}{4}\frac{|g_1|^2 |\hbar_0|^2 |h_0|^2 b^2 \rho^2}{1 + |h_0|^2 b^2}\right)^{-2l} \rho^{2rl} \quad (A.139)$$

当 ρ 趋向于无穷大时，我们忽略不等式中的因子 $\frac{1}{2}$ 和 $\frac{1}{4}$，同时替换变量

$$P(\varepsilon_{d_0}^{x_{s_0}} \mid \eta_{\hbar_0}, \eta_{g_0}, \eta_{h_0}) \dot{\leqslant} \rho^{-l(\max\{1-\eta_{\hbar_0}, 1-(\eta_{g_0}+\eta_{h_0})\}-r)}$$

$$P(\varepsilon_{d_0}^{x_{s_1}} \mid \eta_{g_1}, \eta_{h_0}) \dot{\leqslant} \rho^{-l(1-(\eta_{g_1}+\eta_{h_0})-r)}$$

$$P(\varepsilon_{d_0}^{x_s} \mid \eta_{\hbar_0}, \eta_{g_0}, \eta_{g_1}, \eta_{h_0}) \dot{\leqslant} \rho^{-l(\max\{1-\eta_{\hbar_0}, 1-(\eta_{g_0}+\eta_{h_0}), 1-(\eta_{g_1}+\eta_{h_0}), 2-(\eta_{g_1}+\eta_{h_0}+\eta_{\hbar_0})\}-2r)} \quad (A.140)$$

则非中断区域的误帧率为

$$P(\varepsilon_{d_0}^{x_{s_0}}, O_{d_0}^{x_{s_0},c} \mid \eta_{\hbar_0}, \eta_{g_0}, \eta_{h_0}) \dot{\leqslant} \int_{O_{d_0}^{x_{s_0},c}} \rho^{-d(\eta_{\hbar_0}, \eta_{g_0}, \eta_{h_0})} \mathrm{d}\eta_{\hbar_0} \mathrm{d}\eta_{g_0} \mathrm{d}\eta_{h_0}$$

$$P(\varepsilon_{d_0}^{x_{s_1}}, O_{d_0}^{x_{s_1},c} \mid \eta_{g_1}, \eta_{h_0}) \dot{\leqslant} \int_{O_{d_0}^{x_{s_1},c}} \rho^{-d(\eta_{g_1}, \eta_{h_0})} \mathrm{d}\eta_{g_1} \mathrm{d}\eta_{h_0}$$

$$P(\varepsilon_{d_0}^{x_s}, O_{d_0}^{x_s,c} \mid \eta_{\hbar_0}, \eta_{g_0}, \eta_{g_1}, \eta_{h_0}) \dot{\leqslant} \int_{O_{d_0}^{x_s,c}} \rho^{-d(\eta_{\hbar_0}, \eta_{g_0}, \eta_{g_1}, \eta_{h_0})} \mathrm{d}\eta_{\hbar_0} \mathrm{d}\eta_{g_0} \mathrm{d}\eta_{g_1} \mathrm{d}\eta_{h_0} \quad (A.141)$$

其中，$O_{d_0}^{x_{s_0},c}$、$O_{d_0}^{x_{s_1},c}$ 和 $O_{d_0}^{x_s,c}$ 分别为 $O_{d_0}^{x_{s_0}}$、$O_{d_0}^{x_{s_1}}$ 和 $O_{d_0}^{x_s}$ 的补集，同时

$$d(\eta_{\hbar_0}, \eta_{g_0}, \eta_{h_0}) = l(\max\{1-\eta_{\hbar_0}, 1-(\eta_{g_0}+\eta_{h_0})\}-r) + (\eta_{\hbar_0}+\eta_{g_0}+\eta_{h_0})$$
$$d(\eta_{g_1}, \eta_{h_0}) = l(1-(\eta_{g_1}+\eta_{h_0})-r) + (\eta_{g_1}+\eta_{h_0})$$
$$d(\eta_{\hbar_0}, \eta_{g_0}, \eta_{g_1}, \eta_{h_0}) = l(\max\{1-\eta_{\hbar_0}, 1-(\eta_{g_0}+\eta_{h_0}), 1-(\eta_{g_1}+\eta_{h_0}),$$
$$2-(\eta_{g_1}+\eta_{h_0}+\eta_{\hbar_0})\}-2r) + (\eta_{\hbar_0}+\eta_{g_0}+\eta_{g_1}+\eta_{h_0}) \quad (A.142)$$

由于在非中断区域 $O_{d_0}^{x_{s_0},c}$、$O_{d_0}^{x_{s_1},c}$ 和 $O_{d_0}^{x_s,c}$ 内分别有

$$\max\{1-\eta_{\hbar_0}, 1-(\eta_{g_0}+\eta_{h_0})\} \geqslant r$$
$$1-(\eta_{g_1}+\eta_{h_0}) \geqslant r$$
$$\max\{1-\eta_{\hbar_0}, 1-(\eta_{g_0}+\eta_{h_0}), 1-(\eta_{g_1}+\eta_{h_0}), 2-(\eta_{g_1}+\eta_{h_0}+\eta_{\hbar_0})\} \geqslant 2r \quad (A.143)$$

选择足够大的 l 使得不等式（A.141）中每一项的右式足够小，则有

$$P(\varepsilon_{d_0}^{x_{s_0}}) \dot{\leqslant} P(O_{d_0}^{x_{s_0}}), \quad P(\varepsilon_{d_0}^{x_{s_1}}) \dot{\leqslant} P(O_{d_0}^{x_{s_1}}), \quad P(\varepsilon_{d_0}^{x_r}) \dot{\leqslant} P(O_{d_0}^{x_r}) \qquad (\text{A.144})$$

由式（A.137）可得

$$P_{e,d_0} \dot{\leqslant} P_{o,d_0} \qquad (\text{A.145})$$

由系统对称性得

$$P_{e,\text{sys}}^{\text{NRNC}} \dot{\leqslant} P_{o,\text{sys}}^{\text{NRNC}} \qquad (\text{A.146})$$

这表明

$$-\lim_{\rho \to \infty} \frac{\log_2 P_{e,\text{sys}}^{\text{NRNC}}}{\log_2 \rho} \dot{\geqslant} -\lim_{\rho \to \infty} \frac{\log_2 P_{o,\text{sys}}^{\text{NRNC}}}{\log_2 \rho}$$

故 $(1-r)^+$ 的上界对 $d^*(r)$ 来说是可达的。

A.5　定理 10.2 的证明

和定理 10.1 证明步骤相同，证明分为两部分，由于系统中断概率是系统误帧率的下界，所以我们在第一部分将推导出 RCNC 协议下的系统中断概率，并以此找到系统分集增益 $d^*(r)$ 的上界。在第二部分中，我们将给出系统分集增益的上界可达性证明。综合两部分，我们可以获得定理的证明。

A.5.1　分集增益的上界

1. 中继的分集增益上界

首先关注信源集合 S 与中继节点 r 之间的中断事件。在第一个传输阶段的 l 个时隙内，我们用矩阵形式重写式（10.1）中中继节点的信号接收过程，即

$$y_r = g_0 \sqrt{\kappa_0} x_{s_0} + g_1 \sqrt{\kappa_1} x_{s_1} + v_r \qquad (\text{A.147})$$

其中，$v_r = [v_{r,0}, \cdots, v_{r,l-1}]^{\text{T}}$ 是中继节点观测的噪声向量。考虑到信源发射符号之间的独立同分布特性

$$I(x_{s_0}, x_{s_1}; y_r) = \sum_{i=0}^{l-1} I(x_{s_0,i}, x_{s_1,i}; y_{r,i}) = l I(x_{s_0,i}, x_{s_1,i}; y_{r,i}) \qquad (\text{A.148})$$

当 ρ 趋向于无穷大时，在一个信道实现下

$$I(x_{s_0,i}, x_{s_1,i}; y_{r,i} \mid g_0, g_1) = \log_2(1 + |g_0|^2 \rho + |g_1|^2 \rho) \qquad (\text{A.149})$$

符号独立同分布的特性可以使上式的互信息达到最大。因此

$$\lim_{\rho \to \infty} \frac{\max I(x_{s_0,i}, x_{s_1,i}; y_{r,i} \mid g_0, g_1)}{\log_2 \rho} = \lim_{\rho \to \infty} \frac{1}{\log_2 \rho} \log_2 (1 + |g_0|^2 \rho + |g_1|^2 \rho) \quad \text{(A.150)}$$

同理可得

$$\lim_{\rho \to \infty} \frac{\max I(x_{s_0,i}; y_{r,i} \mid g_0)}{\log_2 \rho} = \lim_{\rho \to \infty} \frac{1}{\log_2 \rho} \log_2 (1 + |g_0|^2 \rho)$$

$$\lim_{\rho \to \infty} \frac{\max I(x_{s_1,i}; y_{r,i} \mid g_1)}{\log_2 \rho} = \lim_{\rho \to \infty} \frac{1}{\log_2 \rho} \log_2 (1 + |g_1|^2 \rho) \tag{A.151}$$

将式（A.150）和式（A.151）中的信道参数按照引理的变量进行交换，则

$$\lim_{\rho \to \infty} \frac{\max I(x_{s_0,i}; y_{r,i} \mid \eta_{g_0})}{\log_2 \rho} = (1 - \eta_{g_0})^+$$

$$\lim_{\rho \to \infty} \frac{\max I(x_{s_1,i}; y_{r,i} \mid \eta_{g_1})}{\log_2 \rho} = (1 - \eta_{g_1})^+$$

$$\lim_{\rho \to \infty} \frac{\max I(x_{s_0,i}, x_{s_1,i}; y_{r,i} \mid \eta_{g_0}, \eta_{g_1})}{\log_2 \rho} = (\max\{1 - \eta_{g_0}, 1 - \eta_{g_1}\})^+ \tag{A.152}$$

根据式（A.148），重写式（10.16）的中断区域 O_r

$$O_r = \left\{ H_i \mid I(x_{s_0,i}, x_{s_1,i}; y_{r,i} \mid H_i) < 2R, I(x_{s_0,i}; y_{r,i} \mid H_i) < R, I(x_{s_1,i}; y_{r,i} \mid H_i) < R \right\} \quad \text{(A.153)}$$

由上式，我们将中断区域划分为

$$O_r = O_r^{x_{s_0}} \bigcup O_r^{x_{s_1}} \bigcup O_r^{x_s} \tag{A.154}$$

其中，$O_r^{x_{s_0}}$（$O_r^{x_{s_1}}$）代表 $s_0(s_1)$ 和 d_0 之间的中断事件，$O_r^{x_s}$ 代表信源集合 S 和 r 之间的中断事件。相应的中断概率为

$$\begin{aligned} P_{o,r} &= P(O_r^{x_{s_0}} \bigcup O_r^{x_{s_1}} \bigcup O_r^{x_s}) \\ &\doteq P(O_r^{x_{s_0}}) + P(O_r^{x_{s_1}}) + P(O_{d_0}^{x_s}) \\ &\doteq \max \left\{ P(O_r^{x_{s_0}}), P(O_r^{x_{s_1}}), P(O_r^{x_s}) \right\} \end{aligned} \tag{A.155}$$

其中的每个中断区域定义如下

$$\begin{aligned} O_r^{x_{s_0}} &= \left\{ \eta_{g_0} \in R^+ \mid 1 - \eta_{g_0} < r \right\} \\ O_r^{x_{s_1}} &= \left\{ \eta_{g_1} \in R^+ \mid 1 - \eta_{g_1} < r \right\} \\ O_r^{x_s} &= \left\{ (\eta_{g_0}, \eta_{g_1}) \in R^{2+} \mid \max\{1 - \eta_{g_0}, 1 - \eta_{g_1}\} < 2r \right\} \end{aligned} \tag{A.156}$$

因此，我们可得

$$P_{o,r} \doteq P^{-d_{o,r}}; \quad d_{o,r} = \begin{cases} (1-r)^+, & r \leqslant \dfrac{1}{3} \\ (2-4r)^+, & r \leqslant \dfrac{1}{2} \end{cases} \quad \text{(A.157)}$$

2. 信宿的分集增益上界

假定在中继节点译码正确的情况下，我们用矩阵形式重写 RCNC 协议中有关 d_0 的信号接收过程

$$y_{d_0} = \begin{bmatrix} \hbar_0 \sqrt{\kappa_0} I_l & O_l \\ h_0 \sqrt{T_0} I_l & h_0 \sqrt{T_1} I_l \end{bmatrix} x_s + v_{d_0} \quad \text{(A.158)}$$

由于 x_s 中符号独立同分布时，信道容量可达最大，另外考虑到信道在一帧内保持不变，则在一个信道实现 H 下

$$I(x_s; y_{d_0} \mid H) = \sum_{i=0}^{l-1} I(x_s^i; y_{d_0}^i \mid H_i) = l I(x_s^i; y_{d_0}^i \mid H_i) \quad \text{(A.159)}$$

其中，$x_s^i = \left[\sqrt{\kappa_0} x_{s_0,i}, \sqrt{\kappa_1} x_{s_1,i} \right]^T, y_{d_0}^i = H_i x_s^i + v_i$，以及

$$H_i = \begin{bmatrix} \hbar_0 \sqrt{\kappa_0} & 0 \\ h_0 \sqrt{T_0} & h_0 \sqrt{T_1} \end{bmatrix}, \quad V_i = \begin{bmatrix} v_{d_0,i} \\ v_{d_0,l+i} \end{bmatrix} \quad \text{(A.160)}$$

则 x_s^i 和 $y_{d_0}^i$ 互信息为

$$I(x_s^i; y_{d_0}^i \mid H_i) = \log_2 \left(\det(I_2 + \Lambda_{v_i}^{-\frac{1}{2}} H_i \Lambda_{x_s^i} H_i^+ \Lambda_{v_i}^{-\frac{1}{2}}) \right) \quad \text{(A.161)}$$

当 ρ 趋向于无穷大时

$$\lim_{\rho \to \infty} \frac{\max_{\Lambda_{x_s^i}} I(x_s^i; y_{d_0}^i)}{\log_2 \rho} \doteq \lim_{\rho \to \infty} \frac{\log_2 \left(\det(I_2 + P H_i H_i^+ \Lambda_{v_i}^{-1}) \right)}{\log_2 \rho} \quad \text{(A.162)}$$

将 H_i 和 V_i 代入，则有

$$\lim_{\rho \to \infty} \frac{\max_{\Lambda_{x_s^i}} I(x_s^i; y_{d_0}^i \mid \hbar_0, h_0)}{\log_2 \rho} = \lim_{\rho \to \infty} \frac{1}{\log_2 \rho} \log_2 \left(1 + |\hbar_0|^2 \rho + 2|h_0|^2 \rho + |h_0 \hbar_0|^2 \rho^2 \right) \quad \text{(A.163)}$$

同理可得

$$\lim_{\rho \to \infty} \frac{\max I(x_{s_0,i}; y_{d_0}^i \mid \hbar_0, h_0)}{\log_2 \rho} = \lim_{\rho \to \infty} \frac{1}{\log_2 \rho} \log_2 \left(1 + |\hbar_0|^2 \rho + |h_0|^2 \rho \right)$$

$$\lim_{\rho \to \infty} \frac{\max I(x_{s_1,i}; y_{d_0}^i \mid h_0)}{\log_2 \rho} = \lim_{\rho \to \infty} \frac{1}{\log_2 \rho} \log_2 \left(1 + |h_0|^2 \rho \right) \quad \text{(A.164)}$$

经变量替换后

$$\lim_{\rho \to \infty} \frac{\max I(x_{s_0,i}; y_{d_0}^i \mid \eta_{\hbar_0}, \eta_{h_0})}{\log_2 \rho} = (\max\{1-\eta_{\hbar_0}, 1-\eta_{h_0}\})^+$$

$$\lim_{\rho \to \infty} \frac{\max I(x_{s_1,i}; y_{d_0}^i \mid \eta_{h_0})}{\log_2 \rho} = (1-\eta_{h_0})^+$$

$$\lim_{\rho \to \infty} \frac{\max \Lambda_{x_s^i} I(x_s^i; y_{d_0}^i \mid \eta_{\hbar_0}, \eta_{h_0})}{\log_2 \rho} = (\max\{1-\eta_{\hbar_0}, 1-\eta_{h_0}, 2-(\eta_{\hbar_0}+\eta_{h_0})\})^+ \quad (A.165)$$

根据式（A.159）重写式（10.17）中的中断区域 O_{d_0}

$$O_{d_0} = \left\{ H_i \mid I(x_s^i; y_{d_0}^i \mid H_i) < 2R, xI(x_{s_0}; y_{d_0}^i \mid H_i) < R, I(x_{s_1}; y_{d_0}^i \mid H_i) < R \right\} \quad (A.166)$$

根据上式可将中断区域划分为

$$O_{d_0} = O_{d_0}^{x_{s_0}} \bigcup O_{d_0}^{x_{s_1}} \bigcup O_{d_0}^{x_s} \quad (A.167)$$

其中，$O_{d_0}^{x_{s_0}}$（$O_{d_0}^{x_{s_1}}$）表示 r 的译码符号 $x_{s_0,i}$（$x_{s_1,i}$）和 d_0 之间的中断事件，$O_{d_0}^{x_s}$ 代表符号向量 x_s^i 和 d_0 之间的中断事件。相应的中断概率为

$$\begin{aligned} P_{o,d_0} &= P(O_{d_0}^{x_{s_0}} \bigcup O_{d_0}^{x_{s_1}} \bigcup O_{d_0}^{x_s}) \\ &\doteq P(O_{d_0}^{x_{s_0}}) + P(O_{d_0}^{x_{s_1}}) + P(O_{d_0}^{x_s}) \\ &\doteq \max\left\{ P(O_{d_0}^{x_{s_0}}), P(O_{d_0}^{x_{s_1}}), P(O_{d_0}^{x_s}) \right\} \end{aligned} \quad (A.168)$$

综合式（A.125）和式（A.126），中断区域 $O_{d_0}^{x_{s_0}}$、$O_{d_0}^{x_{s_1}}$ 和 $O_{d_0}^{x_s}$ 分别为

$$O_{d_0}^{x_{s_0}} = \left\{ (\eta_{\hbar_0}, \eta_{h_0}) \in R^{2+} \mid \max\{1-\eta_{\hbar_0}, 1-\eta_{h_0}\} < r \right\}$$

$$O_{d_0}^{x_{s_1}} = \left\{ \eta_{h_0} \in R^+ \mid 1-\eta_{h_0} < r \right\}$$

$$O_{d_0}^{x_s} = \left\{ (\eta_{\hbar_0}, \eta_{h_0}) \in R^{2+} \mid \max\{1-\eta_{\hbar_0}, 1-\eta_{h_0}, 2-(\eta_{\hbar_0}+\eta_{h_0})\} < 2r \right\} \quad (A.169)$$

因此，我们可得

$$P_{o,d_0} \doteq \rho^{-d_{o,d_0}}, \quad d_{o,d_0} = (1-r)^+ \quad (A.170)$$

综合式（A.157），在 ρ 趋向于无穷大时，NRNC 协议的中断概率为

$$P_{o,\text{sys}}^{\text{NRNC}} = \rho^{-d_{o,r}} + 2\rho^{-d_{o,d_0}} \doteq \rho^{-d_{o,r}} \quad (A.171)$$

其中，$d_{o,r}$ 为系统分集增益 $d^*(r)$ 提供了上界。

A.5.2 可达性证明

1. 中断的误帧率

可达性证明将从系统误帧率入手，式（10.18）给出了 ρ 趋向于无穷大时的系统误帧率，即 $P_{e,\text{sys}}^{\text{NRNC}} \doteq P_{e,r} + P_{e,d_0} + P_{e,d_1}$。我们首先关注 $P_{e,r}$，考虑到 r 的误帧事件

$$\varepsilon_r = \varepsilon_r^{x_{s_0}} \bigcup \varepsilon_r^{x_{s_1}} \bigcup \varepsilon_r^{x_s} \tag{A.172}$$

其中，$\varepsilon_r^{x_{s_0}}$（$\varepsilon_r^{x_{s_1}}$）表示 r 仅将发射信号向量 x_{s_0}（x_{s_1}）译错的事件，而 $\varepsilon_r^{x_s}$ 表示 r 将两个向量均译错的事件。在 ρ 趋向于无穷大时

$$\begin{aligned} P_{e,r} &\doteq P(\varepsilon_r^{x_{s_0}}) + P(\varepsilon_r^{x_{s_1}}) + P(\varepsilon_r^{x_s}) \\ &\doteq \max\left\{ P(\varepsilon_r^{x_{s_0}}), P(\varepsilon_r^{x_{s_1}}), P(\varepsilon_r^{x_s}) \right\} \end{aligned} \tag{A.173}$$

由式（A.138），我们考虑非中断时的译码错误概率 P_{e,O^c}。式（A.172）中的错误事件在最大似然译码下的概率分别为

$$P(\varepsilon_r^{x_{s_0}} \mid g_0) \leqslant \left(1 + \frac{1}{2}\left|g_0\right|^2 \rho\right)^{-l} \rho^{rl}$$

$$P(\varepsilon_r^{x_{s_1}} \mid g_1) \leqslant \left(1 + \frac{1}{2}\left|g_1\right|^2 \rho\right)^{-l} \rho^{rl} \tag{A.174}$$

$$P(\varepsilon_r^{x_s} \mid g_0, g_1) \leqslant \left(1 + \frac{1}{2}\left|g_0\right|^2 \rho + \frac{1}{2}\left|g_1\right|^2 \rho\right)^{-2l} \rho^{2rl}$$

当 ρ 趋向于无穷大时，我们忽略不等式中的因子 $\frac{1}{2}$ 和 $\frac{1}{4}$，同时替换变量

$$P(\varepsilon_r^{x_{s_0}} \mid \eta_{g_0}) \dot{\leqslant} \rho^{-l(1 - \eta_{g_0} - r)}$$

$$P(\varepsilon_r^{x_{s_1}} \mid \eta_{g_1}) \dot{\leqslant} \rho^{-l(1 - \eta_{g_1} - r)}$$

$$P(\varepsilon_r^{x_s} \mid \eta_{g_0}, \eta_{g_1}) \dot{\leqslant} \rho^{-l(\max\{1 - \eta_{g_0}, 1 - \eta_{g_1}\} - 2r)} \tag{A.175}$$

则非中断区域的误帧率为

$$P(\varepsilon_r^{x_{s_0}}, O_r^{x_{s_0},c} \mid \eta_{g_0}) \dot{\leqslant} \int_{O_r^{x_{s_0},c}} \rho^{-d(\eta_{g_0})} \mathrm{d}\eta_{g_0}$$

$$P(\varepsilon_r^{x_{s_1}}, O_r^{x_{s_1},c} \mid \eta_{g_1}) \dot{\leqslant} \int_{O_r^{x_{s_1},c}} \rho^{-d(\eta_{g_1})} \mathrm{d}\eta_{g_1}$$

$$P(\varepsilon_r^{x_s}, O_r^{x_s,c} \mid \eta_{g_0}, \eta_{g_1}) \dot{\leqslant} \int_{O_r^{x_s,c}} \rho^{-d(\eta_{g_0}, \eta_{g_1})} \mathrm{d}\eta_{g_0} \mathrm{d}\eta_{g_1} \tag{A.176}$$

其中，$O_r^{x_{s_0},c}$、$O_r^{x_{s_1},c}$ 和 $O_r^{x_s,c}$ 分别为 $O_r^{x_{s_0}}$、$O_r^{x_{s_1}}$ 和 $O_r^{x_s}$ 的补集，同时

$$d(\eta_{g_0}) = l(1-\eta_{g_0}-r)+\eta_{g_0}, \quad d(\eta_{g_1}) = l(1-\eta_{g_1}-r)+\eta_{g_1}$$

$$d(\eta_{g_0},\eta_{g_1}) = l(\max\{1-\eta_{g_0},1-\eta_{g_1}\}-2r)+(\eta_{g_0}+\eta_{g_1}) \tag{A.177}$$

由于在非中断区域 $O_r^{x_{s_0},c}$、$O_r^{x_{s_1},c}$ 和 $O_r^{x_s,c}$ 内分别有

$$1-\eta_{g_0} \geqslant r, \quad 1-\eta_{g_1} \geqslant r, \quad \max\{1-\eta_{g_0},1-\eta_{g_1}\} \geqslant 2r \tag{A.178}$$

选择足够大的 l 使得不等式（A.176）中每一项的右式足够小，则有

$$P(\varepsilon_r^{x_{s_0}}) \dot{\leqslant} P(O_r^{x_{s_0}}), \quad P(\varepsilon_r^{x_{s_1}}) \dot{\leqslant} P(O_r^{x_{s_1}}), \quad P(\varepsilon_r^{x_s}) \dot{\leqslant} P(O_r^{x_s}) \tag{A.179}$$

因此，对于中继节点的误帧率，在 ρ 趋向于无穷大时

$$P_{e,r} \dot{\leqslant} P_{o,r} \tag{A.180}$$

2. 信宿的误帧率

不失一般性，我们只考虑 d_0 的误帧事件

$$\varepsilon_{d_0} = \varepsilon_{d_0}^{x_{s_0}} \bigcup \varepsilon_{d_0}^{x_{s_1}} \bigcup \varepsilon_{d_0}^{x_s} \tag{A.181}$$

其中，$\varepsilon_{d_0}^{x_{s_0}}(\varepsilon_{d_0}^{x_{s_1}})$ 表示 d_0 仅将符号向量 $x_{s_0}(x_{s_1})$ 译错的事件，而 $\varepsilon_{d_0}^{x_s}$ 表示 d_0 将两个符号向量均译错的事件。在 ρ 趋向于无穷大时

$$P_{e,d_0} \doteq P(\varepsilon_{d_0}^{x_{s_0}}) + P(\varepsilon_{d_0}^{x_{s_1}}) + P(\varepsilon_{d_0}^{x_s})$$

$$\doteq \max\{P(\varepsilon_{d_0}^{x_{s_0}}), P(\varepsilon_{d_0}^{x_{s_1}}), P(\varepsilon_{d_0}^{x_s})\} \tag{A.182}$$

式（A.182）中的错误事件在最大似然译码下的概率分别为

$$P(\varepsilon_{d_0}^{x_{s_0}} \mid \hbar_0, h_0) \leqslant \left(1 + \frac{1}{2}|\hbar_0|^2 \rho + \frac{1}{2}|h_0|^2 \rho\right)^{-l} \rho^{rl}$$

$$P(\varepsilon_{d_0}^{x_{s_1}} \mid h_0) \leqslant \left(1 + \frac{1}{2}|h_0|^2 \rho\right)^{-l} \rho^{rl}$$

$$P(\varepsilon_{d_0}^{x_s} \mid \hbar_0, h_0) \leqslant \left(1 + \frac{1}{2}|\hbar_0|^2 \rho + |h_0|^2 \rho + \frac{1}{4}|\hbar_0 h_0|^2 \rho^2\right)^{-2l} \rho^{2rl} \tag{A.183}$$

当 ρ 趋向于无穷大时，我们忽略不等式中的因子 $\frac{1}{2}$ 和 $\frac{1}{4}$，同时替换变量

$$P(\varepsilon_{d_0}^{x_{s_0}} \mid \eta_{\hbar_0}\eta_{h_0}) \dot{\leqslant} \rho^{-l(\max\{1-\eta_{\hbar_0},1-\eta_{h_0}\}-r)}$$

$$P(\varepsilon_{d_0}^{x_{s_1}} \mid \eta_{h_0}) \dot{\leqslant} \rho^{-l(1-\eta_{h_0}-r)}$$

$$P(\varepsilon_{d_0}^{x_s} \mid \eta_{\hbar_0},\eta_{h_0}) \dot{\leqslant} \rho^{-l(\max\{1-\eta_{\hbar_0},1-\eta_{h_0},2-(\eta_{\hbar_0}+\eta_{h_0})\}-2r)} \tag{A.184}$$

则非中断区域的误帧率为

$$P(\varepsilon_{d_0}^{x_{s_0}}, O_{d_0}^{x_{s_0},c} \mid \eta_{\hbar_0}, \eta_{h_0}) \dot{\le} \int_{O_{d_0}^{x_{s_0},c}} \rho^{-d_1(\eta_{h_0},\eta_{h_0})} \mathrm{d}\eta_{\hbar_0} \mathrm{d}\eta_{h_0}$$

$$P(\varepsilon_{d_0}^{x_{r_1}}, O_{d_0}^{x_{r_1},c} \mid \eta_{h_0}) \dot{\le} \int_{O_{d_0}^{x_{r_1},c}} \rho^{-d(\eta_{h_0})} \mathrm{d}\eta_{h_0}$$

$$P(\varepsilon_{d_0}^{x_s}, O_{d_0}^{x_s,c} \mid \eta_{\hbar_0} \eta_{h_0}) \dot{\le} \int_{O_{d_0}^{x_s,c}} \rho^{-d_2(\eta_{h_0},\eta_{h_0})} \mathrm{d}\eta_{\hbar_0} \mathrm{d}\eta_{h_0} \tag{A.185}$$

其中，$O_{d_0}^{x_{s_0},c}$、$O_{d_0}^{x_{r_1},c}$ 和 $O_{d_0}^{x_s,c}$ 分别为 $O_{d_0}^{x_{s_0}}$、$O_{d_0}^{x_{r_1}}$ 和 $O_{d_0}^{x_s}$ 的补集，同时

$$d(\eta_{\hbar_0}, \eta_{h_0}) = l(\max\{1-\eta_{\hbar_0}, 1-\eta_{h_0}\} - r) + (\eta_{\hbar_0} + \eta_{h_0})$$

$$d(\eta_{h_0}) = l(1-\eta_{h_0} - r) + \eta_{h_0}$$

$$d(\eta_{\hbar_0}, \eta_{h_0}) = l(\max\{1-\eta_{\hbar_0}, 1-\eta_{h_0}, 2-(\eta_{h_0}+\eta_{\hbar_0})\} - 2r) + (\eta_{\hbar_0} + \eta_{h_0}) \tag{A.186}$$

由于在非中断区域 $O_{d_0}^{x_{s_0},c}$、$O_{d_0}^{x_{r_1},c}$ 和 $O_{d_0}^{x_s,c}$ 内分别有

$$\max\{1-\eta_{\hbar_0}, 1-\eta_{h_0}\} \ge r$$

$$1-\eta_{h_0} \ge r$$

$$\max\{1-\eta_{\hbar_0}, 1-\eta_{h_0}, 2-(\eta_{h_0}+\eta_{\hbar_0})\} \ge 2r \tag{A.187}$$

选择足够大的 l 使得不等式（A.185）中每一项的右式足够小，则有

$$P(\varepsilon_{d_0}^{x_{s_0}}) \dot{\le} P(O_{d_0}^{x_{s_0}}), \quad P(\varepsilon_{d_0}^{x_{r_1}}) \dot{\le} P(O_{d_0}^{x_{r_1}}), \quad P(\varepsilon_{d_0}^{x_s}) \le P(O_{d_0}^{x_s}) \tag{A.188}$$

因此，对于信宿节点的误帧率，在 ρ 趋向于无穷大时

$$P_{e,d_0} \dot{\le} P_{o,d_0} \tag{A.189}$$

综合式（A.180）和式（A.189），我们可得系统误帧率

$$P_{e,\mathrm{sys}}^{\mathrm{NRNC}} \dot{\le} P_{o,\mathrm{sys}}^{\mathrm{NRNC}} \tag{A.190}$$

这表明

$$-\lim_{\rho\to\infty} \frac{\log_2 P_{e,\mathrm{sys}}^{\mathrm{NRNC}}}{\log_2 \rho} \dot{\ge} -\lim_{\rho\to\infty} \frac{\log_2 P_{o,\mathrm{sys}}^{\mathrm{NRNC}}}{\log_2 \rho}$$

故式（A.171）提供的分集增益上界对 $d^*(r)$ 来说是可达的。

A.6 定理 10.3 的证明

A.6.1 分集增益的上界

由于 RGNC 协议和 RCNC 协议在中继节点具有相同的中断概率，所以我们主要关注信宿节点的中断概率。对于第 k 个信宿，其在一帧内的接收信号可用矩阵表示为

$$y_{d_k} = \begin{bmatrix} \hbar_k \sqrt{\kappa_0} I_l & O_l \\ O_l & h_k \sqrt{T} I_l \end{bmatrix} \begin{bmatrix} x_{s_k} \\ x_r \end{bmatrix} + v_{d_0} \tag{A.191}$$

在一个信道实现 H 下

$$I(x_{s_k}, x_r; y_{d_k} \mid H) = \sum_{i=0}^{l-1} I(x_{s,r}^i; y_{d_k}^i \mid H_i) = l I(x_{s,r}^i; y_{d_0}^i \mid H_i) \tag{A.192}$$

其中，$x_{s,r}^i = [x_{s_k,i}, x_{r,i}]^{\mathrm{T}}$，$y_{d_k}^i = H_i x_{s,r}^i + v_i$，以及

$$H_i = \begin{bmatrix} \hbar_k \sqrt{\kappa_{k0}} & 0 \\ 0 & h_k \sqrt{1} \end{bmatrix}, \quad V_i = \begin{bmatrix} v_{d_0,i} \\ v_{d_0,l+i} \end{bmatrix} \tag{A.193}$$

则 $x_{s,r}^i$ 和 $y_{d_0}^i$ 互信息为

$$I(x_{s,r}^i; y_{d_0}^i \mid H_i) = \log_2 \left(\det(I_2 + \Lambda_{v_i}^{-\frac{1}{2}} H_i \Lambda_{x_{s,r}^i} H_i^+ \Lambda_{v_i}^{-\frac{1}{2}}) \right) \tag{A.194}$$

当 ρ 趋向于无穷大时

$$\lim_{\rho \to \infty} \frac{\max I(x_{s_k,i}; y_{d_k}^i \mid \hbar_k)}{\log_2 \rho} = \lim_{\rho \to \infty} \frac{1}{\log_2 \rho} \log_2 \left(1 + |\hbar_k|^2 \rho \right)$$

$$\lim_{\rho \to \infty} \frac{\max I(x_{r,i}; y_{d_k}^i \mid h_k)}{\log_2 \rho} = \lim_{\rho \to \infty} \frac{1}{\log_2 \rho} \log_2 \left(1 + |h_k|^2 \rho \right)$$

$$\lim_{\rho \to \infty} \frac{\max I(x_{s,r}^i; y_{d_k}^i \mid \hbar_k, h_k)}{\log_2 \rho} = \lim_{\rho \to \infty} \frac{1}{\log_2 \rho} \log_2 \left(1 + |\hbar_k|^2 \rho + |h_k|^2 \rho + |h_k \hbar_k|^2 \rho^2 \right) \tag{A.195}$$

经变量替换后

$$\lim_{\rho \to \infty} \frac{\max I(x_{s_k,i}; y_{d_k}^i \mid \eta_{\hbar_k})}{\log_2 \rho} = (1 - \eta_{\hbar_k})^+$$

$$\lim_{\rho \to \infty} \frac{\max I(x_{r,i}; y_{d_k}^i \mid \eta_{h_k})}{\log_2 \rho} = (1 - \eta_{h_k})^+$$

$$\lim_{\rho \to \infty} \frac{\max I(x_{s,r}^i; y_{d_k}^i \mid \eta_{\hbar_k}, \eta_{h_k})}{\log_2 \rho} = \left(\max \{ 1 - \eta_{h_k}, 1 - \eta_{\hbar_k}, 2 - (\eta_{h_k} + \eta_{\hbar_k}) \} \right)^+ \tag{A.196}$$

由于 $x_{s_k,i}$ 和 $x_{r,i}$ 相互独立，根据式（10.20）可将中断区域划分为

$$O_{d_k} = O_{d_k}^{x_{s_k}} \bigcup O_{d_k}^{x_r} \tag{A.197}$$

其中，$O_{d_k}^{x_{s_k}}$ 表示 s_k 和 d_k 之间的中断事件，$O_{d_k}^{x_r}$ 表示 r 和 d_k 之间的中断事件。相应的中断概率为

$$P_{o,d_k} = P(O_{d_k}^{x_{s_k}} \bigcup O_{d_{0k}}^{x_r})$$

$$\dot{=} P(O_{d_k}^{x_{s_k}}) + P(O_{d_k}^{x_r})$$

$$\dot{=} \max\left\{ P(O_{d_k}^{x_{s_k}}), P(O_{d_k}^{x_r}) \right\} \tag{A.198}$$

其中的每个区域定义如下

$$O_{d_k}^{x_{s_k}} = \left\{ \eta_{\hbar_k} \in R^+ \mid 1 - \eta_{\hbar_k} < r \right\}$$

$$O_{d_k}^{x_r} = \left\{ \eta_{h_k} \in R^+ \mid 1 - \eta_{h_k} < r \right\} \tag{A.199}$$

因此，我们可得

$$P_{o,d_k} \dot{=} \rho^{-d_{o,d_k}}, \quad d_{o,d_k} = (1-r)^+ \tag{A.200}$$

结合中继节点的中断概率，则 ρ 趋向于无穷大时，NRNC 协议的中断概率为

$$P_{o,\text{sys}}^{\text{NRNC}} = \rho^{-d_{o,r}} + 2\rho^{-d_{o,d_0}} + \rho^{-d_{o,d_1}} \dot{=} \rho^{-d_{o,r}} \tag{A.201}$$

其中，$d_{o,r}$ 为系统分集增益 $d^*(r)$ 提供了上界。

A.6.2 可达性证明

RGNC 和 RCNC 具有相同的中继误帧率，故我们仅考虑信宿 d_k 的误帧事件。由于符号向量 x_{s_k} 和 x_r' 相互独立，且在正交的信道上传输，所以

$$\varepsilon_{d_k} = \varepsilon_{d_k}^{x_{s_k}} \bigcup \varepsilon_{d_k}^{x_r} \tag{A.202}$$

其中，$\varepsilon_{d_k}^{x_{s_k}}$ 表示 d_k 将符号向量 x_{s_k} 译错的事件；$\varepsilon_{d_k}^{x_r}$ 表示 d_k 将符号向量 x_r' 译错的事件。错误事件在最大似然译码下的概率分别为

$$P(\varepsilon_{d_k}^{x_{s_k}} \mid \hbar_k) \leqslant \left(1 + \frac{1}{2}|\hbar_k|^2 \rho\right)^{-l} \rho^{rl}$$

$$P(\varepsilon_{d_k}^{x_r} \mid h_k) \leqslant \left(1 + \frac{1}{2}|h_k|^2 \rho\right)^{-l} \rho^{rl} \tag{A.203}$$

在 ρ 足够大时，忽略不等式中的常数因子 $\frac{1}{2}$，同时替换变量

$$P(\varepsilon_{d_k}^{x_{s_k}} \mid \eta_{\hbar_k}) \dot{\leqslant} \rho^{-l(1-\eta_{\hbar_k}-r)}$$

$$P(\varepsilon_{d_k}^{x_r} \mid \eta_{h_k}) \dot{\leqslant} \rho^{-l(1-\eta_{h_k}-r)} \tag{A.204}$$

则非中断区域的误帧率为

$$P(\varepsilon_{d_k}^{x_{s_k}}, O_{d_k}^{x_{s_k}, c} \mid \eta_{\hbar_k}) \dot{\leqslant} \int_{O_{d_k}^{x_{s_k}, c}} \rho^{-d(\eta_{\hbar_k})} \mathrm{d}\eta_{\hbar_k}$$

$$P(\varepsilon_{d_k}^{x_r}, O_{d_k}^{x_r, c} \mid \eta_{h_k}) \dot{\leqslant} \int_{O_{d_k}^{x_r, c}} \rho^{-d(\eta_{h_k})} \mathrm{d}\eta_{h_k} \tag{A.205}$$

其中，$O_{d_k}^{x_{s_k}, c}$ 和 $O_{d_k}^{x_r, c}$ 分别为 $O_{d_k}^{x_{s_k}}$ 和 $O_{d_k}^{x_r}$ 的补集，同时

$$d(\eta_{\hbar_k}) = l(1 - \eta_{\hbar_k} - r) + \eta_{\hbar_k}, \quad d(\eta_{h_k}) = l(1 - \eta_{h_k} - r) + \eta_{h_k} \tag{A.206}$$

由于在非中断区域 $O_{d_k}^{x_{s_k}, c}$ 和 $O_{d_k}^{x_r, c}$ 内分别有

$$1 - \eta_{\hbar_k} \geqslant r, \quad 1 - \eta_{h_k} \geqslant r \tag{A.207}$$

选择足够大的 l 使得不等式（A.205）中每一项的右式足够小，则有

$$P(\varepsilon_{d_k}^{x_{s_k}}) \dot{\leqslant} P(O_{d_k}^{x_{s_k}}), \quad P(\varepsilon_{d_k}^{x_r}) \dot{\leqslant} P(O_{d_k}^{x_r}) \tag{A.208}$$

因此，对于信宿节点的误帧率，在 ρ 趋向于无穷大时

$$P_{e,d_k} \dot{\leqslant} P_{o,d_k} \tag{A.209}$$

综合中继节点的误帧率，我们可得系统误帧率

$$P_{e,\mathrm{sys}}^{\mathrm{NRNC}} \dot{\leqslant} P_{o,\mathrm{sys}}^{\mathrm{NRNC}} \tag{A.210}$$

这表明

$$-\lim_{\rho \to \infty} \frac{\log_2 P_{e,\mathrm{sys}}^{\mathrm{NRNC}}}{\log_2 \rho} \dot{\geqslant} -\lim_{\rho \to \infty} \frac{\log_2 P_{o,\mathrm{sys}}^{\mathrm{NRNC}}}{\log_2 \rho}$$

故式（A.201）提供的分集增益上界对 $d^*(r)$ 来说是可达的。

A.7　缩略语表

AF	直接放大中继（amplify-and-forward）
ARQ/FEC	请求重传/前向纠错（automatic repeat request/forward error correction）
BPCU	每信道传输比特（bit per-channel use）
BTF	双向信息流（bi-directional traffic flows）
CFNC	复数域网络编码（complex field network coding）
DDF	动态解码中继（dynamic decode-and-forward）
DF	解码中继（decode-and-forward）
DMT	分集–复用权衡（diversity-multiplexing tradeoff）
DNF	噪声消除中继（denoise-and-forward）

FEP	误帧率（frame error probability）
MARC	多接入中继信道（multiple-access relay channel）
MIMO	多输入多输出（multiple-input multiple-output）
ML	最大似然（maximum likelihood）
NRNC	非再生网络编码（non-regenerative network coding）
ICSI	瞬时信道信息（instant channel state information）
PDF	概率密度函数（probability density function）
PNC	物理层网络编码（physical-layer network coding）
QoS	服务质量（quality of service）
RCPC	自适应截断卷积码（rate-compatible punctured convolutional code）
RCNC	复数域再生网络编码（regenerative complex field network coding）
PEP	成对差错概率（average pairwise error probability）
RGNC	伽罗华域再生网络编码（regenerative galois field network coding）
RNC	再生网络编码（regenerative network coding）
SAF	分时隙直接放大中继（slotted amplify-and-forward）
SCSI	统计信道信息（statistical channel state information）
SDF	分时隙解码中继（slotted decode-and-forward）
SDG	系统分集增益（system diversity gain）